U0855476

普通高校"十二五"规划教材

# 数字图像处理与分析

## (第3版)

杨　帆　编著

北京航空航天大学出版社

## 内容简介

本书系统介绍了数字图像处理与分析技术中涉及的有代表性的思想、算法与应用，跟踪图像处理技术的发展前沿，以图像频域变换、图像增强、图像复原、图像压缩编码、数学形态学及应用、图像分割技术、图像特征分析、图像配准与识别、实用数字图像处理与应用系统为主线，系统讲述图像处理与分析技术的理论基础、典型算法和应用实例。与第2版相比，本版又针对目前的发展及应用增加了图像水印技术等内容。

编写上力求系统性、实用性与先进性相结合，理论与实践交融，既注重传统知识的讲授，又兼顾新技术、新成果的应用。

本书可作为电子信息工程、通信工程、电子科学与技术、计算机应用、医学生物工程、自动控制等专业本科生的教学用书，也可作为从事数字图像处理工作的技术人员的参考用书。

**图书在版编目(CIP)数据**

数字图像处理与分析 / 杨帆编著. -- 3版. -- 北京：北京航空航天大学出版社，2015.5

ISBN 978-7-5124-1775-5

Ⅰ. ①数… Ⅱ. ①杨… Ⅲ. ①数字图像处理—高等学校—教材 Ⅳ. ①TN911.73

中国版本图书馆CIP数据核字(2015)第090518号

**版权所有，侵权必究。**

**数字图像处理与分析(第3版)**

杨 帆 编著

责任编辑 董立娟 张耀军

*

北京航空航天大学出版社出版发行

北京市海淀区学院路37号(邮编100191) http://www.buaapress.com.cn

发行部电话：(010)82317024 传真：(010)82328026

读者信箱：emsbook@buaacm.com.cn 邮购电话：(010)82316936

涿州市新华印刷有限公司印装 各地书店经销

*

开本：710×1 000 1/16 印张：21.75 字数：489千字

2015年5月第3版 2019年1月第3次印刷 印数：5 001～6 000册

ISBN 978-7-5124-1775-5 定价：49.00元

---

若本书有倒页、脱页、缺页等印装质量问题，请与本社发行部联系调换。联系电话：(010)82317024

# 第3版前言

近些年来，图像处理技术在各个学科领域的应用更加广泛，其理论和实践发展迅速，但就大学“图像处理”课程而言，其基本内容和范围大体相对稳定。同时，编者在教学实践中征求和听取了部分教师、学生对第2版教材的意见，认为基本能满足当前的教学需要。鉴于上述情况，第3版保持了原教材的编写思想和体系结构，对第2版教材的整体格局未做大的修改，仅对教材的部分内容做了修订、调整和补充，主要工作有以下几个方面：

① 对书中一些概念陈述不准确、理论讲解不清晰、结构安排不合理的地方进行了修订；

② 对全书的例题、应用案例进行了补充和修订；

③ 将10.1节基于矢量量化的数字图像压缩更换为图像数字水印技术。

本书由杨帆、丁士心、唐红梅、张志伟等编著。其中，第3章、第7章、附录B由北华大学的丁士心编写，第2章、第5章、第8章由河北工业大学的唐红梅编写，第9章、第10章、附录A由河北工业大学的张志伟编写，其余部分由河北工业大学的杨帆编写，全书的统稿工作由杨帆负责。本书在编写工作中得到了侯景中、马得新、尹惠玲、于虹等许多同志的帮助，在此表示感谢。

本书由河北工业大学的夏克文教授主审。夏克文教授对本书的总体结构和内容细节等进行了全面审定，提出许多宝贵而富有价值的审阅意见，在此表示衷心的感谢。

本书在编写和出版过程中，得到了北京航空航天大学出版社的热情指导和大力支持，对他们的辛勤劳动和无私奉献表示真挚的谢意。同时，对本书参考文献中的有关作者致以诚挚的感谢。

由于编者水平所限，书中错误、不妥之处在所难免，殷切希望广大读者提出宝贵意见。

编　者

2015年3月

# 第 2 版前言

为满足高等教育教学改革的需要，在保持了《数字图像处理与分析》第 1 版原有特色的基础上，对体系结构、内容编排以及知识点等多方面进行了修订，改动的主要内容如下：

整体上进行了精简，删除了 MATLAB 简介、图像变换的通用公式、图像的几何校正、形态学重构、基于邻域特征统计的纹理分析方法、麦田杂草图像的分析与识别等内容，简化了图像质量评价、傅里叶变换、图像退化与复原、三维几何变换的投影变换、图像压缩编码的系统评价、变换编码、二值形态学、颜色特征分析、基于特征的图像匹配等内容，并针对目前的发展及应用增加了运动图像目标分割、矢量量化的数字图像压缩、Hough 变换应用等新内容。

该版本在编排体系上进行了调整，更加紧密地将基本理论、基本技术、经典算法、典型案例有机结合，降低了理论分析难度，精选了大量体现新技术、新成果的应用案例，并给出了 MATLAB 源程序及运行结果。配有多媒体课件和教学演示软件，供教师教学、实验演示、处理及分析图像等使用。使读者通过学习，能尽快达到掌握图像处理与分析的基本理论、方法和应用的目的。

本书由杨帆、丁士心、唐红梅、张志伟等编著。其中，第 3 章、第 7 章、附录 B 由北华大学的丁士心编写，第 2 章、第 5 章、第 8 章由河北工业大学的唐红梅编写，第 9 章、第 10 章、附录 A 由河北工业大学的张志伟编写，其余部分由河北工业大学的杨帆编写，全书的统稿工作由杨帆负责。本书在编写工作中得到了候景中、马得新、尹惠玲、于虹等许多同志的帮助，在此表示感谢。

本书由河北工业大学的夏克文教授主审，他对本书的总体结构和内容细节等进行了全面审定，提出了许多宝贵而富有价值的审阅意见，在此表示衷心的感谢。

本书在编写和出版过程中，得到了北京航空航天大学出版社的热情指导和大力支持，对他们的辛勤劳动和无私奉献表示真挚的谢意。同时，对本书参考文献中的有关作者致以诚挚的感谢。

由于编者水平所限，书中错误、不妥之处在所难免，殷切希望广大读者提出宝贵意见。

有兴趣的可以发送电子邮件到:yangfan@hebut.edu.cn,与编者进一步交流;也可以发送电子邮件到:xdhydcd5@sina.com,与本书策划编辑进行交流。

编　者

2010年7月

# 第1版前言

随着计算机科学技术的不断发展以及人们在日常生活中对图像信息的不断需求,数字图像处理技术在近年来得到了迅速的发展,成为当代科学研究和应用开发中一道亮丽的风景线。数字图像处理技术以其信息量大、处理和传输方便、应用范围广等一系列优点,成为人类获取信息的重要来源和利用信息的重要手段,并在宇宙探测、遥感、生物医学、工农业生产、军事、公安、办公自动化等领域得到了广泛应用,显示出广泛的应用前景。数字图像处理技术已成为计算机科学、信息科学、生物科学、空间科学、气象学、统计学、工程科学、医学等学科的研究热点,并已成为工科院校电子信息、电气工程、医学生物工程等专业的必修课。

本书涉及领域广泛,包括许多新技术、新器件在检测技术领域里的应用。全书共10章:第1章是图像处理的基础知识;第2章是图像的频域变换;第3章是图像增强与复原技术;第4章是图像的几何变换;第5章是图像的压缩编码;第6章是数学形态学及其应用;第7章是图像分割技术;第8章是图像特征分析;第9章是图像配准及识别;第10章是实用数字图像处理与分析系统。在各章后都附有一定量的思考题与习题。

本书是在充分体现应用型本科教育特点,提高学生分析问题及解决问题能力的基础上编写的,具有以下特点:

(1) 精选内容,条理清晰。全书以基础知识、科研新成果及发展新动向相结合,系统地讲述数字图像处理及分析技术中有代表性的思想、算法与应用。

(2) 重点突出,目的明确。立足基本理论,面向应用技术,以必须、够用为尺度,以掌握概念、强化应用为重点,加强理论知识和实际应用的统一。

(3) 注重实用,强化实践。以MATLAB为编程工具,通过大量典型实例的分析和实践,使读者较快地掌握数字图像处理系统的基本理论、方法、实用技术及一些典型应用。

(4) 易于学习,便于巩固。配有多媒体教学课件和大量的思考题和习题,有助于学生理解和掌握所学的知识要点和程序实现,同时为教师多媒体授课、编写教案提供了方便条件。

本书可供电子信息工程、通信工程、电子科学与技术、计算机应用、医学生物工程、自动控制等专业的本科生、高职高专生的教学用书,也可作为相关专业研究生及从事数字图像处理工作的技术人员的参考用书。

本书由杨帆、丁士心、唐红梅、张志伟等编著。其中,第3、7章和附录B由北华大学的丁士心编写,第2、5、8章由河北工业大学的唐红梅编写,第9章和第10章的10.2节由河北工业大学的张志伟编写,其余部分由河北工业大学的杨帆编写。全书的统稿工作由杨帆负责。本书在编写过程中得到了侯景中、马得新、尹惠玲、于虹等许多同志的帮助,在此表示感谢。

本书由河北工业大学的夏克文教授主审,夏克文教授对本书的总体结构和内容细节等进行了全面审定,提出了许多宝贵意见,在此表示衷心的感谢。

本书在编写和出版过程中,得到了北京航空航天大学出版社王鹏、李春凤等编辑的大力支持,对他们的辛勤劳动和无私奉献表示真挚的谢意。同时,对本书参考文献中的有关作者致以诚挚的感谢。

由于编者水平所限,书中错误、不妥之处在所难免,殷切希望广大读者提出宝贵意见。

编　者

2007年6月

# 目 录

# 第1章 图像处理的基础知识

21 世纪，人类已经进入信息化时代，图像是人类获取信息、表达信息和传递信息的重要手段。研究表明，在人类接受的信息中，图像等视觉信息所占的比重为 75%～85%。“百闻不如一见”、“一图值千字”都充分说明了这一事实。同时，我们又生活在一个数字化时代，随着计算机技术及网络技术的迅速发展，几乎所有的信息都可以以数字的形式呈现在人们眼前。因此，学习和研究数字图像处理技术是时代的迫切要求。

本章将在介绍数字图像处理的特点、目的、主要内容、发展方向的基础上，讲授图像的数学模型、图像获取技术、图像文件格式和类型，以及图像的视觉原理等内容，并简单介绍 MATLAB 在图像处理中的应用。

## 1.1 数字图像处理概述

### 1.1.1 数字图像处理及其特点

随着人类社会的进步和科学技术的发展，人们对信息处理和信息交流的要求越来越高。图像信息具有直观、形象、易懂和信息量大等特点，因此，它是人们日常生活中接触最多的信息种类之一。近年来，图像信息处理已经得到一定的发展，但随着对图像处理要求的不断提高，应用领域不断扩大，图像理论也必须不断提高、补充和发展。图像的处理已经从可见光谱扩展到红外、紫外等非可见光谱，从静止图像发展到运动图像，从物体的外部延伸到物体的内部，以及进行人工智能化的图像处理等。

**1. 图像与数字图像**

为了实现对图像信号的处理和传输，首先必须对图像进行正确的描述，即什么是图像。对人们来说，图像并不陌生，但却很难用一句话说清其含意。从广义上说，图像是自然界景物的客观反映，是人类认识世界和人类本身的重要源泉。照片、绘画、影视画面无疑属于图像；照相机、显微镜或望远镜的取景器上的光学成像也是图像。此外，汉字也可以说是图像的一种,因为汉字起源于象形文字,所以可当作一种特殊的绘画;图形可理解为介于文字与绘画之间的一种形式,当然也属于图像的范畴。由此延伸,通过某些传感器变换得到的电信号图,如脑电图、心电图等也可看作是一种图像。“图”是物体反射或透射光的分布,它是客观存在的,而“像”是人的视觉系统所接收的“图”在人脑中所形成的印象或认识。总之,凡是人类视觉上能感受到的信息,都可以称为图像。

图像就是用各种观测系统以不同形式和手段观测客观世界而获得的,可以直接或间接作用于人眼而产生视知觉的实体。图像能够以各种各样的形式出现,例如,可视的和不可视的、抽象的和实际的、适于计算机处理的和不适于计算机处理的等。就其本质来说,可以将图像分为两大类:

- 模拟图像,包括光学图像、照相图像、电视图像等。例如,在生物医学研究中,人们在显微镜下看到的图像就是一幅光学模拟图像,照片、用线条画的图、绘画也都是模拟图像。模拟图像的处理速度快,但精度和灵活性差,不易查找和判断。
- 数字图像,即将连续的模拟图像经过离散化处理后变成计算机能够辨识的点阵图像。严格的数字图像是一个经过等距离矩形网格采样,对幅度进行等间隔量化的二维函数,因此,数字图像实际上就是被采样及量化的二维数组。本书中涉及的图像处理都是指数字图像的处理。

### 2. 数字图像处理

数字化后的图像可以看成是存储在计算机中的有序数据,当然可以通过计算机对数字图像进行处理。把利用计算机对图像进行去除噪声、增强、复原、分割、提取特征等的理论、方法和技术称为数字图像处理。数字图像处理可以理解为以下两方面的操作。

**(1) 从图像到图像的处理**

这类处理是将一幅效果不好的图像进行处理,获得效果好的图像。譬如,在大雾天气下拍摄一景物,由于在空气中悬浮着许多微小的水颗粒,这些水颗粒在光线的散射下,使景物与镜头(或人眼)之间形成了一个半透明层,使得画面的能见度很低,一些细节特征看不见。为了提高画面的清晰度,采用适当的图像处理方法,消除或减弱大雾层对图像的影响,就可以得到一幅清晰的图像。

**(2) 从图像到非图像的表示**

这类处理通常又称为数字图像分析。通常是对一幅图像中的若干个目标物进行识别分类后,给出其特性测度。例如,在一幅图像中,拍摄记录下来包含几个苹果和几个橘子等水果的画面,经过对图像的处理与分析之后,可以分检出苹果的个数以及苹果的大小等。这种从图像到非图像的表示,在许多图像分析中起着非常重要的作用,例如对人体组织切片图像中的细胞分布进行自动识别与分析,给出病理分析报告就是一个在计算机辅助诊断系统中的一个重要的应用。这类方法在图像检测、图像测量等领域有着非常广泛的应用。

### 3. 数字图像处理的基本特点

数字图像处理就是把在空间上离散的、在幅度上量化分层的数字图像，经过一些特定数理模式的加工处理，以达到有利于人眼视觉或某种接收系统所需要的图像的过程。主要有以下几个基本特点：

① 处理精度高，再现性好。利用计算机进行图像处理，其实质是对图像数据进行的各种运算。由于计算机技术的飞速发展，计算精度和计算的正确性勿庸置疑；另外，对同一图像用相同的方法处理多次，也可得到完全相同的效果，具有良好的再现性。

② 易于控制处理效果。在图像处理程序中，可以任意设定或变动各种参数，能有效控制处理过程，达到预期处理效果。这一特点在改善图像质量的处理中表现更为突出。

③ 处理的多样性。由于图像处理是通过运行程序进行的，因此，设计不同的图像处理程序，可以实现各种不同的处理目的。

④ 数字图像中各个像素间的相关性和压缩的潜力大。在图像画面上，经常有很多像素有相同或接近的灰度。就电视画面而言，同一行中相邻两个像素或相邻两行间的像素，其相关系数可达 0.9 以上，而相临两帧之间的相关性比帧内相关性一般还要大些。因此，图像处理中信息压缩的潜力很大。

⑤ 图像数据量庞大。图像中包含有丰富的信息，可以通过图像处理技术获取图像中所包含的有用信息，但是，数字图像的数据量十分巨大。一幅数字图像是由图像矩阵中的像素（Pixel）组成的，通常每个像素用红、绿、蓝 3 种颜色表示，每种颜色用 8 bit 表示灰度级。一幅1024×1024 不经压缩的真彩色图像，数据量达 3 MB（即 1024×1024×8 bit×3＝24 Mbit）。X 射线照片一般为 64～256 Kb 的数据量，一幅遥感图像为 3240×2340×4＝30 Mbit。如此庞大的数据量给存储、传输和处理都带来巨大的困难。如果精度及分辨率再提高，所需处理时间将大幅度增加。

⑥ 占用的频带较宽。与语言信息相比，数字图像占用的频带要大几个数量级。如电视图像的带宽约 56 MHz，而语言带宽仅为 4 kHz 左右。因此，数字图像在成像、传输、存储、处理、显示等各个环节的实现上，技术难度较大，成本较高，这就对频带压缩技术提出了更高的要求。

⑦ 图像质量评价受主观因素的影响。数字图像处理后的图像一般是给人观察和评价的，因此受人的主观因素影响较大。由于人的视觉系统很复杂，受环境条件、视觉性能、人的情绪和爱好，以及知识状况影响很大，因此作为图像质量的评价还有待于进行深入的研究。另一方面，计算机视觉是模仿人的视觉，人的感知机理必然影响着计算机视觉的研究。

⑧ 图像处理技术综合性强。数字图像处理涉及的技术领域相当广泛，如通信技术、计算机技术、电子技术、电视技术等，当然，数学、物理学等领域更是数字图像处理的基础。

## 1.1.2 数字图像处理研究的主要内容

### 1. 数字图像处理的目的

一般而言,对图像进行处理主要有以下 3 个方面的目的:

① 提高图像的视感质量,以达到赏心悦目的目的。如去除图像中的噪声、改变图像的亮度和颜色、增强图像中的某些成分、抑制某些成分、对图像进行几何变换等,从而改善图像的质量,以达到或真实的、或清晰的、或色彩丰富的、或意想不到的艺术效果。

② 提取图像中所包含的某些特征或特殊信息,以便于计算机分析,例如,用作模式识别、计算机视觉的预处理等。这些特征包括很多方面,如频域特性、灰度/颜色特性、边界/区域特性、纹理特性、形状/拓扑特性以及关系结构等。

③ 对图像数据进行变换、编码和压缩,以便于图像的存储和传输。

### 2. 数字图像处理的主要内容

数字图像处理的主要研究内容,根据其主要的处理流程与处理目标大致可以分为图像信息的描述、图像信息的处理、图像信息的分析、图像信息的编码以及图像信息的显示等几个方面。

#### (1) 图像数字化

图像数字化的目的是将一幅图像以数字的形式进行表示,并且要做到既不失真又便于计算机进行处理。换句话说,图像数字化要达到以最小的数据量来不失真地描述图像信息。图像数字化包括采样与量化。

#### (2) 图像增强

图像增强的目的是将一幅图像中有用的信息(即感兴趣的信息)进行增强,同时将无用的信息(即干扰信息或噪声)进行抑制,提高图像的可观察性,如图 1.1.1 所示。

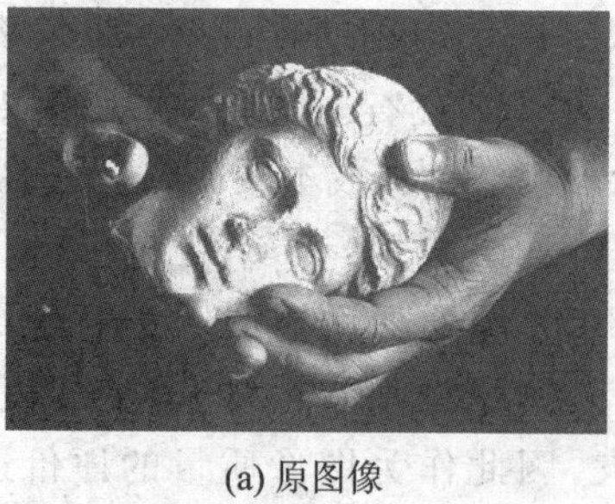

(a) 原图像

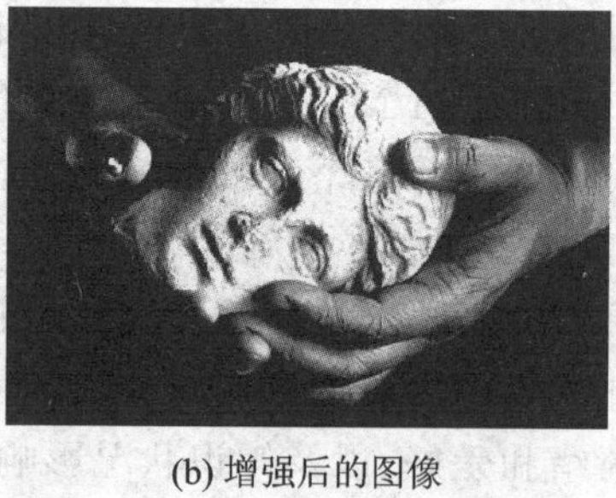

(b) 增强后的图像

图 1.1.1　图像增强

#### (3) 图像几何变换

图像几何变换的目的是改变一幅图像的大小或形状。例如,通过进行平移、旋转、放大、缩小、镜像等,可以进行两幅以上图像内容的配准,以便于进行图像之间内容的对比检测。在印章的真伪识别以及相似商标检测中,通常都会采用这类的处理。另外,对于图像中景物的几何畸变进行校正、对图像中的目标物大小测量等,大多也需要图像几何变换的处理环节。

**(4) 图像复原**

图像复原的目的是将退化的以及模糊的图像的原有信息进行恢复,以达到清晰化的目的,如图 1.1.2 所示。图像退化是指图像经过长时间的保存之后,因发生化学反应而使画面的颜色以及对比度发生退化改变的现象,或者是因噪声污染等导致图画退化的现象,或者是因为现场的亮暗范围太大,导致暗区或者高光区信息退化的现象。图像模糊则常常是因为运动以及拍摄时镜头的散焦等原因所导致的。无论是图像的退化还是图像的模糊,本质上都是原始信息部分丢失,或者原始信息相互混叠,或者原始信息与外来信息的相互混叠所造成的。因此,需根据退化模糊产生原因的不同,采用不同的图像恢复方法达到图像清晰化目的。

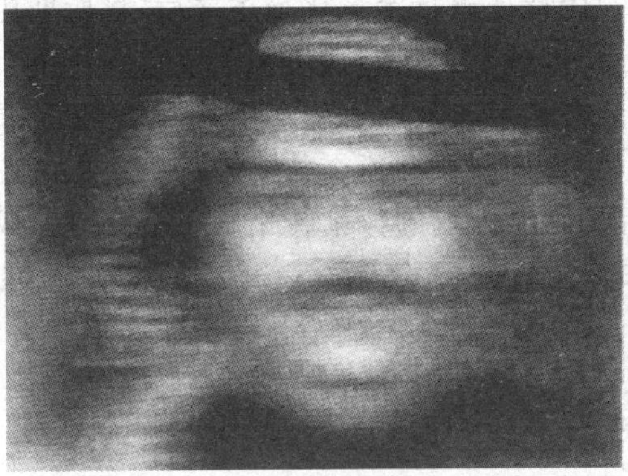

(a) 原图像

(b) 复原后的图像

**图 1.1.2 图像复原**

**(5) 图像重建**

图像重建的目的是根据二维平面图像数据构造出三维物体的图像。例如,在医学影像技术中的 CT 成像技术,就是将多幅断层二维平面数据重建成可描述人体组织器官三维结构的图像。有关三维图像的重建方法,在计算机图形学中有非常详细的介绍。三维重建技术成为目前虚拟现实技术以及科学可视化技术的重要基础。

**(6) 图像隐藏**

图像隐藏的目的是将一幅图像或者某些可数字化的媒体信息隐藏在一幅图像中。在保密通信中,将需要保密的图像在不增加数据量的前提下,隐藏在一幅可公开的图像之中,同时要求达到不可见性及抗干扰性。

图像隐藏技术目前还有一个非常重要的拓展应用,就是数字水印技术。数字水印在维护数字媒体版权方面起着非常重要的作用。数字水印有时允许是可见的,但是必须具有抗干扰性,特别是可以抵抗一次水印的添加等。同时,数字水印技术已经不仅限于位图的隐蔽,而是可以在数字化的多媒体信息之间进行隐藏。例如语音中隐藏图像,图像中同时隐蔽语音和文字说明等。

**(7) 图像变换**

图像变换是指通过一种数学映射的办法,将空域中的图像信息转换到如频域、时频域等空间上进行分析的数学手段。最常采用的变换有傅里叶变换、小波变换等。通过二维傅里叶变换可以进行图像的频率特性分析。通过小波变换,则可以将图像进行多频段分解,通过不同频段的不同处理,可以达到满意的效果。

**(8) 图像编码**

图像编码的目的是简化图像的表示方式,压缩表示图像的数据,以便于存储和传输。图像编码主要是对图像数据进行压缩。图像信息具有较强的相关特性,因此,通过改变图像数据的表示方法,可对图像的数据冗余进行压缩。另外,利用人类的视觉特性,可对图像的视觉冗余进行压缩,由此来达到减小描述图像数据量的目的。

**(9) 图像分析**

图像分析是指通过对图像中各种不同的物体特征进行定量化描述之后,将所期望获得的目标物进行提取,并且对所提出的目标物进行一定的定量分析。要达到这个目的,实际上就是要实现对图像内容的理解,达到对特定目标的识别。因此,其核心是要完成依据目标物的特征对图像进行区域分割,获得期望目标所在的局部区域。在工业产品零件无缺陷且正确装配检测中,图像分析是对图像中的像素转化成一个"合格"或"不合格"的判定。在有的应用中,例如医学图像的处理,不仅要检测出物体(如肿瘤)的存在,而且还要检测物体的大小。

## 1.1.3 数字图像处理的发展与应用

### 1. 数字图像处理的发展现状及发展趋势

图像处理是人类视觉延续的重要手段,可以使人们看到任意波长上所测得的图像。例如,借助伽马相机、X光机,人们可以看到红外和超声图像;借助CT可看到物体内部的断层图像;借助相应工具可看到立体图像和剖视图像等。几十年前,美国在太空探索中拍回了大量月球照片,但是由于种种环境因素的影响,这些照片是非常不清晰的,为此,人们对这些照片应用了一些图像处理手段,使照片中的重要信息得以清晰再现。正是这一方法产生的效果引起了巨大的轰动,从而促进了图像处理技术的蓬勃发展。

总体来说,图像处理技术的发展大致经历了初创期、发展期、普及期和实用化期4个阶段。初创期开始于20世纪60年代,当时的图像采用像素型光栅进行扫描显示,大多采用中、大型机对其进行处理。在这一时期,由于图像存储成本高,处理设备造价高,因而其应用面很窄。20世纪70年代进入了发展期,开始大量采用中、小型机进行处理,图像处理也逐渐改用光栅扫描显示方式,特别是出现了CT和卫星遥感图像,对图像处理技术的发展起到了很好的促进作用。到了20世纪80年代,图像处理技术进入普及期,此时的微机已经能够担当起图形图像处理的任务。VLSI的出现使得处理速度大大提高,而造价却进一步降低,这极大地促进了图形图像系统的普及和应用。20世纪90年代是图像技术的实用化时期,图像处理的信息量巨大,对处理速度的要求极高。

21世纪的图像技术要向高质量化方面发展，主要体现在以下几点：

- 高分辨率、高速度。图像处理技术发展的最终目标是要实现图像的实时处理，移动目标的生成、识别和跟踪。
- 立体化。立体化所包括的信息最为完整和丰富，未来采用数字全息技术将有利于达到这个目的。
- 智能化。其目的是实现图像的智能生成、处理、识别和理解。

### 2. 数字图像处理的应用

近十几年来，随着VLSI技术和计算机体系结构及算法的迅速发展，图像处理系统在性能大大提高的同时，价格日益下降，大中小系统纷纷问世，从而使图像处理技术得以广泛用于众多的科学与工程领域，如：遥感、工业检测、医学、气象、侦察、通信、智能机器人等。

**(1) 生物医学领域的应用**

- 显微图像处理；
- DNA(脱氧核糖核酸)显示分析；
- 红、白血球分析计数；
- 虫卵及组织切片的分析；
- 癌细胞识别；
- 染色体分析；
- DSA(心血管数字减影)及其他减影技术；
- 内脏大小形状及异常检查；
- 微循环的分析判断；
- 心肌活动的动态分析；
- 热像分析和红外像分析；
- X光照片增强、冻结及伪彩色增强；
- 超声图像成像、冻结、增强及伪彩色处理；
- CT、MRI、$\gamma$射线照相机、正电子和质子CT的应用；
- 专家系统如手术PLANNING规划的应用；
- 生物进化的图像分析。

**(2) 工业领域的应用**

- CAD和CAM技术用于模具、零件制造、服装、印染业；
- 零件、产品的无损检测，焊缝及内部缺陷的检查；
- 流水线零件的自动检测识别(供装配流水线用)；
- 邮件自动分拣、包裹分拣识别；
- 印制板质量、缺陷的检查；
- 生产过程的监控；

- 交通管制、机场的监控；
- 纺织物花型、图案的设计；
- 密封元器件内部的质量检查；
- 光弹性场分析；
- 标识、符号识别，例如超级市场算账、火车车皮识别；
- 支票、签名、文件的识别及辨伪；
- 运动车、船的视觉反馈控制。

(3) 遥感航天领域的应用

- 军事侦察、定位、引导、指挥等；
- 多光谱卫星图像分析；
- 地形、地图、国土普查；
- 地质、矿藏勘探；
- 森林资源探查、分类、防火；
- 水利资源探查，洪水泛滥监测；
- 海洋、渔业方面，如温度、渔群的监测、预报；
- 农业方面，如谷物估产、病虫害调查；
- 自然灾害、环境污染的监测；
- 气象、天气预报图的合成分析预报；
- 天文、太空星体的探测及分析；
- 交通、空中管理、铁路选线等。

(4) 军事、公安领域的应用

- 巡航导弹地形识别；
- 指纹自动识别；
- 罪犯脸形的合成；
- 雷达地形侦察；
- 遥控飞行器的引导；
- 目标的识别与制导；
- 警戒系统及自动火炮控制；
- 反伪装侦察；
- 手迹、人像、印章的鉴定识别；
- 过期档案文字的复原；
- 集装箱的不开箱检查。

(5) 其他领域的应用

- 图像的远距离通信；
- 多媒体计算机系统及应用；
- 电视电话；
- 服装试穿显示；

➢ 电视会议；

➢ 办公自动化、现场视频管理；

➢ 文字、图像电视广播。

总之，借助于图像处理技术，人们可以欣赏月球背面的景色，观看地球的遥远伙伴（如木星等）的美丽光环和卫星；可以考察人体内部在任意方向的剖面图；可以无伤害地检测工件和集成芯片内部的缺陷；可以进行视觉导航、自动识别目标、自动驾驶；可以组织无人工厂等。在所有这些应用中，都离不开图像处理与识别技术。如图 1.1.3 所示是几种不同类型的图像，其中图 1.1.3(a)为灰度图像，图 1.1.3(b)为遥感图像，图 1.1.3(c)为医学图像，图 1.1.3(d)为指纹图像。

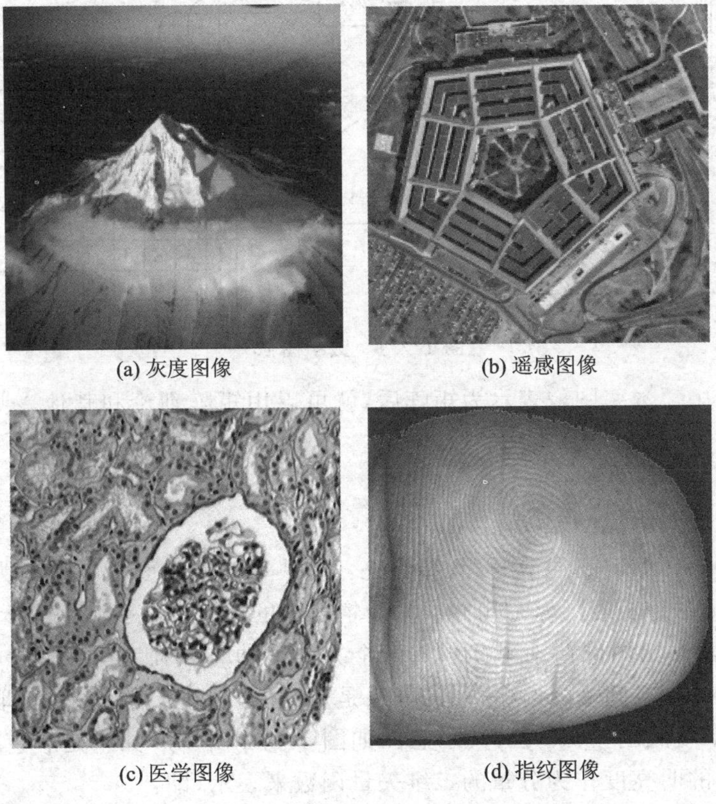

(a) 灰度图像　(b) 遥感图像　(c) 医学图像　(d) 指纹图像

**图 1.1.3　几种不同类型的图像**

# 1.2　图像数字化技术

## 1.2.1　图像的数学模型

在计算机中，图像被分割成如图 1.2.1 所示的像素，各像素的灰度值用整数表示。一幅 $M \times N$ 个像素的数字图像，其像素灰度值可以用 $M$ 行、$N$ 列的矩阵 $f(i,j)$ 表示：

$$f(i,j)=\begin{bmatrix} f_{11} & f_{12} & \cdots & f_{1N} \\ f_{21} & f_{22} & \cdots & f_{2N} \\ \vdots & \vdots & & \vdots \\ f_{M1} & f_{M2} & \cdots & f_{MN} \end{bmatrix}$$

习惯上把数字图像左上角的像素定为(1,1)个像素,右下角的像素定为$(M,N)$个像素。若用$i$表示垂直方向,$j$表示水平方向,这样,从左上角开始,纵向第$i$行,横向第$j$列的第$(i,j)$个像素就存储到矩阵的元素$f_{ij}$中,数字图像中的像素与二维矩阵中的每个元素便一一对应起来。

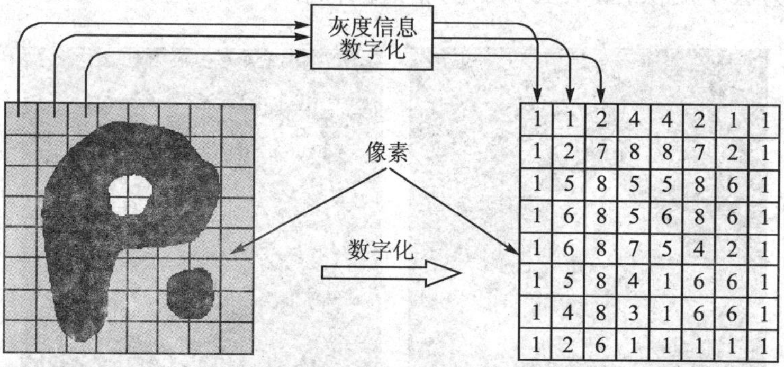


**图 1.2.1 数字图像**

在计算机中把数字图像表示为矩阵后,就可以用矩阵理论和其他一些数学方法来对数字图像进行分析和处理了。

## 1.2.2 图像的采样

图像信号是二维空间的信号,其特点是:它是一个以平面上的点作为独立变量的函数。例如,黑白与灰度图像是用二维平面情况下的浓淡变化函数来表示的,通常记为$f(x,y)$,它表示一幅图像在水平和垂直两个方向上的光照强度的变化。图像$f(x,y)$在二维空域里进行空间采样时,常用的办法是对$f(x,y)$进行均匀采样,取得各点的亮度值,构成一个离散函数$f(i,j)$,其示意图如图1.2.2所示。如果是彩色图像,则是以三基色(RGB)的明亮度作为分量的二维矢量函数来表示,即:

$$f(x,y)=[f_R(x,y) \quad f_G(x,y) \quad f_B(x,y)]^T \tag{1.2.1}$$

相应的离散值为:

$$f(x,y)=[f_R(i,j) \quad f_G(i,j) \quad f_B(i,j)]^T \tag{1.2.2}$$

与一维信号一样,二维图像信号的采样也要遵循采样定理。二维信号采样定理与一维信号采样定理类似。

对一个频谱有限($|u|<u_{max}$,且$|v|<v_{max}$)的图像信号$f(t)$进行采样,当采样频率满足式(1.2.3)和式(1.2.4)的条件时,采样函数$f(i,j)$便能无失真地恢复为原来的连续信号$f(x,y)$。$u$和$v$分别为信号$f(x,y)$在两个方向的频域上的有效频谱的最高角

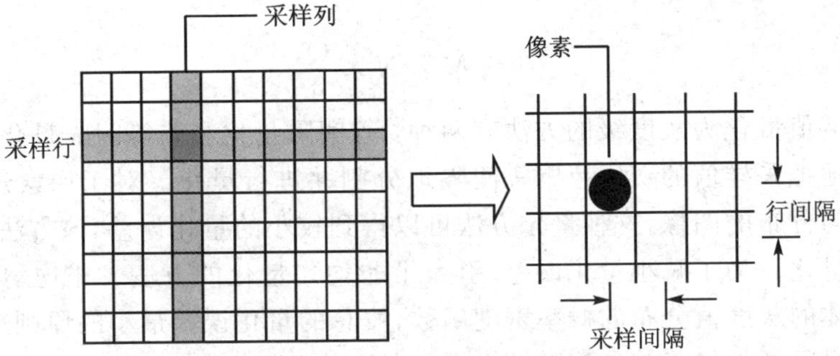


图 1.2.2　采样示意图

频率；$u$、$v$ 分别为二维采样频率，$u_r = 2\pi/T_u$，$v_s = 2\pi/T_v$。实际上，常取 $T_u = T_v = T_0$。

$$|u_r| \geqslant 2u_{\max} \tag{1.2.3}$$

$$|v_s| \geqslant 2v_{\max} \tag{1.2.4}$$

## 1.2.3　图像的量化

模拟图像经过采样后，在时间和空间上离散化为像素。但采样所得的像素值（即灰度值）仍是连续量。把采样后所得的各像素的灰度值从模拟量到离散量的转换称为图像灰度的量化。图 1.2.3(a)说明了量化过程。若连续灰度值用 $z$ 来表示，对于满足 $z_i \leqslant z \leqslant z_{i+1}$ 的 $z$ 值，都量化为整数 $q_i$，$q_i$ 称为像素的灰度值，$z$ 与 $q_i$ 的差称为量化误差。一般地，像素值量化后用一个字节 8 bit 来表示。如图 1.2.3(b)所示，把由黑—灰—白连续变化的灰度值量化为 0～255 共 256 级灰度值，灰度值的范围为 0～255，表示亮度从深到浅，对应图像中的颜色为从黑到白。

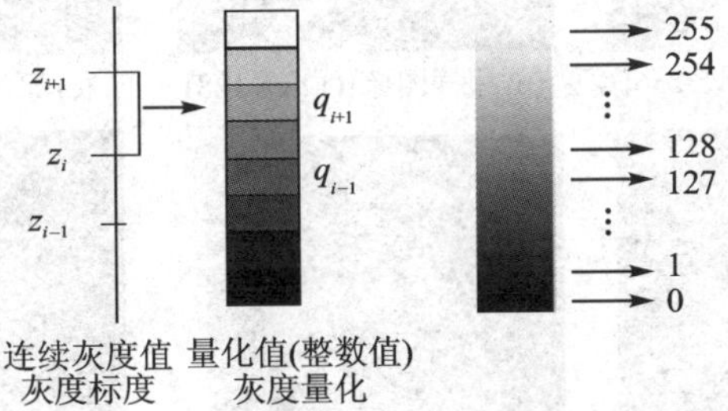


(a) 量化　　(b) 量化为8 bit

图 1.2.3　量化示意图

一幅图像在采样时，行、列的采样点与量化时每个像素量化的级数，既影响数字图像的质量，也影响到该数字图像数据量的大小。假定图像取 $M \times N$ 个采样点，每个像素量化后的灰度二进制位数为 $Q$，一般 $Q$ 总是取为 2 的整数幂，即 $Q = 2^k$，则存储一幅数字图像所需的二进制位数 $b$ 为：

$$b = M \times N \times Q$$

字节数为：

$$B = M \times N \times \frac{Q}{8}$$

连续灰度值量化为灰度级的方法有两种：等间隔量化和非等间隔量化。等间隔量化就是简单地把采样值的灰度范围等间隔地分割并进行量化。对于像素灰度值在黑-白范围较均匀分布的图像，这种量化方法可以得到较小的量化误差，该方法也称为均匀量化或线性量化。为了减小量化误差，引入了非均匀量化的方法。非均匀量化是依据一幅图像具体的灰度值分布的概率密度函数，按总的量化误差最小的原则来进行量化。具体做法是对图像中像素灰度值频繁出现的灰度值范围，量化间隔取小一些；而对那些像素灰度值极少出现的范围，则量化间隔取大一些。由于图像灰度值的概率分布密度函数因图像不同而异，所以不可能找到一个适用于各种不同图像的最佳非等间隔量化方案。因此，实际上一般都采用等间隔量化。

对一幅图像，当量化级数 $Q$ 一定时，采样点数 $M \times N$ 对图像质量有着显著影响，如图 1.2.4所示。采样点数越多，图像质量越好。当采样点数减少时，图上的块状效应就逐渐明显。同理，当图像的采样点数一定时，采用不同量化级数的图像质量也不一样，如图 1.2.5 所示。量化级数越多，图像质量越好。量化级数越少，图像质量越差，量化级数最小的极端情况就是二值图像，图像出现假轮廓。

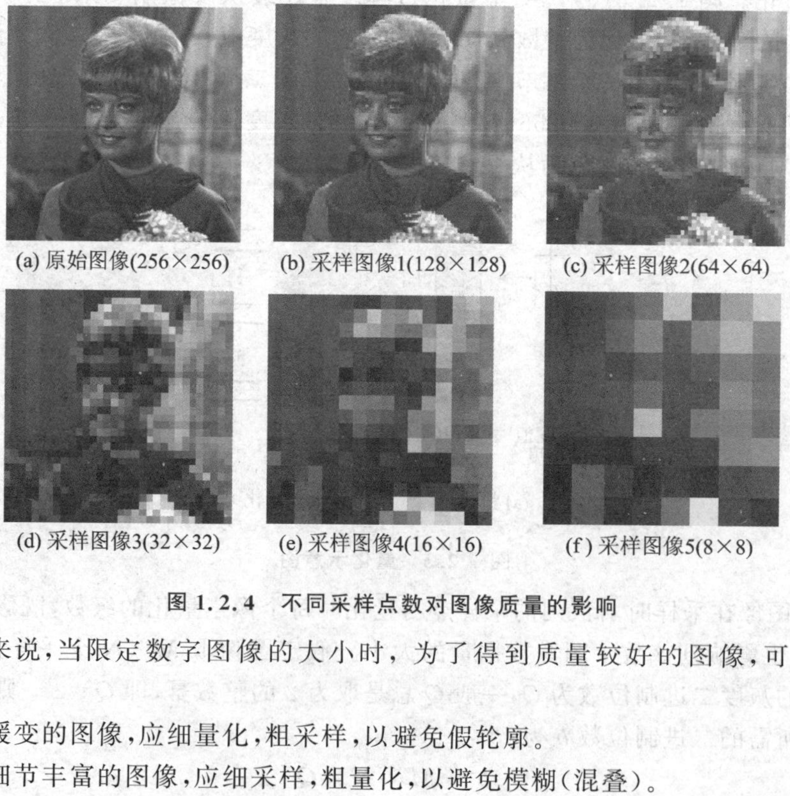

(a) 原始图像(256×256)　(b) 采样图像1(128×128)　(c) 采样图像2(64×64)

(d) 采样图像3(32×32)　(e) 采样图像4(16×16)　(f) 采样图像5(8×8)

**图 1.2.4　不同采样点数对图像质量的影响**

一般来说，当限定数字图像的大小时，为了得到质量较好的图像，可采用如下原则：

- 对缓变的图像，应细量化，粗采样，以避免假轮廓。
- 对细节丰富的图像，应细采样，粗量化，以避免模糊(混叠)。

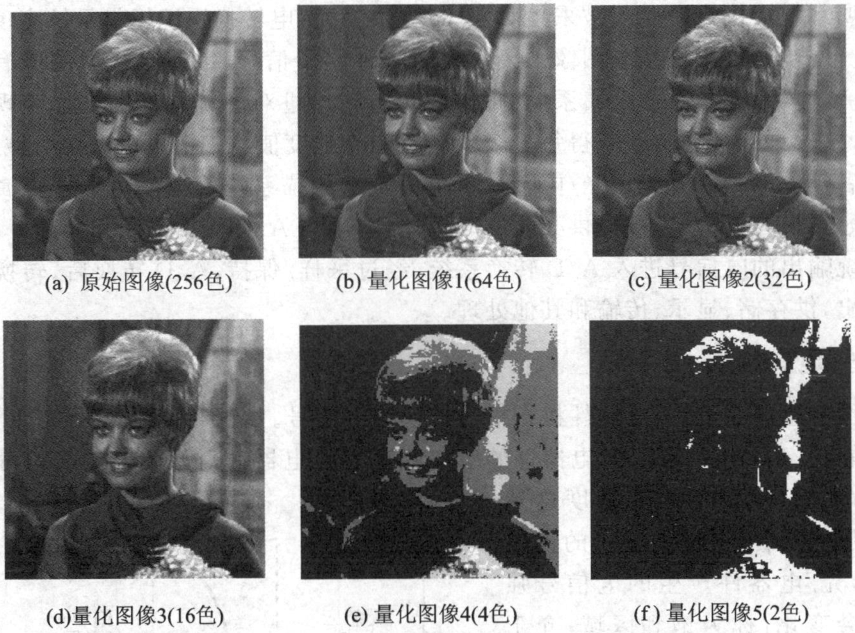


图 1.2.5 不同量化级别对图像质量的影响

# 1.3 图像获取技术

## 1.3.1 图像采集系统

图 1.3.1 是图像采集系统原理框图，它可以分成照明系统、同步系统、扫描系统、光/电转换系统、A/D 转换系统 5 部分。

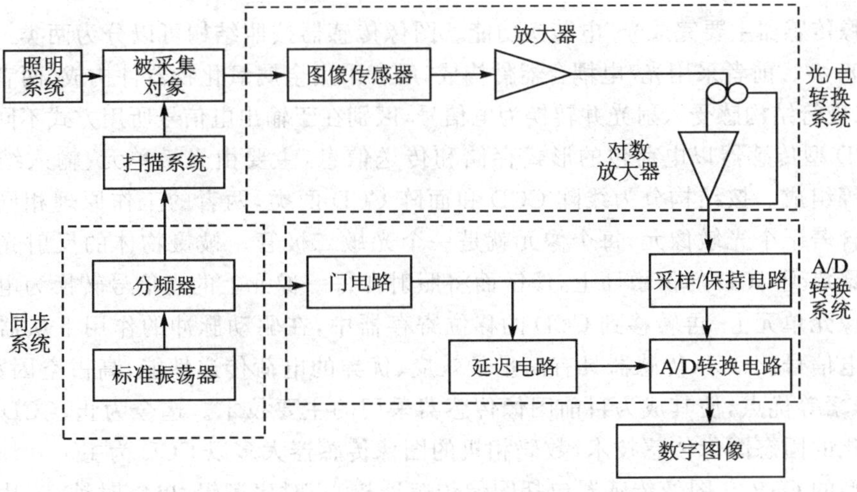


图 1.3.1 图像采集系统原理框图

照明系统提供光源照射被采集对象(景物),为光/电转换系统提供足够亮度的光强度信号。同步系统提供整个图像采集系统的时钟同步信号,以使系统中的所有部件同步动作。扫描系统是图像采集系统的固有部分,它通过对整幅图像的扫描实现被采样图像空间坐标的离散化,并获得每一个采样点的光强度值。扫描可以采用机械手段、电子束或者集成电路来完成。光/电转换系统负责把扫描系统输出的与采样点属性对应的光信号转换为电信号,并提供必要的放大处理,以与A/D转换系统相匹配。从光/电转换系统输出的电信号进入A/D转换系统,经过采样/保持,A/D转换后,转换成数字信号输出,供存储、显示、传输和其他处理。

### 1. 光/电转换特性

图像传感器通过光/电器件将光信号转换为电信号。在照明系统的照射下,如果光信号的能量(光强度)低于光/电器件的感应阈值,光/电器件对该强度的光信号没有反应,称为无感应区域;当光强度达到一定的强度以后,再增加输入的光信号强度,光/电器件产生的电信号强度也不会变化,称为饱和区域;介于无感应区域和饱和区域之间的光强度区域,称为动态区域。光电器件应该正常工作在动态区域。图1.3.2显示了光/电器件的输入/输出变换特性曲线。

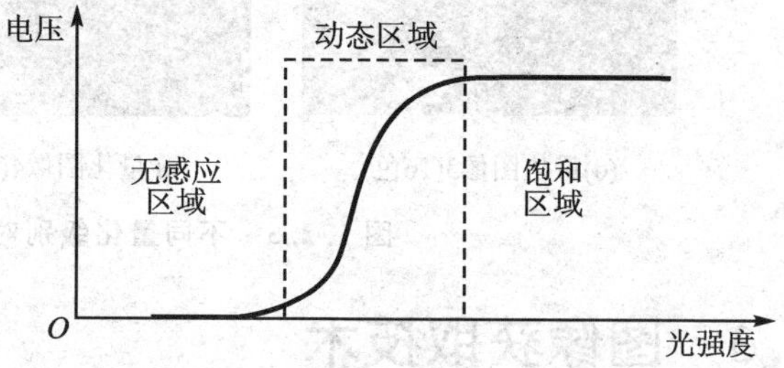


图1.3.2 输入/输出变换特性曲线

彩色图像输入时,需要先用分光镜、滤色片等装置对彩色信号进行分解,得到红、绿、蓝三色通道,然后分别对这三个颜色通道进行光/电转换和A/D转换。

### 2. 图像传感器

图像传感器主要完成光/电转换功能。图像传感器按照结构可以分为两类:CCD型和CMOS型。前者采用光/电耦合器件构成,后者采用金属氧化物器件构成,两者都采用光/电二极管结构感受入射光并转换为电信号,区别在于输出电信号所用方式不同。

CCD型传感器以电荷包的形式存储和传送信息,主要由光敏单元、输入结构和输出结构等组成。按结构分为线阵CCD和面阵CCD两类,两者的工作原理相同。CCD器件包含若干个光敏像元,每个像元就是一个光敏二极管。被摄物体的反射光线经光学系统聚焦到CCD的像敏面上,像敏面将照射在每一像元上的光信号转换为电荷信号存储在像元单元上,再转移到CCD的移位寄存器中,在驱动脉冲的作用下从器件中移出成为电信号。CCD传感器具有高量子效应、优异的电荷传递性能、高占空因数、低噪声、小像素等优点,使其成为目前图像传感器采用的主要技术。迄今为止,CCD是主要的实用化的固态图像传感技术,数码相机的图像传感器大多以CCD为主。

典型的CMOS图像传感器包括图像传感器核心、时序逻辑、单一时钟、芯片内的可编程功能、集成时间控制、A/D转换器。与CCD相比,CMOS图像传感器具有功耗低、空间占用少、总体价格低等优点，并且随着CMOS图像传感技术的发展，单片固态集成成像系统将成为可能。目前，CMOS图像传感器可以在低档和中档成像系统方面与CCD相媲美；但在高档成像系统方面，CCD尚未受到CMOS的任何挑战。

## 1.3.2 图像输入设备

### 1. 图像采集卡

通常图像采集卡安装于计算机主板扩展槽中，主要包括图像存储器单元、显示查找表(LUT)单元、CCD摄像头接口(A/D)、监视器接口(D/A)和PC机总线接口单元。工作过程如下：摄像头实时或准时采集数据，经A/D变换后将图像存放在图像存储单元的一个或3个通道中，D/A变换电路自动将图像显示在监视器上。通过主机发出指令，将某一帧图像静止在存储通道中，即采集或捕获一帧图像，然后可对图像进行处理或存盘。高档图像采集卡还包括卷积滤波、FFT(快速傅里叶变换)等图像处理专用的快速部件。现在有的图像采集卡将图像和图形功能合为一体，如北京大恒图像视觉有限公司开发的VIDEO-PCI-C真彩色图像采集卡。该卡基于PCI总线设计，它将图像和VGA的图形功能合为一体，可在计算机屏幕上实时显示彩色活动图像。

### 2. 扫描仪

扫描仪主要用于对照片、平板画和幻灯片做数字化处理。目前扫描仪的价格并不昂贵，而且种类繁多，但不同的扫描仪将提供不同的图像质量，这正如不同类型的照相机照出不同质量的相片一样。

在开始扫描之前，必须知道自己最终图像的大小，并计算出正确的扫描分辨率。同监视器分辨率一样，扫描分辨率也是以每英寸有多少像素来衡量的，单位为dpi。一个图像所包含的像素越多，表明它所容纳的信息也就越多。因此，通常往一个图像填塞的像素越多，图像也就越清晰。如果以低分辨率进行扫描，则图像就可能会模糊不清，或者可能会看见图像中单个的像素元素。

图像的文件大小与图像的分辨率直接相关。一幅以高一些的分辨率扫描的图像所产生的文件比低一些分辨率扫描的图像的文件要大。如果拿来一幅72 dpi的图像，然后以2倍于原来分辨率大小的分辨率(144 dpi)重新扫描，则所得到的新文件就大约是初始文件的4倍大小。这样，在扫描时，如果使用的分辨率太高，则图像的文件大小就可能会超过计算机内存的容量。常用的扫描仪主要有平板扫描仪、幻灯片扫描仪、旋转鼓形扫描仪。

### 3. 数码照相机

数码照相机又称数字照相机，是20世纪末开发出的新型照相机。在拍摄和处理图像方面有着得天独厚的优势。随着电脑的普及，以及对电脑图像处理技术的认同，数码照相机在视觉检测方面得到了广泛的应用。

数码照相机主要由光学镜头、感光传感器(CCD或CMOS)、A/D转换器、图像处理器(DSP)、图像存储器(Memory)、液晶显示器(LCD)、端口、电源和闪光灯等组成。其组成框图如图1.3.3所示。数码照相机是利用光电传感器的图像感应功能,将物体反射的光转换为数码信号,经压缩后储存于内建的存储器上。

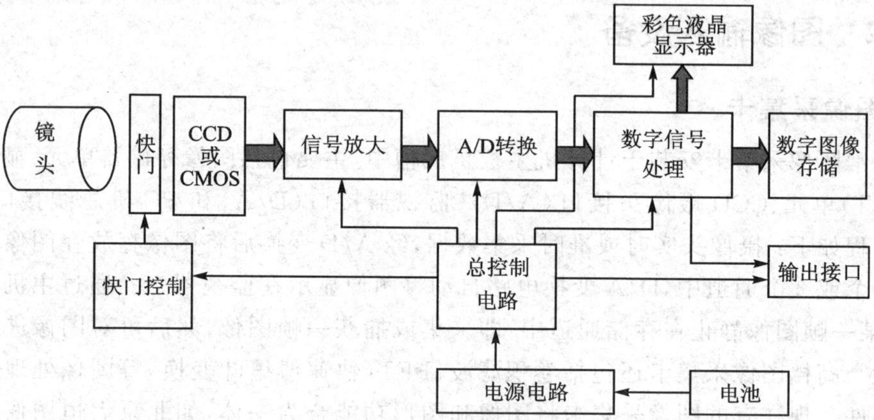


**图1.3.3 数码照相机组成框图**

感光传感器的功能是将光信号转换成电信号,其质量决定着数码照相机的成像质量。感光传感器先将光能转变为电子信号,之后再转换为数码信息,光线越亮产生的电子信号越强。在结合了光线强度与颜色之后,再转成像素,数码照相机可将每个像素设定为特定色彩。感光传感器是由很多小的光电传感器组合而成的阵列,光电传感器阵列上光电传感元件的总数决定了成像总像素的多少,即决定了成像面积的大小。面积相同,像素越多,生成图像的分辨率就越高,清晰度也越好。外部的光线透过镜头,汇聚于镜头后的光电传感器上。光电传感器将光信号转换为与光强度成正比的模拟电信号,送往A/D转换器。A/D转换器将模拟电信号转换为二进制数字信号,送往图像处理器。图像处理器将数字图像信号进行处理、压缩后存储在存储器中。上述成像过程是在核心控制芯片的控制下完成的。

**4. 数码摄像机**

数码摄像机工作的基本原理简单地说就是光-电-数字信号的转变与传输。即通过感光元件将光信号转变成电流,再将模拟电信号转变成数字信号,由专门的芯片进行处理和过滤后得到的信息还原出来就是我们看到的动态画面了。数码摄像机的感光元件能把光线转变成电荷,通过模/数转换器芯片转换成数字信号,主要有两种:一种是广泛使用的CCD元件;另一种是CMOS器件。

# 1.4 图像文件格式及类型

## 1.4.1 常用的图像文件格式

数字图像有多种存储格式,在计算机中是以图像文件的形式存放的,每种格式一般由不同的开发商支持。随着信息技术的发展和图像应用领域的不断拓宽，还会出现新的图像格式。因此，要进行图像处理，必须了解图像文件的格式，即图像文件的数据构成。每一种图像文件均有一个文件头，在文件头之后才是图像数据。文件头的内容由制作该图像文件的公司决定，一般包括文件类型、文件制作者、制作时间、版本号、文件大小等内容。目前较常用的静态图像文件格式有BMP、GIF、TIFF、JPEG等类型。

### 1. BMP文件格式

BMP文件又称位图文件（bitmap，BMP）是一种与设备无关的图像文件格式。BMP文件格式是一种位映射的存储形式。它是Windows软件推荐使用的一种格式，随着Windows的普及，BMP文件格式的应用越来越广泛。

BMP文件被分成几个域：位图文件参数头域、位图参数头域、调色板域（颜色定义表）和位图数据域等。位图文件参数头域包含关于这个文件的信息，例如从哪里开始是位图数据的定位信息，其结构如表1.4.1所列。

表1.4.1　位图文件参数头

| 字节数 | 参　数 | 说　明 |
| --- | --- | --- |
| 2 | bftype | 文件类型，一般以BM标识 |
| 4 | bfsize | 实际图像数据长度 |
| 2 | reserved1 | 保留 |
| 2 | reserved2 | 保留 |
| 4 | offset | 文件开始到位图数据开始处的偏移量 |

位图参数头域含有关于这幅图像的信息，例如：以像素为单位的宽度和高度，以及位图的彩色、压缩方法等。其结构如表1.4.2所列。

表1.4.2　位图参数头

| 字节数 | 参　数 | 说　明 | 字节数 | 参　数 | 说　明 |
| --- | --- | --- | --- | --- | --- |
| 4 | bisize | 本结构长度为40 | 4 | bisizeimage | 位图数据块的大小 |
| 4 | biwidth | 图像宽度 | 4 | bixpelspermeter | 水平分辨率 |
| 4 | biheight | 图像高度 | 4 | biypelspermeter | 垂直分辨率 |
| 2 | Biplanes | 位图的位面积 | 4 | bicrused | 位图使用的彩色数 |
| 2 | bibitcount | 每个像素所占位数 | 4 | biclrimporant | 主要彩色数 |
| 4 | bicompression | 压缩方法 | | | |

调色板域中有图像颜色的RGB值定义。对显示卡来说，如果它不能一次显示超过256种颜色，那么读取和显示BMP文件的程序能够把这些RGB值转换到显示卡的调色板来产生准确的颜色。每一种调色板颜色用4字节描述，其中第一个字节表示蓝色成分，第2个字节表示绿色成分，第3个字节表示红色成分，第4个字节为填充位（被设

置为0),调色板域大小为$4\times N$,$N$为颜色数。如果图像为真彩色,则调色板没有任何内容。

最后一个域是图像数据,用BYTL数据结构。这些数据取决于压缩方法,它们表示像素颜色在调色板中的索引号。图像为真彩色时,图像数据则直接表示红、绿、蓝的相对亮度。图像的每一扫描行由表示图像的连续的像素字节组成,每一行的字节数取决于图像的颜色数和用像素表示的图像宽度。扫描行是由下向上存储的,也就是说,此域的第一个字节表示位图左下角的像素,而最后一个字节表示位图右上角的像素。

**2. GIF 文件格式**

图形交换格式(Graphics Interchange Formar,GIF)是CompuServe公司开发的文件存储格式。1987年开发的GIF文件格式的版本号是GIF87a,1989年进行了扩充,扩充后的版本号定义为GIF89a。它支持2～16M种颜色、单个文件的多重图像、按行扫描的快速解码、有效的压缩以及硬件无关性。

GIF图像文件以数据块(Block)为单位来存储图像的相关信息。一个GIF文件由表示图形/图像的数据块、数据子块以及显示图形/图像的控制信息块组成,称为GIF数据流(Data Stream)。GIF文件格式采用LZW压缩算法来存储图像数据,并定义了允许用户为图像设置背景的透明属性。GIF文件格式可在一个文件中存放多幅彩色图形/图像,使它们可以像幻灯片那样显示或者像动画那样演示。

**3. TIFF 图像文件格式**

标记图像文件格式(Tag Image File Format,TIFF)是基于标志域的图像文件格式。有关图像的所有信息都存储在标志域中,如图像大小、所用计算机型号、制造商、图像的作者、说明、软件及数据。TIFF文件是一种极其灵活易变的格式,它可以支持多种压缩方法,特殊的图像控制函数以及许多其他特性。TIFF文件一般比较大。TIFF文件定义了4类不同的TIFF文件格式:适用于二值图像的TIFF-B;适用于灰度图像的TIFF-R;适用于带调色板的彩色图像的TIFF-P;适用于RGB彩色图像的TIFF-X。其中,TIFF-X是一种通用型,通过编程可以适用于上述所有4种类型。为了保证它们的兼容性,每类都会有一个最小的域,编程时不需要使用其他的域。

**4. JPEG 图像格式**

JPEG是Joint Photographic Experts Group(联合图像专家组)的缩写,是用于连续色调静态图像压缩的一种标准。其主要方法是采用预测编码(DPCM)、离散余弦变换(DCT)以及熵编码,以去除冗余的图像和彩色数据,属于有损压缩方式。JPEG是一种高效率的24位图像文件压缩格式,同样一幅图像,用JPEG格式存储的文件是其他类型文件的1/10～1/20,通常只有几十KB,而颜色深度仍然是24位,其质量损失非常小,基本上无法看出。JPEG文件的应用也十分广泛,特别是在网络和光盘读物上,都有它的影子。JPEG文件的扩展名为jpg或jpeg。

JPEG是一个适用范围很广的通用标准,其目标如下:

- 开发的算法在图像压缩率方面接近当前的科学水平，图像的保真度在较宽的压缩范围里的评价是“很好”、“优秀”到与原图像“不能区别”。
- 开发的算法可实际应用于任何一类数字图像源，如对图像的大小、色彩空间、像素的长宽比、图像的内容、复杂程度、颜色数及统计特性等都不加限制。
- 对开发的算法，在计算的复杂程度方面可以调整，因而可根据性能和成本要求来选择用软件执行还是用硬件执行。
- 开发的算法包括 4 种编码方式：顺序编码、累进编码、元损压缩编码和分层编码。

JPEG 采用对称的压缩算法，即在同一系统环境下压缩和解压缩所用的时间相同。采用 JPEG 压缩编码算法压缩的图像，其压缩比约为 1∶5～1∶50，甚至更高。当采用 JPEG 的高质量压缩时，未受训练的人眼无法查觉到变化。在低质量压缩率下，大部分的数据被剔除，而眼睛对之敏感的信息内容则几乎全部保留下来。

## 1.4.2　数字图像类型

计算机中描述和表示数字图像和计算机生成图形图像有两种常用的方法：矢量图法和位图法。尽管这两种生成图的方法不同，但在显示器上显示的结果几乎没有什么差别。矢量图是用一系列绘图指令来表示一幅图，如 AutoCAD 中的绘图语句。这种方法的本质是用数学（更准确地说是几何学）公式描述一幅图像。位图是通过许多像素点表示一幅图像，每个像素具有颜色属性和位置属性。位图可以从传统的相片、幻灯片上制作出来或使用数字相机得到，也可以利用 Windows 的画笔（Painbrush）用颜色点填充网格单元来创建位图。位图有多种表示和描述的模式，但从大的方面来说，主要可分为黑白图像、灰度图像和彩色图像。

### 1. 二值图像（黑白图像）

只有黑白两种颜色的图像称为黑白图像或单色图像，图像的每个像素只能是黑或白，没有中间的过度，故又称二值图像，如图 1.4.1 所示为黑白图像。二值图像的像素值只能为 0 或 1，图像中的每个像素值用 1 位存储。一幅 640×480 像素的黑白图像只需要占据 37.5 KB 的存储空间。

### 2. 灰度图像

在灰度图像中，像素灰度级用 8 位表示，所以每个像素都是介于黑色和白色之间的 256（$2^8=256$）种灰度中的一种，如图 1.4.2 所示为灰度图像。灰度图像只有灰度颜色而没有彩色。通常所说的黑白照片，其实包含了黑白之间的所有灰度色调。从技术上来说，就是具有从黑到白的 256 种灰度色域的单色图像。

### 3. 彩色图像

彩色图像除有亮度信息外，还包含有颜色信息。彩色图像的表示与所采用的彩色空间，即彩色的表示模型有关，同一幅彩色图像如果采用不同的彩色空间表示，则对其的描述可能会有很大的不同。常用的表示方法主要有真彩色(RGB)图像和索引图像。

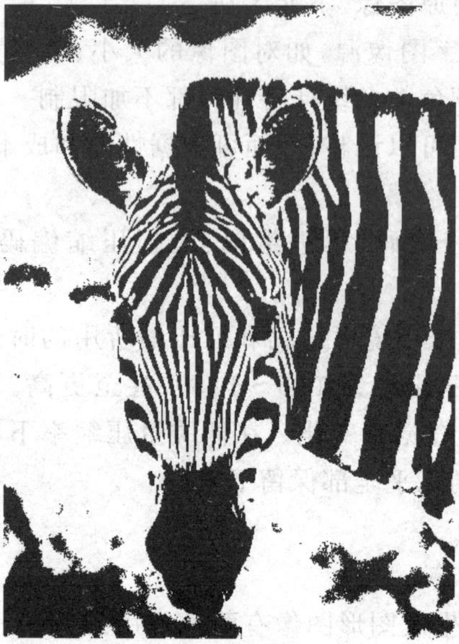

图1.4.1 黑白图像

图1.4.2 灰度图像

真彩色是RGB颜色的另一种流行叫法。真彩色图像又称为24位彩色图像。在真彩色图像中,每一个像素由红、绿和蓝3个字节组成,每个字节为8位,表示0～255之间不同的亮度值。这3个字节组合,可以产生约1670万种不同的颜色。由于它所表达的颜色远远超出了人眼所能辨别的范围,故将其称为"真彩色"。真彩色图像将像素的色彩能力推向了顶峰。

在真彩色出现之前,由于技术上的原因,计算机在处理时并没有达到每像素24位的真彩色水平,为此人们创造了索引颜色。索引颜色通常也称为映射颜色。在这种模式下,颜色都是预先定义的,并且可供选用的一组颜色也很有限,索引颜色的图像最多只能显示256种颜色。一幅索引颜色图像在图像文件里定义,当打开该文件时,构成该图像具体颜色的索引值就被读入程序里,然后根据索引值找到最终的颜色。索引图像是一种把像素值直接作为RGB调色板下标的图像,可把像素值直接映射为调色板数值。调色板通常与索引图像存储在一起,装载图像时,调色板将和图像一同自动装载。

索引模式和灰度模式比较类似,它的每个像素点也可以有256种颜色容量,但它可以负载彩色。索引模式的图像最多只能有256种颜色。当图像转换成索引模式时,系统会自动根据图像上的颜色归纳出能代表大多数的256种颜色,就像一张颜色表,然后用这256种来代替整个图像上所有的颜色信息。

## 1.5 图像的视觉原理

在实际应用中,许多图像处理结果是由人的视觉来解释的,因此,需要了解人的视觉特性与色度学的一些知识，这有助于图像处理算法的研究与系统设计。本节只简要介绍人的视觉系统与色度学基础知识。

## 1.5.1　人的视觉模型

人的视觉系统具有 3 个主要的功能：成像、图像传输与图像理解。人的视觉系统主要由光学系统、视网膜、视觉通路 3 个部分组成，如图 1.5.1 所示。

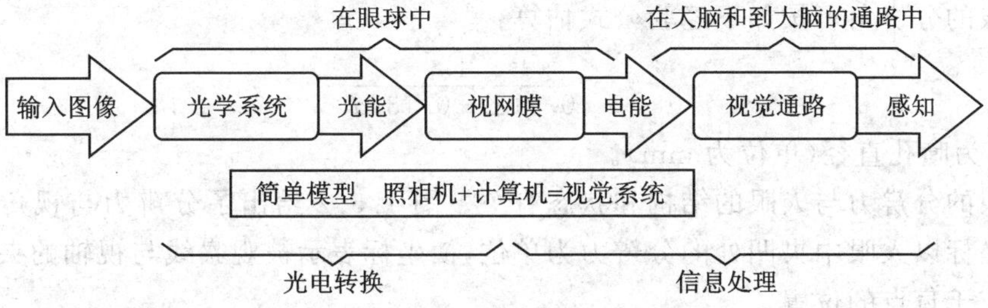


**图 1.5.1　简单的视觉系统模型**

人对图像的灰度、对比度、色调、结构及其变化的感觉是通过光的反射、传输作用到视觉系统而形成的。图像的形成与传输过程可简要叙述为：眼睛的视网膜接收器受到光的刺激而产生图像，并把光能转换成电脉冲，这些电脉冲经过视神经传输到视神经交叉，再传输到侧外膝状体，最后到达大脑的视觉皮层。

## 1.5.2　人的视觉特性

### 1. 人眼的适应和绝对视觉阈值

**(1) 适　应**

人眼从较亮的场所到较暗的场所时，很难马上看清东西；同时，从较暗场所到较亮场所时，也很难看清东西。一般把眼睛的状态适应明暗条件变化过程叫亮度适应。从亮到暗的变化叫暗适应；从暗到亮的变化叫亮适应。一般亮适应时间较短，约需 2～3 min；暗适应时间较长，一般要几十分钟才能充分适应。与亮度适应相区别，随着光的波长分布变化，眼睛存在对于颜色刺激产生变化的特性。例如，用强红光刺激眼睛后，本来是黄色的物体却看成是绿色的，这种视觉现象叫颜色适应。

**(2) 绝对视觉阈值**

在充分暗适应的状态下，在全黑视场中，人眼能感受到的最小光刺激值，称为人眼的绝对视觉阈值。若以入射到人眼瞳孔上最小照度值表示，人眼的绝对视觉阈值在 $10^{-9}$ lx 数量级。若以量子阈值表示，最小可探测的视觉刺激是 58～145 个蓝绿光（波长为 510 nm）的光子轰击角膜时引起的。据估算，这一刺激实际上是 5～ 14 个光子到达并作用于视网膜引起的。

### 2. 人眼的空间分辨力

#### (1) 分辨力

在空间上能区分相邻发光点的最小角距离称为极限分辨角 $\theta$,令其倒数为人眼分辨力 $\rho$,即:

$$\rho = \frac{1}{\theta} \tag{1.5.1}$$

人眼的分辨角可按如下经验公式估算:

$$\theta = \frac{1}{0.618 - 0.13/d} \tag{1.5.2}$$

式中:$d$ 为瞳孔直径(单位为 mm)。

人眼的分辨力与人眼的结构和状态有关。图 1.5.2 给出了分辨力与视角的关系。图中纵坐标以人眼中央凹处的分辨力为单位,横坐标表示被观察线与视轴的夹角,阴影部分对应于盲点的位置。

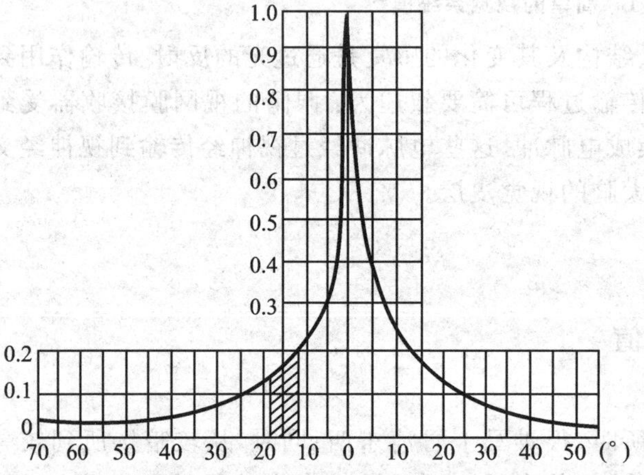


图 1.5.2　人眼分辨力与视角的关系

由图 1.5.2 可见,中央凹处分辨力最高。因此,人眼在观察物体时,为了看得最清楚,眼球不断地运动着看,并调节瞳孔的大小,自动地促使物体影像落在中央凹处。人眼分辨力还与背景亮度、对比度有关。当背景亮度降低或对比度减小时,人眼的分辨力会显著降低。人眼的分辨力与被观察物体的运动速度和颜色有关。当被观察物体的运动速度增加时,人眼分辨力下降。人眼对彩色的分辨力比对黑白的分辨力要差。如果对黑白的分辨力为 1,则黑红为 0.9,绿红为 0.4,绿蓝为 0.19。

#### (2) 马赫效应

如图 1.5.3 所示,当亮度发生跃变时,视觉上会感到边缘的亮侧更亮些,而暗侧更暗些。这种在亮暗边缘附近,亮侧亮度上冲、暗侧亮度下冲的现象,称为马赫(Mach)效应。这意味着一种微分运算,起着边缘增强的作用。

### 3. 人眼视觉的时间特性

#### (1) 视觉起始特性

在加入阶跃光波刺激时所产生的感觉变化,如图 1.5.4 所示。在刺激后几十毫秒时感觉才达到顶点,然后慢慢减少到一个常值。人眼视觉曲线的上升沿时间随着刺激光强的增加而缩短。

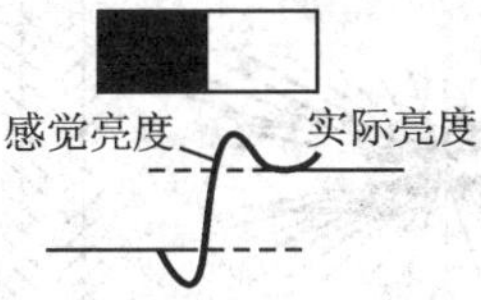


(a) 马赫效应原理

(b)马赫效应图例

**图 1.5.3　马赫效应**

**(2) 视觉惰性**

人眼的亮度感觉不会随着物体亮度的消失而立即消失，而有一个过渡时间，这就是视觉惰性。实验表明，在此过渡时间内，亮度感觉按指数规律逐渐减小。利用这一特性，每秒 25 帧的画面可形成连续活动景像的感觉，如电影、电视画面那样。而当帧重复频率太低时，会出现闪烁感觉，不引起闪烁感觉的最低重复频率叫做临界闪烁频率。它略低于 24 Hz。在帧频高于此临界频率时，主观感觉亮度为显示亮度的平均值。隔行扫描就是利用这一特性克服闪烁现象的，同时还可以降低行扫描的频率，使得传输频带得以压缩。

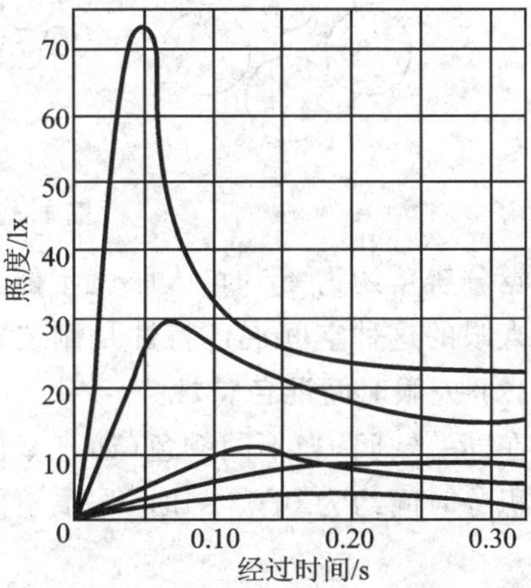


**图 1.5.4　阶跃白光刺激对明暗感觉的曲线**

## 4. 人眼的错觉现象

人眼视觉系统所感觉到的物体的形状，并不是简单的投影到视网膜上原封不动的形状，其对形状的感觉受物体自身形状及其周围背景的影响。这类影响是多种多样的，有神经系统引起的错视现象，也有心理因素的作用。错觉(视)是视觉对图形感觉的一种重要现象。图 1.5.5所示的是几个著名的几何学的错视图形的例子。其中，图 1.5.5(a)本是两条相等的线段，由于两端加了不同方向的图形，使我们感觉好像下边的一条线段较长；图 1.5.5(b)使我们看到斜线好像是错位的；图 1.5.5(c)中原本是二条平行的直线，可给我们的感觉却是二根弯曲的线；图 1.5.5(d)本来是互相平行的三条线，可我们却觉得是不平行的；图 1.5.5(e)中，左边和右边两图中央的圆是相同的，但我们却感觉右边的要大。图 1.5.5(f)则给人感觉中间有三角形存在，所有这些均是由错视造成的。

## 5. 人眼的混色特性

**(1) 人眼空间混色特性**

在同一时刻，当空间有 3 种不同颜色的点(如三基色点)，它们的位置靠得足够近，以致它们相对人眼所张的视角小于人眼的极限分辨角(人眼黑白视觉分辨角为 1°，彩

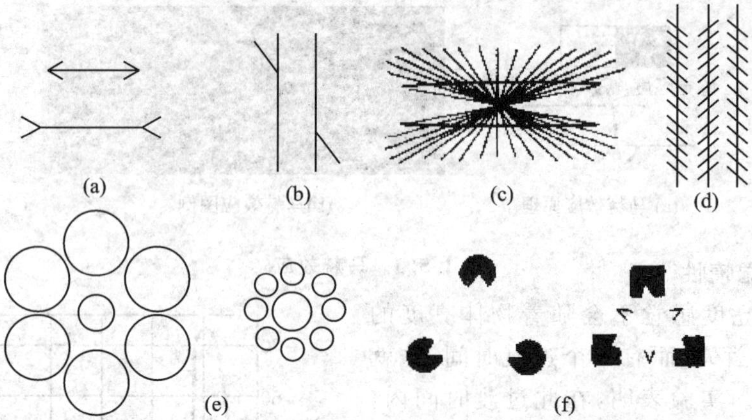


图 1.5.5 几种错觉图形

色视觉分辨角约为 4°)时,人眼就不能分辨出它们各自的颜色,而只能感觉它们的混合色。人眼的这种空间混色特性是制造彩色电视的基础。

**(2) 人眼时间混色特性**

在同一空间,当不同颜色(如三基色)的变换时间小于人眼的视觉惰性(人眼白天的有效积分时间约为 0.02 s)时,人眼不能分辨出它们各自的颜色,而只能感觉它们的混合色。

**(3) 人眼生理混色特性**

当人的两只眼睛同时分别观看两种不同颜色的同一景像时,同样可以获得混色效果,这就是人眼生理混色特性。

## 1.5.3 色度学基础

### 1. 三色原理

随着科学技术的发展,人们建立了现代色度学。它是一门以光学、视觉生理、视觉心理、心理物理等学科为基础的综合性学科,也是一门以大量实验为基础的实验性学科。它的任务在于研究和解决颜色的度量和评价方法,以及测量和应用等问题。自然界常见的各种颜色的光,都可由红(R)、绿(G)、蓝(B)3 种颜色的光按不同比例相配而成。同样,绝大多数颜色也可以分解成红、绿、蓝 3 种色光,这就是色度学中的最基本原理——三基色原理。三基色的选择不是唯一的,也可以选择其他 3 种颜色为三基色。但 3 种颜色必须是相互独立的,即任何一种颜色都不能由其他两种颜色合成。在人的视觉系统中,存在着杆状细胞和锥状细胞两种感光细胞。杆状细胞为暗视器官,锥状细胞是明视器官。锥状细胞在照度足够高时起作用,并能分别辨颜色。锥状细胞将电磁光谱的可见部分分为 3 个波段:红、绿、蓝,由于这个原因,这 3 种颜色被称为三基色。把 3 种基色光按不同比例相加称之为相加混色。由红、绿、蓝三基色进行相加混色及其补色,如图 1.5.6 所示。

## 2. 颜色模型

颜色模型是颜色在三维空间中的排列方式。目前，图像处理中常用的颜色模型多数为 RGB 颜色空间和 HIS 颜色空间。

### (1) RGB 颜色空间

RGB 颜色空间是图像处理中最基础的颜色模型，它是在配色实验基础上建立的，RGB 彩色空间示意图如图 1.5.7 所示。RGB 颜色空间的主要观点是人的眼睛有红、绿、蓝 3 种色感细胞，它们的最大感光灵敏度分别落在红色、蓝色和绿色区域，其合成的光谱响应就是视觉曲线。由此可推论出任何彩色都可以用红、绿、蓝 3 种基色来配制。

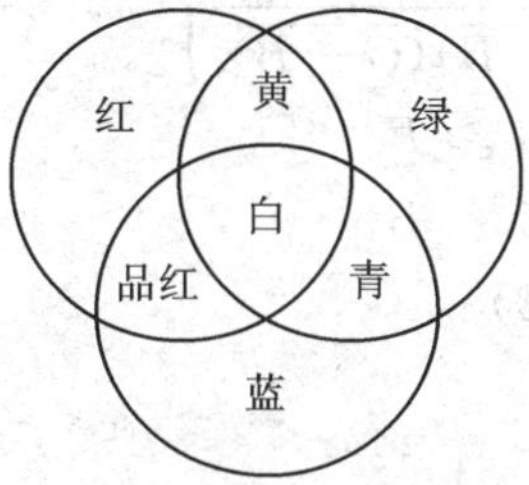


图 1.5.6　相加混色的三基色及其补色

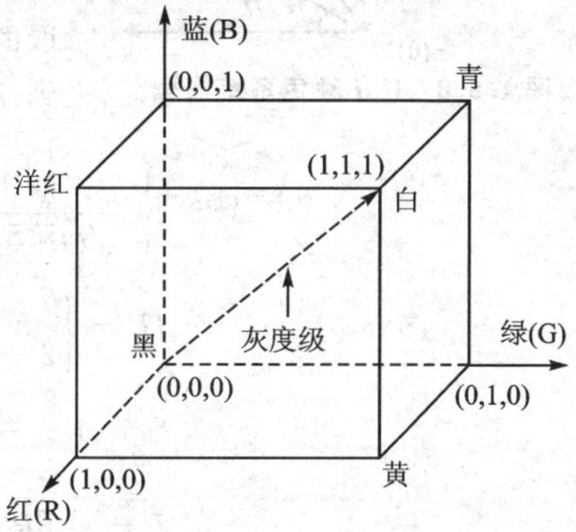


图 1.5.7　RGB 彩色空间示意图

对于彩色的定量测量，Grassman 提出了三色调配公理，彩色调配的 3 种可能情形为：

$$c[C] = n[N] + p[P] + q[Q] \tag{1.5.3}$$

$$c[C] + n[N] = p[P] + q[Q] \tag{1.5.4}$$

$$c[C] + n[N] + p[P] = q[Q] \tag{1.5.5}$$

式中：$[C]$为未知色光；$[N]$、$[P]$、$[Q]$为三基色光；$c$、$n$、$p$、$q$ 为调配系数。

### (2) HIS 颜色空间

HIS 颜色模型是 Munseu(孟赛尔)颜色系统中的一种，它以人眼的视觉特征为基础，利用 3 个相对独立、容易预测的颜色心理属性：色度(Hue)、光强度(Intensity)和饱和度(Saturation)来表示颜色，反映了人的视觉系统观察彩色的格式。色度是由物体反射光线中占优势的波长来决定的，不同的波长产生不同的颜色感觉，如红、橙、黄、绿、青、蓝、紫等。它是彩色最为重要的属性，是决定颜色本质的基本特性。颜色饱和度是指一个颜色的鲜明程度，饱和度越高，颜色越深，如深红、深绿等。在物体反射光的组成中，白色光愈少，色饱和度愈大；颜色中的白色或灰色愈多，其饱和度就越小。光强度是指光波作用于感受器所发生的效应，其大小是由物体反射系数来决定的，反射系数越大，物体的光强度愈大，反之愈小。

HIS 颜色模型定义在圆柱坐标系的双圆锥子集上，如图 1.5.8 所示。色度 $H$ 由水

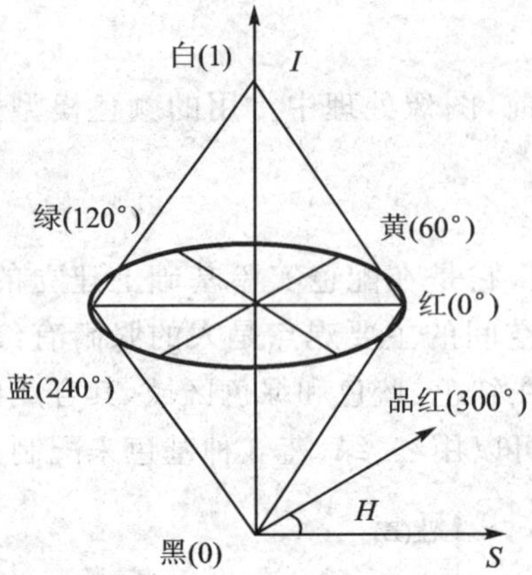


**图 1.5.8 HSI 颜色系统模型**

平面的圆周表示,圆周上各点(0°～360°)代表光谱上各种不同的色调;饱和度 $S$ 是颜色点与中心轴的距离,在轴上各点,饱和度为 0,在锥面上各点,饱和度为 1;光强度 $I$ 的变化是从下锥顶点的黑色(0),逐渐变到上锥顶点的白色(1)。HIS 模型中,光强度不受其他颜色信息的影响,因此,可减少光照强度变化所带来的影响。

**(3) HIS 与 RGB 之间的非线性映射**

为了用 HIS 颜色模型检测颜色,需将相机获取的图像的 R、G、B 成分进行转换,颜色从 RGB 到 HIS 转换为非线性变换,其转换关系如下:

$$\theta = \cos^{-1}\left\{\frac{\frac{1}{2}[(R-G)+(R-B)]}{\sqrt{(R-G)^2+(R-B)(G-B)}}\right\} \tag{1.5.6}$$

$$H = \begin{cases} \theta & G \geqslant B \\ 2-\pi-\theta & G < B \end{cases} \tag{1.5.7}$$

$$S = 1 - \frac{3\min(R,G,B)}{R+G+B} \tag{1.5.8}$$

$$I = \frac{1}{\sqrt{3}}[R+G+B] \tag{1.5.9}$$

式中:$R$、$G$、$B$ 为图像的三基色的灰度值;$H$、$S$、$I$ 为图像的色度、饱和度和强度,色度 $H$ 用弧度表示,其取值范围为:0～2π。

为了便于图像的显示和利用灰度直方图对色度特征进行分析,对式(1.5.6)～式(1.5.9)进行变换,将色度值映射到灰度级范围内,这样就可以应用经常使用的灰度来分析图像的特征,如下:

$$H = \begin{cases} \left(90^\circ + \tan^{-1}\left(\dfrac{2R-G-B}{\sqrt{3}(G-B)}\right)\right) \times 255/360^\circ & G > B \\ \left(90^\circ + \tan^{-1}\left(\dfrac{2R-G-B}{\sqrt{3}(G-B)}\right) + 180^\circ\right) \times 255/360^\circ & G < B \\ 255 & G = B \end{cases} \tag{1.5.10}$$

## 1.5.4 图像质量评价

图像质量评价是图像工程的基础技术之一。在图像通信工程中,图像被光学系统成像到接收器上,并经过光电转换、记录、编码压缩、传输、增强和复原处理及其他变换等过程,对这些过程的技术优劣的评价都归结到图像质量评价中。

图像质量的含义包括两个方面:图像的保真度和理解度。保真度是指被评价图像与标准图像的偏离程度,两者属于同一个映像,只是由于传输和处理等原因而造成了偏差,因此,保真度往往指的是图像细节方面的差异。理解度表示图像能向人或机器提供信息的能力，其中包括清晰和美感等，理解度往往指的是图像整体和细节的总体概念。

**1. 图像质量的主观评价**

对图像质量最普通和最可靠的评价是观察者的主观评价。主观评价的任务是要把人对图像质量的主观感觉与客观参数和性能联系起来。只要主观评价准确，就可以用相应的客观参数作为评价图像质量的依据。有时可请未经训练的“外行”观察者，他们的评价能代表平均观察者感觉的图像质量；也可请经过训练的“内行”观察者，他们在处理图像方面是有经验的，并且能对图像质量提出较好的临界判断。有经验的观察者能指出图像中的少量退化，而外行观察者则可能漏看或不予注意。

主观评价有两种不同的方式：绝对方式和比较方式。绝对方式就是让观察者观看一幅图像，请他们按照预先规定的评定标准判断图像质量。有时给观察者配备一套标准参考图像，以便评定时进行主观校准；但有时，观察者不得不只根据以往的观察经验进行判断。所谓比较方式就是请观察者评定一套图像，比较某一特定图组中图像的优劣。

主观测试可分为 3 种：第一种是质量测试，观察者应评定图像的质量等级；第二种是损伤测试，观察者要评审出图像的损伤程度；第三种是比较测试，观察者对一幅给定图像和另一幅或几幅图像做出质量比较。主观测试的 3 种方法都有各自的分级标准和测试规程。表 1.5.1列出 CCIR 在 20 世纪 60 年代中期推荐的主观测试方式所用的典型分级标准。表 1.5.2 是目前国际上通用的由 CCIR 推荐的主观测试规程。

**表 1.5.1 主观测试分级标准**

| 损伤 | | | 质量 | | | 比较 | | |
|---|---|---|---|---|---|---|---|---|
| 每级的主观质量 | | 国别 | 每级的主观质量 | | 国别 | 比较的衡量 | | 国别 |
| 五级标准 | 1 不能察觉<br>2 刚察觉不讨厌<br>3 有点讨厌<br>4 很讨厌<br>5 不能用 | 原联邦德国、日本等 | 五级标准 | 5 优<br>4 良<br>3 中<br>2 次<br>1 劣 | 原联邦德国、日本、英国 | 五级标准 | +2 好得多<br>+1 好<br>0 相同<br>−1 坏<br>−2 坏得多 | 原联邦德国、英国等 |
| 六级标准 | 1 不能察觉<br>2 刚觉察到<br>3 明显但不妨碍<br>4 稍有妨碍<br>5 明显妨碍<br>6 极妨碍(不能用) | 英国、EBU 等 | 六级标准 | 6 优<br>5 良<br>4 中<br>3 稍次<br>2 次<br>1 极次 | 英国、EBU 等 | 七级标准 | +3 好得多<br>+2 好<br>+1 稍好<br>0 相同<br>−1 稍坏<br>−2 坏<br>−3 坏得多 | EBU 等 |

表 1.5.2 CCIR 推荐的主观测试规程

| 观察项目 | 观察结果 | |
|---|---|---|
| | 50 场/s | 60 场/s |
| 观察距离/图像高度 | 6 H | 4～6 H |
| 屏幕最大高度($cd/m^2$) | 70±10 | 70±10 |
| 显像管不工作时的屏幕亮度/最大亮度 | <0.02 | <0.02 |
| 暗室内显示黑电平时的屏幕亮度/显示峰值时的亮度 | 约 0.01 | 约 0.01 |
| 图像监视器的背景亮度/图像峰值亮度 | 约 9～1 | 约 0～15 |
| 室内环境亮度 | 低 | 低 |
| 背景色度 | 白 | D65 |

主观评价实验的准确性表现为实验结果的可重复性，或者说要求主观评价实验结果具有足够的置信度，这要求对实验各方面的条件有严格规定。主观测试的结果受被测图像的类别以及试验条件的影响。如果图像是观察者熟悉的，则观察者对损害度的鉴定便比较苛刻，因为他对图像结构已有先入之见。另一方面，对于不熟悉的图像可能看不出损害，除非有意让观察者注意。实验条件应该在实际上尽可能做到与观察条件匹配。另外，从一种观察条件变到另一种条件时，应用主观评价需加小心。

## 2. 图像质量的客观评价

客观的图像质量评价方法可分为无参考评价方法和有参考评价方法两类。有参考图像质量评价即计算过程需要观测图像与标准图像做对比，从而得出观测图像与标准图像之间的差异；该差异越大，说明观测图像的降质程度越大，图像质量也越差。但在实际应用中，往往找不到标准图像，比如一些在运动中拍摄的图像，往往带有各种噪声和运动模糊，在评价这些图像的质量时，不存在与之做对比的标准图像，因此在这种情况下需要开发无参考图像质量评价指标去衡量其图像质量。目前，常规客观评价方法已有数十种。这些方法中大部分都是着眼于处理后的图像与标准图像之间的像素值的变化，对于图像在经过处理后出现的降质，最直接的衡量方法是计算其像素值与标准图像之间的差异，这种思想在有参考图像质量评价方法中得到了较广泛的应用。比如，目前为止应用最广泛的指标是峰值信噪比(PSNR)和均方误差(MSE)，即计算两幅图像之间的像素差异。在无参考的图像质量评价方法中，评价的过程仅依赖观测图像，在这种情况下考核图像质量的难度要远远超过有参考的评价方法。目前，无参考评价方法的评价指标比较少，且已有指标往往只是针对某一特定的应用背景，不具有通用性。随着对各种指标研究的深入，发现在某些情况下上述指标的计算结果与人类视觉感受不符，甚至与人类视觉感受之间出现相反的结论，于是开始寻求各种办法来解决这样的问题。

结合人类视觉系统(HVS)的客观评价方法是将人类视觉特性与图像质量评价相

结合,但由于目前还未对人类视觉机制本身有清晰的认识,因此也限制了 HVS 模型的准确度。结构相似度(SSIM)是融入了人类视觉感受因素的客观图像质量评价指标之一,是针对人类视觉对图片的结构信息比较敏感的前提下提出的,因此关注图像的结构失真度。SSIM 模型在一定程度上能够反映出人类的视觉感受。

图像质量评价算法的目标是得到与人的主观评价相一致的评价结果,因此一致性是衡量算法性能的最主要方面。近来提出的算法都在不同程度上采用了 HVS 特性,或者是图像中提取人眼感兴趣的边缘、色彩等结构化信息,或者是在评价模型中保留参数,根据训练集上的主观评价值来确定这些参数,或者是把 HVS 系统看成一个黑箱,通过机器学习的方法挑选出人眼感兴趣的特征。所有这些都是为了让算法给出的客观评价结果尽可能地与主观评价值相一致。同时,众多研究结果表明,加入 HVS 特性的算法要优于单纯的客观评价算法。因此,主客观相结合成为评价算法未来发展的一个趋势。

在许多实际应用中,经常得不到参考图像或者获得参考图像付出代价太大,因而要求算法降低对参考图像的依赖程度。同时,观测者往往并不需要参考图像就能够对图像质量做出合理的评价。这表明观测者在进行评价时抓住了反映图像质量的最本质的特征,也说明对无参考算法的研究更有可能揭示人类视觉感知的原理。因而,无参考算法开始引起众多研究者的关注,相关的研究成果也不断增多,成为未来发展的趋势之一。

## 1.6 MATLAB 在图像处理中的应用简介

MATLAB 语言是由美国 MathWorks 公司推出的计算机软件,经过多年的逐步发展与不断完善,现已成为国际公认的最优秀的科学计算与数学应用软件之一。其内容涉及矩阵代数、微积分、应用数学、有限元分析、科学计算、信号与系统、神经网络、小波分析及其应用、数字图像处理、计算机图形学、电子线路、电机学、自动控制与通信技术、物理、力学和机械振动等方面。

MATLAB 有 3 大特点:一是功能强大。主要包括数值计算和符号计算、计算结果和编程可视化、数学和文字统一处理、离线和在线计算。二是界面友好,编程效率高。MATLAB 是一种以矩阵为基本单元的可视化程序设计语言,语法结构简单,数据类型单一,指令表达与标准教科书的数学表达式相近。三是开放性强。MATLAB 有很好的可扩充性,可以把它当成一种更高级的语言去使用,使用它很容易编写各种通用或专用应用程序。将 MATLAB 用于数字图像处理,其优点在于以下几个方面:

① 强大、高效的矩阵和数组运算功能。

② 语法规则与一般的高级语言类似,一个稍有编程基础的人能很快熟悉掌握。

③ 语言简洁紧凑,使用灵活,程序书写形式自由。而且库函数十分丰富,避免了繁杂的子程序编程任务。

④ 向用户提供各种方便的绘图功能。

⑤ 提供了图像处理工具箱、数字信号处理工具箱、小波工具箱等各种功能强大的工具箱。

⑥ 集成了各种变换函数,不仅方便了研究人员,而且使源程序简洁明了、易实现。

### 1.6.1 MATLAB 图像处理工具箱

数字图像处理工具箱函数包括以下 16 类:图像显示;图像文件输入/输出(I/O);图像几何运算;图像像素值及统计处理;图像分析;图像增强及平滑;图像线性滤波;二维线性滤波器设计;图像变换;图像邻域及块操作;二像图像操作函数;基于区域的图像处理;颜色映像处理;颜色空间转换;图像类型和类型转换;工具箱参数设置等,具体见附录 A。

MATLAB 图像处理工具箱支持的 4 种基本图像类型是:索引图像、灰度图像、二值图像、RGB 图像。由于有的函数对图像类型有限制,这 4 种类型可以用工具箱的类型转换函数相互转换。MATLAB 可操作的图像文件包括 BMP、HDF、JPEG、PCX、TIFF、XWD 等格式。

### 1.6.2 MATLAB 图像处理基本过程

#### 1. MATLAB 的打开

运行安装完成的 MATLAB 程序,若在桌面上建立了 MATLAB 的快捷方式,则单击桌面的 MATLAB 图标即可启动 MATLAB,其 Command Window 界面如图 1.6.1 所示。

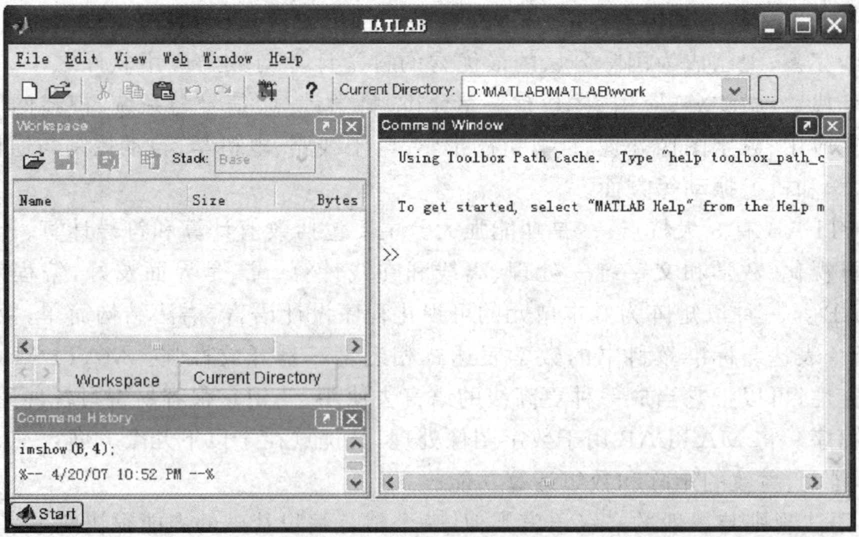


图 1.6.1 Command Window 窗口

## 2. 图像输入到计算机

将所需要处理的图像通过数码相机、U 盘等输入设备输入到计算机中，并确定图像在微机中存放的位置，例如，图像存在 D:\MATLAB\MATLAB\WORK 中。

## 3. 更改 Current Directory 目录

更改图 1.6.1 所示的 Current Directory 目录，将所要处理的图像所在目录设为当前目录，如 D:\MATLAB\MATLAB\WORK，如图 1.6.1 所示。

## 4. 打开编辑窗口，编写程序

启动 MATLAB 的 M 文件编辑器，可以在 Command Window 窗口中选择 File→New→M-file 菜单项，即可建立. M 文件。在编辑窗口中输入要处理图像的原程序，如图 1.6.2 所示。

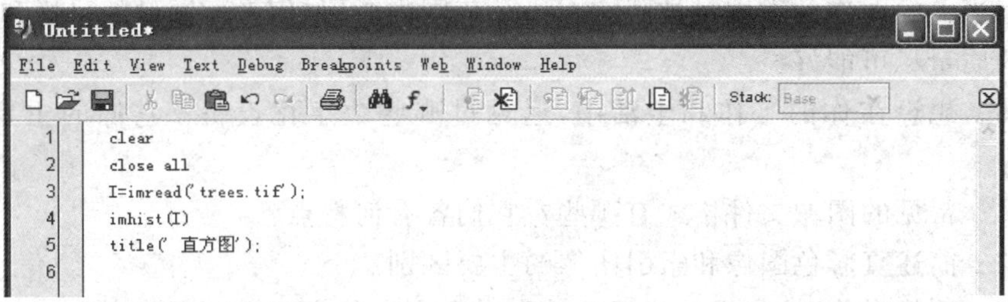


图 1.6.2 编辑程序

## 5. 保存并运行

选择 Debug→Save and Run F5 菜单项即可运行程序并保存该程序。程序运行结果如图 1.6.3所示。

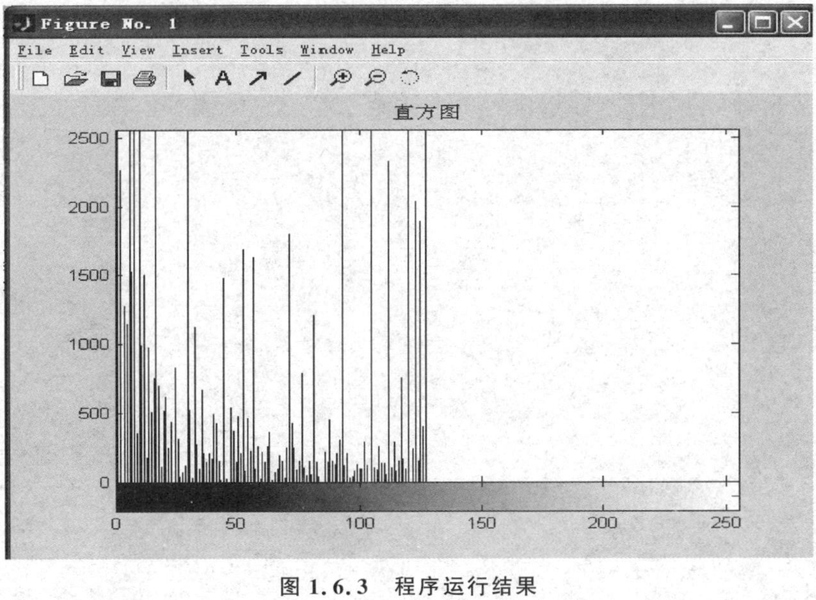


图 1.6.3 程序运行结果

### 6. 保存运行结果

若想将运行结果保存成图片的格式,则在程序中加入图像写入图形文件的函数,即 imwrite (A,filename,fmt);若想让图像I保存在D盘TAB文件夹中,文件名为123,文件格式为BMP,可用 imwrite(I,'D:\TAB\123.BMP') 语句即可。

## 习题与思考题

1-1 什么是数字图像?数字图像处理有哪些特点?

1-2 数字图像处理的目的及主要内容。

1-3 数字图像处理的主要应用及发展方向。

1-4 在理想情况下,获得一幅数字图像时,采样和量化间隔越小,图像的画面效果越好。当一幅图像的数据量被限定在一个范围内时,如何考虑图像的采样和量化,使得图像的质量尽可能好?

1-5 想想在你的工作和生活中,遇见过哪些数字化设备?它们的主要用途是什么?

1-6 常见的图像文件格式有哪些?它们各有何特点?

1-7 简述真彩色图像和索引图像的主要区别。

1-8 图像量化时,如果量化级比较小时会产生什么现象?为什么?

1-9 采集同一对象的彩色图像,分别改变光源类型与光照条件,检查RGB分量与HIS分量的变化趋势。

# 第 2 章

# 图像的频域变换

在计算机的图像处理中，所谓图像变换就是为达到图像处理的某种目的而使用的一种数学技巧。图像函数经过变换后处理起来较变换前更加简单和方便，由于这种变换是对图像函数而言的，所以称为图像变换。现在研究的图像变换基本上都是正交变换，正交变换可以减少图像数据的相关性，获取图像的整体特点，有利于用较少的数据量表示原始图像，这对图像的分析、存储以及图像的传输都是非常有意义的。

本章首先介绍离散傅里叶变换、离散余弦变换、K－L 变换的基本理论知识，并对沃尔什-哈达玛变换及小波变换进行简要介绍。主要结构如图 2.1 所示。

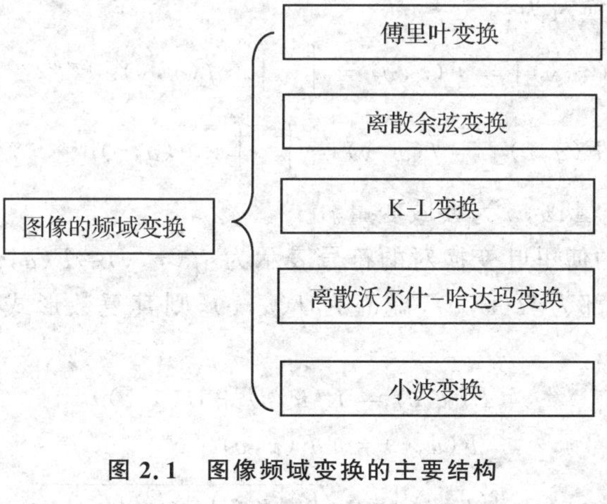


**图 2.1　图像频域变换的主要结构**

## 2.1　傅里叶变换

### 2.1.1　连续函数的傅里叶变换

令 $f(x)$为实变量 $x$ 的一维连续函数，当 $f(x)$满足狄里赫莱条件，即 $f(x)$具有有限个间断点、具有有限个极值点、绝对可积时，则其傅里叶变换对（傅里叶变换和反变换)一定存在。在实际应用中,这些条件基本上都是可以满足的。

一维连续函数的傅里叶变换对定义为:

$$F[f(x)] = F(u) = \int_{-\infty}^{+\infty} f(x) \mathrm{e}^{-\mathrm{j}2\pi ux} \mathrm{d}x \tag{2.1.1}$$

$$F^{-1}[F(u)] = f(x) = \int_{-\infty}^{+\infty} F(u) \mathrm{e}^{\mathrm{j}2\pi ux} \mathrm{d}u \tag{2.1.2}$$

式中:$x$ 为时域变量;$u$ 为频域变量。

一维连续函数的傅里叶变换对的符号表示为:$f(x) \Leftrightarrow F(u)$。

$f(x)$为实函数,其傅里叶变换 $F(u)$通常为复函数,若 $F(u)$的实部为 $R(u)$,虚部为 $I(u)$,则其复数形式为:

$$F(u) = R(u) + \mathrm{j}I(u) \tag{2.1.3}$$

也可以将上式写成指数形式:

$$F(u) = |F(u)| \mathrm{e}^{\mathrm{j}\theta(u)} \tag{2.1.4}$$

式中,振幅为:

$$|F(u)| = \sqrt{R^2(u) + I^2(u)} \tag{2.1.5}$$

相角为:

$$\theta(u) = \mathrm{tg}^{-1}\left[\frac{I(u)}{R(u)}\right] \tag{2.1.6}$$

振幅谱的平方称为 $f(x)$的能量谱:

$$E(u) = |F(u)|^2 = R^2(u) + I^2(u) \tag{2.1.7}$$

一维连续函数的傅里叶变换推广到二维,如果二维函数 $f(x,y)$满足狄里赫莱条件,则它的傅里叶变换对为:

$$F[f(x,y)] = F(u,v) = \int_{-\infty}^{+\infty}\int_{-\infty}^{+\infty} f(x,y) \mathrm{e}^{-\mathrm{j}2\pi(ux+vy)} \mathrm{d}x\mathrm{d}y \tag{2.1.8}$$

$$F^{-1}[F(u,v)] = f(x,y) = \int_{-\infty}^{+\infty}\int_{-\infty}^{+\infty} F(u,v) \mathrm{e}^{\mathrm{j}2\pi(ux+vy)} \mathrm{d}u\mathrm{d}v \tag{2.1.9}$$

式中:$x,y$ 为时域变量;$u,v$ 为频域变量。

二维连续函数的傅里叶变换对的符号表示为:$f(x,y) \Leftrightarrow F(u,v)$。

若 $F(u,v)$的实部为 $R(u,v)$,虚部为 $I(u,v)$,则其复数形式、指数形式、振幅、相角、能量谱表示如下:

复数形式:

$$F(u,v) = R(u,v) + \mathrm{j}I(u,v) \tag{2.1.10}$$

指数形式:

$$F(u,v) = |F(u,v)| \mathrm{e}^{\mathrm{j}\theta(u,v)} \tag{2.1.11}$$

振幅:

$$|F(u,v)| = \sqrt{R^2(u,v) + I^2(u,v)} \tag{2.1.12}$$

相角:

$$\theta(u,v) = \mathrm{tg}^{-1}\left[\frac{I(u,v)}{R(u,v)}\right] \tag{2.1.13}$$

能量谱:

$$E(u,v) = R^2(u,v) + I^2(u,v) \tag{2.1.14}$$

### 2.1.2 离散函数的傅里叶变换

由于计算机只能处理离散数值,所以连续傅里叶变换在计算机上无法直接使用。为了在计算机上实现傅里叶变换计算,必须把连续函数离散化,即将连续傅里叶变换转化为离散傅里叶变换(Discrete Fourier Transform,DFT)。

设$\{f(x)|f(0),f(1),f(2),\cdots,f(N-1)\}$为一维信号 $f(x)$的 $N$ 个采样,其离散傅里叶变换对为：

$$F[f(x)] = F(u) = \sum_{x=0}^{N-1} f(x)\mathrm{e}^{-\mathrm{j}2\pi ux/N} \tag{2.1.15}$$

$$F^{-1}[F(u)] = f(x) = \frac{1}{N}\sum_{u=0}^{N-1} F(u)\mathrm{e}^{\mathrm{j}2\pi ux/N} \tag{2.1.16}$$

式中：$x,u=0,1,2,\cdots,N-1$。注意在式(2.1.16)中的系数 $1/N$ 也可以放在式(2.1.15)中。有时也可在傅里叶正变换和逆变换前分别乘以 $1/\sqrt{N}$,这是无关紧要的,只要正变换和逆变换前系数乘积等于 $1/N$ 即可。

由欧拉公式可知：

$$\mathrm{e}^{\mathrm{j}\theta} = \cos\theta + \mathrm{j}\sin\theta \tag{2.1.17}$$

将式(2.1.17)代入式(2.1.15)中,并利用 $\cos(-\theta)=\cos(\theta)$,可得：

$$F(u) = \sum_{x=0}^{N-1} f(x)\left(\cos\frac{2\pi ux}{N} - \mathrm{j}\sin\frac{2\pi ux}{N}\right) \tag{2.1.18}$$

可见,离散序列的傅里叶变换仍是一个离散的序列,每一个 $u$ 对应的傅里叶变换结果是所有输入序列 $f(x)$的加权和(每一个 $f(x)$都乘以不同频率的正弦和余弦值),$u$ 决定了每个傅里叶变换结果的频率。

一维离散傅里叶变换的复数形式、指数形式、振幅、相角、能量谱的表示类似于一维连续函数相应的表达式。

将一维离散傅里叶变换推广到二维,则二维离散傅里叶变换对被定义为：

$$F[f(x,y)] = F(u,v) = \sum_{x=0}^{M-1}\sum_{y=0}^{N-1} f(x,y)\mathrm{e}^{-\mathrm{j}2\pi\left(\frac{ux}{M}+\frac{vy}{N}\right)} \tag{2.1.19}$$

$$F^{-1}[F(u,v)] = f(x,y) = \frac{1}{MN}\sum_{u=0}^{M-1}\sum_{v=0}^{N-1} F(u,v)\mathrm{e}^{\mathrm{j}2\pi\left(\frac{ux}{M}+\frac{vy}{N}\right)} \tag{2.1.20}$$

式中：$u,x=0,1,2,\cdots,M-1$；$v,y=0,1,2,\cdots N-1$；$x,y$ 为时域变量；$u,v$ 为频域变量。

同一维离散傅里叶变换一样,系数 $1/MN$ 可以在正变换或逆变换中。也可以在正变换和逆变换前分别乘以系数 $1/\sqrt{MN}$,只要两式系数的乘积等于 $1/MN$ 即可。

二维离散函数的复数形式、指数形式、振幅、相角、能量谱的表示类似于二维连续函数相应的表达式。图 2.1.1(b)为图 2.1.2(a)图像的傅里叶变换。

【例 2.1.1】计算 2×2 的数字图像$\{f(0,0)=3,f(0,1)=5,f(1,0)=4,f(1,1)=2\}$的傅里叶变换 $F(u,v)$。

根据式(2.1.19)得：

$$F(0,0) = (3+5+4+2) = 14 \quad F(0,1) = [3+5\mathrm{e}^{-\mathrm{j}\pi}+4+2\mathrm{e}^{-\mathrm{j}\pi}] = 0$$

$$F(1,0) = [3+5+4\mathrm{e}^{-\mathrm{j}\pi}+2\mathrm{e}^{-\mathrm{j}\pi}] = 2 \quad F(1,1) = [3+5\mathrm{e}^{-\mathrm{j}\pi}+4\mathrm{e}^{-\mathrm{j}\pi}+2\mathrm{e}^{-\mathrm{j}\pi}] = -4$$

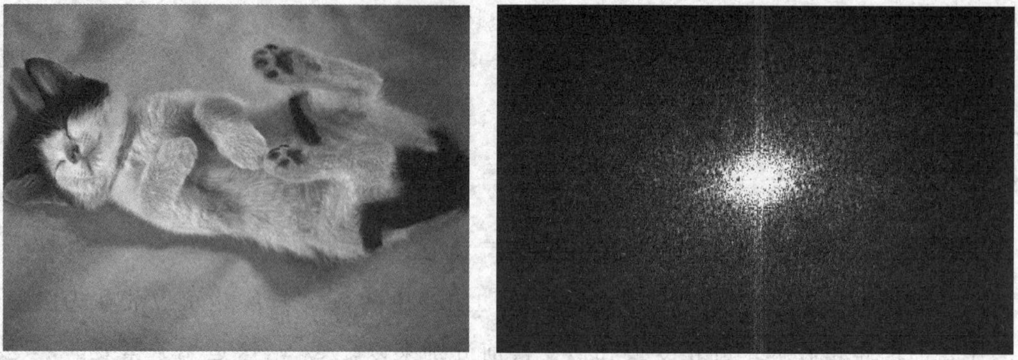

(a) 原图像　　(b) 变换后的图像

图 2.1.1　图像的傅立叶变换

## 2.1.3　二维离散傅里叶变换的基本性质

二维离散傅里叶变换的性质,在数字图像处理中是非常有用的。利用这些性质,一方面可以简化 DFT 的计算方法;另一方面,某些性质可以直接应用于图像处理中去解决某些实际问题。二维离散傅里叶变化的基本性质如表 2.1.1 所列。

表 2.1.1　二维离散傅里叶变换的基本性质

| 序　号 | 性　质 | 数学定义表达式 |
|---|---|---|
| 1 | 线性性质 | $af_1(x,y)+bf_2(x,y)\Leftrightarrow aF_1(u,v)+bF_2(u,v)$ |
| 2 | 比例性质 | $f(ax,by)\Leftrightarrow \frac{1}{\mid ab\mid}F\left(\frac{u}{a},\frac{v}{b}\right)$ |
| 3 | 可分离性 | $F(u,v)=F_y\{F_x[f(x,y)]\}=F_x\{F_y[f(x,y)]\}$<br>$f(x,y)=F_u^{-1}\{F_v^{-1}[F(u,v)]\}=F_v^{-1}\{F_u^{-1}[F(u,v)]\}$ |
| 4 | 频率位移 | $f(x,y)\mathrm{e}^{\mathrm{j}2\pi(u_0x/M+v_0y/N)}\Leftrightarrow F(u-u_0,v-v_0)$<br>令 $u_0=M/2,v_0=N/2$,则 $f(x,y)(-1)^{x+y}\Leftrightarrow F\left(u-\frac{M}{2},v-\frac{N}{2}\right)$ |
| 5 | 空间位移 | $f(x-x_0,y-y_0)\Leftrightarrow F(u,v)\mathrm{e}^{-\mathrm{j}2\pi(ux_0/M+vy_0/N)}$ |
| 6 | 周期性 | $F(u,v)=F(u+aN,v+bN)$<br>$f(x,y)=f(x+aN,y+bN)$ |
| 7 | 共轭对称性 | $F(u,v)=F^*(-u,-v),\mid F(u,v)\mid=\mid F(-u,-v)\mid$ |
| 8 | 旋转不变性 | $f(r,\theta+\theta_0)\Leftrightarrow F(w,\varphi+\theta_0)$ |
| 9 | 平均值 | $\bar{f}(x,y)=\sum_{x=0}^{M-1}\sum_{y=0}^{N-1}f(x,y)=F(0,0)$ |
| 10 | 卷积定理 | $f_e(x,y)*g_e(x,y)\Leftrightarrow F(u,v)G(u,v)$<br>$f_e(x,y)g_e(x,y)\Leftrightarrow F(u,v)*G(u,v)$ |
| 11 | 相关定理 | $f(x,y)*g(x,y)\Leftrightarrow F(u,v)G^*(u,v)$<br>$f(x,y)g^*(x,y)\Leftrightarrow F(u,v)*G(u,v)$ |

设二维离散函数为 $f_1(x,y)$ 和 $f_2(x,y)$，它们所对应的傅里叶变换分别为 $F_1(u,v)$ 和 $F_2(u,v)$。

**(1) 线性性质**

$$af_1(x,y)+bf_2(x,y)\Leftrightarrow aF_1(u,v)+bF_2(u,v) \tag{2.1.21}$$

式中：$a$ 和 $b$ 为常数。

此性质可以节约求傅里叶变换的时间。若已经得到了 $f_1(x,y)$ 和 $f_2(x,y)$ 及 $F_1(u,v)$ 和 $F_2(u,v)$ 的值，则 $af_1(x,y)+bf_2(x,y)$ 的傅里叶变换就不必按照式(2.1.19)来求，只要求得 $aF_1(u,v)+bF_2(u,v)$ 即可。

**(2) 比例性质**

对于二个标量 $a$ 和 $b$，有：

$$f(ax,by)\Leftrightarrow \frac{1}{|ab|}F\left(\frac{u}{a},\frac{v}{b}\right) \tag{2.1.22}$$

式(2.1.22)说明了在空间比例尺度的展宽，相应于频域比例尺度的压缩，其幅值也减少为原来的 $1/|ab|$，如图 2.1.2 所示。

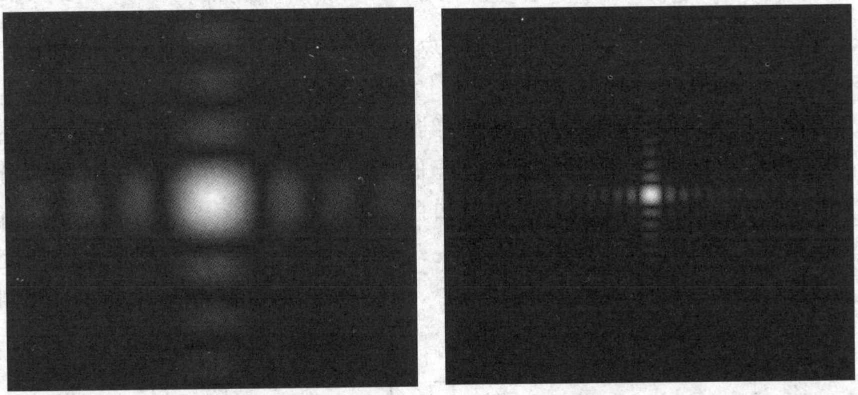

(a) 比例尺度展宽前的频谱　　(b) 比例尺度展宽后的频谱

**图 2.1.2　傅里叶变换的比例性**

**(3) 可分离性**

由式(2.1.19)和式(2.1.20)，可以把此两式变成如下形式：

$$F(u,v)=\sum_{x=0}^{M-1}\left[\sum_{y=0}^{N-1}f(x,y)\mathrm{e}^{-\mathrm{j}2\pi vy/N}\right]\mathrm{e}^{-\mathrm{j}2\pi ux/M} \tag{2.1.23}$$

$$f(x,y)=\frac{1}{MN}\sum_{u=0}^{M-1}\left[\sum_{v=0}^{N-1}F(u,v)\mathrm{e}^{\mathrm{j}2\pi vy/N}\right]\mathrm{e}^{\mathrm{j}2\pi ux/M} \tag{2.1.24}$$

利用这个性质，一个二维的离散傅里叶变换(或反变换)可通过进行两次一维离散傅里叶变换(或反变换)来完成。

例如，以正变换为例，先对 $f(x,y)$ 沿 $y$ 轴进行傅里叶变换得到 $F(x,v)$ 为：

$$F(x,v)=\sum_{y=0}^{N-1}f(x,y)\mathrm{e}^{-\mathrm{j}2\pi vy/N} \tag{2.1.25}$$

再沿着 $x$ 轴对 $F(x,v)$ 进行一维离散傅里叶变换，得到结果 $F(u,v)$ 为：

$$F(u,v)=\sum_{x=0}^{M-1}F(x,v)\mathrm{e}^{-\mathrm{j}2\pi ux/M} \tag{2.1.26}$$

显然,对 $f(x, y)$先沿 $x$ 轴进行离散傅里叶变换,再沿 $y$ 轴进行离散傅里叶变换,结果是一样的。反变换也是如此。

**(4) 频率位移及空间位移**

频率位移: $$f(x,y)\mathrm{e}^{\mathrm{j}2\pi(u_0x/M+v_0y/N)}\Leftrightarrow F(u-u_0,v-v_0) \tag{2.1.27}$$

空间位移: $$f(x-x_0,y-y_0)\Leftrightarrow F(u,v)\mathrm{e}^{-\mathrm{j}2\pi(ux_0/M+vy_0/N)} \tag{2.1.28}$$

这一性质表明,用 $\mathrm{e}^{\mathrm{j}2\pi(u_0x/M+v_0y/N)}$乘以 $f(x,y)$求乘积的傅里叶变换,可以使空间频率域 $uv$ 平面坐标系的原点从(0,0)平移到$(u_0,v_0)$的位置;同样,用 $\mathrm{e}^{-\mathrm{j}2\pi(ux_0/M+vy_0/N)}$乘以 $F(u,v)$,并求此乘积的离散傅里叶反变换,可以使空间 $xy$ 平面坐标系原点从(0,0)平移到$(x_0,y_0)$的位置。

在数字图像处理中,为了清楚地分析图像傅里叶谱的分布情况,经常需要把空间频率平面坐标系的原点移到$(M/2,N/2)$的位置,即令 $u_0=M/2$,$v_0=N/2$,则:

$$f(x,y)(-1)^{x+y}\Leftrightarrow F\left(u-\frac{M}{2},v-\frac{N}{2}\right) \tag{2.1.29}$$

上式表明:如果需要将图像频谱的原点从起始点(0,0)移到图像的中心点$(M/2,N/2)$,只要 $f(x,y)$乘以$(-1)^{x+y}$因子进行傅里叶变换即可实现。

数字图像的二维离散傅里叶变换所得结果的频率成分如图 2.1.3 所示,左上角为直流成分,变换结果的 4 个角的周围对应于低频成分,中央部位对应于高频部分。为了便于观察谱的分布,使直流成分出现在窗口的中央,可采用图 2.1.3 所示的换位方法,根据傅里叶频率位移的性质,只需要用 $f(x,y)$乘以$(-1)^{x+y}$因子进行傅里叶变换即可实现,变换后的坐标原点移动到了窗口中心,围绕坐标中心的是低频,向外是高频。

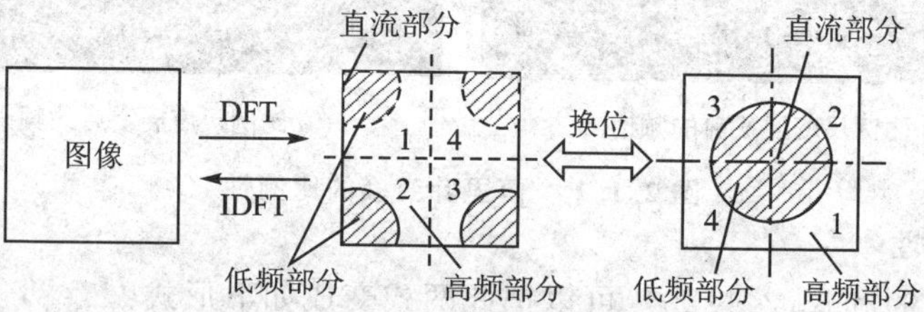


**图 2.1.3 二维傅里叶变换的频谱分布**

**【例 2.1.2】** 将图 2.1.4(a)所示图像的频谱进行频率位移,移到窗口中央,用 MATLAB 编程实现,并显示出频率变换后的频谱图。

源代码如下:

```
clc;                        % 清除工作区的程序
I = imread('lena.bmp');     % 读入图片
I = rgb2gray(I);            % 图片进行二值化处理
subplot(1,3,1);             % 建立 1 * 3 的图像显示第一个图
imshow(I);                  % 读出图像
title('原始图象');           % 写标题
J = fft2(I);                % 快速傅里叶变换
```

```
subplot(1,3,2)            % 建立 1 * 3 的图像显示第二个图
imshow(J);
title('FFT 变换结果')
subplot(1,3,3)
K = fftshift(J);          % 频率变换
imshow(K);
title('零点平移');
```

图 2.1.4(a)所示图像经过频率移位之后的频谱图如图 2.1.4(b)、2.1.4(c)所示。

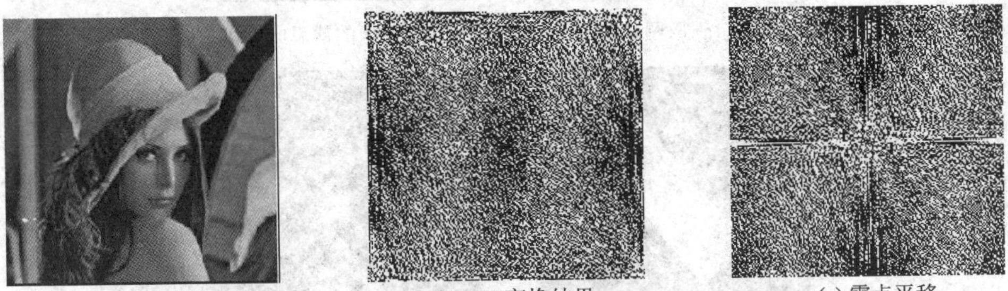

(a) 原始图像　　(b) FFT变换结果　　(c) 零点平移

**图 2.1.4　程序运行结果**

**(5) 周期性和共轭对称性**

若离散的傅里叶变换和它的反变换周期为 $N$,则周期性有:

$$F(u,v) = F(u + aN, v + bN) \tag{2.1.30}$$

$$f(x,y) = f(x + aN, y + bN) \tag{2.1.31}$$

式中:$a,b=0,\pm1,\pm2,\cdots$依此类推。

周期性说明 $F(u,v)$和 $f(x,y)$都是具有周期为 $N$ 的周期性重复离散函数。即当 $u$ 和 $v$ 取无限组整数值时,$F(u,v)$将出现周期重复性。因此,由 $F(u,v)$用反变换求 $f(x,y)$时,只需$F(u,v)$中的一个完整周期即可。空域中,对 $f(x,y)$也有类似的性质。

共轭对称性可表示为:

$$F(u,v) = F^*(-u,-v) \tag{2.1.32}$$

$$|F(u,v)| = |F(-u,-v)| \tag{2.1.33}$$

共轭对称性说明变换后的幅值是以原点为中心对称的。利用此特性,在求一个周期内的值时,只需求出半个周期,另半个周期也就知道了,这大大减少了计算量。

**(6) 旋转性质**

令
$$\begin{cases} x = r\cos\theta \\ y = r\sin\theta \end{cases},\quad \begin{cases} u = w\cos\varphi \\ v = w\sin\varphi \end{cases}$$

则 $f(x,y)$和 $F(u,v)$分别变为 $f(r,\theta)$和 $F(w,\varphi)$。在极坐标系中,存在以下变换对:

$$f(r,\theta+\theta_0) \Leftrightarrow F(w,\varphi+\theta_0) \tag{2.1.34}$$

上式表明,如果 $f(x,y)$在空间域中旋转 $\theta_0$ 角度,则相应的傅里叶变换 $F(u,v)$在频率域中旋转同样的角度,反之亦然。图 2.1.5 说明了傅里叶变换的旋转性。

**(7) 平均值**

二维离散函数 $f(x,y)$的平均值定义为:

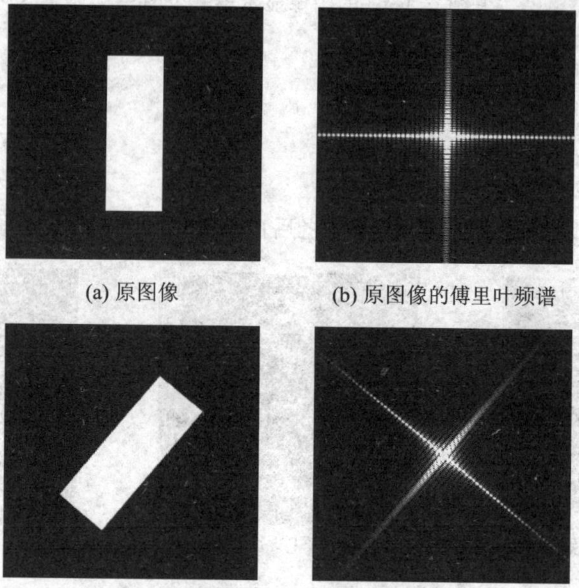

(a) 原图像　　(b) 原图像的傅里叶频谱

(c) 旋转后的图像　　(d) 旋转后图像的傅里叶频谱

**图 2.1.5　傅里叶变换的旋转性**

$$\bar{f}(x,y)=\sum_{x=0}^{M-1}\sum_{y=0}^{N-1}f(x,y) \tag{2.1.35}$$

由式(2.1.19)可知：

$$F(0,0)=\sum_{x=0}^{M-1}\sum_{y=0}^{N-1}f(x,y) \tag{2.1.36}$$

对比式(2.1.35)和式(2.1.36)，可得：

$$\bar{f}(x,y)=F(0,0) \tag{2.1.37}$$

这说明 $f(x,y)$的平均值等于其傅里叶变换 $F(u,v)$在频率原点的值 $F(0,0)$。

**(8) 卷积定理**

卷积定理表明了两个傅里叶变换之间的关系，构成了空间域和频率域之间的基本关系。

设 $f(x,y)$和 $g(x,y)$是大小分别为 $A\times B$ 和 $C\times D$ 的离散数组，假定在 $x$ 和 $y$ 方向上扩展这些数组为某个周期 $M$ 和 $N$，其数值为：

$$M\geqslant A+C-1 \tag{2.1.38}$$

$$N\geqslant B+D-1 \tag{2.1.39}$$

利用增补 0 的方法进行周期延拓后的 $f(x,y)$和 $g(x,y)$有下列形式：

$$f_e(x,y)=\begin{cases}f(x,y) & 0\leqslant x\leqslant A-1,0\leqslant y\leqslant B-1\\ 0 & A\leqslant x\leqslant M-1,B\leqslant y\leqslant N-1\end{cases} \tag{2.1.40}$$

$$g_e(x,y)=\begin{cases}g(x,y) & 0\leqslant x\leqslant C-1,0\leqslant y\leqslant D-1\\ 0 & C\leqslant x\leqslant M-1,D\leqslant y\leqslant N-1\end{cases} \tag{2.1.41}$$

二维离散卷积定义为：

$$f_e(x,y) * g_e(x,y) = \sum_{m=0}^{M-1}\sum_{n=0}^{N-1} f_e(m,n)g_e(x-m,y-n) \tag{2.1.42}$$

$x=0,1,2,\cdots,M-1$；$y=0,1,2,\cdots,N-1$。

设 $f_e(x,y)\Leftrightarrow F(u,v)$，$g_e(x,y)\Leftrightarrow G(u,v)$，则二维离散卷积定理可由下面关系表示：

$$f_e(x,y) * g_e(x,y)\Leftrightarrow F(u,v)G(u,v) \tag{2.1.43}$$

$$f_e(x,y)g_e(x,y)\Leftrightarrow F(u,v) * G(u,v) \tag{2.1.44}$$

应用卷积定理的优点是避免了直接计算卷积的麻烦，它只需先计算出各自的频谱，然后相乘，再求其反变换，即可得卷积。卷积运算在图像的增强操作中常常用到。

**(9) 相关定理**

与离散卷积一样，需要用增补0的方法扩充 $f(x,y)$ 和 $g(x,y)$ 为 $f_e(x,y)$ 和 $g_e(x,y)$，并按照式(2.1.38)及式(2.1.39)选取 $M$ 和 $N$，则连续和离散的二维相关定理都可由下面关系式表示：

$$f(x,y) * g(x,y)\Leftrightarrow F(u,v)G^*(u,v) \tag{2.1.45}$$

$$f(x,y)g^*(x,y)\Leftrightarrow F(u,v) * G(u,v) \tag{2.1.46}$$

式中，“*”表示共轭。

## 2.1.4 快速离散傅里叶变换

若一维离散傅里叶变换的定义式为：

$$F[f(x)] = F(u) = \sum_{x=0}^{N-1} f(x)\mathrm{e}^{-\mathrm{j}2\pi ux/N} \quad (u=0,1,2,\cdots,N-1)$$

可知，要直接计算DFT的每一个 $F(u)$，对 $N$ 个采样点，则要进行 $N^2$ 次复数乘法和 $N(N-1)$ 次复数加法。由于一次复数乘法要做4次实数乘法和2次实数加法，1次复数加法要做2次实数加法，所以做一次DFT则需要做 $4N^2$ 次实数乘法和 $N(4N-2)$ 次实数加、减法。随着采样点数 $N$ 的增加，其运算次数将急剧增加，运算量很大，这直接影响了DFT的实际应用。为此，在20世纪60年代，研究出一些快速算法，Cooley和Tukey提出了一种逐次加倍法的快速傅里叶算法(Fast Fourier Transform, FFT)。

先将式(2.1.15)写成：

$$F(u) = \sum_{x=0}^{N-1} f(x)W^{ux} \tag{2.1.47}$$

式中：$W=\mathrm{e}^{-\mathrm{j}2\pi/N}$，称为旋转因子。

这样，可将式(2.1.47)所示的一维离散傅里叶变换用矩阵的形式表示为：

$$\begin{bmatrix} F(0) \\ F(1) \\ \vdots \\ F(N-1) \end{bmatrix} = \begin{bmatrix} W^{0\times 0} & W^{1\times 0} & \cdots & W^{(N-1)\times 0} \\ W^{0\times 1} & W^{1\times 1} & \cdots & W^{(N1)\times 1} \\ \vdots & \vdots & & \vdots \\ W^{0\times(N-1)} & W^{1\times(N-1)} & \cdots & W^{(N-1)\times(N-1)} \end{bmatrix} \begin{bmatrix} f(0) \\ f(1) \\ \vdots \\ f(N-1) \end{bmatrix} \tag{2.1.48}$$

式中：由 $W^{ux}$ 构成的矩阵称为 $W$ 阵或系数矩阵。

观察 DFT 的 $W$ 阵，并结合 $W$ 的定义表达式 $W=e^{-j2\pi/N}$，可以发现系数 $W$ 是以 $N$ 为周期的。这样，$W$ 阵中很多系数就是相同的，不必进行多次重复计算，且由于 $W$ 的对称性，即：

$$W^{\frac{N}{2}}=e^{-j\frac{2\pi}{N}\frac{N}{2}}=-1,\qquad W^{u\cdot x+\frac{N}{2}}=W^{u\cdot x}\times W^{\frac{N}{2}}=-W^{u\times x}$$

因此，可进一步减少计算工作量。

例如：对于 $N=4$，$W$ 阵为：

$$\begin{bmatrix} W^0 & W^0 & W^0 & W^0 \\ W^0 & W^1 & W^2 & W^3 \\ W^0 & W^2 & W^4 & W^6 \\ W^0 & W^3 & W^6 & W^9 \end{bmatrix} \tag{2.1.49}$$

由 $W$ 的周期性可得：$W^4=W^0$，$W^6=W^2$，$W^9=W^1$；再由 $W$ 的对称性可得：$W^3=-W^1$，$W^2=-W^0$。于是式(2.1.49)可变为：

$$\begin{bmatrix} W^0 & W^0 & W^0 & W^0 \\ W^0 & W^1 & -W^0 & -W^1 \\ W^0 & -W^0 & W^0 & -W^0 \\ W^0 & -W^1 & -W^0 & W^1 \end{bmatrix} \tag{2.1.50}$$

可见，$N=4$ 的 $W$ 阵中只需计算 $W^0$ 和 $W^1$ 两个系数即可。这说明 $W$ 阵的系数有许多计算工作是重复的。如果把一个离散序列分解成若干短序列，并充分利用旋转因子 $W$ 的周期性和对称性来计算离散傅里叶变换，便可以简化运算过程，这就是 FFT 的基本思想。

**【例 2.1.3】** 利用快速算法计算 2×2 的数字图像 $\{f(0)=1, f(1)=2, f(2)=3, f(3)=4\}$ 的傅里叶变换 $F(u)$。

根据 $W=e^{-j2\pi/N}$，$N=4$，则 $W^0=e^{-j2\pi/N\times 0}=1$，$W^1=e^{-j2\pi/N\times 1}=e^{-j2\pi/4}=e^{-j2\pi/2}=-j$

由式(2.1.28)和式(2.1.30)得：

$$\begin{bmatrix} F(0) \\ F(1) \\ F(2) \\ F(3) \end{bmatrix}=\begin{bmatrix} W^0 & W^0 & W^0 & W^0 \\ W^0 & W^1 & -W^0 & -W^1 \\ W^0 & -W^0 & W^0 & -W^0 \\ W^0 & -W^1 & -W^0 & W^1 \end{bmatrix}\begin{bmatrix} f(0) \\ f(1) \\ f(2) \\ f(3) \end{bmatrix}$$

即 $$\begin{bmatrix} F(0) \\ F(1) \\ F(2) \\ F(3) \end{bmatrix}=\begin{bmatrix} 1 & 1 & 1 & 1 \\ 1 & -j & -1 & j \\ 1 & -1 & 1 & -1 \\ 1 & j & -1 & j \end{bmatrix}\begin{bmatrix} 1 \\ 2 \\ 3 \\ 4 \end{bmatrix}$$

可求得：$F(0)=10$；$F(1)=2j-2$；$F(2)=-2$；$F(3)=-2-2j$。

设 $N$ 为 2 的正整数次幂，即：

$$N=2^n \qquad (n=1,2,\cdots) \tag{2.1.51}$$

令 $M$ 为正整数，且

$$N = 2M \tag{2.1.52}$$

将式(2.1.56)代入式(2.1.51)，则离散傅里叶变换可改写成如下形式：

$$F(u) = \sum_{x=0}^{2M-1} f(x)W_{2M}^{ux} = \sum_{x=0}^{M-1} f(2x)W_{2M}^{u(2x)} + \sum_{x=0}^{M-1} f(2x+1)W_{2M}^{u(2x+1)} \tag{2.1.53}$$

由旋转因子 $W$ 的定义可知 $W_{2M}^{2ux}=W_{M}^{ux}$，因此式(2.1.57)变为：

$$F(u) = \sum_{x=0}^{M-1} f(2x)W_{M}^{ux} + \sum_{x=0}^{M-1} f(2x+1)W_{M}^{ux}W_{2M}^{u} \tag{2.1.54}$$

定义：

$$F_{e}(u) = \sum_{x=0}^{M-1} f(2x)W_{M}^{ux} \qquad (u,x = 0,1,\cdots,M-1) \tag{2.1.55}$$

$$F_{o}(u) = \sum_{x=0}^{M-1} f(2x+1)W_{M}^{ux} \qquad (u,x = 0,1,\cdots,M-1) \tag{2.1.56}$$

于是，式(2.1.58)变为：

$$F(u) = F_{e}(u) + W_{2M}^{u}F_{o}(u) \tag{2.1.57}$$

进一步考虑 $W$ 的对称性和周期性可知 $W_{M}^{u+M}=W_{M}^{u}$ 和 $W_{2M}^{u+M}=-W_{2M}^{u}$，于是：

$$F(u+M) = F_{e}(u) - W_{2M}^{u}F_{o}(u) \tag{2.1.58}$$

由此，可将一个 $N$ 点的离散傅里叶变换分解成两个 $N/2$ 短序列的离散傅里叶变换，即分解为偶数和奇数序列的离散傅里叶变换 $F_{e}(u)$和 $F_{o}(u)$。

以计算 $N=8$ 的 DFT 为例，此时 $n=3,M=4$。由式(2.1.57)和式(2.1.58)可得：

$$\begin{cases} F(0) = F_{e}(0) + W_{8}^{0}F_{o}(0) \\ F(1) = F_{e}(1) + W_{8}^{1}F_{o}(1) \\ F(2) = F_{e}(2) + W_{8}^{2}F_{o}(2) \\ F(3) = F_{e}(3) + W_{8}^{3}F_{o}(3) \\ F(4) = F_{e}(0) - W_{8}^{0}F_{o}(0) \\ F(5) = F_{e}(1) - W_{8}^{1}F_{o}(1) \\ F(6) = F_{e}(2) - W_{8}^{2}F_{o}(2) \\ F(7) = F_{e}(3) - W_{8}^{3}F_{o}(3) \end{cases} \tag{2.1.59}$$

式中：$u$ 取 0～7 时，$F(u)$、$F_{e}(u)$、$F_{o}(u)$的关系可用图 2.1.6 描述。左方的两个节点为输入节点，代表输入数值；右方两个节点为输出节点，表示输入数值的叠加，运算由左向右进行。线旁的 $W_{8}^{1}$ 和 $-W_{8}^{1}$ 为加权系数，定义由 $F(1)$、$F(5)$、$F_{e}(1)$、$F_{o}(1)$所构成的结构为蝶形运算单元，其表示的运算为：

$$\begin{cases} F(1) = F_{e}(1) + W_{8}^{1}F_{o}(1) \\ F(5) = F_{e}(1) - W_{8}^{1}F_{o}(1) \end{cases} \tag{2.1.60}$$

由于 $F_{e}(u)$和 $F_{o}(u)$都是 4 点的 DFT，因此，如果对它们再按照奇偶进行分组，则有：

$$\begin{cases} F_e(0) = F_{ee}(0) + W_8^0 F_{eo}(0) \\ F_e(1) = F_{ee}(1) + W_8^2 F_{eo}(1) \\ F_e(2) = F_{ee}(0) - W_8^0 F_{eo}(0) \\ F_e(3) = F_{ee}(1) - W_8^2 F_{eo}(1) \end{cases} \tag{2.1.61}$$

$$\begin{cases} F_o(0) = F_{oe}(0) + W_8^0 F_{oo}(0) \\ F_o(1) = F_{oe}(1) + W_8^2 F_{oo}(1) \\ F_o(2) = F_{oe}(0) - W_8^0 F_{oo}(0) \\ F_o(3) = F_{oe}(1) - W_8^2 F_{oo}(1) \end{cases} \tag{2.1.62}$$

这样，由 $F_{ee}(u)$、$F_{eo}(u)$、$F_{oe}(u)$、$F_{oo}(u)$计算 $F_e(u)$和 $F_o(u)$的蝶形图如图 2.1.7 所示。

综上所述，8 点的 DFT 的完整蝶形计算图和逐级分解框图分别如图 2.1.8 和图 2.1.9 所示。

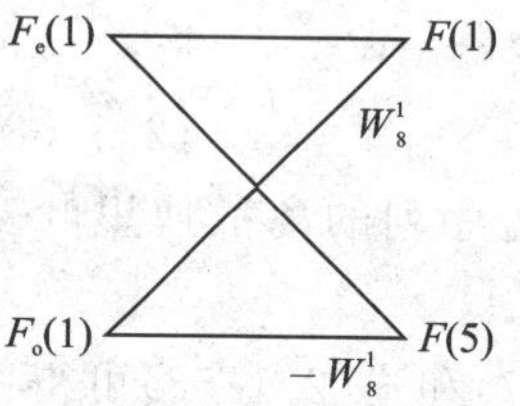


**图 2.1.6　蝶形运算单元**

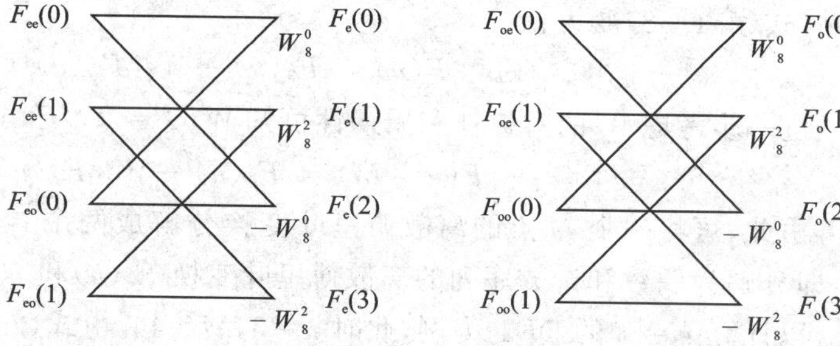


**图 2.1.7　4 点 DFT 分解为 2 点 DFT 的蝶形图**

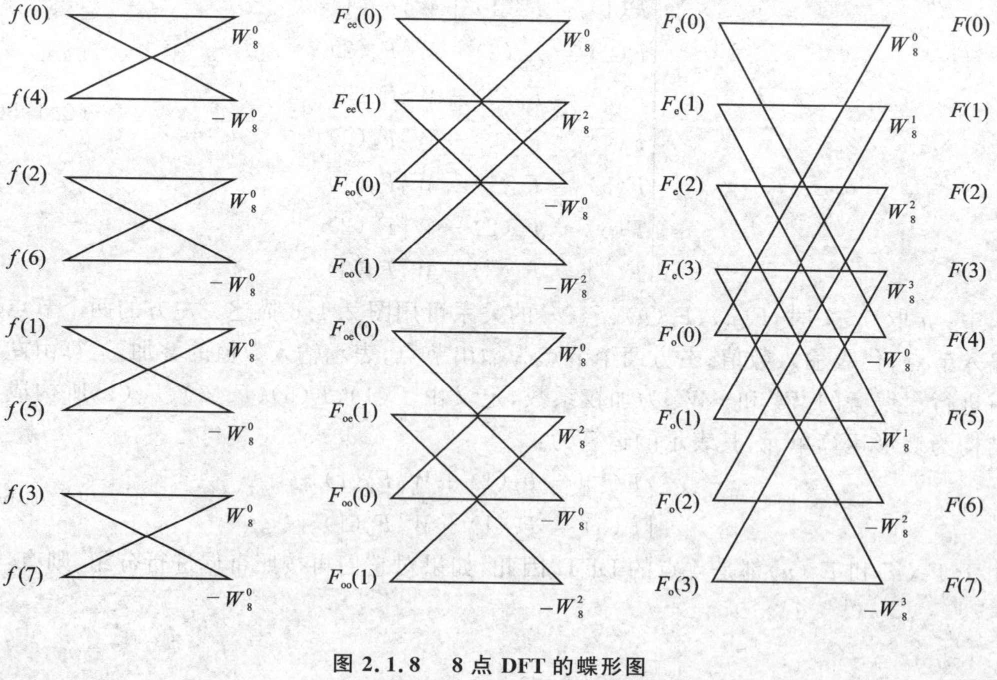


**图 2.1.8　8 点 DFT 的蝶形图**

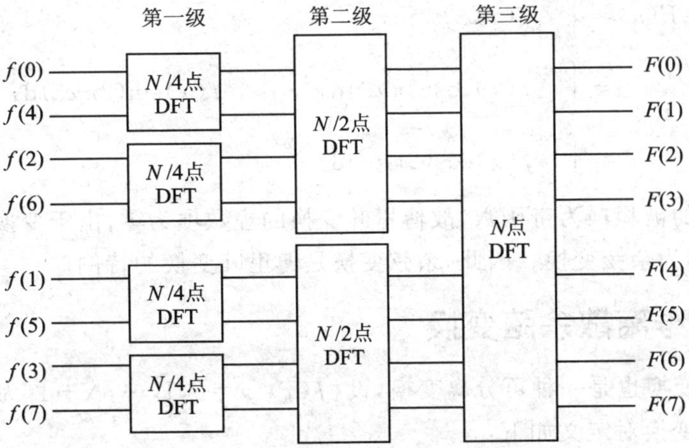


**图 2.1.9　8 点 DFT 逐级分解框图**

上述 FFT 是将 $f(x)$序列按 $x$ 的奇偶进行分组计算的，称之为时间抽选 FFT。如果将频域序列的 $F(u)$按 $u$ 的奇偶进行分组计算，也可实现快速傅里叶计算，这称为频率抽选 FFT。$f(x)$应按怎样的次序出现来完成变换？解决这个问题的办法称为“比特倒置”整序处理。“比特倒置”的原则是把 $f(x)$的自然顺序号改写成二进制数，然后把这些二进制数作为比特数倒置，再将倒置后的二进制数写成对应的十进制数，这十进制数的值就是整序处理后 $f(x)$的输入序号。表 2.1.2 给出了 $N=8$ 时的“比特倒置”整序处理过程。

**表 2.1.2　$N=8$ 时的“比特倒置”整序过程**

| 十进制数 | 二进制数 | 二进制数的码位倒序 | 码位倒序后十进制数 |
|---|---|---|---|
| 0 | 000 | 000 | 0 |
| 1 | 001 | 100 | 4 |
| 2 | 010 | 010 | 2 |
| 3 | 011 | 110 | 6 |
| 4 | 100 | 001 | 1 |
| 5 | 101 | 101 | 5 |
| 6 | 110 | 011 | 3 |
| 7 | 111 | 111 | 7 |

## 2.2　离散余弦变换

如果函数 $f(x)$为一个连续的实的偶函数，即 $f(x)=f(-x)$，则此函数的傅里叶变换如下：

$$
\begin{aligned}
F(u) &= \int_{-\infty}^{+\infty} f(x)\mathrm{e}^{-\mathrm{j}2\pi ux}\,\mathrm{d}x \\
&= \int_{-\infty}^{+\infty} f(x)\cos(2\pi ux)\,\mathrm{d}x - \mathrm{j}\int_{-\infty}^{+\infty} f(x)\sin(2\pi ux)\,\mathrm{d}x \\
&= \int_{-\infty}^{+\infty} f(x)\cos(2\pi ux)\,\mathrm{d}x
\end{aligned} \tag{2.2.1}
$$

因为虚部的被积项为奇函数,故傅里叶变换的虚数项为零,由于变换后的结果仅含有余弦项,故称为余弦变换。因此,余弦变换是傅里叶变换的特例。

## 2.2.1 一维离散余弦变换

离散余弦变换也是一种可分离变换,设$\{f(x)\mid x=0,1,\cdots,N-1\}$为离散的信号序列,一维 DCT 变换对定义如下:

$$
C(u) = a(u)\sum_{x=0}^{N-1} f(x)\cos\frac{(2x+1)u\pi}{2N} \qquad (u=0,1,2,\cdots,N-1) \tag{2.2.2}
$$

$$
f(x) = \sum_{u=0}^{N-1} a(u)C(u)\cos\frac{(2x+1)u\pi}{2N} \qquad (x=0,1,2,\cdots,N-1) \tag{2.2.3}
$$

式中:

$$
a(u) = \begin{cases} \sqrt{1/N} & u=0 \\ \sqrt{2/N} & \text{其他} \end{cases} \tag{2.2.4}
$$

## 2.2.2 二维离散余弦变换

考虑到两个变量,很容易将一维 DCT 的定义推广到二维 DCT。

设 $f(x,y)$为 $N\times N$ 的数字图像矩阵,则二维 DCT 变换对定义如下:

$$
C(u,v) = a(u)a(v)\sum_{x=0}^{N-1}\sum_{y=0}^{N-1} f(x,y)\cos\frac{(2x+1)u\pi}{2N}\cos\frac{(2y+1)v\pi}{2N} \tag{2.2.5}
$$

式中:$u,v=0,1,2,\cdots,N-1$。

$$
f(x,y) = \sum_{u=0}^{N-1}\sum_{v=0}^{N-1} a(u)a(v)C(u,v)\cos\frac{(2x+1)u\pi}{2N}\cos\frac{(2y+1)v\pi}{2N} \tag{2.2.6}
$$

式中:$x,y=0,1,2,\cdots,N-1$。$a(u)$和 $a(v)$的定义同式(2.2.4)。

DCT 的计算速度要快,已广泛应用于数字信号处理,例如图像压缩编码、语音信号处理等方面。

## 2.2.3 快速离散余弦变换

关于 DCT 的快速算法已经有多种方案,一种典型的算法就是利用 FFT。

一维 DCT 与 DFT 具有相似性,重写 DCT 如下:

$$
C(0) = \frac{1}{\sqrt{N}}\sum_{x=0}^{N-1} f(x) \tag{2.2.7}
$$

$$
\begin{aligned}
C(u) &= \sqrt{\frac{2}{N}}\mathrm{Re}\left\{\left[\exp\left(-\mathrm{j}\,\frac{u\pi}{N}\right)\right]\times\left[\sum_{x=0}^{2N-1} f_{\mathrm{e}}(x)\exp\left(-\mathrm{j}\,\frac{2xu\pi}{2N}\right)\right]\right\} \\
&= \sqrt{\frac{2}{N}}\mathrm{Re}\left\{\mathrm{e}^{-\mathrm{j}\frac{u\pi}{2N}}\left[\sum_{x=0}^{2N-1} f_{\mathrm{e}}(x)\exp\left(-\mathrm{j}\,\frac{2xu\pi}{2N}\right)\right]\right\} \qquad (2.2.8) \\
&= \sqrt{\frac{2}{N}}\mathrm{Re}\left\{w^{\frac{u}{2}}\sum_{x=0}^{2N-1} f_{\mathrm{e}}(x)w^{ux}\right\}
\end{aligned}
$$

式中： $w = \mathrm{e}^{-\mathrm{j}\frac{2\pi}{2N}}$ $\quad f_{\mathrm{e}}(x) = \begin{cases} f(x) & x = 0,1,2,\cdots,N-1 \\ 0 & x = N,N+1,\cdots,2N-1 \end{cases}$

对比 DFT 的定义可以看出，将序列拓展之后，DFT 变换的实部对应 DCT，而虚部对应着离散正弦变换，因此可以利用 FFT 实现 DCT。这种方法的缺点是将序列拓展了，增加了一些不必要的计算量，此外这种处理也容易造成误解。其实，DCT 是独立发展的，并不是源于 DFT 的。

**【例 2.2.1】** 将图 2.2.1(a)所示图像进行离散余弦变换，显示变换结果。

MATLAB 源代码如下：

```
I1 = imread('lena.bmp');                    % 读取原始图像
figure,imshow(I1)                           % 显示原始图像
I2 = dct2(I1);                              % 求原始图像的离散余弦变换
figure,imshow(log(abs(I2)),[])              % 显示离散余弦变换
```

其程序运行结果如图 2.2.1(b)所示。

(a) 原始图像

(b) 离散余弦变换后

**图 2.2.1 离散余弦变换示例**

# 2.3 K-L 变换

## 2.3.1 K-L 变换的定义

将一组离散信号变换为不相关数列的变换方法称为 Hotelling 变换。由于是由 H. Karhunen 和 M. Loeve 等人提出将连续信号变换为一组不相关数列的，所以也将

Hotelling 变换称为 K－L 变换。这种变换是建立在图像统计特性基础上的，其变换核矩阵由图像阵列的协方差矩阵的特征值和特征向量所决定，所以，K－L 变换也称为特征向量变换或主分量变换。

假定一幅 $N\times N$ 的数字图像通过某一信号通道传输了 $M$ 次，由于受到各种因素的随机干扰，接收到的图像实际上是一个受噪声干扰的数字图像集合。

$$\{f_1(x,y),f_2(x,y),\cdots,f_M(x,y)\}$$

写成 $M$ 个 $N^2$ 维向量 $\{\boldsymbol{X}_1,\boldsymbol{X}_2,\cdots,\boldsymbol{X}_i,\cdots,\boldsymbol{X}_M\}$ 的形式，其中，第 $i$ 次获得的图像 $f_i(x,y)$ 所对应的 $\boldsymbol{X}_i$ 向量可采用行堆叠或列堆叠的方法构成，即：

$$\boldsymbol{X}_i=\begin{bmatrix} f_i(0,0) \\ f_i(0,1) \\ \vdots \\ f_i(0,N-1) \\ f_i(1,0) \\ \vdots \\ f_i(1,N-1) \\ \vdots \\ f_i(N-1,0) \\ \vdots \\ f_i(N-1,N-1) \end{bmatrix} \tag{2.3.1}$$

$\boldsymbol{X}$ 向量的协方差矩阵定义为：

$$\boldsymbol{C}_f=E\{(\boldsymbol{X}-\boldsymbol{m}_{\mathrm{f}})(\boldsymbol{X}-\boldsymbol{m}_{\mathrm{f}})^{\mathrm{T}}\} \tag{2.3.2}$$

式中：$E$ 为求期望；T 为转置；平均值向量 $\boldsymbol{m}_{\mathrm{f}}$ 定义为：

$$\boldsymbol{m}_{\mathrm{f}}=E\{\boldsymbol{X}\} \tag{2.3.3}$$

对于 $M$ 幅数字图像，平均值向量 $\boldsymbol{m}_{\mathrm{f}}$ 和协方差矩阵 $\boldsymbol{C}_{\mathrm{f}}$ 可由下述方法近似求得：

$$\boldsymbol{m}_{\mathrm{f}}=E\{\boldsymbol{X}\}\approx\frac{1}{M}\sum_{i=1}^{M}\boldsymbol{X}_i \tag{2.3.4}$$

$$\begin{aligned}\boldsymbol{C}_{\mathrm{f}}=E\{(\boldsymbol{X}-\boldsymbol{m}_{\mathrm{f}})(\boldsymbol{X}-\boldsymbol{m}_{\mathrm{f}})^{\mathrm{T}}\}&\approx\frac{1}{M}\sum_{i=1}^{M}(\boldsymbol{X}_i-\boldsymbol{m}_{\mathrm{f}})(\boldsymbol{X}_i-\boldsymbol{m}_{\mathrm{f}})^{\mathrm{T}}\\&\approx\frac{1}{M}\sum_{i=1}^{M}\boldsymbol{X}_i\boldsymbol{X}_i^{\mathrm{T}}-\boldsymbol{m}_{\mathrm{f}}\boldsymbol{m}_{\mathrm{f}}^{\mathrm{T}}\end{aligned} \tag{2.3.5}$$

由此可知，$\boldsymbol{m}_{\mathrm{f}}$ 是 $N^2$ 个元素的向量，$\boldsymbol{C}_{\mathrm{f}}$ 是 $N^2\times N^2$ 的方阵。

设 $\lambda_i(i=1,2,\cdots,N^2)$ 是按递减顺序排列的协方差矩阵的特征值；$\boldsymbol{e}_i=[e_{i1},e_{i2},\cdots,e_{iN^2}]^{\mathrm{T}}\ (i=1,2,\cdots,N^2)$ 是协方差矩阵的特征向量。

则定义 K－L 变换矩阵 $\boldsymbol{A}$ 为：

$$
\boldsymbol{A}=\begin{bmatrix} e_{11} & e_{12} & \cdots & e_{1N^2} \\ e_{21} & e_{22} & \cdots & e_{2N^2} \\ \vdots & \vdots & & \vdots \\ e_{N^2 1} & e_{N^2 2} & \cdots & e_{N^2 N^2} \end{bmatrix} \tag{2.3.6}
$$

从而可得 K－L 变换的表达式为：

$$
\boldsymbol{Y}=\boldsymbol{A}(\boldsymbol{X}-\boldsymbol{m}_{\mathrm{f}}) \tag{2.3.7}
$$

式中：$\boldsymbol{X}-\boldsymbol{m}_{\mathrm{f}}$ 是原始图像向量 $\boldsymbol{X}$ 减去平均值向量 $\boldsymbol{m}_{\mathrm{f}}$，称为中心化图像向量。此式表明，变换后的图像向量 $\boldsymbol{Y}$ 等于中心化图像向量 $\boldsymbol{X}-\boldsymbol{m}_{\mathrm{f}}$ 与变换矩阵 $\boldsymbol{A}$ 相乘。

## 2.3.2 K－L 变换的性质

① 变换后的图像向量 $\boldsymbol{Y}$ 的均值向量 $\boldsymbol{m}_y=0$，即为零向量。

证明：

$$
\boldsymbol{m}_y=E\{\boldsymbol{Y}\}=E\{\boldsymbol{A}(\boldsymbol{X}-\boldsymbol{m}_{\mathrm{f}})\}=\boldsymbol{A}E\{\boldsymbol{X}\}-\boldsymbol{A}\boldsymbol{m}_{\mathrm{f}}=0 \tag{2.3.8}
$$

② $\boldsymbol{Y}$ 向量的协方差矩阵 $\boldsymbol{C}_{\mathrm{Y}}=\boldsymbol{A}\boldsymbol{C}_{\mathrm{f}}\boldsymbol{A}^{\mathrm{T}}$。

证明：

$$
\boldsymbol{C}_{\mathrm{Y}}=\mathrm{E}\{(\boldsymbol{Y}-\boldsymbol{m}_{\mathrm{Y}})(\boldsymbol{Y}-\boldsymbol{m}_{\mathrm{Y}})^{\mathrm{T}}\}=E\{\boldsymbol{Y}\boldsymbol{Y}^{\mathrm{T}}\}
$$

代入式(2.4.7)，得：

$$
\begin{aligned}
\boldsymbol{C}_{\mathrm{Y}}&=E\{[\boldsymbol{A}\boldsymbol{X}-\boldsymbol{A}\boldsymbol{m}_{\mathrm{f}}][\boldsymbol{A}\boldsymbol{X}-\boldsymbol{A}\boldsymbol{m}_{\mathrm{f}}]^{\mathrm{T}}\}\\
&=E\{\boldsymbol{A}[\boldsymbol{X}-\boldsymbol{m}_{\mathrm{f}}][\boldsymbol{X}-\boldsymbol{m}_{\mathrm{f}}]^{\mathrm{T}}\boldsymbol{A}^{\mathrm{T}}\}\\
&=\boldsymbol{A}E\{[\boldsymbol{X}-\boldsymbol{m}_{\mathrm{f}}][\boldsymbol{X}-\boldsymbol{m}_{\mathrm{f}}]^{\mathrm{T}}\}\boldsymbol{A}^{\mathrm{T}}\\
&=\boldsymbol{A}\boldsymbol{C}_{\mathrm{f}}\boldsymbol{A}^{\mathrm{T}}
\end{aligned} \tag{2.3.9}
$$

③ 协方差矩阵 $\boldsymbol{C}_{\mathrm{Y}}$ 是对角型矩阵，其对角线上的元素等于 $\boldsymbol{C}_{\mathrm{f}}$ 的特征值 $\lambda_i,i=1,2,\cdots,N^2$，即：

$$
\boldsymbol{C}_{\mathrm{Y}}=\begin{bmatrix} \lambda_1 & & & & & \\ & \lambda_2 & & 0 & & \\ & & \cdots & & & \\ & & & \lambda_i & & \\ & 0 & & & \cdots & \\ & & & & & \lambda_{N^2} \end{bmatrix} \tag{2.3.10}
$$

$\boldsymbol{C}_{\mathrm{Y}}$非对角线上的元素为 0，说明变换后向量 $\boldsymbol{Y}$ 的像素是不相关的；而 $\boldsymbol{C}_{\mathrm{f}}$的非对角线上元素值不为 0，说明原始图像元素之间的相关性强。因此，K—L 变换的优点是去相关性好。

④ K－L 反变换。因为 $\boldsymbol{C}_{\mathrm{f}}$是实对称矩阵，所以总可以找到一个标准正交的特征向量集合，使得 $\boldsymbol{A}^{-1}=\boldsymbol{A}^{\mathrm{T}}$，则可得 K—L 反变换式：

$$
\boldsymbol{X}=\boldsymbol{A}^{-1}\boldsymbol{Y}+\boldsymbol{m}_{\mathrm{f}} \tag{2.3.11}
$$

总之，离散 K－L 变换的最大优点是去相关性好，可用于数据压缩和图像旋转。离散K－L变换应用的主要困难就是由协方差矩阵 $\boldsymbol{C}_{\mathrm{f}}$求特征值和特征向量解方程的计算量；同时，K－L 变换是不可分离的，一般情况下，K－L 变换没有快速算法。

## 2.4 离散沃尔什-哈达玛变换

### 2.4.1 离散沃尔什变换

DFT 和 DCT 在快速算法中要用到复数乘法和三角函数乘法，这些运算占用时间较多，在某些应用领域，需要更有效和便利的变换方法。沃尔什(Walsh)变换就是其中一种，在它的变换核矩阵中，只含有＋1 和－1 两种元素，因此在计算过程中只有加减运算而没有乘法运算，从而大大提高了运算速度，且易于硬件实现、抗干扰性好。尤其是在实时处理大量数据时，沃尔什变换更加显示出其优越性，故获得了一定范围的应用。

**1. 一维离散沃尔什变换**

一维离散沃尔什函数变换核定义如下。

正变换核：
$$g(x,u)=\frac{1}{N}\prod_{i=0}^{n-1}(-1)^{b_i(x)b_{n-1-i}(u)} \tag{2.4.1}$$

反变换核：
$$h(x,u)=\prod_{i=0}^{n-1}(-1)^{b_i(x)b_{n-1-i}(u)} \tag{2.4.2}$$

式中：$N=2^n$ 称为沃尔什变换的阶数；$b_k(z)$为 $z$ 的二进制表示的第 $k$ 位，例如 $n=3,z=6=(110)_2$，则 $b_0(z)=0,b_1(z)=1,b_2(z)=1$。

由沃尔什正、反变换核定义式可知，一维沃尔什函数的正、反变换核只差一个常数项 $1/N$。除了常数项以外，当 $N=8$ 时，沃尔什函数核形成的阵列如图 2.4.1 所示(全部省略了“1”)，这是一个对称矩阵，行和列是正交的。所谓正交是指任意不同的两行或两列乘积之和为 0，本列自乘之和为 $N$。

| x \ u | 0 | 1 | 2 | 3 | 4 | 5 | 6 | 7 |
|---|---|---|---|---|---|---|---|---|
| 0 | + | + | + | + | + | + | + | + |
| 1 | + | + | + | + | − | − | − | − |
| 2 | + | + | − | − | + | + | − | − |
| 3 | + | + | − | − | − | − | + | + |
| 4 | + | − | + | − | + | − | + | − |
| 5 | + | − | + | − | − | + | − | + |
| 6 | + | − | − | + | + | − | − | + |
| 7 | + | − | − | + | − | + | + | − |

**图 2.4.1　*N*=8 时沃尔什函数核形成的阵列**

相应的一维离散沃尔什函数的正、反变换如下：

正变换：
$$W(u)=\frac{1}{N}\sum_{x=0}^{N-1}f(x)\prod_{i=0}^{n-1}(-1)^{b_i(x)b_{n-1-i}(u)}\quad(u=0,1,2,\cdots,N-1) \tag{2.4.3}$$

反变换：
$$f(x)=\sum_{u=0}^{N-1}W(u)\prod_{i=0}^{n-1}(-1)^{b_i(x)b_{n-1-i}(u)}\quad(x=0,1,2,\cdots,N-1) \tag{2.4.4}$$

**2. 二维离散沃尔什变换**

将一维的情况推广到二维，可以得到二维沃尔什正、反变换核分别为：

$$g(x,y,u,v)=\frac{1}{N^2}\prod_{i=0}^{n-1}(-1)^{b_i(x)b_{n-1-i}(u)+b_i(y)b_{n-1-i}(v)} \tag{2.4.5}$$

$$h(x,y,u,v)=\prod_{i=0}^{n-1}(-1)^{b_i(x)b_{n-1-i}(u)+b_i(y)b_{n-1-i}(v)} \tag{2.4.6}$$

相应的二维离散沃尔什正、反变换为：

$$W(u,v)=\frac{1}{N^2}\sum_{x=0}^{N-1}\sum_{y=0}^{N-1}f(x,y)\prod_{i=0}^{n-1}(-1)^{b_i(x)b_{n-1-i}(u)+b_i(y)b_{n-1-i}(v)} \tag{2.4.7}$$

式中：$u,v=0,1,2,\cdots,N-1$。

$$f(x,y)=\sum_{u=0}^{N-1}\sum_{v=0}^{N-1}W(u,v)\prod_{i=0}^{n-1}(-1)^{b_i(x)b_{n-1-i}(u)+b_i(y)b_{n-1-i}(v)} \tag{2.4.8}$$

式中：$x,y=0,1,2,\cdots,N-1$。

由式(2.4.5)和式(2.4.6)可见：

$$g(x,y,u,v)=g_1(x,u)g_2(y,v) \tag{2.4.9}$$

$$h(x,y,u,v)=h_1(x,u)h_2(y,v) \tag{2.4.10}$$

因此，二维沃尔什正、反变换核都是可分离的和对称的，因此，一个二维的离散沃尔什正变换或反变换可以通过两次一维的沃尔什变换或反变换来完成。

## 2.4.2　离散哈达玛变换

### 1. 一维离散哈达玛变换(Hadamard)

一维离散哈达玛函数变换核定义如下：

正变换核：

$$g(x,u)=\frac{1}{N}(-1)^{\sum_{i=0}^{n-1}b_i(x)b_i(u)} \tag{2.4.11}$$

反变换核：

$$h(x,u)=(-1)^{\sum_{i=0}^{n-1}b_i(x)b_i(u)} \tag{2.4.12}$$

式中：指数上的求和是以 2 为模的；$N=2^n$ 称为哈达玛变换的阶数；$b_k(z)$是 $z$ 的二进制表示的第 $k$ 位。

相应的一维离散哈达玛变换定义如下。

正变换：

$$H(u)=\frac{1}{N}\sum_{x=0}^{N-1}f(x)(-1)^{\sum_{i=0}^{n-1}b_i(x)b_i(u)}\quad(u=0,1,\cdots,N-1) \tag{2.4.13}$$

反变换：

$$f(x)=\sum_{u=0}^{N-1}H(u)(-1)^{\sum_{i=0}^{n-1}b_i(x)b_i(u)}\quad(x=0,1,\cdots,N-1) \tag{2.4.14}$$

由式(2.4.11)可知，除了常数项以外，当 $N=8$ 时，哈达玛核形成的阵列如图 2.4.2 所示(全部省略了 1)，由此可以得出哈达玛变换本质上是一种特殊排序的沃尔什变换。哈达玛变换矩阵也是一个方阵，只包含＋1 和－1 两种矩阵元素，各行和各列之间彼此是正交的。哈达玛变换核矩阵与沃尔什变换核矩阵的不同之处仅仅是行和列的次序不同。哈达玛变换的最大优点在于它的变换核矩阵具有简单的递推关系，即高阶矩阵可以由低阶矩阵的克罗内克积

| u \ x | 0 | 1 | 2 | 3 | 4 | 5 | 6 | 7 |
|---|---|---|---|---|---|---|---|---|
| 0 | + | + | + | + | + | + | + | + |
| 1 | + | − | + | − | + | − | + | − |
| 2 | + | + | − | − | + | + | − | − |
| 3 | + | − | − | + | + | − | − | + |
| 4 | + | + | + | + | − | − | − | − |
| 5 | + | − | + | − | − | + | − | + |
| 6 | + | + | − | − | − | − | + | + |
| 7 | + | − | − | + | − | + | + | − |

**图 2.4.2　$N=8$ 时哈达玛核形成的阵列**

求得。

矩阵的克罗内克积运算用符号记作 $\boldsymbol{A}\otimes\boldsymbol{B}$,其运算规律如下:

设 $$\boldsymbol{A}=\begin{bmatrix} a_{11} & a_{12} & \cdots & a_{1n} \\ a_{21} & a_{22} & \cdots & a_{2n} \\ \vdots & \vdots & & \vdots \\ a_{m1} & a_{m2} & \cdots & a_{mn} \end{bmatrix} \quad \boldsymbol{B}=\begin{bmatrix} b_{11} & b_{12} & \cdots & b_{1j} \\ b_{21} & b_{22} & \cdots & a_{2j} \\ \vdots & \vdots & & \vdots \\ b_{i1} & b_{i2} & \cdots & b_{ij} \end{bmatrix}$$

则

$$\boldsymbol{A}\otimes\boldsymbol{B}=\begin{bmatrix} a_{11}B & a_{12}B & \cdots & a_{1n}B \\ a_{21}B & a_{22}B & \cdots & a_{2n}B \\ \vdots & \vdots & & \vdots \\ a_{m1}B & a_{m2}B & \cdots & a_{mn}B \end{bmatrix} \tag{2.4.15}$$

$$\boldsymbol{B}\otimes\boldsymbol{A}=\begin{bmatrix} b_{11}A & b_{12}A & \cdots & b_{1j}A \\ b_{21}A & b_{22}A & \cdots & b_{2j}A \\ \vdots & \vdots & & \vdots \\ b_{i1}A & b_{i2}A & \cdots & b_{ij}A \end{bmatrix} \tag{2.4.16}$$

因此,$N=2^n$ 阶哈达玛矩阵有如下形式:

$$\boldsymbol{H}_1=[1] \tag{2.4.17}$$

$$\boldsymbol{H}_2=\begin{bmatrix} 1 & 1 \\ 1 & -1 \end{bmatrix} \tag{2.4.18}$$

$$\boldsymbol{H}_4=\begin{bmatrix} H_2 & H_2 \\ H_2 & -H_2 \end{bmatrix}=\begin{bmatrix} 1 & 1 & 1 & 1 \\ 1 & -1 & 1 & -1 \\ 1 & 1 & -1 & -1 \\ 1 & -1 & -1 & 1 \end{bmatrix} \tag{2.4.19}$$

$$\boldsymbol{H}_N=\boldsymbol{H}_{2^n}=\boldsymbol{H}_2\otimes\boldsymbol{H}_{2^{n-1}}=\begin{bmatrix} \boldsymbol{H}_{2^{n-1}} & \boldsymbol{H}_{2^{n-1}} \\ \boldsymbol{H}_{2^{n-1}} & -\boldsymbol{H}_{2^{n-1}} \end{bmatrix}=\begin{bmatrix} \boldsymbol{H}_{\frac{N}{2}} & \boldsymbol{H}_{\frac{N}{2}} \\ \boldsymbol{H}_{\frac{N}{2}} & -\boldsymbol{H}_{\frac{N}{2}} \end{bmatrix} \tag{2.4.20}$$

## 2. 二维离散哈达玛变换

将一维的情况推广到二维,可以得到二维哈达玛正、反变换核分别为:

$$g(x,y,u,v)=\frac{1}{N}(-1)^{\sum_{i=0}^{n-1}[b_i(x)b_i(u)+b_i(y)b_i(v)]} \tag{2.4.21}$$

$$h(x,y,u,v)=\frac{1}{N}(-1)^{\sum_{i=0}^{n-1}[b_i(x)b_i(u)+b_i(y)b_i(v)]} \tag{2.4.22}$$

相应的二维离散哈达玛正、反变换定义为:

$$H(u,v)=\frac{1}{N}\sum_{x=0}^{N-1}\sum_{y=0}^{N-1}f(x,y)(-1)^{\sum_{i=0}^{n-1}[b_i(x)b_i(u)+b_i(y)b_i(v)]} \tag{2.4.23}$$

式中:$u,v=0,1,2,\cdots,N-1$。

$$f(x,y)=\frac{1}{N}\sum_{u=0}^{N-1}\sum_{v=0}^{N-1}H(u,v)(-1)^{\sum_{i=0}^{n-1}[b_i(x)b_i(u)+b_i(y)b_i(v)]} \tag{2.4.24}$$

式中：$x,y=0,1,2,\cdots,N-1$。

由式(2.4.21)可见：

$$g(x,y,u,v)=g_1(x,u)g_2(y,v) \tag{2.4.25}$$

$$h(x,y,u,v)=h_1(x,u)h_2(y,v) \tag{2.4.26}$$

因此，二维哈达玛正、反变换核是可分离的和对称的，因此，一个二维的离散哈达玛正变换或反变换可以通过两次一维的哈达玛变换或反变换来完成。

因为在图像处理中应用的大多数变换都是以图像每一行或每一列抽取 $N=2^n$ 个采样点为基础的，而沃尔什和哈达玛变换的使用及术语在图像处理的文献中是混在一起的，所以，常常使用术语沃尔什-哈达玛变换来代表随便哪一种变换。

# 2.5　小波变换

小波分析是近年来在应用数学和工程学科中一个迅速发展的新领域。小波变换是空间(时间)和频率的局部化分析，它通过伸缩和平移运算对信号逐步进行多尺度细化，因而可有效地从信号中提取信息，可聚焦到信号的任意细节，解决了傅里叶变换不能解决的许多困难问题，成为继傅里叶变换以来在科学方法上的重大突破。小波分析是时间一尺度分析和多分辨率分析的一种新技术，它在信号分析、语音合成、图像处理、计算机视觉、量子物理等方面的研究都取得了有科学意义和应用价值的成果。

## 2.5.1　小波变换的基本知识

### 1. 连续小波变换(CWT)

所谓小波(Wavelet)，即存在于一个较小区域的波。小波函数的数学定义是：设 $\psi(t)$ 为一平方可积函数，即 $\psi(t)\in L^2(R)$，若其傅里叶变换 $\psi(\omega)$ 满足条件：

$$\int_R \frac{|\psi(\omega)^2|}{\omega}\mathrm{d}\omega<\infty \tag{2.5.1}$$

则称 $\psi(t)$ 为一个基本小波或小波母函数，并称上式是小波函数的可允许条件。

根据小波函数的定义，小波之所以小，是因为它有衰减性，即是局部非零的；而称为波，则是因为它有波动性，即其取值呈正负相间的振荡形式。图 2.5.1 示出了小波曲线。

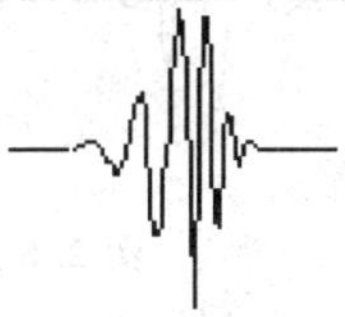

**图 2.5.1　小波曲线**

将小波母函数 $\psi(t)$ 进行伸缩和平移，设其伸缩因子(亦称尺度因子)为 $a$，平移因子为 $\tau$，并记平移伸缩后的函数为 $\psi_{a,\tau}(t)$，则：

$$\psi_{a,\tau}(t)=a^{-1/2}\psi\left(\frac{t-\tau}{a}\right)\qquad(a>0\qquad \tau\in R) \tag{2.5.2}$$

并称 $\psi_{a,\tau}(t)$ 为参数 $a$ 和 $\tau$ 的小波基函数。由于 $a$ 和 $\tau$ 均取连续变化的值，因此又称之为连续小波基函数，它们是由同一母函数 $\psi(t)$ 经伸缩和平移后得到的一组函数系列。

将 $L^2(R)$ 空间的任意函数 $f(t)$ 在小波基下展开，称其为函数 $f(t)$ 的连续小波变换

CWT,变换式为：

$$WT_f(a,\tau)=\frac{1}{\sqrt{a}}\int_R f(t)\,\overline{\psi\left(\frac{t-\tau}{a}\right)}\mathrm{d}t \tag{2.5.3}$$

式中：$\overline{\psi\frac{(t-\tau)}{a}}$为小波基函数的共轭函数。

CWT 的变换结果是许多小波系数 $WT_f(a,\tau)$,这些系数是缩放因子和平移的函数。小波变换是通过缩放母小波的宽度来获得信号的频率特征,通过平移母小波来获得信号的时间信息。对母小波的缩放和平移操作是为了计算小波系数,这些小波系数反映了小波和局部信号之间的相关程度。

基本小波函数 $\psi(t)$的缩放和平移的操作含义如下：

缩放就是压缩或伸展基本小波。小波的缩放因子与信号频率之间的关系是：缩放因子越小,小波越窄,度量的是信号的细节变化,表示信号频率越高；缩放因子越大,小波越宽,度量的是信号的粗糙程度,表示信号频率越低。小波的缩放操作如图2.5.2 所示。

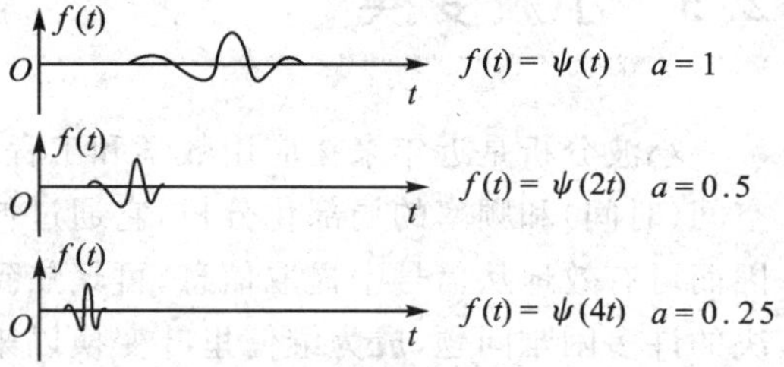


**图 2.5.2　小波的缩放操作**

平移就是小波的延迟或超前,如图 2.5.3 所示。

CWT 计算主要有如下 5 个步骤：

① 取一个小波,将其与原始信号的开始一节进行比较。

② 计算数值 $WT_f$。$WT_f$ 表示小波与所取一节信号的相似程度。计算结果取决于所选小波的形状,如图 2.5.4 所示。

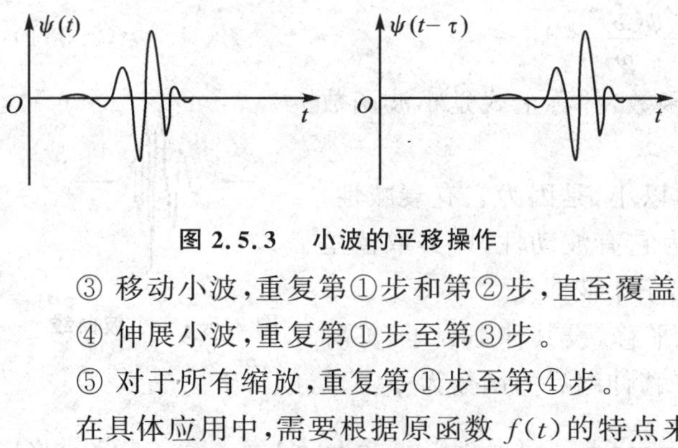


**图 2.5.3　小波的平移操作**

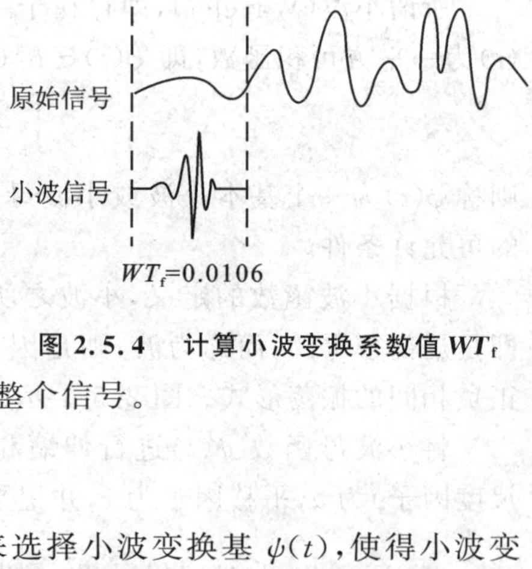


**图 2.5.4　计算小波变换系数值 $WT_f$**

③ 移动小波,重复第①步和第②步,直至覆盖整个信号。

④ 伸展小波,重复第①步至第③步。

⑤ 对于所有缩放,重复第①步至第④步。

在具体应用中,需要根据原函数 $f(t)$的特点来选择小波变换基 $\psi(t)$,使得小波变换能更好地反映 $f(t)$的特征,下面是一些小波基的例子。

① Haar 小波,如图 2.5.5 所示。其表示式为：

$$\psi(t)=\begin{cases}1 & 0\leqslant t<1/2\\ -1 & 1/2\leqslant t<1\\ 0 & \text{其他}\end{cases}$$

② 墨西哥帽小波,如图 2.5.6 所示。其表达式为:

$$\psi(t)=\frac{2}{\sqrt{3\sqrt{\pi}}}(1-t^2)\mathrm{e}^{-\frac{t^2}{2}} \tag{2.5.4}$$

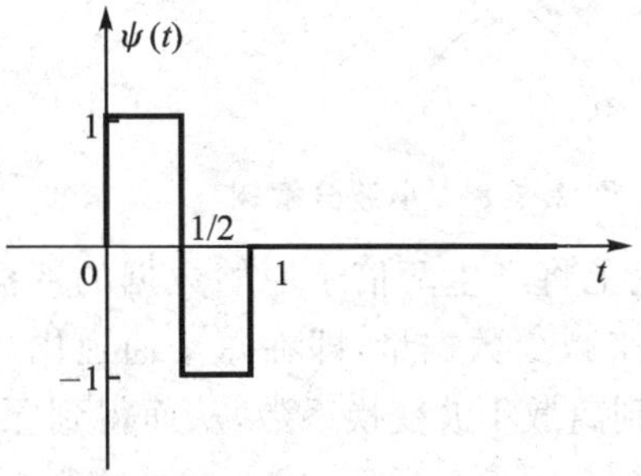


图 2.5.5 Haar 小波

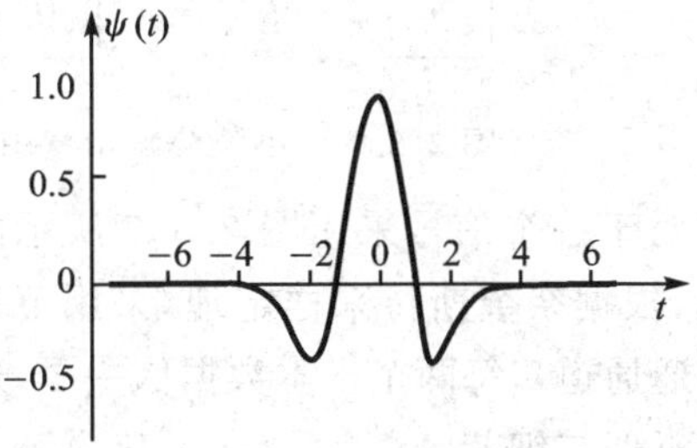


图 2.5.6 墨西哥帽小波

## 2. 离散小波变换(DWT)

在计算机应用中,连续小波应该离散化,这里的离散化是针对连续尺度参数 $a$ 和连续平移参数 $\tau$,而不是针对时间变量 $t$ 的。为了使小波变换具有可变化的时间和频率分辨率,常常需要改变尺度参数 $a$ 和平移参数 $\tau$ 的大小,即采用动态采样网格,以使小波变换具有“变焦距”的功能。小波分解的意义就在于能够在不同尺度上对信号进行分析,而且对不同尺度的选择可以根据不同的目的来确定。在此意义下,小波变换被称为数学显微镜。这就使得分析十分有效,并且也是相当精确的,因此就得到所谓的离散小波变换。

实际上,人们是在一定尺度上认识信号的。人的感官和物理仪器都有一定的分辨率,对低于一定尺度的信号的细节是无法认识的,因此对低于一定尺度信号的研究也是没有意义的。为此,应该将信号分解为对应不同尺度的近似分量和细节分量。信号的近似分量是大的缩放因子计算的系数,一般为信号的低频分量,包含着信号的主要特征;细节分量是小的缩放因子计算的系数,一般为信号的高频分量,给出的是信号的细节或差别。对信号的小波分解可以等效于信号通过了一个滤波器组,其中一个为低通滤波器,另一个为高通滤波器,分别得到信号的近似值和细节值,如图 2.5.7 所示。

由图 2.5.7 可以看出,离散小波变换可以表示成由低通滤波器和高通滤波器组成的一棵树。原始信号经过一对互补的滤波器组进行的分解称为一级分解,信号的分解过程也可以不断进行下去,也就是说可以进行多级分解。如果对信号的高频分量不再分解,而对低频分量进行连续分解,就可以得到信号不同分辨率下的低频分量,这也称为信号的多分辨率分析。图 2.5.8就是这样一个小波分解树。图中 $S$ 表示原始信号,$A$ 表示近似,$D$ 表示细节,下标表示分解的层数。由于分析过程是重复迭代的,从理论上讲可以无限地连续分解下去,但事实上,分解可以进行到细节只包含单个样本为止。实际中,分解的级数取决于要分析的信号数据特征及用户的具体需要。

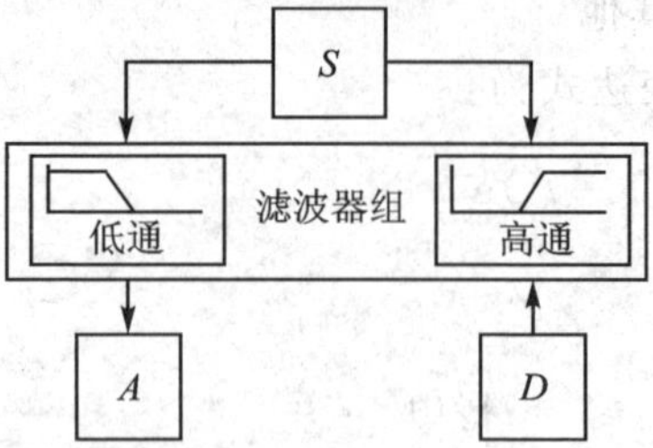


图 2.5.7 小波分解示意图

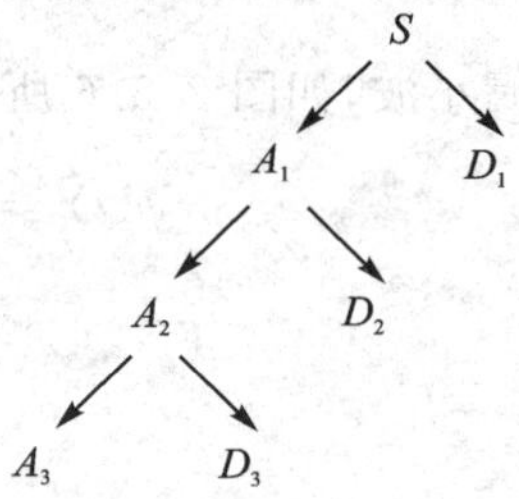


图 2.5.8 小波分解树

对于一个信号采用图 2.5.7 所示的方法,理论上将产生两倍于原始数据的数据量。为此,根据奈奎斯特采样定理,采用下采样的方法来减少数据量,即在每个通道内(低通和高通通道),每两个样本数据取一个,通过计算得到离散小波变换系数,从而得到原始信号的近似与细节。

## 3. 逆离散小波变换(小波重构)

将信号的小波分解的分量进行处理后,一般还要根据需要把信号恢复出来,也就是利用信号的小波分解的系数还原出原始信号,这一过程称为逆离散小波变换,也常称为小波重构。小波分解包括滤波与下采样,小波重构过程则包括上采样与滤波。上采样的过程是在两个样本之间插入 0。由图 2.5.8 可见,重构过程为:$A_3+D_3=A_2$;$A_2+D_2=A_1$;$A_1+D_1=S$。

## 4. 小波包分析

在小波分解中,一个信号可以不断分解为近似信号和细节信号,近似信号可以继续分解,但是细节信号不能分解,为此,人们又提出了对信号的小波包分解。使用小波包分解,不但可以不断分解近似信号,也可以继续分解细节信号,从而使整个分解构成一种二叉树结构,如图 2.5.9 所示。

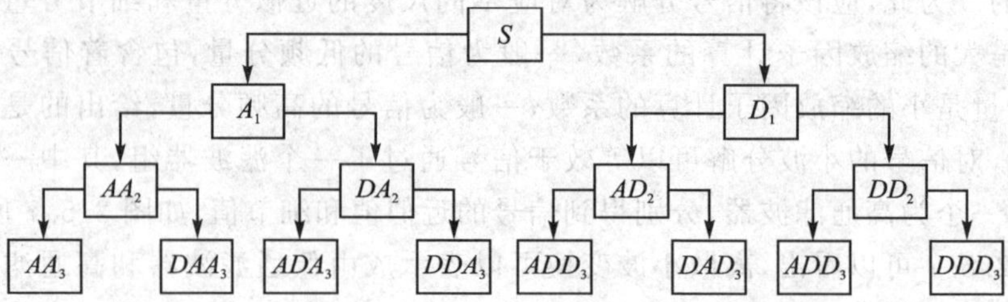


图 2.5.9 小波包分解示意图

## 5. 二维离散小波变换

二维离散小波变换是一维离散小波变换的推广,其实质上是将二维信号在不同尺度上的分解，得到原始信号的近似值和细节值。由于信号是二维的，因此分解也是二维的。分解的结果为：近似分量 $A$、水平细节分量 $H$、垂直细节分量 $V$ 和对角细节分量 $D$。同样也可以利用二维小波分解的结果在不同尺度上重构信号。

## 2.5.2　小波变换在图像处理方面的应用

小波变换是一种复杂的数学变换，可以在时域和频域上对原始信号进行多分辨率分解，小波分析的应用是与小波分析的理论研究紧密结合在一起的。小波分析在图像处理方面的应用十分广泛，可用于图像压缩、分类识别、去除噪声等；在医学成像方面，它用于减少B超、CT、核磁共振成像的时间，提高分辨率等。

下面举一个二级小波分解的例子来说明基于小波变换的图像编码能够很好地实现图像分辨率和图像质量的多级伸缩性。

图2.5.10(a)是一个分辨率为256×256像素的灰度图像，图像的灰度级为256，对这个二维原始图像做小波变换，实际上就是把原始图像的像素值矩阵变换成另一个有利于压缩编码的系数矩阵。该系数矩阵所对应的图像如图2.5.10(b)所示，可以看出，经过一级小波变换后，原始图像被分解成几个子图像，每个子图像包含了原始图像中不同的频率成分。左上角子图包含了图像的低频分量，即图像的主要特征，低频分量可再次分解；右上角子图包含了图像的垂直分量，即包含了较多的垂直边缘信息；左下角子图包含了图像的水平分量，即包含了较多的水平边缘信息；右下角子图包含了图像的对角分量，即同时包含了垂直和水平边缘信息。从图2.5.10(b)中可以看出，经过小波变换，原始图像的全部信息被重新分配到了4个子图中。左上角子图包含了原始图像的低频信息，但失去了一部分边沿细节信息，这些失去的细节信息被分配到其他3个子图中。由于失去了部分细节信息，所以左上角子图比原始图像模糊了一些，不仅如此，其长宽尺寸也降低到原来的一半，即分辨率降低到原来的1/4。一种最容易理解的图像压缩方法就是，丢弃3个细节子图，只保留并编码低频子图。但实际上，并不是通过这么简单的处理来进行图像压缩，3个细节子图不会被丢掉，而是与低频子图一起编入码流，这样才可能在解码时恢复出完整的原始图像。当然，如果用户只需要一个小尺寸的图像，那就只需从码流中解码出低频子图即可。低频子图可以进一步分解，经过二级分解后，系数矩阵所对应的图像如图2.5.10(c)所示。图2.5.10(c)中，低频子图的尺寸降到了原始图像的1/16，可见每一级小波分解都是对空间分辨率和频率分量的进一步细分。从此例可以看出，小波变换为在一个码流中实现图像多级分辨率提供了基础。前面提到，为了能在解码端恢复出完整的原始图像，所有的细节子图都一起编入了码流，不扔掉这些细节，那图像的数据量又怎能被压缩呢？对图像进行了小波变换，并不代表图像的数据量就被压缩了，因为变换后，系数的总量并未减少，那么变换的意义何在呢？其意义在于使图像的能量分布(频域内的系数分布)发生改变，从而利于压缩编码。要真正地压缩数据量，还要对变换后的系数进行量化、扫描和熵编码，这样就可以达到减少图像数据量的目的。

**【例2.5.1】**　利用二维小波变换对图像进行编码。

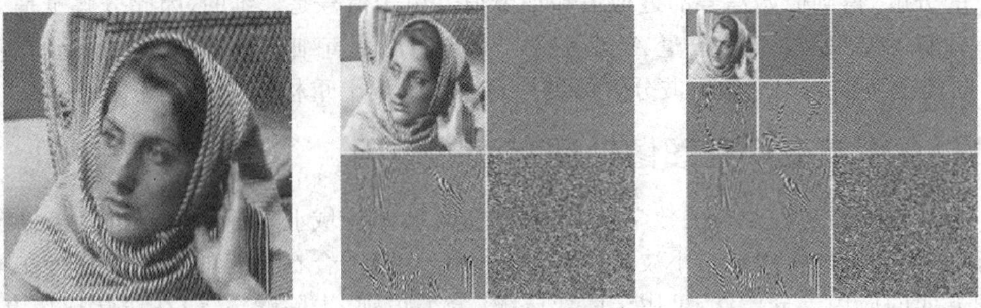

(a) 原始灰度图像　　(b) 一级小波分解后的图像　　(c) 二级小波分解后的图像

**图 2.5.10　二级小波变换示例**

MATLAB 源程序代码如下：

```
clear
clc
X = imread('barbara.bmp');
%对图像用小波进行层分解
[c,s] = wavedec2(X,2,'bior3.7');
%提取小波分解结构中一层的低频和高频系数
ca1 = appcoef2(c,s,'bior3.7',1);
ch1 = detcoef2('h',c,s,1);
cv1 = detcoef2('v',c,s,1);
cd1 = detcoef2('d',c,s,1);
%小波重构
a1 = wrcoef2('a',c,s,'bior3.7',1);
h1 = wrcoef2('h',c,s,'bior3.7',1);
v1 = wrcoef2('v',c,s,'bior3.7',1);
d1 = wrcoef2('d',c,s,'bior3.7',1);
c1 = [a1,h1;v1,d1];
%保留小波分解第一层低频信息进行压缩
ca1 = appcoef2(c,s,'bior3.7',1);
%首先对第一层信息进行量化编码
ca1 = wcodemat(ca1,400,'mat',0);
%改变图像高度
ca1 = 0.5 * ca1;
ca2 = appcoef2(c,s,'bior3.7',2);
%保留小波分解第二层低频信息进行压缩
%首先对第二层信息进行量化编码
ca2 = wcodemat(ca2,400,'mat',0);
%改变图像高度
ca2 = 0.25 * ca2;
%显示原始图像
subplot(221)
imshow(X)
title('原始图像')
disp('原始图像的大小')
whos('X')
%显示分频信息
subplot(222)
```

```
c1 = uint8(c1);
imshow(c1)
title('显示分频信息')
subplot(223)
disp('第一次压缩图像的大小')
% 显示第一次压缩的图像
ca1 = uint8(ca1);
whos('ca1')
imshow(ca1);
title('第一次压缩的图像')
disp('第二次压缩图像的大小')
subplot(224)
% 显示第二次压缩的图像
ca2 = uint8(ca2);
imshow(ca2);
title('第二次压缩的图像')
whos('ca2')
```

程序运行得到的结果如图 2.5.11 所示。

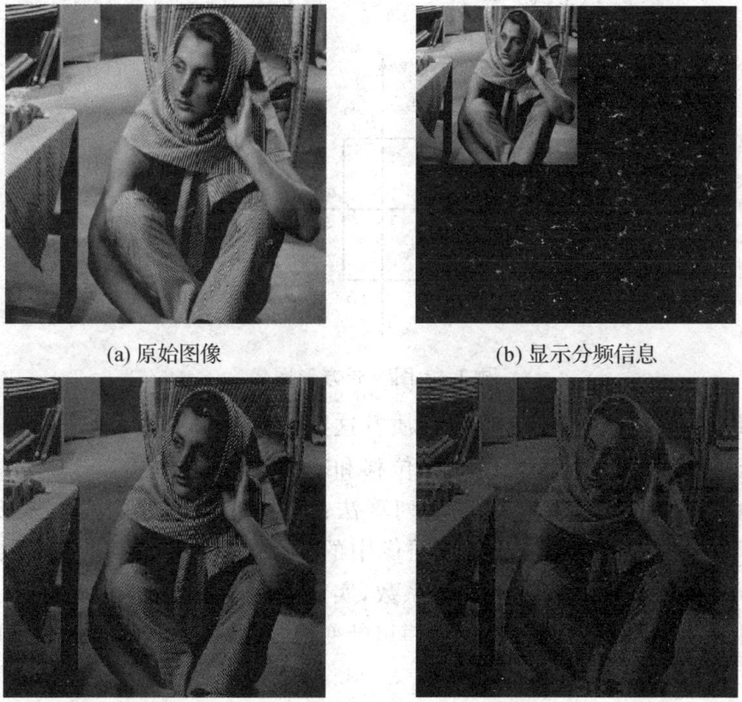

(a) 原始图像　(b) 显示分频信息　(c) 第一次压缩的图像　(d) 第二次压缩的图像

**图 2.5.11　实验运行结果**

原始图像的大小：

| Name | Size | Bytes Class |
| --- | --- | --- |
| X | 512×512 | 262144 uint8 array |

Grand total is 262144 elements using 262144 bytes

第一次压缩图像的大小

| Name | Size | Bytes | Class |
| --- | --- | --- | --- |
| ca1 | 263×263 | 69169 | uint8 array |

Grand total is 69169 elements using 69169 bytes

第二次压缩图像的大小

| Name | Size | Bytes | Class |
| --- | --- | --- | --- |
| ca2 | 139×139 | 19321 | uint8 array |

Grand total is 19321 elements using 19321 bytes

## 习题与思考题

2-1　求二维连续傅里叶变换,题2-1图是长方形图像:

$$f(x,y)=\begin{cases}E & |x|<a,\ |y|<b \\ 0 & \text{其他}\end{cases}$$

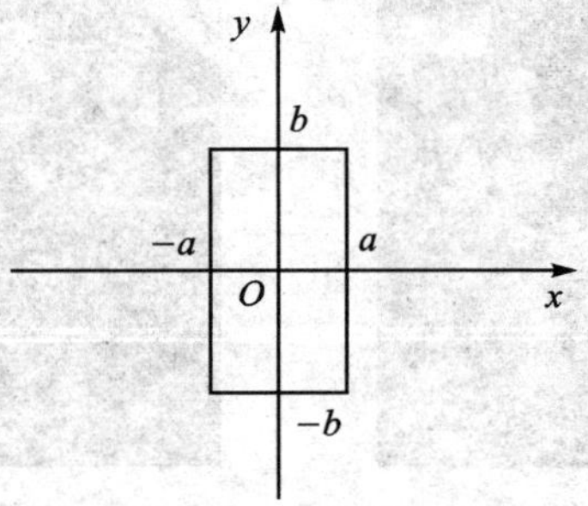


**题2-1图　长方形图像**

2-2　离散傅里叶变换都有哪些性质?这些性质说明了什么?

2-3　证明离散傅里叶变换的频率位移和空间位移性质。

2-4　编写一个程序,要求实现下列算法:首先将图像分割为许多8×8的子图像,对每个子图像进行FFT,对每个子图像中的64个系数,按照每个系数的方差来排序后,舍去小的变换系数,只保留16个系数,实现4:1的图像的压缩。

2-5　求下列离散图像的二维离散傅里叶变换、离散沃尔什变换和离散哈达玛变换。

$$\begin{bmatrix}0 & 3 & 3 & 0\\0 & 3 & 3 & 0\\0 & 3 & 3 & 0\\0 & 3 & 3 & 0\end{bmatrix}$$

2-6　离散哈达玛变换的最大优点是什么?

2-7　K-L变换的优点是什么?K-L变换都有哪些性质?

2-8　小波变换是如何定义的?小波分析的主要优点是什么?

# 第3章

# 图像增强与复原

图像增强(Image Enhancement)是数字图像处理技术中最基本的内容之一,是相对于图像识别、图像理解而言的一种前期处理,其主要目的是:运用一系列技术手段改善图像的视觉效果,提高图像清晰度;将图像转化成一种更适合于人或计算机进行分析处理的形式。因此,改善图像质量是图像增强的根本目的。图像复原(Image Restoration)与图像增强技术一样,也是一种改善图像质量的技术。在图像的获取和传输过程中,由于成像系统和传输介质等方面的原因,将不可避免地造成图像质量的下降(退化)。图像的复原就是根据事先建立起来的系统退化模型,将降质了的图像以最大的保真度恢复成真实的景象。

本章将对数字图像处理技术中的两大基本内容——图像增强与图像复原,从理论和应用方面给予介绍。重点将讲述图像增强中在空间域的灰度变换、直方图修正、图像平滑、锐化滤波、频率域低通、高通、同态滤波,以及彩色增强等内容(以上内容如无特别声明,均指的是灰度图像的增强)。在图像复原的内容中,将主要介绍图像退化与图像复原。

## 3.1 图像增强与图像复原技术概述

### 3.1.1 图像增强的体系结构

在实际应用中,无论采用何种输入装置采集的图像,由于噪声、光照等原因,图像的质量往往不能令人满意。例如,检测对象物的边缘过于模糊;在比较满意的一幅图像上发现多了一些不知来源的黑点或白点;图像的失真、变形等。所以,图像增强处理的任务是突出预处理图像中的"有用"信息,按需要进行适当的变换,扩大图像中不同物体特征之间的差别,如边缘、轮廓、对比度等进行强调或锐化,去除或削弱无用的信息以便于显示、观察或进一步分析与处理。

图像增强处理方法根据图像增强处理所在的空间不同,可分为基于空间域的增强方法和基于频率域的增强方法两类。空间域(Spatial Domain)处理方法是在图像像素组成的二维空间里直接对每一像素的灰度值进行处理,它可以是一幅图像内像素点之间的运算处理,也可是数幅图像间的相应像素点之间的运算处理。频率域(Frequency Domain)处理方法是在图像的变换域对图像进行间接处理。其特点是先将图像进行变换,在空间域对图像作傅里叶变换得到它的频谱按照某种变换模型(如傅里叶变换)变换到频率域,完成图像由空间域变换到频率域,然后在频域内对图像进行低通或高通频率域滤波处理。处理完之后,再将其反变换到空间域,如图 3.1.1 所示。

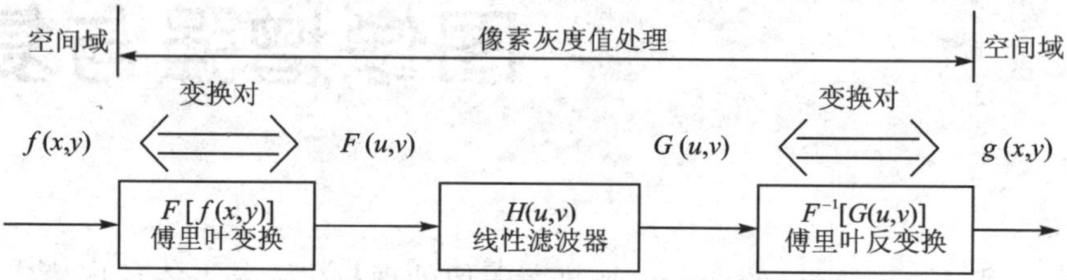


**图 3.1.1 图像的空间域与频率域变换处理流程框图**

其中低通滤波用于滤除噪声,高通滤波用于增强边缘和轮廓信息。

图像增强技术按所处理的对象不同还可分为灰度图像增强和彩色图像增强;按增强的目的还可分为光谱信息增强、空间纹理信息增强和时间信息增强。

图像增强技术的主要结构如图 3.1.2 所示。

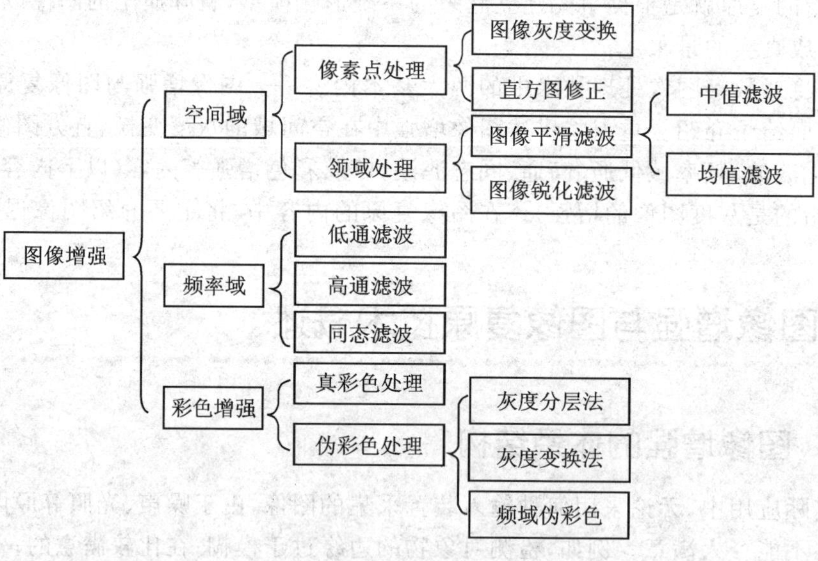


**图 3.1.2 图像增强技术的体系结构**

## 3.1.2 图像复原的体系结构

虽然图像复原和前面讨论的图像增强的目的都是改善图像质量,但改善的方法和评价的标准则不同。他们之间是有区别的,图像增强是突出图像中感兴趣的特征,衰减那些不需要的信息,因此它不考虑图像退化的真实物理过程,增强后的图像也不一定去逼近原始图像；而图像复原则是针对图像的退化原因设法进行补偿，这就需要对图像的退化过程有一定的先验知识，利用图像退化的逆过程去恢复原始图像，使复原后的图像尽可能地接近原图像。

图像复原的主要结构如图 3.1.3 所示。

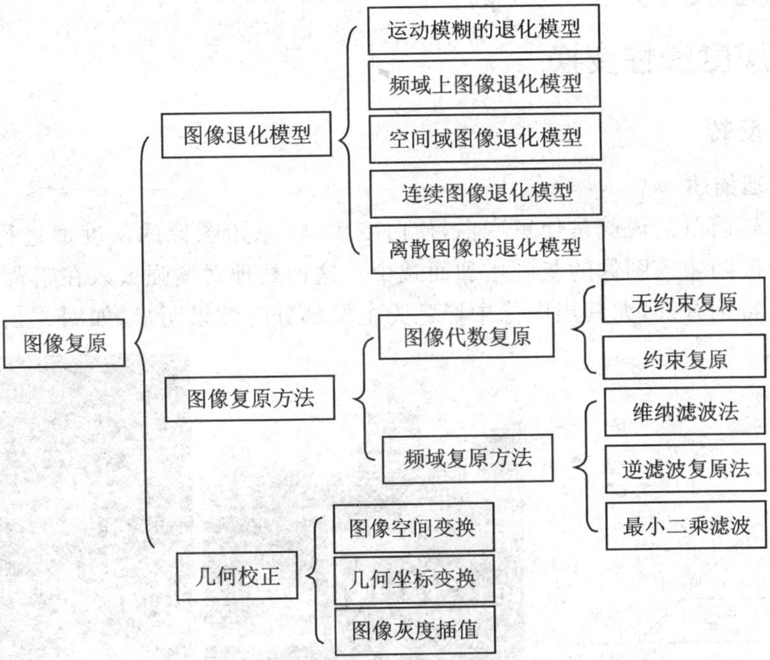


**图 3.1.3　图像复原的体系结构**

## 3.2　灰度变换

在图像处理中，图像灰度变换和 3.3 节将要介绍的直方图修正属于点运算范畴。点运算(Point Operation)的概念是，当算子 $T$ 的作用域是以每一个单个像素为单位，图像的输出 $g(x,y)$ 只与位置 $(x,y)$ 处的输入 $f(x,y)$ 有关，实现的是像素点到点的处理时，称这种运算为"点运算"。

点运算的表达为：

$$s = T(r) \tag{3.2.1}$$

或者

$$g(x,y) = T[f(x,y)] \tag{3.2.2}$$

式中：$r$ 和 $s$ 为分别为输入、输出像素的灰度级；$T$ 为灰度变换函数的映射关系。通过上述式子可将原图像 $(x,y)$ 处的灰度 $f(x,y)$ 变为 $T[f(x,y)]$，$T$ 算子描述了输入灰度级和输出灰度级之间的映射关系。点运算有时又被称为"灰度变换"、"对比度拉伸"或"对比度增强"。

灰度变换是图像增强的一种重要手段，用于改善图像显示效果，属于空域处理方法，它可使图像动态范围加大，使图像对比度扩展，图像更加清晰，特征更加明显。灰度变换其实质就是按一定的规则修改图像每一个像素的灰度，从而改变图像灰度的动态范围。灰度变换按映射函数可分为线性、分段线性、非线性，以及其他的灰度变化等多种形式。常见的灰度变换就是直接修改灰度的输入/输出映射关系，因此灰度变换函数的形式惟一地确定了点运算的效果。

## 3.2.1 灰度线性变换

### 1. 图像反转

#### (1) 原理描述

图像反转简单的说就是使黑变白，使白变黑，将原始图像的灰度值进行翻转，使输出图像的灰度随输入图像的灰度增加而减少。这种处理对增强嵌入在暗背景中的白色或灰色细节特别有效，尤其当图像中黑色为主要部分时效果明显，如图 3.2.1 所示。

(a) 图像反转变换函数　(b) 原始图像　(c) 反转后的图像

**图 3.2.1　图像反转的效果**

根据图 3.2.1(a)图像反转的变换关系，由直线方程截斜式可知，当 $k=-1, b=L-1$ 时，其表达式为：

$$g(x,y) = kf(x,y) + b = -f(x,y) + (L-1) \tag{3.2.3}$$

式中：$[0, L-1]$为图像灰度级范围。

灰度反转线性变换的 MATLAB 程序实现效果如图 3.2.1(c)所示。

#### (2) 图像反转案例分析

**【例 3.2.1】**

```
%图像反转线性变换的程序实现
I = imread('yhy.bmp')                %读入原始图像
J = double(I);                       %将图像矩阵转化为 double 类型
J = -J + (256 - 1);                  %图像反转线性变换
H = uint8(J);                        %double 数据类型转化为 unit8 数据类型
subplot(1,2,1),imshow(I);            %显示灰度原始图像
subplot(1,2,2),imshow(H);            %显示灰度反转后的图像
```

## 2. 线性灰度变换

比例线性变换是对每个线性段逐个像素进行处理，它可将原图像灰度值动态范围按线性关系式扩展到指定范围或整个动态范围。

在实际运算中，假定给定的是两个灰度区间，如图 3.2.2(a)所示，原图像 $f(x,y)$ 的灰度范围为$[a,b]$，希望变换后的图像 $g(x,y)$的灰度扩展为$[c,d]$，则采用下述线性变换来实现：

$$g(x,y)=\frac{d-c}{b-a}[f(x,y)-a]+c \tag{3.2.4}$$

即要把输入图像的某个亮度值区间$[a,b]$扩展为输出图像的亮度值区间$[c,d]$。比例线性灰度变换对图像每一个像素灰度作线性拉伸，将有效地改善图像视觉效果。

若图像灰度在 $0\sim M$ 范围内，其中大部分像素的灰度级分布在区间$[a,b]$内，很小部分像素的灰度级超出此区间。为改善增强效果，可令：

$$g(x,y)=\begin{cases} c & 0\leqslant f(x,y)\leqslant a \\ \dfrac{d-c}{b-a}[f(x,y)-a]+c & a<f(x,y)<b \\ d & b<f(x,y)\leqslant M \end{cases} \tag{3.2.5}$$

该式的映射关系可用图 3.2.2(b)表示。

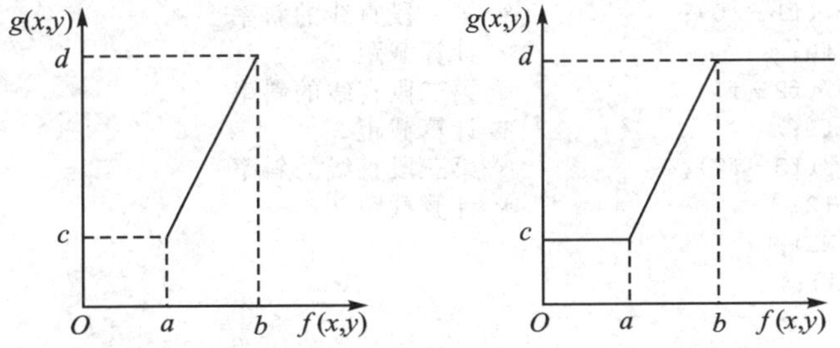


(a) 线性灰度变换　　(b) 截取式线性灰度变换

**图 3.2.2　线性灰度变换关系**

注意：这种变换扩展了$[a,b]$区间的灰度级，但是将小于 $a$ 和大于 $b$ 范围内的灰度级分别压缩为 $c$ 和 $d$，这样使图像灰度级在上述两个范围内的像素都各变成 $c$、$d$ 灰度级分布，从而截取这两部分信息。

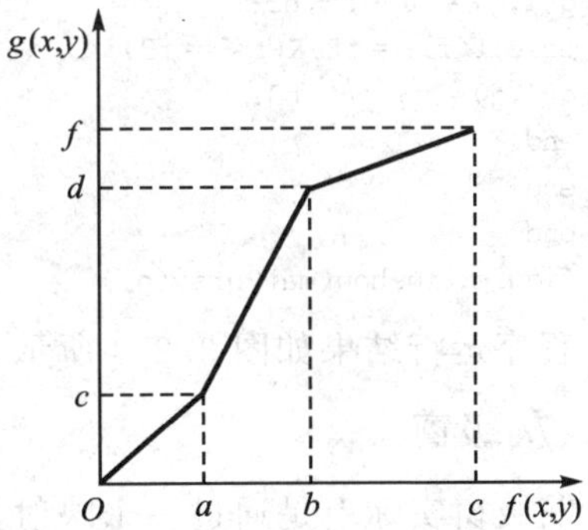


**图 3.2.3　分段线性灰度变换**

## 3. 分段线性灰度变换

### (1) 原理描述

为了突出图像中感兴趣的目标或者灰度区间，将图像灰度区间分成两段乃至多段分别作线性变换称之为分段线性变换。图 3.2.3

是分为三段的分段线性灰度变换。

分段线性变换的优点是可以根据用户的需要,拉伸特征物体的灰度细节,相对抑制不感兴趣的灰度级。采用分段线性法,可将需要的图像细节灰度级拉伸,增强对比度,将不需要的细节灰度级压缩。其数学表达式如下:

$$g(x,y)=\begin{cases}\dfrac{c}{a}f(x,y) & 0\leqslant f(x,y)<a\\ \dfrac{d-c}{b-a}[f(x,y)-a]+c & a\leqslant f(x,y)\leqslant b\\ \dfrac{f-d}{e-b}[f(x,y)-a]+d & b<f(x,y)\leqslant e\end{cases}\tag{3.2.6}$$

**(2) 分段线性变换增强算法案例分析**

**【例 3.2.2】** MATLAB 灰度图像分段线性变换增强算法程序。

```
clc;
clear all;
X1 = imread('3.png');                  % 读入原灰度图像
figure,imshow(X1);                     % 显示原灰度图像
f0 = 0;g0 = 0;                         % 分段直线的折线点赋值
f1 = 20;g1 = 10
f2 = 130;g2 = 180;
f3 = 255;g3 = 255;
r1 = (g1 - g0)/(f1 - f0);              % 第一段直线的斜率
b1 = g0 - r1 * f0;                     % 计算截距 1
r2 = (g2 - g1)/(f2 - f1);              % 第二段直线的斜率
b2 = g1 - r2 * f1;                     % 计算截距 2
r3 = (g3 - g2)/(f3 - f2);              % 第三段直线的斜率
b3 = g2 - r3 * f2;                     % 计算截距 3
[m,n] = size(X1);
X2 = double(X1);
for i = 1:m
for j = 1:n
f = X2(i,j);
g(i,j) = 0;
if(f> = f1)&(f< = f2)
g(i,j) = r1 * f + b2;
elseif(f> = f2)&(f< = f3)
g(i,j) = r3 * f + b3;
end
end
end
figure, imshow(mat2gray(g))            % 显示变换后的图像
```

程序运行结果如图 3.2.4 所示。

## 4. 灰级窗

灰级窗实际上是通过一个映射关系,将灰度值落在一定范围内的目标进行对比度增强,这就好像开窗观察只落在窗内视野中的目标内容一样。将原图中灰度值分布在 $[a,b]$ 范围内的像素值映射到 $[0,255]$ 范围内,由此使该范围内的景物因对比度展宽而

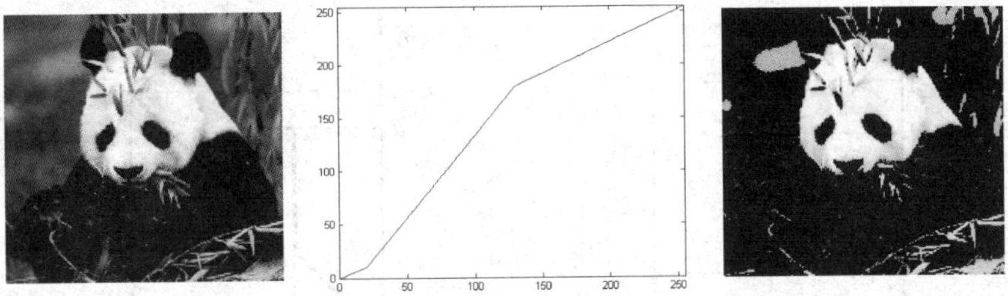


(a) 原灰度图像　　(b) 分段线性变换　　(c) 变换后的图像

**图 3.2.4　分段线性变换程序示例**

更加清晰便于观察。灰级窗映射计算公式表示如下：

$$g(x,y)=\begin{cases}\dfrac{255}{b-a}[f(x,y)-a] & a\leqslant f(x,y)<b\\ 0 & \text{其他}\end{cases}\tag{3.2.7}$$

其对应的示意图如图 3.2.5(a)所示。同理也可进行多层灰级窗处理。

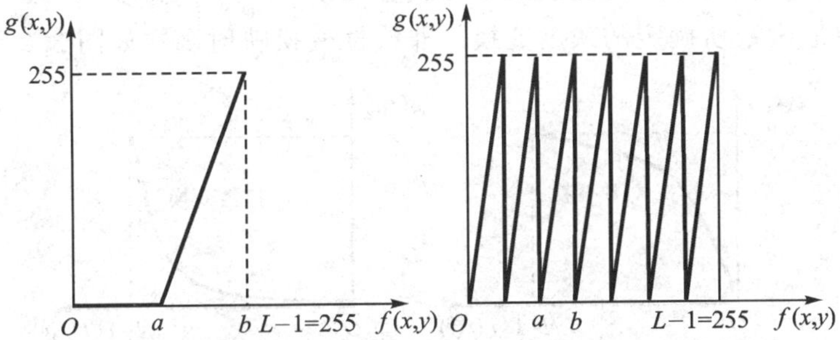


(a) 灰级窗变换　　(b) 多层灰级窗变换

**图 3.2.5　灰级窗口函数映射关系图**

## 5. 灰度级的分层

为了突出图像的某些特定的灰度范围，可对灰度级进行分层处理达到所需的目的，灰度级分层的目的与对比度增强的目的相似。

灰度级分层一般有两种，一种是对感兴趣区域的灰度级以较大的灰度值 $d$ 进行显示，而对另外的灰度级则以较小的灰度值 $c$ 进行显示。从而突出了$[a,b]$间的灰度，而将其余灰度值变为低灰度值 $c$。图 3.2.6(a)是这种灰度级分层变换。

该变换函数可用如下公式表述：

$$g(x,y)=\begin{cases}d & a\leqslant f(x,y)\leqslant b\\ c & \text{其他}\end{cases}\tag{3.2.8}$$

另一种方法是对感兴趣的灰度级 $d$ 以较大的灰度值进行显示，而其他的灰度级则保持不变。这种灰度变换可用式(3.2.9)来描述，其变换关系如图 3.2.6(b)所示。

$$g(x,y)=\begin{cases}d & a\leqslant f(x,y)\leqslant b\\ f(x,y) & \text{其他}\end{cases}\tag{3.2.9}$$

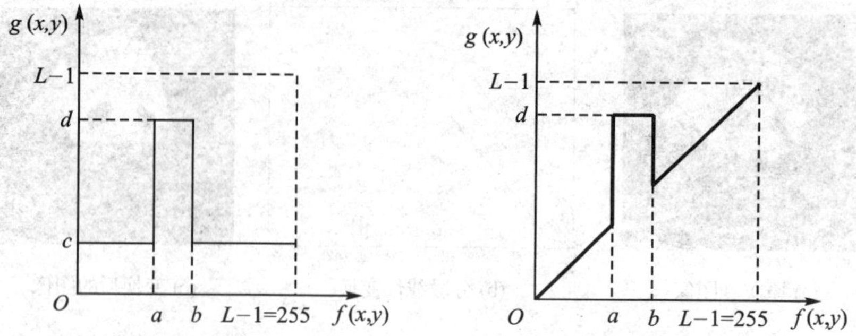


(a) 一种灰度级分层　　(b) 另一种灰度级分层

**图 3.2.6　灰度级分层变换关系**

## 3.2.2　灰度非线性变换

当用某些非线性函数,如平方、对数、指数函数等作为映射函数时,可实现图像灰度的非线性变换。灰度的非线性变换简称非线性变换,是指由 $g(x,y)=T[f(x,y)]$这样一个非线性单值函数所确定的灰度变换。非线性变换映射函数如图 3.2.7 所示。

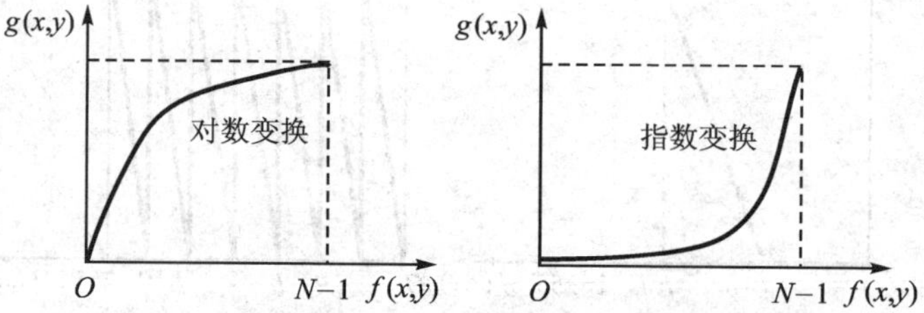


(a) 对数变换　　(b) 指数变换

**图 3.2.7　非线性变换映射函数**

**(1) 对数变换**

对数变换常用来扩展低值灰度,压缩高值灰度,这样可以使低值灰度的图像细节更容易看清,从而达到增强的效果。

对数变换非线性变换曲线形式如图 3.2.7(a)所示,其表达式为:

$$g(x,y)=C\cdot\lg[1+|f(x,y)|] \tag{3.2.10}$$

式中:$C$ 为尺度比例常数;$1+|f(x,y)|$是为了避免对零求对数。

**(2) 指数变换**

指数变换的一般形式为:

$$g(x,y)=b^{c[f(x,y)-a]}-1 \tag{3.2.11}$$

这里的 $a,b,c$ 是为了调整曲线位置和形状的参数。图 3.2.7(b)所示指数变换与对数变换正好相反,它可用来压缩低值灰度区域,扩展高值灰度区域,但由于与人的视觉特性不太相同,因此不常采用。

**【例 3.2.3】** 利用对数变换映射关系编写对数非线性变换程序代码如下:

```
% 一幅图像进行对数变换的程序清单
I = imread('dcz.bmp');                % 读入原始图像
J = double(I);                        % 将图形矩阵转化为 double 类型
J = 40 * (log(J + 1));                % 把图像进行对数变换
H = uint8(J);                         % double 数据类型转化为 unit8 数据类型
subplot(1,2,1),   imshow(I);          % 显示对数变换前的图像
subplot(1,2,2),   imshow(H);          % 显示对数变换后的图像
```

经过对原始图像图 3.2.7(a)进行对数变换，得到如图 3.2.7(b)所示的变换效果。

(a) 原始图像　　　　(b) 对数变换后的图像

**图 3.2.8　对数变换前、后图像效果图**

**【例 3.2.4】** 利用 MATLAB 图像处理工具箱中提供的对比度调整函数 imadjst 来实现图像的灰度变换，使对比度增强。

函数调用的语法格式为：

J=imadjust(I [low,high],[bottom,top],gamma)

其功能是：返回图像 I 经过直方图调整后的图像 J。

[low,high]为原图像中要变换的灰度范围，[bottom,top]指定变换后的灰度范围，两者的默认值均为[0,1]。

$\gamma$(gamma)为矫正量，其取值决定了输入图像到输出图像的灰度映射方式，即决定了增强低灰度还是增强高灰度。如果 $\gamma=1$ 时，为线性变换；如果 $\gamma<1$ 时，那么映射将会对图像的像素值加权，使输出像素灰度值比原来大；如果 $\gamma>1$ 时，那么映射加权后的灰度值比原来小。$\gamma$ 大于 1、等于 1 和小于 1 的映射方式如图 3.2.9 所示。

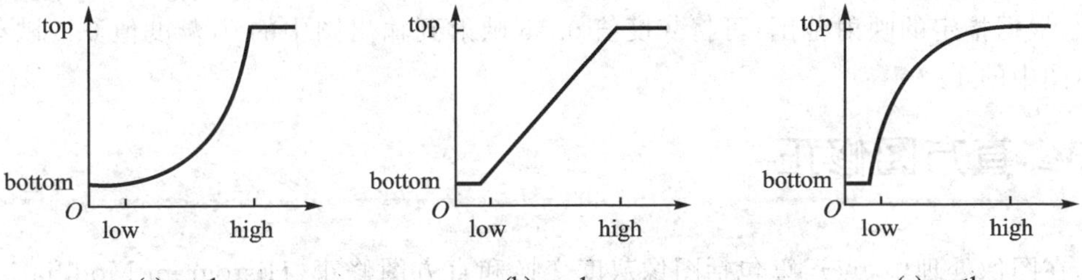


(a) $\gamma>1$　　　　(b) $\gamma=1$　　　　(c) $\gamma<1$

**图 3.2.9　不同 $\gamma$ 对应的转移函数曲线**

灰度图像线性变换程序如下：

```
% MATLAB 灰度图像线性变换程序(1)
I = imread('gray.PNG');
figure(1),imshow(I);
figure(2),imhist(I);
J = imadjust(I,[0.15   0.5],[0   1]);
figure(3),imshow(J);
figure(4), imhist(J);
```

程序运行结果如图 3.2.10 所示。

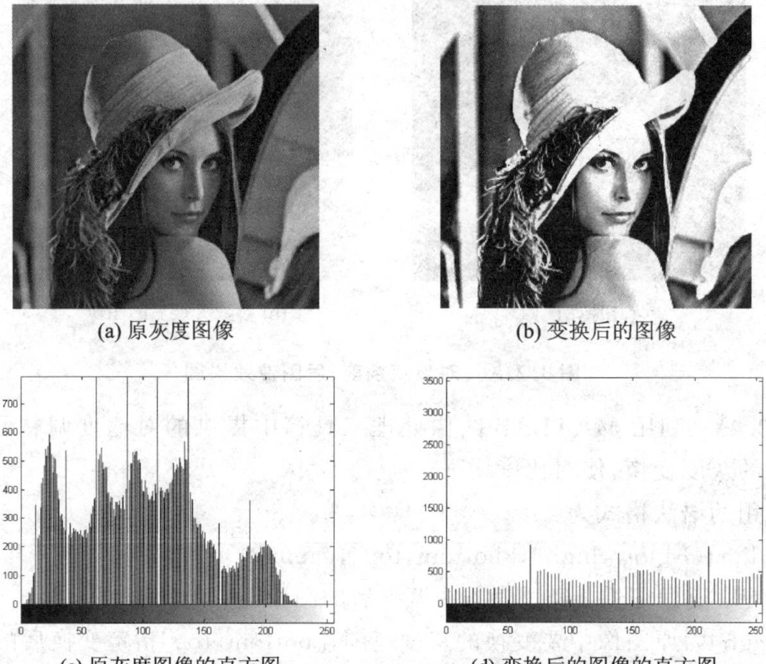


(a) 原灰度图像　　(b) 变换后的图像

(c) 原灰度图像的直方图　　(d) 变换后的图像的直方图

**图 3.2.10　灰度图像线性变换前后的图像及直方图**

可以看出,经过变换后的图像覆盖了整个灰度范围,而在图 3.2.10(c)中,灰度范围只在0～230之间。其中,imadjust 函数的第 2 个向量[0.15　0.5]指定需要映射的灰度值范围是(39～128),第 3 个向量[0　1]指定希望映射到的灰度值范围(0～255)。例如,根据指定的映射范围,可将灰度值 0.15 映射到输出图中的 0,灰度值 0.5 映射到输出图中的 1。

## 3.3　直方图修正

在图像处理中,点运算包括图像灰度变换和直方图修正(Histogram Modifiatian)。那么,什么是灰度级的直方图呢？简单地说,灰度级的直方图就是反映一幅图像中的灰度级与出现这种灰度概率之间关系的图形。修改直方图的方法是增强图像实用而有效的处理方法之一。本节将对直方图修正中直方图的定义与性质、直方图的计算、直方图均衡化等内容做详细介绍。

## 3.3.1 灰度直方图的定义

### 1. 直方图的定义

图像的直方图是图像的重要统计特征，是表示数字图像中每一灰度级与该灰度级出现的频数(该灰度像素的数目)间的统计关系。按照直方图的定义可表示为：

$$P(r_k)=\frac{n_k}{N}\qquad (k=0,1,2,\cdots,L-1)\tag{3.3.1}$$

式中：$N$ 为一幅图像的总像素数；$n_k$ 为第 $k$ 级灰度的像素数；$r_k$ 为第 $k$ 个灰度级；$L$ 为灰度级数；$P(r_k)$为该灰度级出现的相对频数。

也就是说对每个灰度值，求出在图像中该灰度值的像素数的图形称为灰度值直方图(Gray Level Histogram)，或简称直方图。直方图用横轴代表灰度值，纵轴代表像素数(产生概率、对整个画面上的像素数的比率)，如图 3.3.1 所示。

在图像直方图中，$r$ 代表图像中像素灰度级，若将其作归一化处理，$r$ 的值将限定在下述范围之内：

$$0\leqslant r\leqslant 1\tag{3.3.2}$$

在灰度级中，$r=0$ 代表黑，$r=1$ 代表白。对于一幅给定的图像来说，每一个像素取得[0,1]区间内的灰度级是随机的。也就是说，$r$ 是一个随机变量。假定对每一瞬间它们是连续的随机变量，那么，就可以用概率密度函数 $p_r(r)$来表示原始图像的灰度分布。如果用直角坐标系的横轴代表灰度级 $r$，用纵轴代表灰度级的概率密度函数 $p_r(r)$，这样就可以针对一幅图像在这个坐标系中作一曲线。这条曲线在概率论中就是分布密度曲线，如图 3.3.2 所示。

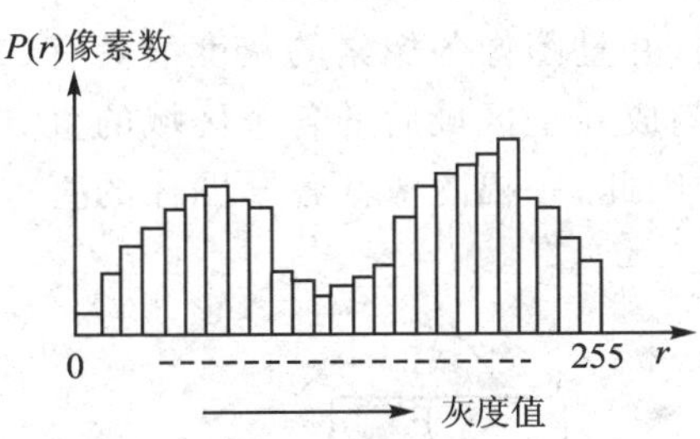


图 3.3.1 图像的直方图

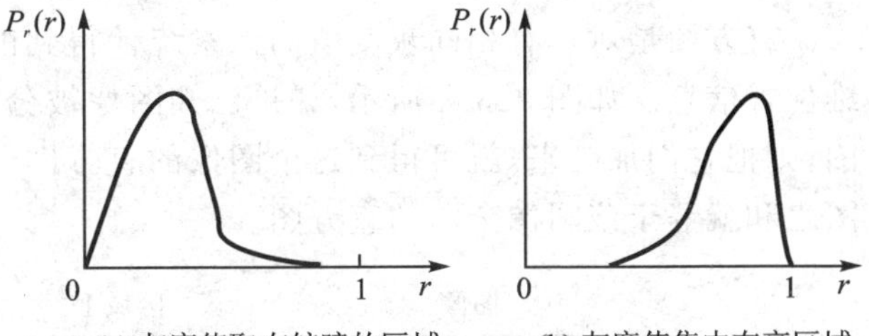


(a) 灰度值取在较暗的区域

(b) 灰度值集中在亮区域

图 3.3.2 图像灰度分布概率密度函数

从图 3.3.2(a)和(b)的两个灰度密度分布函数中可以看出，图 3.3.2(a)的大多数像素灰度值取在较暗的区域，所以这幅图像肯定较暗，一般在摄影过程中曝光过强就会造成这种结果；而图 3.3.2(b)的图像像素灰度值集中在亮区，因此，该图像的特性将偏亮，一般在摄影中曝光太弱将导致这种结果。当然，从两幅图像的灰度分布来看图像的质量均不理想。

## 2. 直方图的性质

灰度直方图具有以下3个重要的性质:

**(1) 直方图是图像的一维信息描述**

在直方图中,由于它只能反映图像的灰度范围、灰度级的分布、整幅图像的平均亮度等信息,而未能反映图像某一灰度值像素所在的位置,因而失去了图像的(二维特征)空间信息。虽然能知道具有某一灰度值的像素有多少,但这些像素在图像中处于什么样的位置不清楚。故仅从直方图中不能完整地描述一幅图像的全部信息。

**(2) 灰度直方图与图像的映射关系并不唯一(具有多对一的关系)**

任意一幅图像都可以唯一地确定出与其对应的直方图,但不同的图像可能有相同的直方图,也就是说,图像与直方图之间是多对一的关系。即一幅图像对应于一个直方图,但是一个直方图不一定只对应一幅图像,几幅图像只要灰度分布密度相同,那么它们的直方图也是相同的。如图3.3.3所示,图像中有4幅图,若有斜线的目标具有同样灰度且斜线面积相等时,完全不同的图像其直方图却是相同的,这就说明不同图像可能具有同样的直方图。

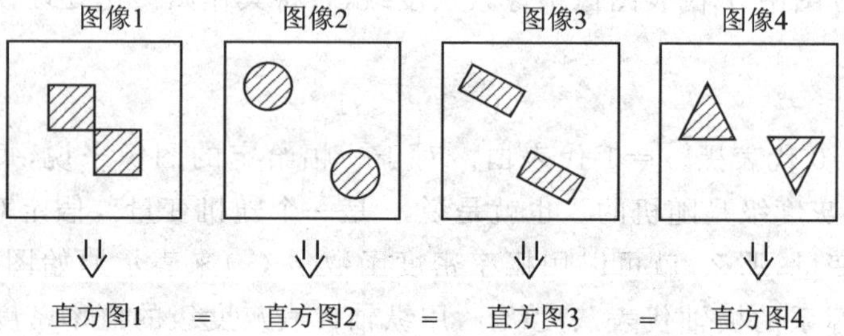


**图3.3.3 不同的图像其直方图却是相同的**

**(3) 整幅图像的直方图是其各子图像直方图之和(直方图的可叠加性)**

直方图是对具有相同灰度值的像素统计得到的,并且图像各像素的灰度值具有二维位置信息。如图3.3.4所示,如果已知图像被分割成几个区域后的各个区域的直方图,则把它们加起来,就可得到这个图像的直方图。因此,一幅图像其各子图像的直方图之和就等于该图像全图的直方图。

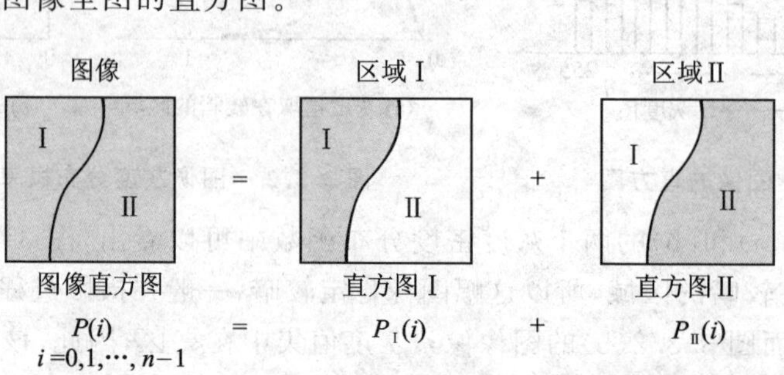


**图3.3.4 直方图的叠加性质**

### 3. 直方图的分析应用

下面通过观测图 3.3.5 所示直方图来分析原图像的整体性质。图 3.3.5(a)所示直方图表示这幅原图总体偏暗;图 3.3.5(b)所示直方图的原图像总体偏亮;图 3.3.5(c)所示直方图表示原图像的灰度动态范围太小,$p$、$q$ 部分的灰度级未能被有效地利用,许多细节分辨不清楚;图 3.3.5(d)所示图中各种灰度分布均匀,给人以清晰、明快的感觉。图 3.3.6 表示了图像动态范围的选择与直方图的关系。

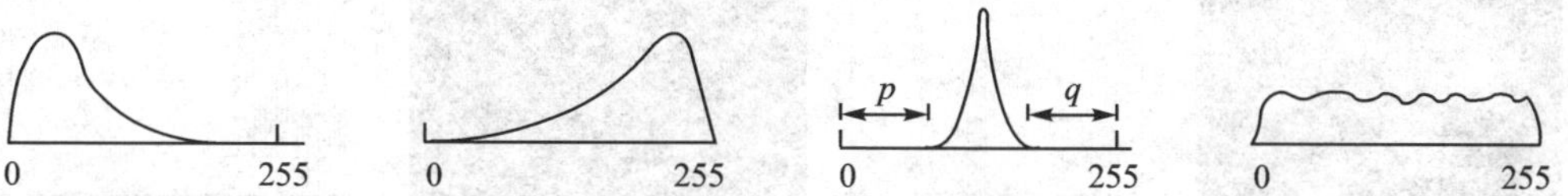


(a) 原图像偏暗　(b) 原图像偏亮　(c) 动态范围太小　(d) 灰度分布均匀

图 3.3.5　观测直方图分析原图像性质

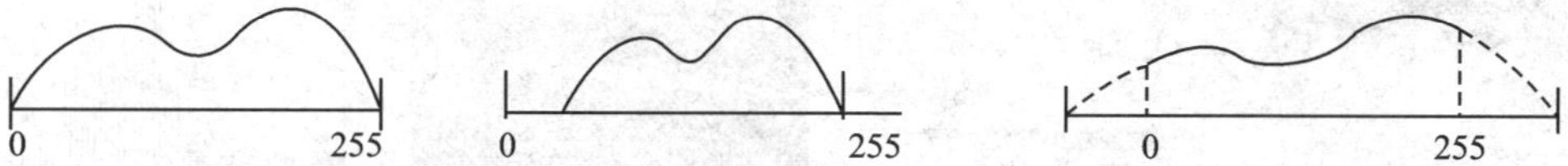


(a) 动态范围合适　(b) 动态范围未能充分利用　(c) 超过了动态范围

图 3.3.6　直方图与图像动态范围的选择

由图 3.3.6(a)可以看出,0～255 个灰度级均被有效地利用了;图 3.3.6(b)是图像对比度低的情况,此时,并没有用到 256 灰度级的全部,带来了实质上的灰度级数降低;图 3.3.6(c)是输入图像的灰度分布超过了动态范围的情况,虽然使用了灰度级范围的全体,但由于把图中暗的像素和亮的像素值强制性地置为 0,因此,由于限幅作用,使该部分的亮度差别(浓淡变化)消失。

### 4. 计算和显示图像直方图案例分析

MATLAB 图像处理工具箱提供了 imhist 函数用来计算和显示图像的灰度分布,其调用语法格式有如下 3 种形式:

① imhist(I,n)

② imhist(X,map)

③ [counts,x]=imhist(…)

其中,I 为输入图像;n 为指定的灰度级数,默认值为 256 级灰度级;X 是索引图像名,在这里表示计算显示索引图像 X 的直方图,map 为调色板;[counts,x]是返回直方图数据向量和相应的色彩值向量。注意,该函数值除以像素总数才是直方图,但该函数显示图像的灰度分布与图像直方图的形状是一致的,故常用该图形来描述图像直方图。图像灰度分布 MATLAB 程序如下:

**【例 3.3.1】** 灰度图像与对应直方图的显示。

```
% 灰度图像与对应直方图的显示
```

```
clear;
close all;
I = imread('grayphoto.bmp');
figure, imshow(I,256);
xlabel('f'),xlabel('g');
figure, imhist(J,64);
```

程序运行可得到图像与对应直方图,如图 3.3.7 所示。

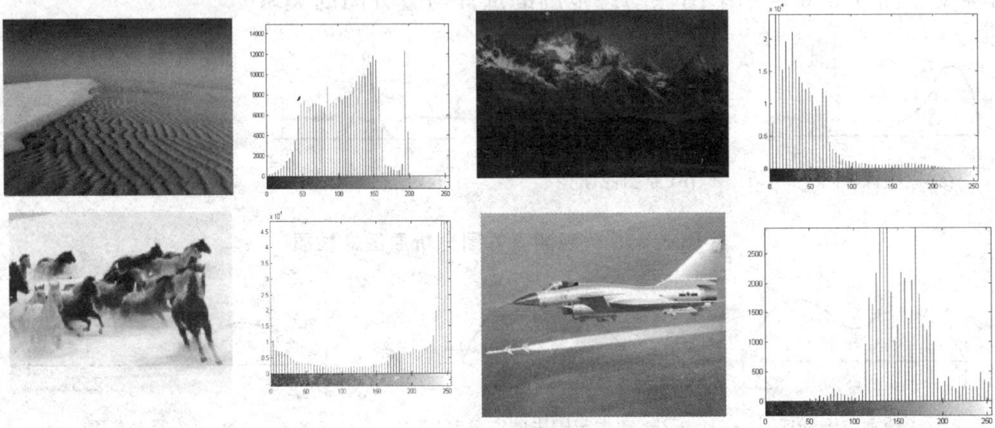

图 3.3.7　灰度图像与对应直方图的显示

由此可知,尽管直方图不能表示出某灰度级的像素在什么位置,更不能直接反映出图像内容,只是对图像给出大致的描述,但是具有统计特性的直方图却能描述该图像的灰度分布特性,使人们从中得到诸如图像的明亮程度、对比度、对象物的可分性等与图像质量有关的灰度分布概貌,从而成为一些处理方法的重要依据。同时,对直方图进行分析可以得出图像的一些能反映出图像特点的有用特征。例如,当图像的对比度较小时,它的灰度直方图只在灰度轴上较小的一段区间上非零;较暗的图像由于较多像素的灰度值低,因此直方图的主体出现在低值灰度区间上,在高值灰度区间上的幅度较小或为零,而较亮的图像情况正好相反;看起来清晰柔和的图像,它的直方图分布比较均匀。通常,一幅均匀量化的自然图像由于其灰度直方图分布集中在较窄的低值灰度区间,引起图像的细节看不清楚,为使图像变得清晰,可以通过变换使图像的灰度范围拉开或使灰度分布在动态范围内趋于均衡化,从而增加反差,使图像的细节清晰,达到图像增强的目的。事实证明,通过图像直方图修改进行图像增强是一种有效的方法。

## 3.3.2　直方图的计算

### 1. 直方图的计算案例分析

前面已经知道了直方图的定义和性质,以及通过分析图像直方图的灰度分布来如何获取原图像的相关特征信息的方法。

下面通过一个简单的例子来认识一下图像的灰度直方图是如何进行定量计算的。

**【例 3.3.2】** 假设一个图像由一个 4×4 大小的二维数值矩阵构成，如图 3.3.8(a) 所示，试根据条件写出图像的灰度分布并画出图像的直方图。

经过统计图像中灰度值为 0 的像素有一个，灰度值为 1 的像素有 2 个，……，灰度值为 6 的像素有一个。由此得到表 3.3.1 所列图像的灰度分布。

**表 3.3.1 图像的灰度分布**

| 灰度值 $r$ | 0 | 1 | 2 | 3 | 4 | 5 | 6 |
|---|---|---|---|---|---|---|---|
| 像素个数 $n$ | 1 | 1 | 6 | 3 | 3 | 1 | 1 |
| 像素分布 $p(r)$ | 1/16 | 1/16 | 6/16 | 3/16 | 3/16 | 1/16 | 1/16 |

## 2. 直方图修正技术的基础

| | | | |
|---|---|---|---|
| 1 | 3 | 2 | 6 |
| 5 | 2 | 3 | 4 |
| 2 | 4 | 0 | 2 |
| 4 | 2 | 2 | 3 |

(a) 原图像数值矩阵

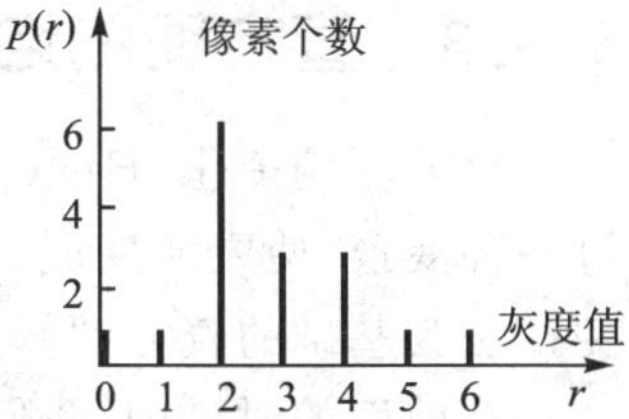


(b) 灰度直方图

**图 3.3.8 灰度直方图计算示意图**

如上所述，一幅给定图像的灰度级经归一化处理后，分布在 $0\leqslant r\leqslant 1$ 范围内。这时可以对[0,1]区间内的任一个 $r$ 值进行如下变换：

$$s = T(r) \tag{3.3.3}$$

也就是说，通过上述变换，每个原始图像的像素灰度值 $r$ 都对应产生一个 $s$ 值。变换函数 $T(r)$ 应满足下列条件：

① 在 $0\leqslant r\leqslant 1$ 区间内，$T(r)$ 是单值单调增加；

② 对于 $0\leqslant r\leqslant 1$，有 $0\leqslant T(r)\leqslant 1$。

这里的第一个条件保证了图像的灰度级从白到黑的次序不变和反变换函数 $T^{-1}(s)$ 的存在。第二个条件则保证了映射变换后的像素灰度值在允许的范围内。满足上面两个条件的变换函数关系如图 3.3.9 所示。

从 $s$ 到 $r$ 的反变换（如图 3.3.10 所示）可用式(3.3.4)表示，同样也满足上述两个条件。

$$r = T^{-1}(s) \tag{3.3.4}$$

由概率论理论可知，若已知随机变量 $\xi$ 的概率密度为 $p_r(r)$，而随机变量 $\eta$ 是 $\xi$ 的函数，即 $\eta = T'(\xi)$，$\eta$ 的概率密度为 $P_s(s)$，所以可以由 $p_r(r)$ 求出 $p_s(s)$。

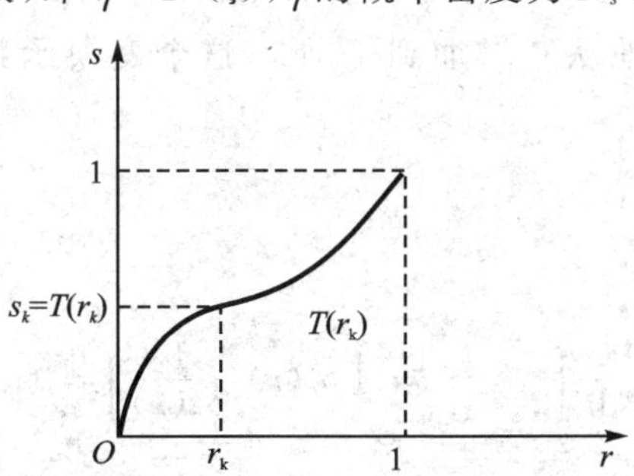


**图 3.3.9 灰度变换函数关系**

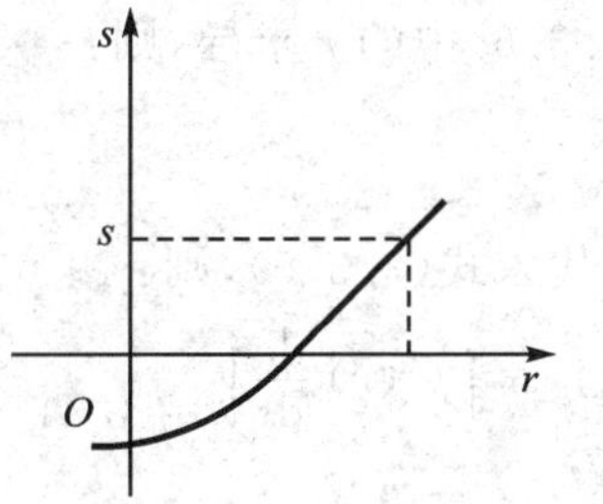


**图 3.3.10 r 和 s 的变换函数关系**

因为 $s=T(r)$ 是单调增加的，由数学分析可知，它的反函数 $r=T^{-1}(s)$ 也是单调函数。在这种情况下，对于连续情况，设 $p_r(r)$ 和 $p_s(s)$ 分别表示原图像和变换后图像的灰度级概率密度函数。根据概率论的知识，在已知 $p_r(r)$ 和变换函数 $s=T(r)$ 时，反变换函数 $r=T^{-1}(s)$ 也是单调增长，则 $p_s(s)$ 可由式(3.3.6)求出。

$$p_s(s)=p_r(r)\cdot\frac{\mathrm{d}r}{\mathrm{d}s}=p_r(r)\cdot\frac{\mathrm{d}}{\mathrm{d}s}[T^{-1}(s)]=\left[p_r(r)\cdot\frac{\mathrm{d}r}{\mathrm{d}s}\right]_{r=T^{-1}(s)}=T^{-1}(s) \tag{3.3.5}$$

综上所述，通过变换函数 $s=T(r)$ 可以改变图像灰度的概率密度分布，从而改变图像的灰度层次。这就是直方图修正的理论基础。

## 3.3.3 直方图的均衡化

直方图均衡化(Histogram Equalization)就是把一个已知灰度概率分布的图像经过一种变换，使之演变成一幅具有均匀灰度概率分布的新图像。它是以累积分布函数变换法为基础的直方图修正法。

在前面的讨论中，我们已经知道，清晰柔和的图像的直方图灰度分布比较均匀。为使图像变得清晰，通常可以通过变换使图像的灰度动态范围变大，并且让灰度频率较小的灰度级经变换后，其频率变得大一些，使变换后的图像灰度直方图在较大的动态范围内趋于均化。直方图均衡化处理是一种修改图像直方图的方法，它通过对直方图进行均衡化修正，可使图像的灰度间距增大或灰度均匀分布、增大反差，使图像的细节变得清晰。

对于连续图像，设 $r$ 和 $s$ 分别表示被增强图像和变换后图像的灰度。为了简单，在下面的讨论中，假定所有像素的灰度，已被归一化了。就是说，当 $r=s=0$ 时，表示黑色；当 $r=s=1$ 时，表示白色；变换函数 $T(r)$ 与原图像概率密度函数 $p_r(r)$ 之间的关系为：

$$s=T(r)=\int_0^r p_r(r)\mathrm{d}r \qquad 0\leqslant r\leqslant 1 \tag{3.3.6}$$

式中：$r$ 为积分变量。式(3.3.6)的右边可以看作是 $r$ 的累积分布函数(CDF)，因为CDF是 $r$ 的函数，并单调地从0增加到1，所以这一变换函数满足了前面所述的关于 $T(r)$ 在 $0\leqslant r\leqslant 1$ 内单值单调增加，对于 $0\leqslant r\leqslant 1$，有 $0\leqslant T(r)\leqslant 1$ 的两个条件。

由于，累积分布函数是 $r$ 的函数，并且单调地从0增加到1，所以这个变换函数满足对式(3.3.6)中的 $r$ 求导，则：

$$\frac{\mathrm{d}s}{\mathrm{d}r}=p_r(r) \tag{3.3.7}$$

再把结果代入式(3.3.5)，则：

$$p_s(s)=\left[p_r(r)\frac{\mathrm{d}r}{\mathrm{d}s}\right]_{r=T^{-1}(s)}=p_r(r)\frac{\mathrm{d}}{\mathrm{d}s}\left[\frac{1}{\mathrm{d}s/\mathrm{d}r}\right]_{r=T^{-1}(s)}=\left[p_r(r)\frac{1}{p_r(r)}\right]=1 \tag{3.3.8}$$

由以上推导可见，变换后的变量 $s$ 的定义域内的概率密度是均匀分布的。由此可见,用 $r$ 累积分布函数作为变换函数可产生一幅灰度级分布具有均匀概率密度的图像。其结果扩展了像素取值的动态范围。

上面的修正方法是以连续随机变量为基础进行讨论的。为了对图像进行数字处理,必须引入离散形式的公式。当灰度级是离散值的时候,可用频数近似代替概率值,即:

$$p_r(r_k) = \frac{n_k}{N} \qquad (0 \leqslant r_k \leqslant 1 \quad k = 0,1,2,\cdots,L-1) \tag{3.3.9}$$

式中,$L$ 是灰度级数;$p_r(r_k)$是取第 $k$ 级灰度值的概率;$n_k$ 是在图像中出现第 $k$ 级灰度的次;$N$ 是图像中像素总数。

通常把为得到均匀直方图的图像增强技术叫做直方图均衡化处理或直方图线性化处理。式(3.3.6)的直方图均衡化累积分布函数的离散形式可由式(3.3.10)表示:

$$s_k = T(r_k) = \sum_{i=0}^{k} \frac{n_j}{N} = \sum_{i=0}^{k} p_r(r_j) \qquad (0 \leqslant r_j \leqslant 1 \quad k = 0,1,2,\cdots,L-1) \tag{3.3.10}$$

其反变换式为:

$$r_k = T^{-1}(s_k) \tag{3.3.11}$$

**【例 3.3.3】** 试根据图 3.3.11(a)所示原始图像的概率密度函数,求出变换后的 $s$ 值与 $r$ 值的关系,并证明变换后的灰度级概率密度是均匀分布的。

由图 3.3.11(a)可知,这幅图像的灰度集中在较暗的区域,这相当于一幅曝光过强的照片。它的原始图像的概率密度函数为:

$$p_r(r) = \begin{cases} -2r+2 & 0 \leqslant r \leqslant 1 \\ 0 & \text{其他} \end{cases} \tag{3.3.12}$$

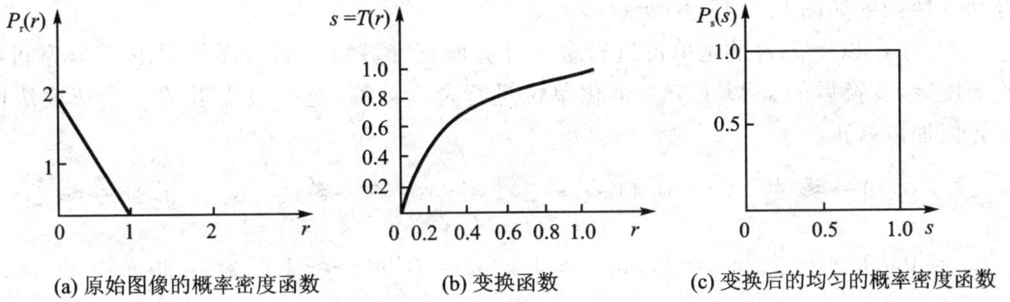


**图 3.3.11 均匀密度变换法的示例**

由累积分布函数原理求变换函数:

$$s = T(r) = \int_0^r p_r(r)\mathrm{d}r = \int_0^r (-2r+2)\mathrm{d}r = -r^2 + 2r \tag{3.3.13}$$

由此可知变换后的 $s$ 值与 $r$ 值的关系为:

$$s = -r^2 + 2r = T(r) \tag{3.3.14}$$

按照这样的关系变换就可以得到一幅改善了质量的新图像。这幅图像的灰度层次将不再是呈现黑暗色调的图像,而是一幅灰度层次较为适中的,比原始图像清晰、明快得多的图像。还可以通过简单的推证,说明在希望的灰度级范围内,变换后的灰度级概率密度是均匀分布的。

**【例3.3.4】** 假设有一幅图像,共有64×64个像素,有8个灰度级,各灰度级概率分布如表3.3.2所列,试将其直方图均衡化。

**表3.3.2 64×64大小的图像各灰度级对应的概率分布**

| 灰度级 $r_k$ | 0 | 1/7 | 2/7 | 3/7 | 4/7 | 5/7 | 6/7 | 1 |
|---|---|---|---|---|---|---|---|---|
| 像素数 $n_k$ | 790 | 1023 | 850 | 656 | 329 | 245 | 122 | 81 |
| 概率 $p_r(r_r)=n_k/N$ | 0.19 | 0.25 | 0.21 | 0.16 | 0.08 | 0.06 | 0.03 | 0.02 |

直方图均衡化处理过程如下:

① 由式(3.3.11)可得到变换函数为:

$$s_0 = T(r_0) = \sum_{j=0}^{0} P_r(r_j) = P_r(r_0) = 0.19$$

$$s_1 = T(r_1) = \sum_{j=0}^{1} P_r(r_j) = P_r(r_0) + P_r(r_1) = 0.44$$

$$s_2 = T(r_2) = \sum_{j=0}^{2} P_r(r_j) = P_r(r_0) + P_r(r_1) + P_r(r_2) = 0.19 + 0.25 + 0.21 = 0.65$$

$$s_3 = T(r_3) = \sum_{j=0}^{3} P_r(r_j) = P_r(r_0) + P_r(r_1) + P_r(r_2) + P_r(r_3) = 0.81$$

依此类推,得:

$$s_4 = 0.89 \qquad s_5 = 0.95 \qquad s_6 = 0.98 \qquad s_7 = 1.00$$

得到变换函数如图3.3.12(b)所示。

② 对 $s_k$ 以1/7为量化单位进行舍入计算修正计算值。因为图像只取8个等间隔的灰度级,变换后的 $s_k$ 以1/7为量化单位进行舍入计算,选择最靠近的一个灰度级的计算值加以修正。

$$s_0 = 0.19 \rightarrow\approx \frac{1}{7} \quad s_1 = 0.44 \rightarrow\approx \frac{3}{7} \quad s_2 = 0.65 \rightarrow\approx \frac{5}{7} \quad s_3 = 0.81 \rightarrow\approx \frac{6}{7}$$

$$s_4 = 0.89 \rightarrow\approx \frac{6}{7} \quad s_5 = 0.95 \rightarrow\approx 1 \quad s_6 = 0.98 \rightarrow\approx 1 \quad s_7 = 1 \rightarrow 1$$

③ 确定新灰度级分布。由上述数值可见,新图像将只有5个不同的灰度级别,可以重新定义一个符号:

$$s'_0 = \frac{1}{7} \qquad s'_1 = \frac{3}{7} \qquad s'_2 = \frac{5}{7} \qquad s'_3 = \frac{6}{7} \qquad s'_4 = 1$$

因为 $r_0=0$ 经变换得 $s_0=1/7$,所以有790个像素取 $s_0$ 这个灰度值,$r_1$ 映射到 $s_1=3/7$,所以有1023个像素取 $s_1=3/7$ 这一灰度值。依此类推,有850个像素取 $s_2=5/7$ 这一灰度值。但是,因为 $r_3$ 和 $r_4$ 均映射到 $s_3=6/7$ 这一灰度级,所以有656+329=985个像素取这个值。同样,有245+122+81=448个像素取 $s_4=1$ 这个新灰度值。用 $n=$

4096 来除上述这些 $n_k$ 值，便可得到新的直方图。新直方图如图 3.3.12(c)所示。将上述具体实现过程用表 3.3.3 进行描述。

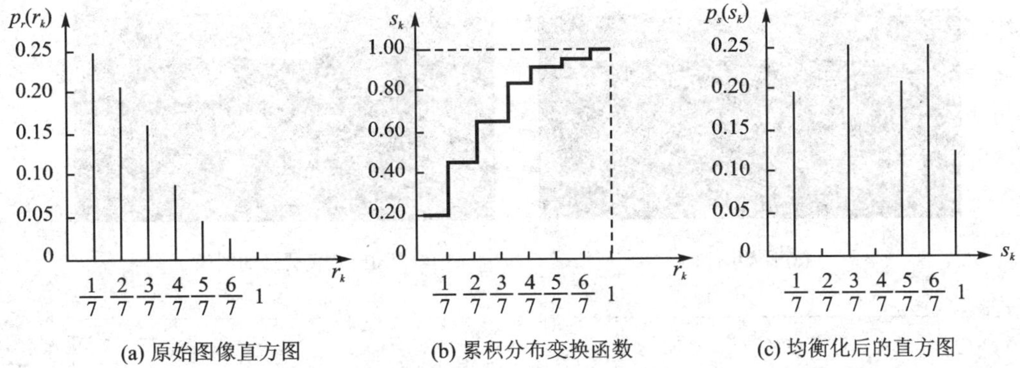


**图 3.3.12　图像直方图均衡化处理示例**

**表 3.3.3　直方图均衡化过程列表**

| 步骤 | 运算 | 结果 | | | | | | | |
|---|---|---|---|---|---|---|---|---|---|
| 1 | 原图像灰度级 $r_k$ | 0/7 | 1/7 | 2/7 | 3/7 | 4/7 | 5/7 | 6/7 | 7/7 |
| 2 | 计算累积直方图 | 0.19 | 0.44 | 0.65 | 0.81 | 0.89 | 0.95 | 0.98 | 1.00 |
| 3 | 量化级 | 0/7=0.00 | 1/7=0.14 | 2/7=0.29 | 3/7=0.43 | 4/7=0.57 | 5/7=0.71 | 6/7=0.86 | 7/7=1.00 |
| 4 | $r_k \to s_k$ 映射 | 0→1 | 1→3 | 2→5 | 3,4→6 | | 5,6,7→7 | | |
| 5 | 新直方图 $n_k$ | | 790 | | 1023 | | 850 | 985 | 448 |
| 6 | 新直方图 | | 0.19 | | 0.25 | | 0.21 | 0.24 | 0.11 |

由上面的例子可见，利用累积分布函数作为灰度变换函数，经变换后得到的新灰度的直方图虽然不很平坦，但毕竟比原始图像的直方图平坦得多，而且其动态范围也大大地扩展了。因此这种方法对于对比度较弱的图像进行处理是很有效的。

但是由于直方图是近似的概率密度函数，所以直方图均衡处理只是近似的，用离散灰度级作变换时很少能得到完全平坦的结果。另外，变换后的灰度级减少了，这种现象叫做“简并”现象。由于简并现象的存在，处理后的灰度级总是要减少的。这是像素灰度有限的必然结果。

**【例 3.3.5】**　通过实例来认识直方图均衡化前后的图像灰度分布。

MATLAB 程序如下：

```
% 直方图均衡化前后的图像灰度分布
I = imread('photo_1.png');   % 读入原图像到 I 变量
J = histeq(I);               % MATLAB 直方图均衡化函数 histeq,对图像 I 进行直方图均衡化
figure(1),imshow(I);         % 显示原图像
figure(2), imshow(J);        % 显示处理后的图像
figure(3),imhist (I,64);     % 显示原图像的直方图灰度分布
figure(4), imhist (J,64);    % 显示均衡化后的图像直方图
```

运行上述程序可得到原图像直方图和均衡化后的图像直方图的对比情况，如图 3.3.13

所示。

(a) 原始图像

(b) 均衡化后的图像

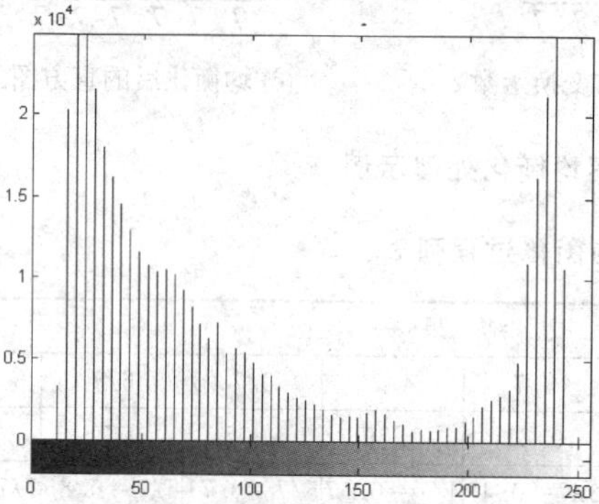


(c) 原图像的直方图

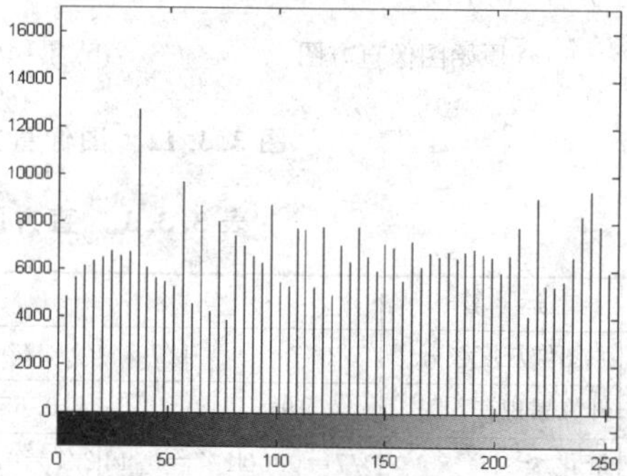


(d) 均衡化后的直方图

**图 3.3.13　直方图均衡化实例**

从以上直方图均衡化实例中可以看出,这些图像是 8 比特灰度级的原始图像和它相应的直方图。其特点是原始图像较暗且其动态范围较小,反映在直方图上就是直方图所占据的灰度值范围比较窄,且集中在低灰度值一边。还有就是,原图像的灰度级集中在一个较窄的范围内,其动态范围较窄。从经过直方图均衡化处理后的结果和对应直方图可以看到,直方图占据了整个图像灰度值允许的范围,增加了图像灰度动态范围,也增加了图像的对比度,反映在图像上就是图像有了较大的反差,许多细节看得比较清晰。

## 3.4　图像平滑

图像平滑(Smoothing)的主要目的是减少图像噪声。实际获得的图像都因受到干扰而含有噪声,噪声产生的原因决定了噪声分布的特性及与图像信号的关系。减少噪声的方法可以在空间域或在频率域处理。在空间域中进行时,基本方法就是求像素的平均值或中值;在频域中则运用低通滤波技术。

一般图像处理技术中常见的噪声有:

➢ 加性噪声,如图像传输过程中引进的“信道噪声”、电视摄像机扫描图像的噪声等。

- 乘性噪声(Speckle),乘性噪声和图像信号相关,噪声和信号成正比。
- 量化噪声,这是数字图像的主要噪声源,其大小显示出数字图像和原始图像的差异。减少这种噪声的最好方法就是采用按灰度级概率密度函数选择量化级的最优量化措施。
- "盐和胡椒"噪声(Salt & Pepper),如图像切割引起的黑图像上的白点噪声,白图像上的黑点噪声,以及在变换域引入的误差,使图像反变换后造成的变换噪声等。

图像中的噪声往往是和信号交织在一起的,尤其是乘性噪声,如果平滑不当,就会使图像本身的细节如边缘轮廓、线条等模糊不清,从而使图像降质。图像平滑总是要以一定的细节模糊为代价,因此如何尽量平滑掉图像的噪声,又尽量保持图像细节,是图像平滑研究的主要问题之一。

## 3.4.1 滤波原理与分类

### 1. 空间域滤波

空域滤波是在图像空间借助模板进行邻域操作完成的,空域滤波按线性和非线性的特点有:

① 基于傅里叶变换分析的线性滤波器;

② 直接对邻域进行操作的非线性空间滤波器。

空域滤波器根据功能主要分成平滑滤波和锐化滤波。平滑滤波可用低通滤波实现。平滑的目的:

① 消除噪声;

② 去除太小的细节或将目标内的小间断连接起来实现模糊。锐化滤波可用高通滤波实现,锐化的目的是为了增强被模糊的细节。

图 3.4.1(a)给出原点对称的二维平滑滤波器在空域里的剖面示意图,可见平滑滤波器是低通滤波器,在空域中全为正。图 3.4.1(b)给出原点对称的二维锐化滤波器在空域里的剖面示意图,可见锐化滤波器是高通滤波器,在空域中接近原点处为正,而在远离原点处为负。图 3.4.1(c)是带通滤波器。

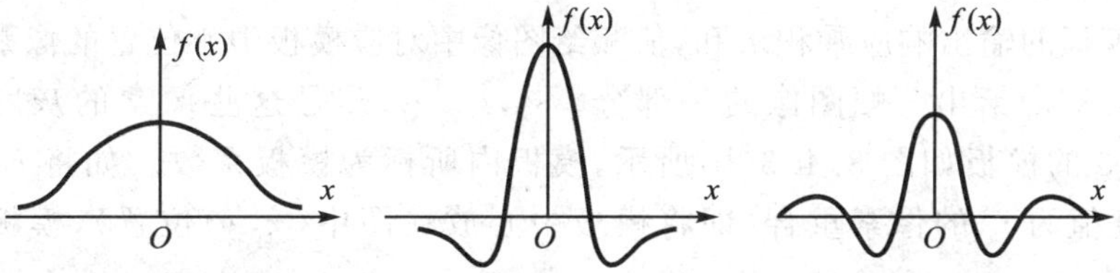


(a) 平滑滤波器(低通)　(b) 锐化滤波器(高通)　(c) 带通滤波器

**图 3.4.1 空间域的 3 种滤波器剖面示意图**

### 2. 频域滤波

对空间滤波器工作原理的研究同样也可借助频域来进行分析。它们的基本特点都是让图像在傅里叶空间某个范围内的分量受到抑制而让其他分量不受影响,从而改变输出图像的频率分布来达到增强的目的,在增强中用到的空间滤波器主要有平滑滤波器、锐化滤波器和带通滤波器,如图 3.4.2 所示。

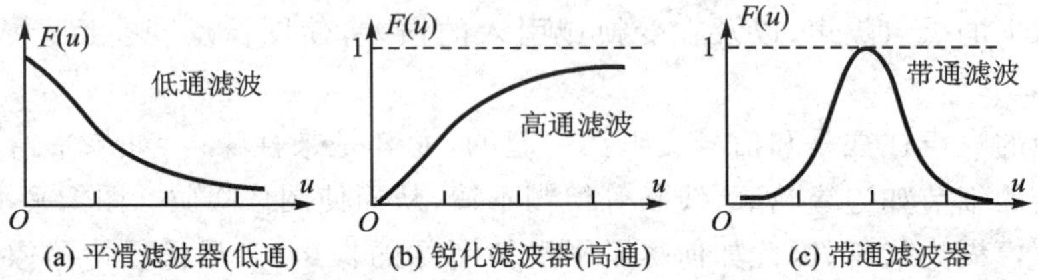


图 3.4.2　频域平滑、锐化及带通 3 种滤波器剖面示意图

① 平滑(低通)滤波器。它能减弱或消除傅里叶空间的高频分量,但不影响低频分量。因为高频分量对应图像中的区域边缘等灰度值具有较大较快变化的部分。滤波器将这些分量滤去可使图像平滑。

② 锐化(高通)滤波器。它能减弱或消除傅里叶空间的低频分量,但不影响高频分量。因为低频分量对应图像中灰度值缓慢变化的区域,因而与图像的整体特性,如整体对比度和平均灰度值等有关,高通滤波器将这些分量滤去可使图像锐化。

③ 带通滤波器:它能够减弱或消除傅里叶空间的特定频率分量,高通滤波+低通滤波可组成带通滤波。

### 3. 空间域的邻域操作

在图 3.4.1 中,空间域的各滤波器虽然剖面示意图形状不同,但在空间域实现图像滤波的方法是相似的,都是利用模板卷积,即将图像模板下的像素与模板系数的乘积求和操作。主要步骤为:

① 在待处理的图像中逐点移动模板,使模板在图中遍历漫游全部像素(除达不到的边界之外),并将模板中心与图像中某个像素位置重合;

② 将模板上系数与模板下对应像素相乘;

③ 将所有乘积相加;

④ 将模板的输出响应乘积求和,值赋给图像中对应模板中心位置的像素。

图 3.4.3(a)给出一幅图像的一部分。$s_0, s_1, \cdots, s_8$ 是这些像素的灰度值。现设有一个 3×3 的模板如图 3.4.3(b)所示,模板内所标为模板系数。如将 $k_0$ 所在位置与图中灰度值为 $s_0$ 的像素重合(即将模板中心放在图中 $(x, y)$ 位置),模板的输出响应 $R$ 为:

$$R = \sum_{i=0}^{N} k_i s_i = k_0 s_0 + k_1 s_1 + \cdots + k_8 s_8 \tag{3.4.1}$$

将 $R$ 赋给经过卷积增强处理后的增强图,作为在 $(x, y)$ 位置的灰度值,如图 3.4.3

(c)所示。如果对原图像每个像素都如此操作，就可得到空间域增强图像所有位置的新灰度值。如果我们在设计滤波器时给各个 $k_i$（滤波器系数）赋不同的值，就可得到不同的高通或低通效果。

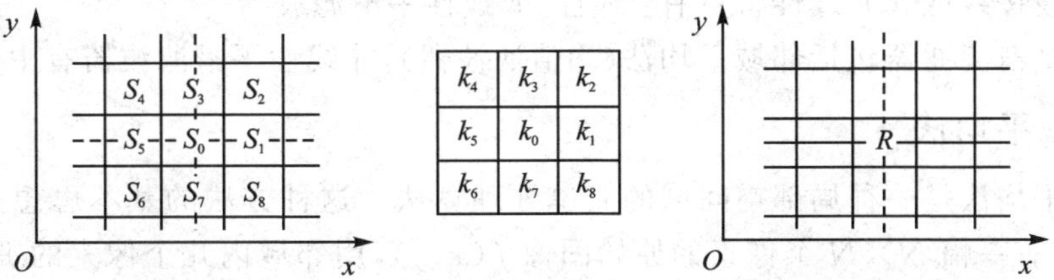


(a) 1幅图像的部分区域　　(b) 3×3模板　　(c) 处理后的增强图

**图 3.4.3　用 3×3 的模板进行空间滤波的示意图**

## 4. 空域中利用模板求卷积和相关计算案例分析

卷积操作实际上就是利用模板对图像进行邻域操作。输出图像中每一个像素的取值都是通过模板对输入像素相应邻域内的像素值进行加权和的操作。具体的权值通过卷积核(也称为滤波器)进行定义。例如，假设图像矩阵为 $\boldsymbol{A}$，卷积核为 $\boldsymbol{h}$，如图 3.4.4 所示。

$$\boldsymbol{A}=\begin{bmatrix}17 & 24 & 1 & 8 & 15\\23 & 5 & 7 & 14 & 16\\4 & 6 & 13 & 20 & 22\\10 & 12 & 19 & 21 & 3\\11 & 18 & 25 & 2 & 9\end{bmatrix}\qquad \boldsymbol{h}=\begin{bmatrix}8 & 1 & 6\\3 & 5 & 7\\4 & 9 & 2\end{bmatrix}\qquad \boldsymbol{h}'=\begin{bmatrix}2 & 9 & 4\\7 & 5 & 3\\6 & 1 & 8\end{bmatrix}$$

(围绕中心像素5旋转180°)

(a) 图像矩阵　　(b) 卷积核　　(c) 旋转卷积核

**图 3.4.4　滤波卷积操作实现示意图**

**【例 3.4.1】**　利用模板求卷积和相关计算。

可以按照以下步骤计算输出像素 $A(2,4)$ 的取值。计算步骤为：

① 按照卷积核 $\boldsymbol{h}$ 的中心元素将其旋转 180°得，$\boldsymbol{h}'=\begin{bmatrix}2 & 9 & 4\\7 & 5 & 3\\6 & 1 & 8\end{bmatrix}$。

② 将卷积核的中心位置移动到图像矩阵 $\boldsymbol{A}$ 的元素 $A(2,4)$ 位置处。

③ 将旋转后卷积核 $\boldsymbol{h}'$ 的每一个权都乘以下面图像矩阵 $\boldsymbol{A}$ 的像素值。

④ 计算步骤③所得的单个乘积之和。

通过以上计算得出输出像素 $A(2,4)$ 的卷积值为：

$$A(2,4)=\begin{bmatrix}1 & 8 & 15\\7 & 14 & 16\\13 & 20 & 22\end{bmatrix}\begin{bmatrix}2 & 9 & 4\\7 & 5 & 3\\6 & 1 & 8\end{bmatrix}=1\times 2+8\times 9+15\times 4+7\times 7+$$

$$14\times 5+16\times 3+13\times 6+20\times 1+22\times 8=575$$

### 3.4.2 空域低通滤波

将空间域模板用于图像处理,通常称为空间滤波,而空间域模板称为空间滤波器。空间域滤波按线性和非线性特点有:线性、非线性平滑滤波器。

线性平滑滤波器包括邻域平均法(均值滤波器),非线性平滑滤波器有中值滤波器。

#### 1. 邻域平均法

邻域平均法是一种局部空间域的简单处理算法。这种方法的基本思想是,在图像空间,假定有一幅 $N \times N$ 个像素的原始图像 $f(x,y)$,用邻域内几个像素的平均值去代替图像中的每一个像素点值的操作。经过平滑处理后得到一幅图像 $g(x,y)$。

$g(x,y)$由下式决定:

$$g(x,y) = \frac{1}{M} \sum_{(m,n) \in S} f(m,n) \tag{3.4.2}$$

式中:$x,y=0,1,2,\cdots,N-1$;$S$ 为$(x,y)$点邻域中点的坐标的集合,但其中不包括$(x,y)$点;$M$ 为集合内坐标点的总数。

例如,可以以$(x,y)$点为中心,取单位距离构成一个4邻域,其中点的坐标集合为:

$$S(x,y) = \{f(x,y+1), f(x,y-1), f(x+1,y), f(x-1,y)\} \tag{3.4.3}$$

图3.4.5给出了两种从图像阵列中选取邻域的方法。图3.4.4(a)的方法是将一个点的邻域定义为以该点为中心的一个圆的内部或边界上的点的集合。图中像素间的距离为 $\Delta x$,选取 $\Delta x$ 为半径作圆,那么,点 $R$ 的灰度值就是圆周上4个像素灰度值的平均值。图3.4.4(b)是选$\sqrt{2}\Delta x$ 为半径的情况下构成的点 $R$ 的邻域,选择在圆的边界上的点和在圆内的点为$S(x,y)$的集合。

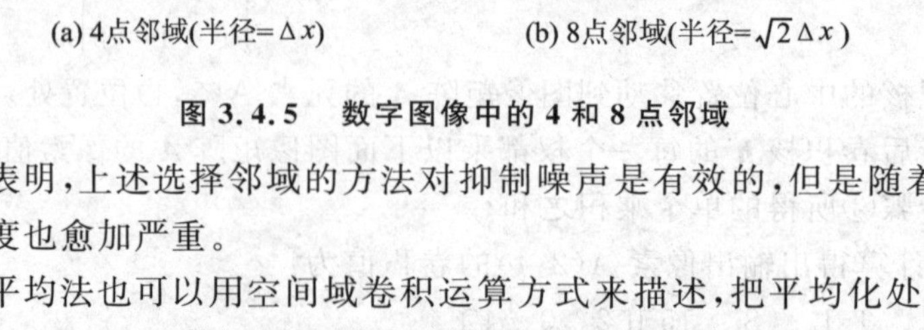


(a) 4点邻域(半径=$\Delta x$)　　(b) 8点邻域(半径=$\sqrt{2}\Delta x$)

**图3.4.5 数字图像中的4和8点邻域**

处理结果表明,上述选择邻域的方法对抑制噪声是有效的,但是随着邻域的加大,图像的模糊程度也愈加严重。

对于邻域平均法也可以用空间域卷积运算方式来描述,把平均化处理看作一个作用于$M \times N$图像 $f(x,y)$上的低通空间滤波器,该滤波器的脉冲响应是 $m \times n$ 阵列 $H(r,s)$。于是,滤波器输出的图像 $g(x,y)$可以用如下离散卷积表示:

$$g(x,y) = \sum_{r=-k}^{k} \sum_{s=-l}^{l} f(x-r, y-s) H(r,s) \tag{3.4.4}$$

式中，$k=(m-1)/2$，$l=(n-1)/2$，根据所选邻域大小来决定模板的大小。一般来说，3×3的小邻域效果就很好了。邻域取得过大，会使灰度突变的边缘图像变得模糊起来。公式中 $H(r,s)$ 为加权函数，习惯上称为掩模(Mask)、模板或卷积阵列。在设计滤波器时，给 $H(r,s)$ 赋予不同的值，就可得到不同的平滑或锐化效果。

常用的平滑掩模算子有：

$$H_1=\frac{1}{9}\begin{bmatrix}1&1&1\\1&1&1\\1&1&1\end{bmatrix} \tag{3.4.5}$$

显然，它是一种最常用的线性低通滤波器，也叫均值滤波器。均值滤波器所有的系数都是正数，为了保持输出图像仍在原来的灰度值范围内，以3×3邻域为例，模板与像素邻域的乘积和要除以9，如式(3.4.5)所示。选取算子的原则是必须保证全部权系数之和为单位值。即无论如何构成模板，整个模板的平均数为1，且模板系数都是正数。

算子的取法不同，中心点或邻域的重要程度也不相同。由此得到其他加权平均滤波器如下：

$$H_2=\frac{1}{10}\begin{bmatrix}1&1&1\\1&2&1\\1&1&1\end{bmatrix}\quad H_3=\frac{1}{16}\begin{bmatrix}1&2&1\\2&4&2\\1&2&1\end{bmatrix}\quad H_4=\frac{1}{8}\begin{bmatrix}1&1&1\\1&0&1\\1&1&1\end{bmatrix} \tag{3.4.6}$$

### 2. 中值滤波器

中值滤波(Median Filter)是一种最常用的去除噪声的非线性平滑滤波处理方法，其滤波原理与均值滤波方法类似，二者的不同之处在于：中值滤波器的输出像素是由邻域像素的中间值而不是平均值决定的。中值滤波器产生的模数较少，更适合于消除图像的孤立噪声点。

中值滤波的算法原理是，首先确定一个奇数像素的窗口 $W$，窗口内各像素按灰度大小排队后，用其中间位置的灰度值代替原 $f(x,y)$ 灰度值成为窗口中心的灰度值 $g(x,y)$。

$$g(x,y)=\mathrm{Med}\{f(x-k,y-l),(k,l\in W)\} \tag{3.4.7}$$

式中：$W$ 为选定窗口大小；$f(m-k,n-l)$ 为窗口 $W$ 的像素灰度值。通常窗内像素为奇数，以便于有中间像素。若窗内像素为偶数时，则中值取中间两像素灰度值的平均值。中值滤波的主要工作步骤为：

① 将模板在图中漫游，并将模板中心与图中的某个像素位置重合；

② 读取模板下各对应像素的灰度值；

③ 将模板对应的像素灰度值进行从小到大排序；

④ 选取灰度序列里排在中间的一个像素的灰度值；

⑤ 将这个中间值赋值给对应模板中心位置的像素作为像素的灰度值。

**【例 3.4.2】** 中值滤波与均值滤波的计算。

例如，有一个序列为{0,3,4,0,7}，窗口是5，则中值滤波重新排序后的序列是{0,

0,3,4,7},中值滤波的中间值为3。此例若用平均滤波,窗口也是5,那么平均滤波输出为(0+3+4+0+7)/5=2.8。又例如,若一个窗口内各像素的灰度是5,6,35,10和15,它们的灰度中值是10,中心像素点原灰度值是35,滤波后变为10,如果35是一个脉冲干扰,中值滤波后其将被有效抑制。相反35若是有用的信号,则滤波后也会受到抑制。

中值滤波比低通滤波消除噪声更有效。因为噪声多为尖峰状干扰,若用低通滤波,虽能去除噪声但陡峭的边缘将被模糊。中值滤波能去除点状尖峰干扰而边缘不会变坏。

### 3. 空间域实现图像平滑滤波

**【例3.4.3】** 用MATLAB图像处理工具箱中提供的imfilter函数实现5×5邻域平均运算。图3.4.6是5×5邻域平均处理的平滑图像效果。邻域平均采用如下程序实现图像平滑处理。

```
% 5×5 邻域平均图像平滑处理程序
I = imread ('child.bmp' );                    % 输入原始图像
J = imnoise(I, 'salt & pepper' ,0.02);        % 添加均值为 0,方差为 0.02 的噪声
h = ones(5,5) /25;                            % 5×5 邻域模板
I2 = imfilter (J, h);                         % 邻域平均
subplot(1,2,1);
imshow (J);                                   % 显示噪声图像
subplot(1,2,2);
imshow (I2);                                  % 显示邻域平均后的图像
```

采用邻域平均法对图3.4.6(a)中的图像进行处理后的结果如图3.4.6(b)所示。可以看出经过邻域平均处理后,图像的噪声得到了抑制,但图像变得相对模糊了。

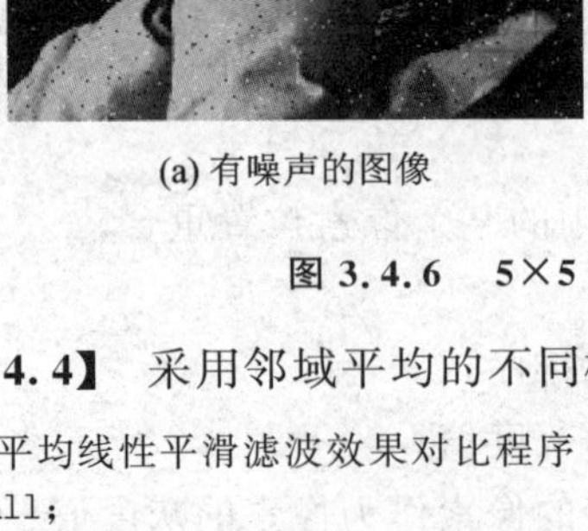

(a) 有噪声的图像

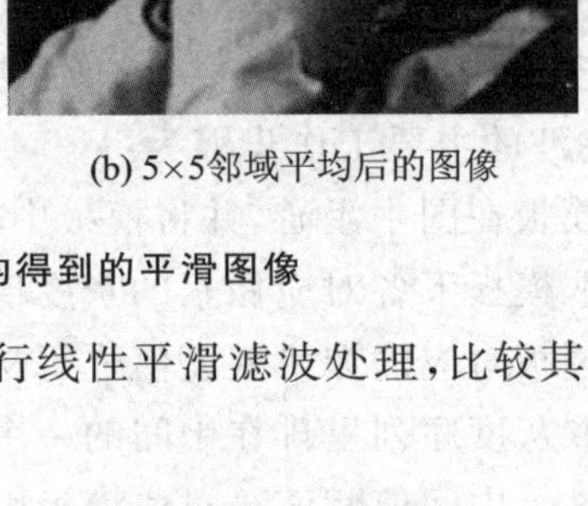

(b) 5×5邻域平均后的图像

**图3.4.6 5×5邻域平均得到的平滑图像**

**【例3.4.4】** 采用邻域平均的不同模板进行线性平滑滤波处理,比较其效果如何。

```
%邻域平均线性平滑滤波效果对比程序
clear all;
I = imread(' flower.bmp');                       %读入原图像
imshow(I)                                        %显示原图像
J1 = filter2(fspecial('average',3),I)/255;       %用 3×3 模板均值滤波
```

```
J2 = filter2(fspecial('average',5),I)/255;      % 用 5×5 模板均值滤波
J3 = filter2(fspecial('average',7),I)/255;      % 用 7×7 模板均值滤波
figure,  imshow(J1)
figure,  imshow(J2)
figure,  imshow(J3)
```

程序运行结果如图 3.4.7 所示。

比较处理后的图像结果可知，邻域平均法的平滑效果与所采用邻域的半径（模板大小）有关。模板尺寸（半径）越大，则图像的模糊程度越大。此时，消除噪声的效果将增强，但同时所得到的图像将变得更模糊，图像细节的锐化程度逐步减弱。

(a) 原图像

(b) 3×3均值滤波后的结果

(c) 5×5均值滤波后的结果

(b) 7×7均值滤波后的结果

**图 3.4.7　邻域平均不同模板线性平滑滤波效果**

**【例 3.4.5】** 在椒盐、高斯不同噪声下，采用 5×5 方形窗口，并用 MATLAB 图像处理工具箱提供的 medfilt2 函数实现噪声图像的中值滤波。

```
% 中值滤波处理程序
I = imread('lena.bmp');                     % 读入原图像
J1 = imnoise(I, 'salt & pepper',0.02);      % 加均值为 0、方差为 0.02 的椒盐噪声
J2 = imnoise(I, 'gaussian',0.02);           % 加均值为 0、方差为 0.02 的高斯噪声
subplot(2,2,1),imshow(J1) ;                 % 显示有椒盐噪声图像
subplot(2,2,2), imshow(J2) ;                % 显示有高斯噪声图像
I1 =  medfilt2(J1, [5,5]);                  % 对有椒盐噪声图像进行 5×5 方形窗口中值滤波
I2 =  medfilt2(J2, [5,5]);                  % 对有高斯噪声图像进行 5×5 方形窗口中值滤波
subplot(2,2,3), imshow(I1) ;                % 显示有椒盐噪声图像的滤波结果
```

```
subplot(2,2,4), imshow(I2) ;                  % 显示有高斯噪声图像的滤波结果
```

程序运行结果如图 3.4.8 所示。

(a) 原图像 (b) 有椒盐噪声图像 (c) 有高斯噪声图像 (d) 对椒盐噪声图像中值滤波 (e) 对高斯噪声图像中值滤波

**图 3.4.8 椒盐、高斯噪声下图像的中值滤波**

由图 3.4.8 可见，对有椒盐、高斯噪声的图像，进行中值滤波，对于消除孤立点和线段的干扰中值滤波十分有效，对于高斯噪声则效果不佳。中值滤波的优点在于去除图像噪声的同时，还能够保护图像的边缘信息。

**【例 3.4.6】** 对含有椒盐噪声的图像实现均值滤波和中值滤波处理。

在图 3.4.9 中给出了一幅原图像及添加了椒盐噪声后的图像，通过以均值(低通)滤波及中值滤波对其进行处理，比较两种滤波方法的效果。实现图像平滑滤波的 MATLAB 程序如下：

```
% MATLAB 实现图像平滑的程序
I = imread( 'pollenlow.jpg');                          % 从图形文件中读取图像
I1 = imnoise ( I,'salt & pepper',0.06);                % 对图像添加椒盐噪声
I2 = double( I1 )/255;
h1 = [1/9 1/9 1/9; 1/9 1/9 1/9; 1/9 1/9 1/9];          % 邻域运算
J1 =  conv2 ( I2, h1, 'same');                         % 进行二维卷积操作实现均值滤波
J2 = medfilt2 ( I2, [ 3 3 ] );                         % 进行二维 3×3 中值滤波
figure, imshow (I)                                     % 显示原图像
figure, imshow ( I1 )                                  % 显示加入椒盐噪声后的图像
figure, imshow ( J1 )                                  % 显示低通滤波后的图像
figure, imshow ( J2 )                                  % 显示中值滤波后的图像
```

程序运行结果如图 3.4.9 所示。

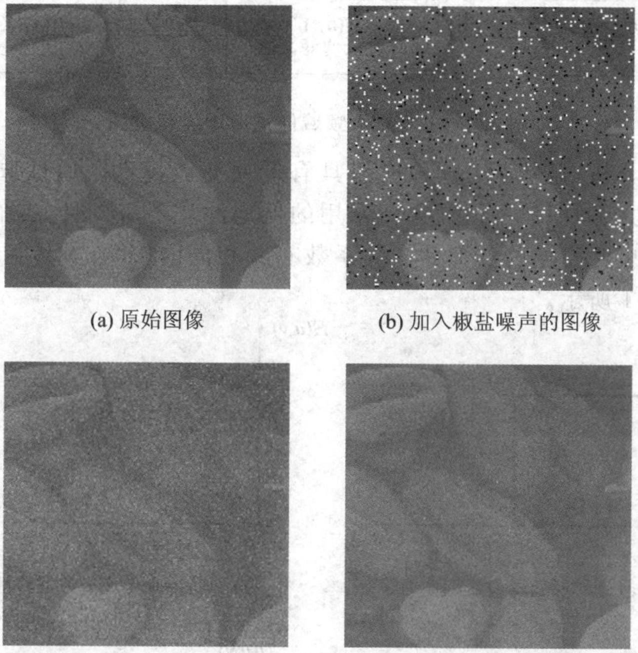

(a) 原始图像　(b) 加入椒盐噪声的图像

(c) 均值低通滤波后的图像　(d) 中值滤波后的图像

**图 3.4.9　对图像进行均值滤波和中值滤波示例**

由图 3.4.9 可以看出，当噪声为孤立点形式时，中值滤波器的效果确实要比均值滤波好。

## 3.4.3　频域低通滤波

在分析图像信号的频率特性时，对于一幅图像，直流分量表示了图像的平均灰度，大面积的背景区域和缓慢变化部分则代表图像的低频分量，而它的边缘、细节、跳跃部分以及颗粒噪声都代表图像的高频分量。因此，在频域中对图像采用滤波器函数衰减高频信息而使低频信息畅通无阻的过程称为低通滤波。通过滤波可除去高频分量，消除噪声，起到平滑图像去噪声的增强作用。但同时也可能滤除某些边界对应的频率分量，而使图像边界变得模糊。

对式(3.4.4)空间域表达式利用卷积定理，得：

$$g(x,y) = h(x,y) * f(x,y) \tag{3.4.8}$$

即可得到在频域实现线性低通滤波器输出的表达式为：

$$G(u,v) = H(u,v)F(u,v) \tag{3.4.9}$$

式中：$F(u,v)=F[f(x,y)]$为含有噪声原始图像 $f(x,y)$ 的傅里叶变换；$G(u,v)$ 为频域线性低通滤波器传递函数 $H(u,v)$（即频谱响应）的输出，也是低通滤波平滑处理后图像 $G(x,y)$ 的傅里叶变换。得到 $G(u,v)$ 后，再经过傅里叶反变换就得到所希望的图像 $g(x,y)$。

频率域中的图像滤波处理流程框图如图 3.4.10 所示。

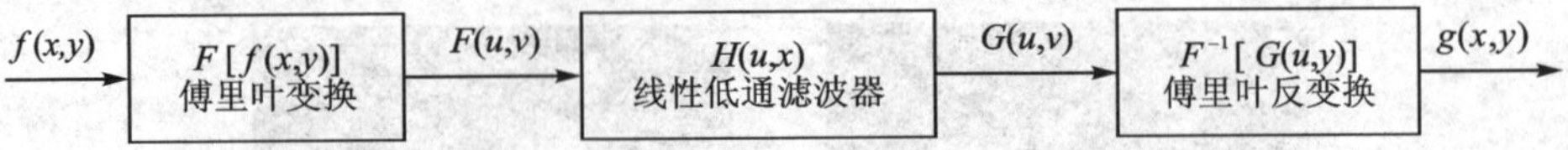


图 3.4.10　图像频域低通滤波流程框图

根据前面的分析,显然 $H(u,v)$ 应该具有低通滤波特性。通过选择不同的 $H(u,v)$,可产生不同的低通滤波平滑效果。常用的低通滤波器有 4 种,它们都是零相位的,即它们对信号傅里叶变换的实部和虚部系数有着相同的影响,其传递函数以连续形式给出,如图 3.4.11 所示。

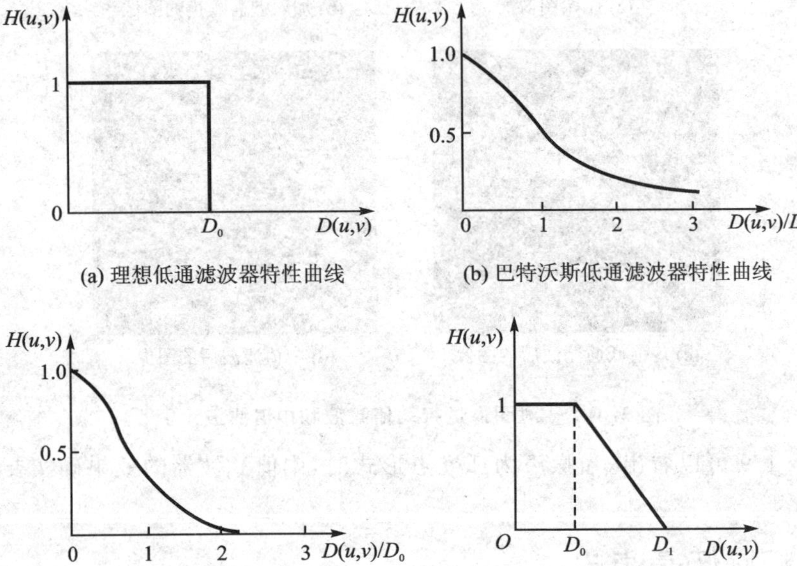


(a) 理想低通滤波器特性曲线　(b) 巴特沃斯低通滤波器特性曲线

(c) 指数型低通滤波器特性曲线　(d) 梯形低通滤波器特性曲线

图 3.4.11　4 种频域低通滤波器传递函数 $H(u,v)$ 的剖面图

## 1. 理想低通滤波器(ILPF)

二维理想低通滤波器如图 3.4.11(a)所示,它的传递函数 $H(u,v)$ 为:

$$H(u,v)=\begin{cases}1 & D(u,v)\leqslant D_0\\ 0 & D(u,v)>D_0\end{cases} \tag{3.4.10}$$

式中:$D_0$ 为理想低通滤波器的截止频率,是一个规定非负的量,这里理想是指小于等于 $D_0$ 的频率可以完全不受影响地通过滤波器,而大于 $D_0$ 的频率则完全通不过,因此 $D_0$ 也叫截断频率。这种理想低通滤波器尽管在计算机中可模拟实现,但理想低通滤波器无法用实际的电子器件硬件实现这种从 1 到 0 陡峭突变的截断频率。$D(u,v)=(u^2+v^2)^{1/2}$ 是从频率平面上点 $(u,v)$ 到频率平面原点 $(0,0)$ 的距离。

## 2. 巴特沃斯低通滤波器(BLPF)

$n$ 阶巴特沃斯(Butterworth)低通滤波器(BLPF)如图 3.4.11(b) 所示,它的传递函数为:

$$H(u,v)=\frac{1}{1+[D(u,v)/D_0]^{2n}} \tag{3.4.11}$$

当 $D(u,v)=D_0$，$n=1$ 时，$H(u,v)$ 在 $D_0$ 处的值降为其最大值的 1/2。

它的另一种巴特沃斯低通滤波器传递函数为：

$$H(u,v)=\frac{1}{1+(\sqrt{2}-1)[D(u,v)/D_0]^{2n}} \tag{3.4.12}$$

当 $D(u,v)/D_0=1$，$n=1$ 时，$H(u,v)$ 在 $D_0$ 处的值为其最大值的 $1/\sqrt{2}$。式(3.4.11)与式(3.4.12)的区别在于截止频率定义的不同，$H(u,v)$ 具有不同的衰减特性，可视需要来确定。

在式(3.4.11)和式(3.4.12)中，$D_0$ 是截止频率，$n$ 为阶数，取正整数，用它控制曲线的形状。

巴特沃斯低通滤波器传递函数特性为连续性衰减，而不像 ILPF 理想低通滤波器那样是陡峭和明显的不连续性衰减。在它的尾部保留有较多的高频，所以对噪声的平滑效果不如 ILPE。采用该滤波器在抑制噪声的同时，图像边缘的模糊程度大大减小，振铃效应不明显。

### 3. 指数型低通滤波器(ELPF)

指数型低通滤波器(ELPF)如图 3.4.11(c)所示，它的传递函数为：

$$H(u,v)=\exp\{-[D(u,v)/D_0]^n\} \tag{3.4.13}$$

或

$$H(u,v)=\exp\{[\ln(1/\sqrt{2})][D(u,v)/D_0]^n\} \tag{3.4.14}$$

式中：$D_0$ 为截止频率，$n$ 为阶数。当 $D(u,v)=D_0$，$n=1$ 时，对于式(3.4.13)，$H(u,v)$ 降为最大值的 1/e；对于式(3.4.14)，$H(u,v)$ 降为最大值的 $1/\sqrt{2}$，所以两者的衰减特性仍有不同。由于 ELPF 具有比较平滑的过滤带，经此平滑后的图像没有“振铃”现象，而与巴特沃斯滤波相比，它具有更快的衰减特性，处理的图像稍微模糊一些。

### 4. 梯形低通滤波器(TLPF)

梯形低通滤波器(TLPF)的传递函数为：

$$H(u,v)=\begin{cases}1 & D(u,v)<D_0\\ \dfrac{D(u,v)-D_1}{D_0-D_1} & D_0\leqslant D(u,v)\leqslant D_1\\ 0 & D(u,v)>D_1\end{cases} \tag{3.4.15}$$

式中：$D_0$ 为梯形低通滤波器的截止频率。$D_0$ 和 $D_1$ 按要求预先指定为 $D_0<D_1$，它的性能介于理想低通滤波器与巴特沃斯低通滤波器之间，对图像有一定的模糊和振铃效应。

### 5. 频率域实现图像平滑滤波案例分析

**【例 3.4.7】** 各种频域低通滤波器的 MATLAB 实现。

频率低通滤波器对灰度图像增强的 MATLAB 程序如下：

```
%各种频域低通滤波器的MATLAB实现
```

```
clc;
[I, map]= imread('winter.bmp');                       % 从图形文件中读取图像
noisy= imnoise(I, 'gaussian',0.01);                   % 对原图像添加高斯噪声
imshow(noisy, map);                                   % 显示加入高斯噪声后的图像
[M N] = size(I);
F= fft2(noisy);                                       % 进行二维快速傅里叶变换
fftshift(F);                                          % 把快速傅里叶变换的 DC 组件移到光谱中心
Dcut= 100;
D0= 150;
D1= 250;
for u= 1: M
  for v= 1: N
    D(u,v) = sqrt(u^2 + v^2);
    BUTTERH(u, v)= 1/(1+(sqrt(2)-1)*(D(u,v)/Dcut)^2);   % 巴特沃斯低通滤波器传递函数
    EXPOTH(u, v)= exp(log(1/sqrt(2))*(D(u, v)/Dcut)^2); % 指数型低通滤波器传递函数
    if  D(u,v)<D0                                        % 梯形低通滤波器传递函数
        TRAPEH(u, v)= 1;
     elseif  D(u,v)<= D1
        TRAPEH(u ,v)= (D(u ,v)-D1)/(D0-D1);
     else
        TRAPEH(u,v)= 0;
    end
  end
end
BUTTERG= BUTTERH.*F;
BUTTERfiltered= ifft2(BUTTERG);
EXPOTG= EXPOTH.*F;
EXPOTGfiltered= ifft2(EXPOTG);
TRAPEG= TRAPEH.*F;
TRAPEfiltered= ifft2(TRAPEG);
subplot(2,2,1),imshow(noisy)                       % 显示加入高斯噪声后的图像
subplot(2,2,2),imshow(BUTTERfiltered,map)          % 显示巴特沃斯低通滤波后的图像
subplot(2,2,3),imshow(EXPOTGfiltered,map)          % 显示指数型低通滤波后的图像
subplot(2,2,4), imshow(TRAPEfiltered,map)          % 显示梯形低通滤波后的图像
```

程序运行结果如图 3.4.12 所示。

(a) 高斯噪声后的图像

(b) 巴特沃斯低通滤波后的图像

**图 3.4.12　频域低通滤波举例**

(c) 指数低通滤波后的图像

(d) 梯形低通滤波后的图像

图 3.4.12 频域低通滤波举例(续)

## 3.5 图像锐化

在图像识别中,需要有边缘鲜明的图像,即图像锐化。图像锐化的目的是为了突出图像的边缘信息,加强图像的轮廓特征,以便于人眼的观察和机器的识别。然而边缘模糊是图像中常出现的质量问题,由此造成的轮廓不清晰,线条不鲜明,使图像特征提取、识别和理解难以进行。增强图像边缘和线条,使图像边缘变得清晰的处理称为图像锐化。

图像锐化从图像增强的目的看,它是与图像平滑相反的一类处理。

边缘和轮廓一般都位于灰度突变的地方,由此人们很自然地想起用灰度差分突出其变换。然而,由于边缘和轮廓在一幅图像中常常具有任意的方向,而一般的差分运算是有方向性的,因此和差分方向一致的边缘、轮廓便检测不出来。为此,人们希望找到一些各向同性的检测算子,它们对任意方向的边缘、轮廓都有相同的检测能力。具有这种性质的锐化算子有梯度、拉普拉斯和其他一些相关运算。如果从数学的观点看,图像模糊的实质就是图像受到平均或者积分运算的影响,因此对其进行逆运算(如微分运算),就可以使图像清晰,下面介绍常用的图像锐化运算。

### 3.5.1 空域高通滤波

实现图像的锐化可使图像的边缘或线条变得清晰,高通滤波可用空域高通滤波法来实现。本节将围绕空间高通滤波讨论图像锐化中常用的运算及方法,其中有梯度运算、各种锐化算子、拉普拉斯(Laplacian)算子、空间高通滤波法和掩模法等图像锐化技术。

**1. 梯度运算(算子)**

图像锐化中最常用的方法是梯度法。对图像 $f(x,y)$,在其点 $(x,y)$ 上的梯度是一个二维列向量,可定义为:

$$\boldsymbol{G}[f(x,y)] = \begin{bmatrix} \dfrac{\partial f}{\partial x} \\ \dfrac{\partial f}{\partial y} \end{bmatrix} = [\boldsymbol{G}_x \quad \boldsymbol{G}_y]^{\mathrm{T}} = \left[\frac{\partial f}{\partial x}\ \frac{\partial f}{\partial y}\right]^{\mathrm{T}} \tag{3.5.1}$$

梯度的幅度(模值) $|\boldsymbol{G}[f(x,y)]|$ 为:

$$|\boldsymbol{G}[f(x,y)]| = \sqrt{\boldsymbol{G}_x^2 + \boldsymbol{G}_y^2} = \sqrt{\left(\frac{\partial f^2}{\partial x}\right) + \left(\frac{\partial f}{\partial y}\right)^2} = \left[\left(\frac{\partial f}{\partial x}\right)^2 + \left(\frac{\partial f}{\partial y}\right)^2\right]^{1/2} \tag{3.5.2}$$

函数 $f(x,y)$ 沿梯度的方向在最大变化率方向上的方向角 $\theta$ 为:

$$\theta = \arctan\frac{\boldsymbol{G}_y}{\boldsymbol{G}_x} = \arctan\left[\frac{\dfrac{\partial f}{\partial y}}{\dfrac{\partial f}{\partial x}}\right] \tag{3.5.3}$$

不难证明,梯度的幅度 $|\boldsymbol{G}[f(x,y)]|$ 是一个各向同性的算子,并且是 $f(x,y)$ 沿 $\boldsymbol{G}$ 向量方向上的最大变化率。梯度幅度是一个标量,它用到了平方和开平方运算,具有非线性,并且总是正的。为了方便起见,以后把梯度幅度简称为梯度。

在实际计算中,为了降低图像的运算量,常用绝对值或最大值代替平方和平方根运算,所以近似求梯度模值(幅度)为:

$$|\boldsymbol{G}[f(x,y)]| = \sqrt{\boldsymbol{G}_x^2 + \boldsymbol{G}_y^2} \approx |\boldsymbol{G}_x| + |\boldsymbol{G}_y| = \left|\frac{\partial f}{\partial x}\right| + \left|\frac{\partial f}{\partial y}\right| \tag{3.5.4}$$

$$|\boldsymbol{G}[f(x,y)]| = \sqrt{\boldsymbol{G}_x^2 + \boldsymbol{G}_y^2} \approx \max\{|\boldsymbol{G}_x|, |\boldsymbol{G}_y|\} \tag{3.5.5}$$

但应记住式(3.5.1)与式(3.5.2)在概念上是不相同的,不要因称呼的简化而被混淆。

对于数字图像处理,有两种二维离散梯度的计算方法,一种是典型梯度算法,它把微分 $\partial f/\partial y$ 和 $\partial f/\partial x$ 近似用差分 $\Delta_x f(i,j)$ 和 $\Delta_y f(i,j)$ 代替,沿 $x$ 和 $y$ 方向的一阶差分可写成式(3.5.6),如图 3.5.1(a)所示。

$$\begin{cases} \boldsymbol{G}_x = \Delta_x f(i,j) = f(i+1,j) - f(i,j) \\ \boldsymbol{G}_y = \Delta_y f(i,j) = f(i,j+1) - f(i,j) \end{cases} \tag{3.5.6}$$

由此得到典型梯度算法为:

$$|\boldsymbol{G}[f(i,j)]| \approx |\boldsymbol{G}_x| + |\boldsymbol{G}_y| = |f(i+1,j) - f(i,j)| + |f(i,j+1) - f(i,j)| \tag{3.5.7}$$

或者

$$|\boldsymbol{G}[f(i,j)]| \approx \max\{|\boldsymbol{G}_x|, |\boldsymbol{G}_y|\} = \max\{|f(i+1,j) - f(i,j)|, |f(i,j+1) - f(i,j)|\} \tag{3.5.8}$$

另一种称为 Roberts 梯度的差分算法,如图 3.5.1(b)所示,采用交叉差分表示为:

$$\begin{cases} \boldsymbol{G}_x = f(i+1,j+1) - f(i,j) \\ \boldsymbol{G}_y = f(i,j+1) - f(i+1,j) \end{cases} \tag{3.5.9}$$

可得 Roberts 梯度为:

$$|\boldsymbol{G}[f(i,j)]| = \nabla f(i,j) \approx |f(i+1,j+1) - f(i,j)| + |f(i,j+1) - f(i+1,j)| \tag{3.5.10}$$

或者

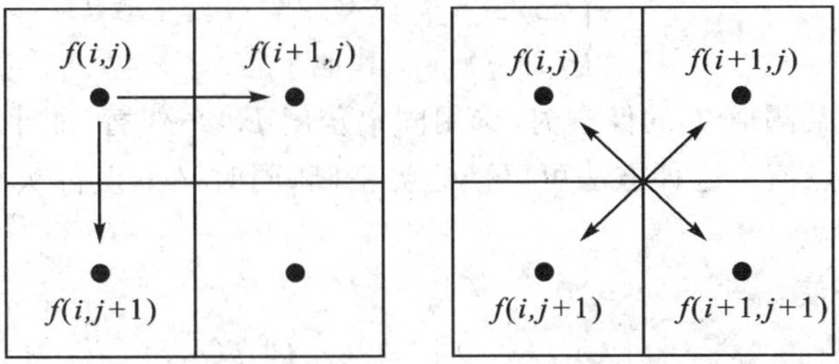


(a) 典型梯度算法(直接沿x和y方向的一阶差分方法)　　(b) Roberts梯度算法(交叉差分方法)

**图 3.5.1　两种二维离散梯度的计算方法**

$$|\boldsymbol{G}[f(i,j)]| = \nabla f(i,j) \approx \max\{|f(i+1,j+1)-f(i,j)|,\ |f(i,j+1)-f(i+1,j)|\} \tag{3.5.11}$$

值得注意的是,对于 $M\times N$ 的图像,处在最后一行或最后一列的像素是无法直接求得梯度的,对于这个区域的像素来说,一种处理方法是:当 $x=M$ 或 $y=N$ 时,用前一行或前一列的各点梯度值代替。

从梯度公式中可以看出,其值是与相邻像素的灰度差值成正比的。在图像轮廓上,像素的灰度有陡然变化,梯度值很大;在图像灰度变化相对平缓的区域梯度值较小;而在等灰度区域,梯度值为零。由此可见,图像经过梯度运算后,留下灰度值急剧变化的边沿处的点,这就是图像经过梯度运算后可使其细节清晰从而达到锐化目的实质。

在实际应用中,常利用卷积运算来近似梯度,这时 $\boldsymbol{G}_x$ 和 $\boldsymbol{G}_y$ 是各自使用的一个模板(算子)。对模板的基本要求是,模板中心的系数为正,其余相邻系数为负,且所有的系数之和为零。例如,上述的 Roberts 算子,其 $\boldsymbol{G}_x$ 和 $\boldsymbol{G}_y$ 模板如式(3.5.12)所示。

$$\boldsymbol{G}_x = \begin{bmatrix} 1 & 0 \\ 0 & -1 \end{bmatrix} \qquad \boldsymbol{G}_y = \begin{bmatrix} 0 & 1 \\ -1 & 0 \end{bmatrix} \tag{3.5.12}$$

**(1) 梯度法图像锐化案例分析**

采用梯度进行图像增强的方法有很多。

第 1 种方法是使其输出图像 $g(i,j)$ 的各点等于该点处的梯度幅度。即:

$$g(i,j) = \boldsymbol{G}[f(i,j)] = \nabla f(i,j) \tag{3.5.13}$$

这种方法的缺点是输出的图像在灰度变化比较小的区域,$g(i,j)$ 很小,显示的是一片黑色。

第 2 种方法是使:

$$g(i,j) = \begin{cases} |\boldsymbol{G}[f(i,j)]| & |\boldsymbol{G}[f(i,j)]| \geqslant T \\ f(i,j) & \text{其他} \end{cases} \tag{3.5.14}$$

当梯度值超过某阈值 $T$ 的像素时,选用梯度值,而小于该阈值 $T$ 时,选用原图像的像素点值。即适当的选取 $T$,可以有效地增强边界而不影响比较平滑的背景。

第 3 种方法是使:

$$g(i,j)=\begin{cases}L_G & |\boldsymbol{G}[f(i,j)]|\geqslant T\\ f(i,j) & \text{其他}\end{cases}\tag{3.5.15}$$

当梯度值超过某阈值 $T$ 的像素时,选用固定灰度 $L_G$ 来代替,而小于该阈值 $T$ 时,仍选用原图像的像素点值。这种方法可以使边界清晰,同时又不损害灰度变化比较平缓区域的图像特性。

第 4 种方法是使:

$$g(i,j)=\begin{cases}|\boldsymbol{G}[f(i,j)]| & |\boldsymbol{G}[f(i,j)]|\geqslant T\\ L_B & \text{其他}\end{cases}\tag{3.5.16}$$

当梯度值超过某阈值 $T$ 的像素时,选用梯度值,而小于该阈值 $T$ 时,选用固定的灰度 $L_B$。这种方法将背景用一个固定的灰度级 $L_B$ 来表示,可用于分析边缘灰度的变化。

第 5 种方法是使:

$$g(i,j)=\begin{cases}L_G & |\boldsymbol{G}[f(i,j)]|\geqslant T\\ L_B & \text{其他}\end{cases}\tag{3.5.17}$$

当梯度值超过某阈值 $T$ 的像素时,选用固定灰度 $L_G$,而小于该阈值 $T$ 时,选用固定的灰度 $L_B$。根据阈值将图像分成边缘和背景,边缘和背景分别用两个不同的灰度级来表示,这种方法生成的是二值图像。

下面给出的是梯度法图像锐化的 MATLAB 程序,实现了前面所介绍的 5 种锐化方法,如图 3.5.2 所示。

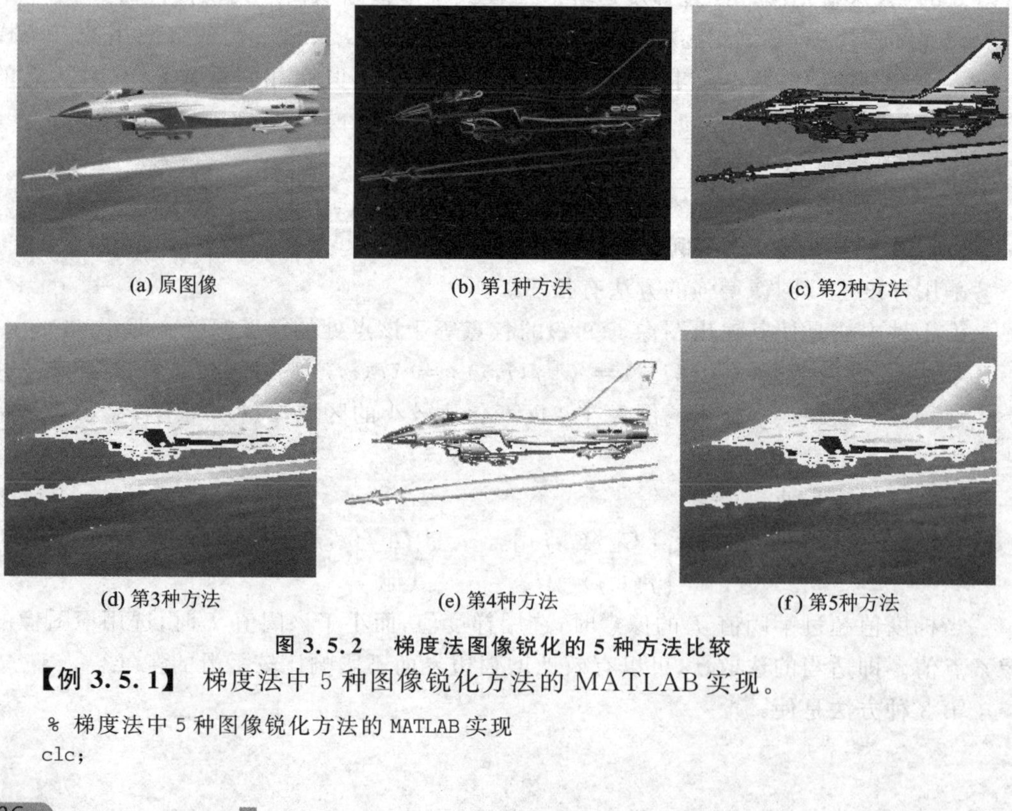

(a) 原图像　(b) 第1种方法　(c) 第2种方法

(d) 第3种方法　(e) 第4种方法　(f) 第5种方法

**图 3.5.2　梯度法图像锐化的 5 种方法比较**

**【例 3.5.1】** 梯度法中 5 种图像锐化方法的 MATLAB 实现。

```
% 梯度法中 5 种图像锐化方法的 MATLAB 实现
clc;
```

```
[ I, map ] = imread ( 'J10.png');                 % 读入原图像
figure(1), imshow (I, map);                       % 显示原图像
I = double (I);
[IX, IY] = gradient (I);
GM = sqrt(IX. * IX + IY. * IY);                   % 计算梯度的幅度
OUT1 = GM;
figure(2), imshow (OUT1, map);                    % 显示第 1 种梯度的图像锐化
OUT2 = I;
J = find( GM > = 10);                             % 阈值 T = 10
OUT2 (J) = GM(J);
figure(3), imshow ( OUT2, map);                   % 显示第 2 种梯度的图像锐化
OUT3 = I;
J = find(GM > = 10);
OUT3 (J) = 255;
figure(4), imshow ( OUT3, map);                   % 显示第 3 种梯度的图像锐化
OUT4 = I;
J = find(GM < = 10);
OUT4 (J) = 255;
figure(5), imshow ( OUT4, map);                   % 显示第 4 种梯度的图像锐化
OUT5 = I;
J = find(GM > = 10);
OUT5 (J) = 255;
Q = find( GM <10);
OUTS(Q) = 0;
figure(6), imshow ( OUT5, map);                   % 显示第 5 种梯度的图像锐化
```

## 2. 其他锐化算子

利用梯度与差分原理组成的锐化算子还有以下几种：

### (1) Sobel 算子

以待增强图像的任意像素$(i,j)$为中心，取 3×3 像素窗口，分别计算窗口中心像素在 $x$ 和 $y$ 方向的梯度：

$$\begin{aligned}\boldsymbol{S}_x = &[f(i-1,j-1)+2f(i,j-1)+f(i+1,j-1)]- \\ &[f(i-1,j+1)+2f(i,j+1)]+f(i+1,j+1)]\end{aligned} \tag{3.5.18}$$

$$\begin{aligned}\boldsymbol{S}_y = &[f(i+1,j-1)+2f(i+1,j)+f(i+1,j+1)]- \\ &[f(i-1,j-1)+2f(i-1,j)]+f(i-1,j+1)]\end{aligned} \tag{3.5.19}$$

增强后的图像在$(i,j)$处的灰度值为：

$$f'(i,j) = \sqrt{\boldsymbol{S}_x^2 + \boldsymbol{S}_y^2} \tag{3.5.20}$$

用模板表示为：

$$\boldsymbol{S}_x = \begin{bmatrix} 1 & 0 & -1 \\ 2 & 0 & -2 \\ 1 & 0 & -1 \end{bmatrix} \qquad \boldsymbol{S}_y = \begin{bmatrix} -1 & -2 & -1 \\ 0 & 0 & 0 \\ 1 & 2 & 1 \end{bmatrix} \tag{3.5.21}$$

### (2) Prewitt 算子

$$f'(i,j) = (\boldsymbol{S}_x^2 + \boldsymbol{S}_y^2)^{\frac{1}{2}} = \sqrt{\boldsymbol{S}_x^2 + \boldsymbol{S}_y^2} \tag{3.5.22}$$

用模板表示为：

$$S_x = \begin{bmatrix} 1 & 0 & -1 \\ 1 & 0 & -1 \\ 1 & 0 & -1 \end{bmatrix} \quad S_y = \begin{bmatrix} -1 & -1 & -1 \\ 0 & 0 & 0 \\ 1 & 1 & 1 \end{bmatrix} \tag{3.5.23}$$

**(3) Isotropic 算子**

$$f'(i,j) = (S_x^2 + S_y^2)^{\frac{1}{2}} = \sqrt{S_x^2 + S_y^2} \tag{3.5.24}$$

用模板表示为：

$$S_x = \begin{bmatrix} 1 & 0 & -1 \\ \sqrt{2} & 0 & -\sqrt{2} \\ 1 & 0 & -1 \end{bmatrix} \quad S_y = \begin{bmatrix} -1 & -\sqrt{2} & -1 \\ 0 & 0 & 0 \\ 1 & \sqrt{2} & 1 \end{bmatrix} \tag{3.5.25}$$

**【例 3.5.2】** 利用 Sobel 算子对图像"天鹅.png"滤波的程序。

```
%利用 Sobel 算子对图像滤波
I = imread('天鹅.png');          %读入图像文件
H = fspecial('sobel');           %选择 Sobel 算子
subplot (1,2,1 ), imshow (I)     %显示原图像
J = filter2 (H, I)               %卷积运算
subplot (1,2,2 ), imshow (J)     %显示 Sobel 算子对图像锐化的结果
```

程序运行结果如图 3.5.3 所示。

(a) 原图像

(b) Sobel算子对图像锐化

图 3.5 3　Sobel 算子对图像锐化的结果

### 3. 拉普拉斯运算

拉普拉斯算子法比较适用于改善因为光线的漫反射造成的图像模糊。拉普拉斯算子法是常用的边缘增强处理算子，它是各向同性的二阶导数，一个连续的二元函数 $f(x,y)$，它在位置 $(x,y)$ 处的拉普拉斯运算定义为：

$$\nabla^2 f(x,y) = \frac{\partial^2 f}{\partial x^2} + \frac{\partial^2 f}{\partial y^2} \tag{3.5.26}$$

式中：$\nabla^2 f(x,y)$ 称为拉普拉斯算子。对数字图像，由参照梯度的差分算法式(3.5.6)可写出图像 $f(i,j)$ 的一阶偏导为：

$$\frac{\partial f(i,j)}{\partial x} = \Delta_x f(i,j) \qquad \frac{\partial f(i,j)}{\partial y} = \Delta_y f(i,j) \tag{3.5.27}$$

二阶偏导为：

$$\frac{\partial^2 f(i,j)}{\partial x^2} = \Delta_x f(i+1,j) - \Delta_x f(i,j) \tag{3.5.28}$$

$$\frac{\partial^2 f(i,j)}{\partial y^2} = \Delta_y f(i,j+1) - \Delta_y f(i,j) \tag{3.5.29}$$

根据式(3.5.26)经整理可得：

$$\begin{aligned} g(i,j) = \nabla^2 f(i,j) &= \frac{\partial^2 f(i,j)}{\partial x^2} + \frac{\partial^2 f(i,j)}{\partial y^2} \\ &= f(i+1,j) + f(i-1,j) + f(i,j+1) + f(i,j-1) - 4f(i,j) \end{aligned} \tag{3.5.30}$$

对于式(3.5.30)也可由拉普拉斯算子模板来表示：

$$\boldsymbol{H}_1 = \begin{bmatrix} 0 & 1 & 0 \\ 1 & -4 & 1 \\ 0 & 1 & 0 \end{bmatrix} \qquad \boldsymbol{H}_2 = \begin{bmatrix} 1 & 1 & 1 \\ 1 & -8 & 1 \\ 1 & 1 & 1 \end{bmatrix} \tag{3.5.31}$$

空间域锐化滤波用卷积形式表示为：

$$g(i,j) = \nabla^2 f(x,y) = \sum_{r=-k}^{k} \sum_{s=-l}^{l} f(i-r,j-s) H(r,s) \tag{3.5.32}$$

式中：$H(r,s)$除了可取式(3.5.31)的拉普拉斯算子模板外，只要适当地选择滤波因子(权函数)$H(r,s)$，就可以组成不同性能的高通滤波器，从而使边缘锐化突出细节。

几种常用的归一化高通滤波的模板如下：

$$\boldsymbol{H}_1 = \begin{bmatrix} 0 & -1 & 0 \\ -1 & 5 & -1 \\ 0 & -1 & 0 \end{bmatrix} \quad \boldsymbol{H}_2 = \begin{bmatrix} -1 & -1 & -1 \\ -1 & 9 & -1 \\ -1 & -1 & -1 \end{bmatrix} \quad \boldsymbol{H}_3 = \begin{bmatrix} 1 & -2 & 1 \\ -2 & 5 & -2 \\ 1 & -2 & 1 \end{bmatrix} \tag{3.5.33}$$

这些已经归一化的模板可以避免处理后的图像出现亮度偏移。其中，$H_1$ 等效于用 Laplacian 算子增强图像。若要增强具有方向性的边缘和线条，则应采用方向滤波，这时模板算子可由方向模板组成。

**【例 3.5.3】** 利用空域高通滤波法对图像进行增强，其中 $\boldsymbol{H}_1$、$\boldsymbol{H}_2$ 和 $\boldsymbol{H}_3$ 是高通滤波方阵模板。

$$\boldsymbol{H}_1 = \begin{bmatrix} 0 & -1 & 0 \\ -1 & 5 & -1 \\ 0 & -1 & 0 \end{bmatrix} \quad \boldsymbol{H}_2 = \begin{bmatrix} -1 & -1 & -1 \\ -1 & 9 & -1 \\ -1 & -1 & -1 \end{bmatrix} \quad \boldsymbol{H}_3 = \begin{bmatrix} 1 & -2 & 1 \\ -2 & 5 & -2 \\ 1 & -2 & 1 \end{bmatrix}$$

图像锐化的程序如下：

```
% MATLAB空域高通滤波法程序
I = imread('gray.png');
J = im2double(I);                          %转换图像矩阵为双精度型
subplot ( 2,2,1 ), imshow ( J, [ ] )        %显示原图像
```

```
h1=[0  -1  0, -1  5  -1, 0  -1  0];
h2=[-1  -1  -1, -1  9  -1, -1  -1  -1];
h3=[1  -2  1, -2  5  -2, 1  -2  1];
A=conv2 (J,h1,'same');                    %进行二维卷积操作
subplot (2,2,2), imshow (A, [ ])
B=conv2 ( J, h2, 'same' );
subplot(2,2,3 ), imshow (B, [ ])
C=conv2 (J, h3, 'same' );
subplot (2,2,4), imshow (C, [ ])
```

程序运行的结果如图 3.5.4 所示。

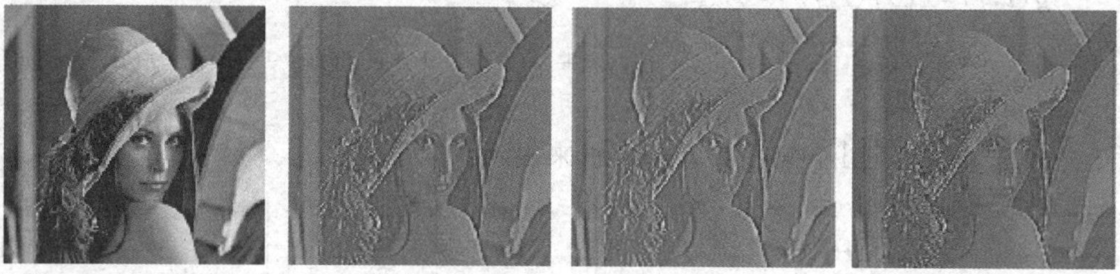

(a) 原图像 (b) $H_1$算子 (c) $H_2$算子 (d) $H_3$算子

**图 3.5.4　空域高通滤波法举例**

**【例 3.5.4】** 用拉普拉斯算子对模糊图像进行增强。

```
%用拉普拉斯算子对模糊图像进行增强
I=imread('火箭.png');                %读入图像文件
I=double (I);                        %转换数据类型为 double 双精度型
subplot (1,2,1), imshow (I, [ ])
h=[0  1  0, 1  -4  1, 0  1  0];      %拉普拉斯算子
J=conv2(I, h, 'same');               %用拉普拉斯算子对图像进行二维卷积运算
K=I -J;                %增强的图像为原始图像减去拉普拉斯算子滤波的图像
subplot (1,2,2), imshow ( K, [ ] )
```

运行结果如图 3.5.5 所示。由图可见,图像模糊的部分得到了锐化,边缘部分得到了增强,边界更加明显。但图像显示清楚的地方,经滤波后发生了失真,这也是拉氏算子增强的一大缺点。

(a) 原图像 (b) 拉氏算子对图像锐化

**图 3.5 5　拉氏算子对模糊图像进行增强**

## 3.5.2 频域高通滤波

由于图像中的边缘、线条等细节部分与图像频谱中的高频分量相对应，在频域中用高通滤波器处理，能够使图像的边缘或线条变得清晰，图像得到锐化。高通滤波器衰减傅里叶变换中的低频分量，通过傅里叶变换中的高频信息。

因此，采用高通滤波的方法让高频分量顺利通过，使低频分量受到抑制，就可以增强高频的成分。

### 1. 频率域图像锐化滤波原理

在频域中实现高通滤波，滤波的数学表达式为：

$$G(u,v)=H(u,v)\cdot F(u,v) \tag{3.5.34}$$

式中：$F(u,v)$为原图像$f(x,y)$的傅里叶频谱；$G(u,v)$为锐化后图像$g(x,y)$的傅里叶频谱；$H(u,v)$为滤波器的转移函数（即频谱响应）。那么对高通滤波器而言，$H(u,v)$使高频分量通过，低频分量抑制。常用的高通滤波器有如下4种，如图3.5.6所示。

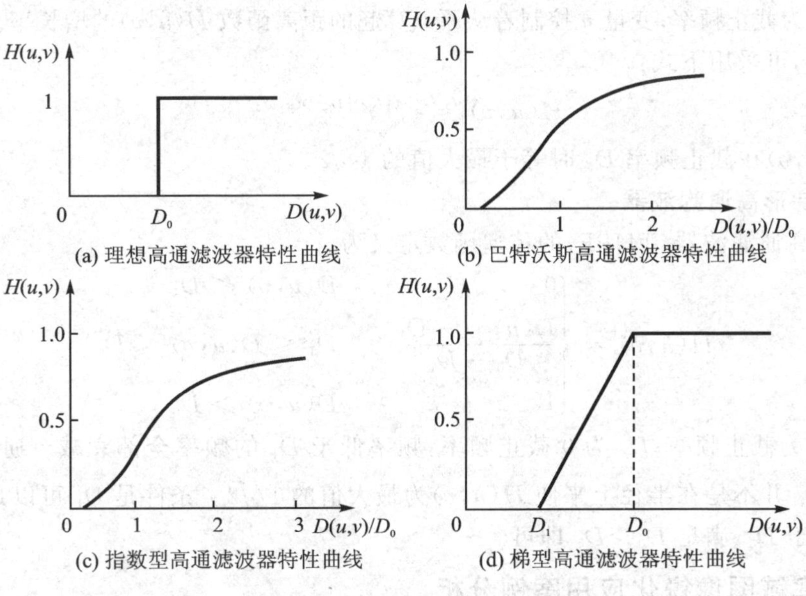


图 3.5.6　4种频域高通滤波器传递函数 $H(u,v)$的剖面图

#### (1) 理想高通滤波器

二维理想高通滤波器（IHPF）的传递函数$H(u,v)$定义为：

$$H(u,v)=\begin{cases}1 & D(u,v)>D_0\\ 0 & D(u,v)\leqslant D_0\end{cases} \tag{3.5.35}$$

式中：$D_0$为频率平面上从原点算起的截止距离，称为截止频率，$D(u,v)=\sqrt{u^2+v^2}$是频率平面点$(u,v)$到频率平面原点$(0,0)$的距离。

它在形状上和前面介绍的理想低通滤波器的形状刚好相反，但与理想低通滤波器一样,这种理想高通滤波器也无法用实际的电子器件硬件来实现。

**(2) 巴特沃斯高通滤波器**

$n$ 阶巴特沃斯(Butterworth)高通滤波器(BHPF)的传递函数定义为:

$$H(u,v)=\frac{1}{1+[D_0/D(u,v)]^{2n}} \tag{3.5.36}$$

式中:$D_0$ 为截止频率;$D(u,v)=\sqrt{u^2+v^2}$为点$(u,v)$到频率平面原点的距离。当 $D(u,v)=D_0$ 时,$H(u,v)$下降到最大值的1/2。

当选择截止频率 $D_0$,要求使该点处的 $H(u,v)$下降到最大值的 $1/\sqrt{2}$为条件时,可用下式实现:

$$H(u,v)=\frac{1}{1+[\sqrt{2}-1][D_0/D(u,v)]^{2n}} \tag{3.5.37}$$

**(3) 指数型高通滤波器**

指数型高通滤波器(EHPF)的传递函数定义为:

$$H(u,v)=\mathrm{e}^{-[D_0/D(u,v)]^n} \tag{3.5.38}$$

式中:$D_0$ 为截止频率;变量 $n$ 控制着从原点算起的距离函数 $H(u,v)$的增长率。当 $D(u,v)=D_0$ 时,可采用下式:

$$H(u,v)=\mathrm{e}^{\ln(1/\sqrt{2})[D_0/D(u,v)]^n} \tag{3.5.39}$$

它使 $H(u,v)$在截止频率 $D_0$ 时等于最大值的 $1/\sqrt{2}$。

**(4) 梯形高通滤波器**

梯形高通滤波器(THPF)的传递函数定义为:

$$H(u,v)=\begin{cases}0 & D(u,v)<D_1\\ \dfrac{D(u,v)-D_1}{D_0-D_1} & D_1\leqslant D(u,v)\leqslant D_0\\ 1 & D(u,v)>D_0\end{cases} \tag{3.5.40}$$

式中:$D_0$ 为截止频率;$D_1$ 为0截止频率,频率低于 $D_1$ 的频率全部衰减。通常为了实现方便,$D_0$ 并不是在半径上来使 $H(u,v)$为最大值的 $1/\sqrt{2}$。条件是 $D_1$ 可以是任意的,只要它小于 $D_0$,满足 $D_0>D_1$ 即可。

## 2. 频率域图像锐化应用案例分析

**【例3.5.5】** 用频域高通滤波法对图像进行增强。

```
% 频域高通滤波法对图像进行增强
clc;
[I, map ] = imread( 'lena.bmp' );
noisy = imnoise( I, 'gaussian' ,0.01 );                          % 原图中加入高斯噪声
[M  N] = size(I);
F = fft2(noisy);
fftshift(F);
Dcut = 100;
D0  = 250;
D1 = 150;
```

```
for u = 1:M
    for v = 1:N
    D(u,v) = sqrt(u^2 + v^2);
    BUTTERH(u, v) = 1/(1 + (sqrt(2) - 1) * (Dcut/D(u,v))^2);    %巴特沃斯高通滤波器
                                                                %传递函数
    EXPOTH( u ,v) = exp( log(1/sqrt(2)) * ( Dcut/D (u ,v) )^2);%指数高通滤波器传递
                                                                %函数
      if D(u,v)<D1                                             %梯形高通滤波器传递函数
        THPFH (u, v) = 0;
      elseif D(u, v)<= D0
        THPFH(u,v) = (D(u,v) - D1)/(D0 - D1);
      else
        THPFH ( u, v) = 1;
      end
  end
end
BUTTERG = BUTTERH. * F;
BUTTERfiltered = ifft2 (BUTTERG);
EXPOTG = EXPOTH. * F;
EXPOTfiltered = ifft2 (EXPOTG);
THPFG = THPFH. * F;
THPFfiltered = ifft2 (THPFG);
subplot (2,2,1), imshow (noisy)                    %显示加入高斯噪声的图像
subplot (2,2,2), imshow ( BUTTERfiltered)          %显示经过巴特沃斯高通滤波器后的图像
subplot (2,2,3), imshow ( EXPOTfiltered)           %显示经过指数高通滤波器后的图像
subplot (2,2,4), imshow ( THPFfiltered);           %显示经过梯形高通滤波器后的图像
```

程序运行结果如图 3.5.7 所示。

(a) 加入高斯噪声后的图像

(b) 巴特沃斯高通滤波后的图像

(c) 指数高通滤波后的图像

(d) 梯形高通滤波后的图像

图 3.5.7　频域高通滤波法举例

### 3.5.3 同态滤波器图像增强的方法

一幅图像 $f(x,y)$ 能够用它的入射光分量和反射光分量来表示,其关系式如下:

$$f(x,y)=i(x,y)\cdot r(x,y) \tag{3.5.41}$$

另外,入射光分量 $i(x,y)$ 由照明源决定,即它和光源有关,通常用来表示慢的动态变化,可直接决定一幅图像中像素能达到的动态范围。而反射光分量 $r(x,y)$ 则是由物体本身特性决定的,它表示灰度的急剧变化部分,如两个不同物体的交界部分、边缘部分及线等。入射光分量同傅里叶平面上的低频分量相关,而反射光分量则同其高频分量相关。因为两个函数乘积的傅里叶变换是不可分的,所以式(3.5.41)不能直接用来对照明光和反射频率分量进行变换,即:

$$F[f(x,y)]\neq F[i(x,y)]\cdot F[r(x,y)] \tag{3.5.42}$$

如果令:

$$z(x,y)=\ln[f(x,y)]=\ln[i(x,y)]+\ln[r(x,y)] \tag{3.5.43}$$

再对式(3.5.43)取傅里叶变换,由此可得:

$$F\{z(x,y)\}=F\{\ln[f(x,y)]\}=F\{\ln[i(x,y)]\}+F\{\ln[r(x,y)]\} \tag{3.5.44}$$

$$Z(u,v)=I(u,v)+R(u,v) \tag{3.5.45}$$

式中:$I(u,v)$ 和 $R(u,v)$ 分别为 $\ln[i(x,y)]$ 和 $\ln[r(x,y)]$ 的傅里叶变换。如果选用一个滤波函数 $H(u,v)$ 来处理 $Z(u,v)$,则有:

$$\begin{aligned}S(u,v)&=Z(u,v)H(u,v)\\&=I(u,v)H(u,v)+R(u,v)H(u,v)\end{aligned} \tag{3.5.46}$$

式中:$S(u,v)$ 为滤波后的傅里叶变换。它的反变换为:

$$\begin{aligned}s(x,y)&=F^{-1}\{S(u,v)\}\\&=F^{-1}[I(u,v)H(u,v)]+F^{-1}[R(u,v)H(u,v)]\end{aligned} \tag{3.5.47}$$

如果令:

$$i'(x,y)=F^{-1}[I(u,v)H(u,v)] \tag{3.5.48}$$

$$r'(x,y)=F^{-1}[R(u,v)H(u,v)] \tag{3.5.49}$$

则式(3.5.44)可表示为:

$$s(x,y)=i'(x,y)+r'(x,y) \tag{3.5.50}$$

式中:$i'(x,y)$ 和 $r'(x,y)$ 分别是入射光和反射光取对数,又用 $H(u,v)$ 滤波后的傅里叶反变换值,$Z(u,v)$ 是原始图像 $f(x,y)$ 取对数而形成的。为了得到所要求的增强图像 $g(x,y)$,必须进行反运算,即:

$$\begin{aligned}g(x,y)&=\exp\{s(x,y)\}=\exp\{i'(x,y)+r'(x,y)\}\\&=\exp\{i'(x,y)\}\cdot\exp\{r'(x,y)\}\\&=i_0(x,y)\cdot r_0(x,y)\end{aligned} \tag{3.5.51}$$

$$i_0(x,y)=\exp\{i'(x,y)\} \tag{3.5.52}$$

$$r_0(x,y)=\exp\{r'(x,y)\} \tag{3.5.53}$$

式中:$i_0(x,y)$ 和 $r_0(x,y)$ 分别为输出图像的照明光和反射光分量。

图像增强方法归纳为如图 3.5.8 所示。此方法要用同一个滤波器来实现对入射分量和反射分量的理想控制，其关键是选择合适的 $H(u,v)$。因 $H(u,v)$ 要对图像中的低频和高频分量有不同的影响，因此，把它称为同态滤波。如果 $G(u,v)$ 的特性如图 3.5.9 所示，$r_L<1$，$r_H>1$，则此滤波器将减少低频和增强高频，它的结果是同时使灰度动态范围压缩和对比度增强。

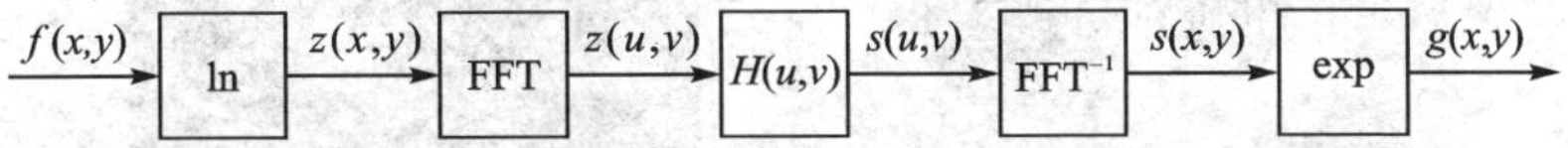


**图 3.5.8　同态滤波器图像增强的方法**

必须指出，在傅里叶平面上用增强高频成分突出边缘和线的同时，也降低了低频成分，从而使平滑的灰度变化区域出现模糊，使平滑的灰度变化区基本上相同。因此，为了保存低频分量，通常在高通滤波器上加一个常量，但这样做又会增加高频成分，结果也不佳。这时，经常用后滤波处理来补偿它，就是在高频处理之后，对一幅图像再进行直方图平坦化，使灰度值重新分配。这样处理的结果，会使图像得到很大的改善。

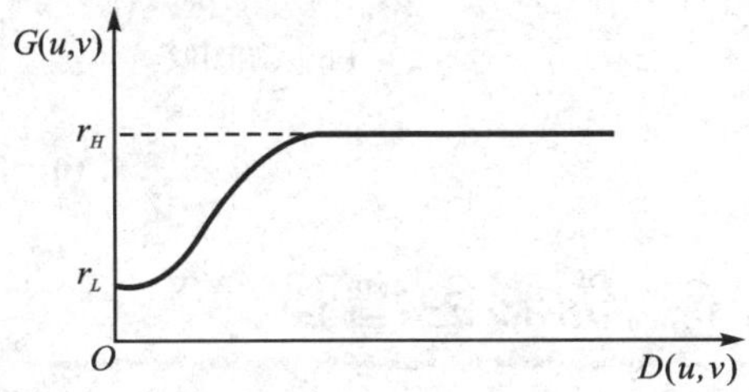


**图 3.5.9　同态滤波器滤波函数的剖面**

同态滤波的增强案例分析如下：

**【例 3.5.6】** 编程实现同态滤波的增强。

```
%  用Matlab程序实现同态滤波的增强
J = imread('eight.tif');                    % 读入原始图像
subplot(121); imshow(J);                    % 显示原始图像
J = double(J);
set(gcf,'color',[1  1  1]);

  f = fft2(J);                              % 采用傅里叶变换
  g = fftshift(f);                          % 数据矩阵平衡
  [M, N] = size(f);
  d0 = 10;
  r1 = 0.5;                                 % 用H_l = 0.5、H_h = 2.0进行同态滤波
  rh = 2
  c = 4;
  n1 = floor(M/2);
  n2 = floor(N/2);
  for i = 1:M
    for j = 1:N
      d = sqrt((i - n1)^2 + (j - n2)^2);
      h = (rh - r1) * (1 - exp( - c * (d.^2/d0.^2))) + r1;
      g(i, j) = h * g(i, j);
    end
end
g = ifftshift(g);
```

```
g = uint8 ( real ( ifft2 (g)));
subplot(122); imshow(g);                    % 显示同态滤波的结果
```

如图 3.5.10(b)所示，用 $H_l=0.5$、$H_h=2.0$ 进行同态滤波得到图像增强效果。由此可看出，原始图像的背景的亮度被减弱，而钱币边缘及图案中线条的对比度增强了。

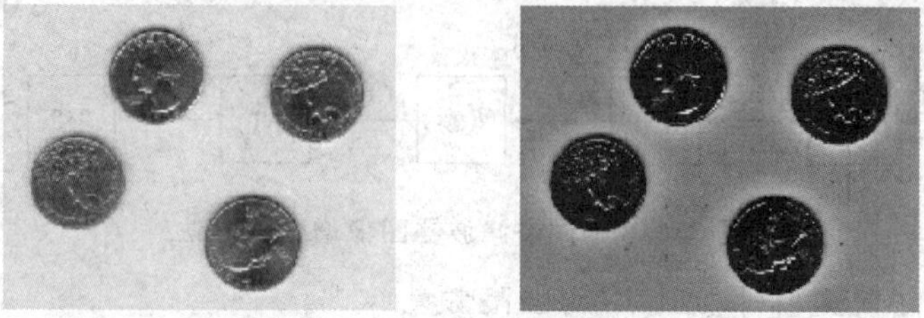

(a) 原始图像　　(b) 同态滤波的结果

**图 3.5.10　同态滤波的增强效果**

## 3.6　伪彩色增强

人的生理视觉系统特性对微小的灰度变化不敏感，而对彩色的微小差别极为敏感。人眼一般能够区分的灰度级只有20多个，而对不同亮度和色调的彩色图像分辨能力却可达到灰度分辨能力的百倍以上。利用这个特性，就可以把人眼不敏感的灰度信号映射为人眼灵敏的彩色信号，以增强人对图像中细微变化的分辨力。彩色增强就是根据人的这个特点，将彩色用于图像增强之中。在图像处理技术中，彩色增强的应用十分广泛且效果显著。常见的彩色增强技术主要有假彩色增强及伪彩色增强两大类。

① 假彩色(False Color)增强是将一幅彩色图像映射为另一幅彩色图像，从而达到增强彩色对比，使某些图像达到更加醒目的目的。假彩色增强技术也可以用于线性或者非线性彩色的坐标变换，由原图像基色转变为另一组新基色。

② 伪彩色(Pesudocolor)增强是把一幅黑白域图像的不同灰度级映射为一幅彩色图像的技术手段。

真彩色(True Color)自然物体的彩色叫做真彩色。真彩色图像的分光系统和色光合成如图 3.6.1 所示。分光过程一般可用红、绿、蓝3种滤色片把一幅真彩色图像分离为红、绿、蓝3幅图像。色光合成过程是把3幅红、绿、蓝图像恢复合成为原来真彩色图像。从图 3.6.1中可看出，图像的真彩色是真实物体的可见光谱段，它即可以分成红、绿、蓝3个谱段，也可以再度合成为真彩色景物的物体图像描述。

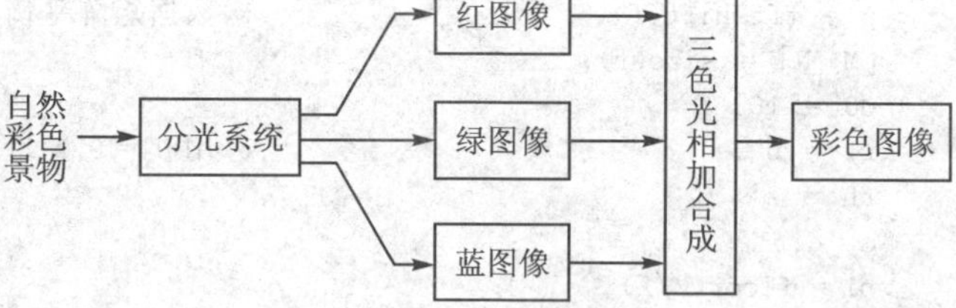


**图 3.6.1　真彩色图像**

由于人类视觉分辨不同彩色的能力特别强，而分辨灰度的能力相比之下较弱，因此，把人眼无法区别的灰度变化，施以不同的彩色，人眼便可以区别它们了，这便是伪彩色增强的基本依据。伪彩色处理技术常用于遥感图片、气象云图、医学 XCT 图像等领域的判读方面。伪彩色处理技术可以用计算机来完成，也可以用专用硬件设备来实现。同时还可以在空间域或频率域中实现。本节将主要讨论伪彩色增强的 3 种基本常用方法。

### 3.6.1 灰度分层法伪彩色处理

灰度分层法又称为灰度分割法或密度分层法，是伪彩色处理技术中最基本、最简单的方法。设一幅灰度图像 $f(x,y)$，可以看成是坐标 $f(x,y)$ 的一个密度函数。把此图像的灰度分成若干等级，即相当于用一些和坐标平面(即 $x-y$ 平面)平行的平面在相交的区域中切割此密度函数。例如，分成 $L_1, L_2, \cdots, L_N$ 等 $N$ 个区域，每个区域分配一种彩色，即每个灰度区间指定一种颜色 $C_i$ $(i=1,2,\cdots,N)$。从而将灰度图像变为有 $N$ 种颜色的伪彩色图像。灰度分层的原理如图 3.6.2 所示。

图 3.6.3 给出了从灰度级到彩色的阶梯映射。密度分层伪彩色处理简单易行，仅用硬件就可以实现。但所得伪彩色图像彩色生硬，且量化噪声大。

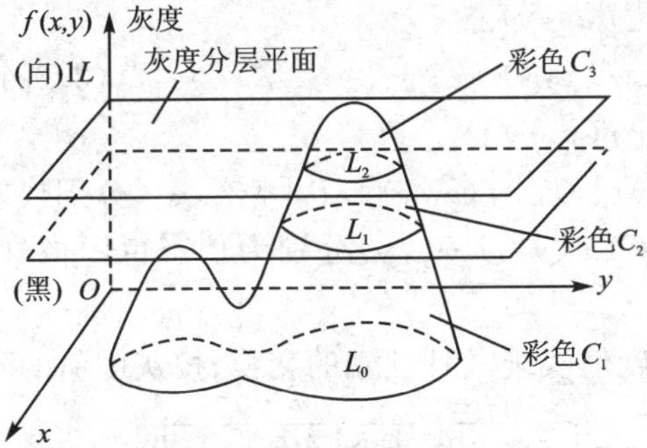


图 3.6.2 灰度分层的原理示意图

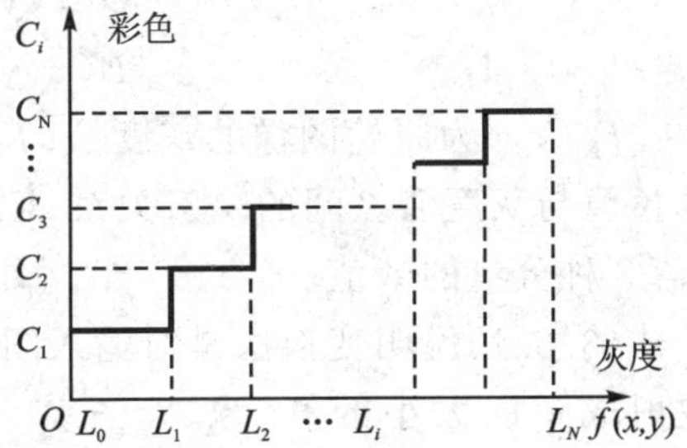


图 3.6.3 灰度与伪彩色处理的映射示意图

灰度分层法案例分析如下：

**【例 3.6.1】** 使用 MATLAB 灰度分层函数 grayslice 实现伪彩色图像处理程序如下：

```
% MATLAB 中的灰度分层法伪彩色图像的实现
clc;
I = imread('leopard.png');
imshow(I);                          % 显示灰度图像
title('originalimage')
X = grayslice(I,16);                % 原灰度图像灰度分 16 层
figure,imshow(X,hot(16));           % 显示伪彩色处理的图像
title('graysliceimage')
```

程序运行结果如图 3.6.4 所示。

(a) 输入灰度图像　　(b) 输出伪彩色处理图像

图 3.6.4　灰度分层与伪彩色处理示例

## 3.6.2 灰度变换法伪彩色处理

这种伪彩色变换的方法是先将 $f(x,y)$ 灰度图像送入具有不同变换特性的红、绿、蓝 3 个变换器，然后再将 3 个变换器的不同输出分别送到彩色显像管的红、绿、蓝电子枪。灰度至伪彩色变换的处理是伪彩色处理中比较有代表性的一种方法，根据色度学原理，任何一种彩色均可由红、绿、蓝三基色按适当比例合成。所以伪彩色处理一般可描述成：

$$\begin{cases} R(x,y) = T_R[f(x,y)] \\ G(x,y) = T_G[f(x,y)] \\ B(x,y) = T_B[f(x,y)] \end{cases} \tag{3.6.1}$$

式中：$f(x,y)$ 为原始图像的灰度值；$T_R[f(x,y)]$，$T_G[f(x,y)]$，$T_B[f(x,y)]$ 分别代表三基色值与灰度值之间的映射关系；$R(x,y)$，$G(x,y)$，$B(x,y)$ 分别为伪彩色图像红、绿、蓝 3 种分量的数值。

式(3.6.1)说明变换法是对输入图像的灰度值实现 3 种独立的变换，按灰度值的不同映射成不同大小的红、绿、蓝三基色值。然后，用它们去分别控制彩色显示器的红、绿、蓝电子枪，以产生相应的彩色显示。图 3.6.5 示意了灰度至伪彩色变换法的原理，映射关系 $T_R[f(x,y)]$，$T_G[f(x,y)]$，$T_B[f(x,y)]$ 可以是线性的，也可以是非线性的。

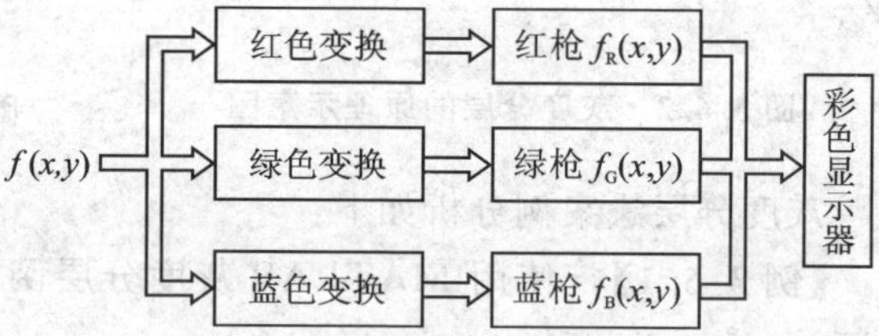


图 3.6.5　灰度至伪彩色变换处理原理示意图

变换法伪彩色处理案例分析如下：

灰度至伪彩色变换的传递函数如图 3.6.6所示，其中图 3.6.6(a)、(b)、(c)显示了一组典型的红色、绿色、蓝色的传递函数，图 3.6.6(d)是 3 种变换函数共同合成的三基色。在图 3.6.6(a)中，红色变换将任何低于 $L/2$ 的灰度级映射成最暗的红色，在 $L/2 \sim 3L/4$ 之间红色输入线性增加，灰度级在 $3L/4 \sim L$ 区域内映射保持不变，等于最亮的红色调。用类似的方法可以解释其他的彩色映射。从图 3.6.6 可以看出，只在灰度轴的两端和正中心才映射为纯粹的基色。

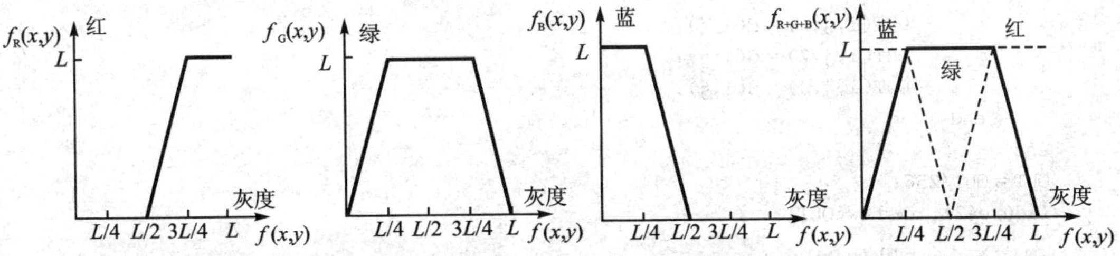


(a) R红色变换特性 (b) G绿色变换特性 (c) B蓝色变换特性 (d) RGB组合的三基色

**图 3.6.6 典型的彩色变换函数特性**

同样,从图 3.6.6 彩色变换函数特性可知道,若 $f(x,y)=0$,则 $f_R(x,y)=f_G(x,y)=0$,$f_B(x,y)=L$,从而显示蓝色;若 $f(x,y)=L/2$,则 $f_R(x,y)=f_B(x,y)=0$,$f_G(x,y)=L$,从而显示绿色;若 $f(x,y)=L$,则 $f_R(x,y)=L$,$f_B(x,y)=f_G(x,y)=0$,从而显示红色。

**【例 3.6.2】** 变换法伪彩色处理的实现。

```
% 变换法伪彩色处理的 MATLAB 程序
clc
I = imread('grayImage.jpg');                    % 读入灰度图像
figure(1),imshow(I);                            % 显示灰度图像
I = double(I);
[M, N] = size(I);
L = 256;
for i = 1:M
    for j = 1:N
        if I(i,j)<= L/4
            R(i,j) = 0;
            G(i,j) = 4 * I(i,j);
            B(i,j) = L;
        else if I(i,j)<= L/2
            R(i,j) = 0;
            G(i,j) = L;
            B(i,j) = - 4 * I(i,j) + 2 * L;
        else if I(i,j)<= 3 * L/4
            R(i,j) = 4 * I(i,j) - 2 * L;
            G(i,j) = L;
            B(i,j) = 0;
        else
            R(i,j) = L;
            G(i,j) = - 4 * I(i,j) + 4 * L;
            B(i,j) = 0;
            end
          end
        end
      end
end
```

```
for i = 1:M
    for j = 1:N
        OUT(i,j,1) = R(i,j);
        OUT(i,j,2) = G(i,j);
        OUT(i,j,3) = B(i,j);
    end
end
OUT = OUT/256;
figure(2), imshow(OUT);
```

程序运行结果如图 3.6.7 所示。

(a) 原始灰度图像

(b) 伪彩色处理后的图像

图 3.6.7　变换法伪彩色处理

## 3.6.3 频域伪彩色处理

在频率域伪彩色增强时,先把灰度图像 $f(x,y)$ 中的不同频率成分经 FFT 傅里叶变换到频率域。在频率域内,经过 3 个不同传递特性的滤波器,$f(x,y)$ 被分离成 3 个独立分量,然后对它们进行 IFFT 逆傅里叶变换,便得到 3 幅代表不同频率分量的单色图像。接着对这 3 幅图像作进一步的附加处理(如直方图均衡化等),最后将它们作为三基色分量分别加到彩色显示器的红、绿、蓝显示通道,从而实现频率域分段的伪彩色增强。频率域滤波的伪彩色增强处理原理框图如图 3.6.8 所示。

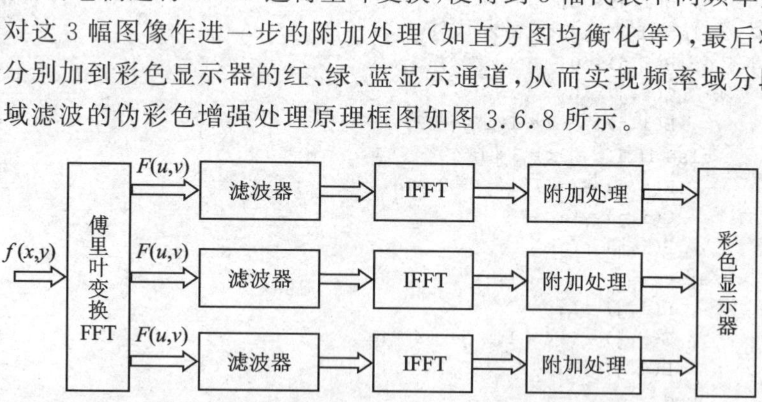


图 3.6.8　频率域滤波的伪彩色增强处理框图

频域伪彩色处理案例分析如下:

在频域的滤波可借助前面章节介绍的各种频域滤波器的知识，根据需要来实现图像中的不同频率成分加以彩色增强。灰度图像通过频域滤波器能够抽取不同的频率信息，各频率成份被编成不同的彩色。典型的处理方法是采用低通、带通和高通 3 种滤波器，把图像分成低频、中频和高频 3 个频域分量，然后分别给予不同的三基色，从而得到对频率敏感的伪彩色图像。

**【例 3.6.3】** 频域伪彩色处理实现。

```
%频域伪彩色处理 MATLAB 程序
clc;
 I = imread('gray.png');
 figure, imshow (I);
    [M,N] = size(I);
     F = fft2 (I);
     fftshift (F);
     REDcut = 100;
     GREENcut = 200;
     BLUEcenter = 150;
     BLUEwidth = 100;
     BLUEu0 = 10;
     BLUEv0 = 10;
for u = 1:M
   for v = 1:N
     D(u,v) = sqrt(u^2 + v^2);
     REDH(u,v) = 1/(1 + (sqrt(2) - 1) * (D(u,v)/REDcut)^2);
     GREENH(u,v) = 1/(1 + (sqrt(2) - 1) * (GREENcut/D(u,v))^2);
     BLUED(u,v) = sqrt((u - BLUEu0)^2 + (v - BLUEv0)^2 );
     BLUEH(u,v) = 1 - 1/(1 + BLUED(u, v) * BLUEwidth/(( BLUED(u,v))^2 - (BLUEcenter)^
2)^2);
     end
end
RED = REDH. * F;
REDcolor = ifft2 (RED);
GREEN = GREENH. * F;
GREENcolor = ifft2(GREEN);
BLUE = BLUEH. * F;
BLUEcolor = ifft2(BLUE);
REDcolor = real (REDcolor)/256;
GREENcolor = real(GREENcolor)/256;
BLUEcolor = real (BLUEcolor)/256;
for i = 1:M
     for j = 1:N
           OUT(i,j,1) = REDcolor(i,j);
           OUT(i,j,2) = GREENcolor(i,j);
           OUT(i,j,3) = BLUEcolor(i,j);
      end
end
OUT = abs(OUT);
figure, imshow (OUT);
```

程序运行结果如图 3.6.9 所示。

(a) 原始灰度图像

(b) 频域伪彩色处理后的图像

图 3.6.9 频域伪彩色处理示例

## 3.7 图像退化与图像复原

### 1. 图像退化的原因

在图像的获取(数字化过程)、处理与传输过程中,每一个环节都有可能引起图像质量的下降,这种导致图像质量的下降现象,称为图像退化(Image Degradation)。

造成图像退化的原因很多,最为典型的图像退化表现为光学系统的像差、光学成像系统的衍射、成像系统的非线性畸变、摄影胶片感光的非线性、成像过程中物体与摄像设备之间的相对运动、大气的湍流效应、图像传感器的工作情况受环境随机噪声的干扰、成像光源或射线的散射、处理方法的缺陷,以及所用的传输信道受到噪声污染等。这些因素都会使成像的分辨率和对比度以至图像质量下降。由于引起图像退化的因素众多而且性质不同,因此,图像复原的方法、技术也各不相同。

### 2. 图像复原的方法

图像复原(Image Restoration)是通过逆图像退化的过程将图像恢复为原始图像状态的过程,即图像复原的过程是沿着图像退化的逆向过程进行的。具体过程是:首先根据先验知识分析退化原因,了解图像变质的机理,在此基础上建立一个退化模型,然后用相反的过程对图像进行处理,使图形质量得到改善。

对于图像复原,一般可采用两种方法。一种方法是对于图像缺乏先验知识的情况下的复原,此时可对退化过程如模糊和噪声建立数学模型,进行描述,并进而寻找一种去除或削弱其影响的过程;另一种方法是对原始图像已经知道是那些退化因素引起的图像质量下降过程,来建立数学模型,并依据它对图像退化的影响进行拟合的过程。

### 3.7.1 图像的退化模型

图像复原的关键问题在于建立退化模型。假设输入图像 $f(x,y)$经过某个退化系统$h(x,y)$后产生退化图像 $g(x,y)$。在退化过程中,引进的随机噪声为加性噪声 $n(x,$

$y$)(若不是加性噪声,是乘性噪声,可以用对数转换方式转化为相加形式),则图像退化过程空间域模型如图 3.7.1(a)所示。

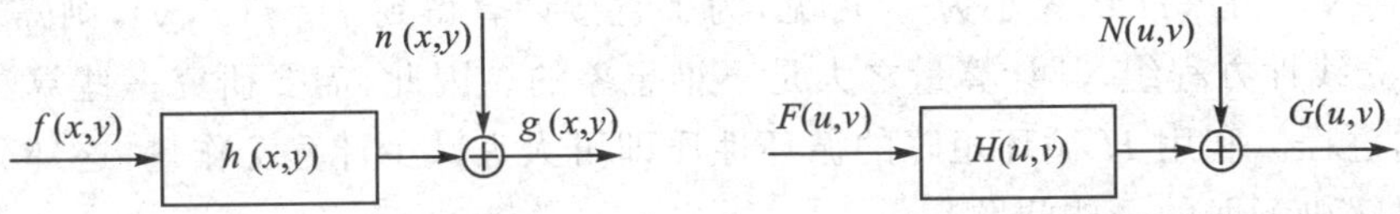


(a) 空间域图像退化模型　　(b) 频域上图像退化模型

**图 3.7.1　图像退化过程模型**

其一般表达式为:

$$g(x,y) = h(x,y) * f(x,y) + n(x,y) \tag{3.7.1}$$

或者表示成:

$$g(x,y) = H[f(x,y)] + n(x,y) \tag{3.7.2}$$

式中:“ * ”表示空间卷积。这是连续形式下的表达。$h(x,y)$是退化函数的空间描述,它综合了所有退化因素,$h(x,y)$也称为成像系统的冲击响应或点扩展函数。式(3.7.2)中的$H[f(x,y)]$表示对输入图像 $f(x,y)$的退化算子。

对于频域上的图像退化模型如图 3.7.1(b)所示,由于空间域上的卷积等同于频域上的乘积,因此可以把退化模型写成如下的频域表示:

$$G(u,v) = H(u,v)F(u,v) + N(u,v) \tag{3.7.3}$$

式中:$G(u,v)$、$H(u,v)$、$F(u,v)$、$N(u,v)$分别是 $g(x,y)$、$h(x,y)$、$f(x,y)$、$n(x,y)$的傅里叶变换。$H(u,v)$是系统的点冲激响应函数 $h(x,y)$的傅里叶变换,称为系统在频率上的传递函数。

## 1. 连续图像退化模型

由图像退化模型的原理可知,式(3.7.1)和式(3.7.3)分别是连续图像在空间域、频率域的退化数学模型。图像复原实际上就是通过退化数学模型在空间域已知 $g(x,y)$ 逆向求 $\hat{f}(x,y)$,得到其估计近似值 $\hat{f}(x,y)$,或在频率域已知 $G(u,v)$求 $F(u,v)$,得到其估计近似值 $\hat{f}(u,v)$的问题,上述两种表述是等价的。进行图像复原的关键问题是寻求降质退化系统在空间域上冲激响应函数 $h(x,y)$,或者降质系统在频率域上的传递函数 $H(u,v)$。设法求得完全的或近似的降质系统传递函数 $\hat{h}(x,y)$或者 $\hat{H}(x,y)$。

## 2. 离散图像退化模型

由于数字图像处理系统处理的是离散的图像,因此需对连续模型离散化,我们对图像如何实现离散更关注,即将连续模型中的积分用求和的形式来表示。同时借助线性矩阵向量来表达,得到二维离散降质退化模型为:

$$g = Hf + n \tag{3.7.4}$$

式中:$g$、$f$、$n$ 为 $M \times N$ 维列向量,$H$ 是块循环矩阵,$H$ 为 $M \times N \times M \times N$ 维矩阵,它包括 $M^2$ 个分块循环矩阵,每一部分的大小为 $N \times N$。

有了图像退化模型的初步认知后,对于图像复原需要考虑的问题是:给定退化图像

$g(x,y)$,并已知退化系统的冲激响应 $h(x,y)$ 和相加性噪声 $n(x,y)$,根据 $g=Hf+n$ 如何估计出理想图像 。但是对于实用大小的图像来说,这一过程是非常繁琐的。例如,若 $M=N=512$,$H$ 的大小为 。可见,为了直接计算得到 $f=f(x,y)$,则需求解 262 144 个联立线性方程组,其计算量之大是不难想象的。因此,需要研究一些算法以便简化运算的过程。利用 $H$ 循环矩阵的循环性质即可大大减少计算工作量,这部分的主要工作需要解决下面的一些问题:

- 循环矩阵的对角化;
- 块循环矩阵的对角化;
- 求解退化模型的系统方程。

通过以上的处理过程,只需较少的 $M\times N$ 傅里叶变换,就可完成运算。

## 3.7.2 图像复原的基本方法

### 1. 图像代数复原法

图像的代数复原法是利用线性代数的知识,假定 $\boldsymbol{g}$、$\boldsymbol{H}$、$\boldsymbol{n}$ 符合相关条件的前提下,估计出原始图像 $\boldsymbol{f}$ 的某些方法。这种估计应在某种预先选定的最佳准则下(如在均方误差最小意义下),求对原始图像 $\boldsymbol{f}$ 的最佳估计。这种方法简单易行,由它可以导出许多实用的复原方法,如无约束代数复原方法和有约束代数复原方法。

代数复原是基于离散退化系统模型为基础,即:

$$\boldsymbol{g}=\boldsymbol{H}\cdot\boldsymbol{f}+\boldsymbol{n} \tag{3.7.5}$$

式中:$\boldsymbol{g}$、$\boldsymbol{f}$ 和 $\boldsymbol{n}$ 都是 $N^2$ 维列向量,$\boldsymbol{H}$ 为 $N^2\times N^2$ 维矩阵。

**(1) 无约束代数复原方法**

将式(3.7.5)改写,取图像噪声为:

$$\boldsymbol{n}=\boldsymbol{g}-\boldsymbol{H}\boldsymbol{f} \tag{3.7.6}$$

如果 $\boldsymbol{n}=0$ 或对噪声一无所知的情况下,希望对原始图像 $\boldsymbol{f}$ 的估计 $\hat{f}$ 应满足这样的条件,使 $\boldsymbol{H}\hat{\boldsymbol{f}}$ 在最小二乘意义上近似于 $\boldsymbol{g}$。也就是说希望找到一个 $\hat{f}$,使得:

$$\|\boldsymbol{n}\|^2=\|\boldsymbol{g}-\boldsymbol{H}\hat{\boldsymbol{f}}\|^2\rightarrow\min \tag{3.7.7}$$

噪声项的范数为最小。求 $\|\boldsymbol{n}\|^2$ 最小等效于求 $\|\boldsymbol{g}-\boldsymbol{H}\hat{\boldsymbol{f}}\|^2$ 最小,即:

$$J(\hat{\boldsymbol{f}})=\|\boldsymbol{g}-\boldsymbol{H}\hat{\boldsymbol{f}}\|^2=(\boldsymbol{g}-\boldsymbol{H}\hat{\boldsymbol{f}})^{\mathrm{T}}(\boldsymbol{g}-\boldsymbol{H}\hat{\boldsymbol{f}}) \tag{3.7.8}$$

在这里,除了要求估计 $\hat{f}$ 使 $J(\hat{f})$ 为最小值以外,不受任何其他条件的约束。所谓无约束复原就是对式(3.7.8)求最小二乘的解,因此称为无约束复原方式。

进一步通过对 $\hat{f}$ 求 $J(\hat{f})=11\mathrm{g}-H\hat{f}11^2$ 的最小值,得到无约束代数复原公式:

$$\hat{\boldsymbol{f}}=(\boldsymbol{H}^{\mathrm{T}}\boldsymbol{H})^{-1}\boldsymbol{H}^{\mathrm{T}}\boldsymbol{g}=\boldsymbol{H}^{-1}(\boldsymbol{H}^{\mathrm{T}})^{-1}\boldsymbol{H}^{\mathrm{T}}\boldsymbol{g}=\boldsymbol{H}^{-1}\boldsymbol{g} \tag{3.7.9}$$

式中,$\boldsymbol{H}$ 是 $N\times N$ 的方阵,$\boldsymbol{H}$ 的逆矩阵 $\boldsymbol{H}^{-1}$,$(\boldsymbol{H}^{\mathrm{T}}\boldsymbol{H})^{-1}$ 称为矩阵 $\boldsymbol{H}^{\mathrm{T}}$ 的广义逆。

式(3.7.9)给出了逆滤波器,即无约束条件下的代数复原解。若 $\boldsymbol{H}$ 已知,即可由 $\boldsymbol{g}$

求出 $\boldsymbol{f}$ 的最佳估计值 $\hat{\boldsymbol{f}}$。也就是说，当系统 $\boldsymbol{H}$ 逆作用于退化图像 $\boldsymbol{g}$ 上时，可以得到最小平方意义上的无约束估计。

**(2) 有约束代数复原方法**

在数学上用最小二乘方更容易处理，通常在无约束复原方法的基础上附加一定的约束条件，从而在多个可能结果中选择一个最佳结果，这便是有约束的复原方法。

有约束条件的复原可以这样实现：令 $\boldsymbol{Q}$ 为 $\boldsymbol{f}$ 的线性算子，由此，最小二乘方复原问题可看成是使形式为 $\|\boldsymbol{Q}\hat{\boldsymbol{f}}\|^2$ 的函数服从约束条件 $\|\boldsymbol{n}\|^2=\|\boldsymbol{g}-\hat{\boldsymbol{f}}\|^2$ 下求极小值的问题。

这种有附加条件的极值问题可以用拉格朗日乘数法来处理，通过求解 $\hat{\boldsymbol{f}}$，则有：

$$\hat{\boldsymbol{f}}=(\boldsymbol{H}^{\mathrm{T}}\boldsymbol{H}+\gamma\boldsymbol{Q}^{\mathrm{T}}\boldsymbol{Q})^{-1}\boldsymbol{H}^{\mathrm{T}}\boldsymbol{g} \tag{3.7.10}$$

式中：$\gamma=1/\lambda$。式(3.7.10)就是维纳滤波和约束最小二乘方滤波等复原方法的基础。

## 2. 图像频域的复原

**(1) 逆滤波复原法**

逆滤波复原法又叫反向滤波法。前面已经介绍过，是一种简单直接的无约束图像复原方法。如果退化图像为 $g(x,y)$，原始图像为 $f(x,y)$，在不考虑噪声的情况下($n(x,y)=0$)，其退化模型表示为：

$$g(x,y)=f(x,y)*h(x,y)=\int_{-\infty}^{\infty}\int_{-\infty}^{\infty}f(\alpha,\beta)h(x-\alpha,y-\beta)\mathrm{d}\alpha\mathrm{d}\beta \tag{3.7.11}$$

由傅里叶变换卷积定理可知下式成立：

$$G(u,v)=H(u,v)F(u,v) \tag{3.7.12}$$

式中：$G(u,v)$、$H(u,v)$和 $F(u,v)$分别是退化图像 $g(x,y)$、系统冲激响应函数 $h(x,y)$和原图像 $f(x,y)$的傅里叶变换。进一步有：

$$F(u,v)=\frac{G(u,v)}{H(u,v)} \tag{3.7.13}$$

这就是说，如果已知退化图像的傅里叶变换和系统冲激响应函数（“滤波”函数），就可以求得原图像的傅里叶变换。经傅里叶反变换就可以求得原始图像，这里 $G(u,v)$除以 $H(u,v)$起到了反向滤波的作用。频域的反向滤波模型如图 3.7.2 所示。其估计值为：

$$\hat{F}(u,v)=\frac{G(u,v)}{H(u,v)}=H^{-1}(u,v)G(u,v) \tag{3.7.14}$$

式中：$H(u,v)$为滤波函数。

由式(3.7.14)可见，滤波函数的逆函数 $H^{-1}(u,v)$乘以退化图像的傅里叶变换 $G(u,v)$，就可以得到复原图像的傅里叶变换 $\hat{F}(u,v)$，因而式(3.7.14)就表示一个逆滤波的过程。

在有噪声的情况下，反向滤波的原理可写成如下形式：

$$G(u,v)=H(u,v)F(u,v)+N(u,v) \tag{3.7.15}$$

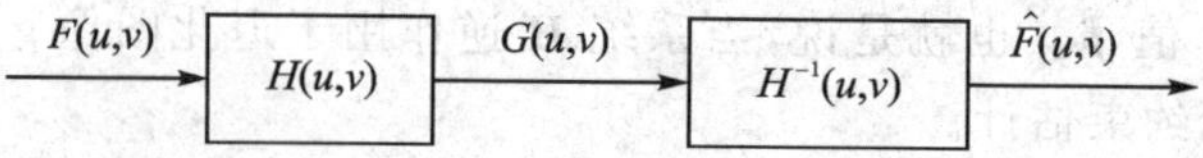


图 3.7.2　反向滤波模型

将式(3.7.14)代入式(3.7.15),有:

$$\hat{F}(u,v)=F(u,v)+\frac{N(u,v)}{H(u,v)} \tag{3.7.16}$$

式中:$N(u,v)$为噪声$n(x,y)$的傅里叶变换。

进一步对$\hat{\boldsymbol{f}}=\boldsymbol{H}^{-1}\boldsymbol{g}$和式(3.7.16)求傅里叶逆变换,便可得到复原后的图像:

$$\hat{f}(x,y)=F^{-1}[G(u,v)H^{-1}(u,v)]=F^{-1}[F(u,v)]+F^{-1}[N(u,v)H^{-1}(u,v)] \tag{3.7.17}$$

这种退化和复原的全过程可以用图3.7.3来表示。

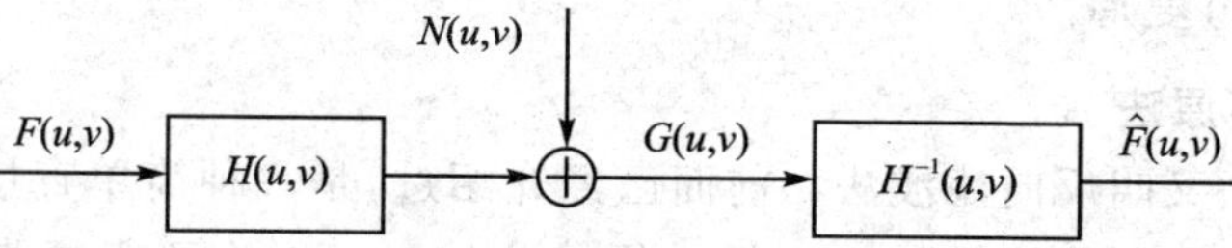


图 3.7.3　图像在频域上退化模型及复原过程

图中,$H^{-1}(u,v)$为逆滤波器的传递函数。若$H(u,v)=0$或很小,而噪声频谱$N(u,v)\neq 0$,则$N(u,v)H^{-1}(u,v)$就难以计算或者比$F(u,v)$大得多,从而使复原结果与预期结果相差很大,甚至面目全非。这时逆滤波复原法会出现病态性,即$\hat{F}(u,v)$在$H(u,v)$的零点附近变化剧烈,严重偏离实际值。若还存在噪声,则后果更加严重。

解决该病态问题的唯一方法就是避开$H(u,v)$的零点及小数值的$H(u,v)$。具体做法有两种:一是在计算$\hat{F}(u,v)$时,在$H(u,v)$的零点上不做计算,或直接对$H(u,v)$进行修改,即仔细设置$H(u,v)=0$的频谱点附近$H^{-1}(u,v)$的值;二是在原点的有限邻域内把$H(u,v)$的零点排除在此领域之外,以避免小数值的$H(u,v)$,即选择一个低通滤波器。

**(2) 维纳(Wiener)滤波法**

维纳滤波也就是最小二乘滤波,它是使原始图像$f(x,y)$及其恢复图像$\hat{f}(x,y)$之间的均方误差最小的复原方法。维纳滤波是一种有约束复原。前面介绍的逆滤波虽然比较简单,但并没有清楚地说明如何处理噪声,而维纳滤波综合了退化函数和噪声统计特性两个方面进行复原处理。维纳滤波是寻找一个滤波器,使得复原后图像$\hat{f}(x,y)$与原始图像$f(x,y)$的均方误差最小,即:

$$E\{[f(x,y)-\hat{f}(x,y)]^2\}=\min \tag{3.7.18}$$

式中,$E\{\ \}$为数学期望算子。因此,维纳滤波器通常又称为最小均方误差滤波器。

最小二乘滤波法的基本原理就是前面介绍的有约束代数复原法,可从式(3.7.10)

推出。

在频率域中，有约束复原的一般通用表达式的传递函数为

$$H_w(u,v)=\frac{1}{H(u,v)}\cdot\frac{|H(u,v)|^2}{|H(u,v)|^2+\gamma\dfrac{P_n(u,v)}{P_f(u,v)}} \tag{3.7.19}$$

式中：$G(u,v)$为退化图像的傅里叶变换；$H(u,v)$为退化函数；$|H(u,v)|^2=H^*(u,v)H(u,v)$；$H^*(u,v)$为退化函数$H(u,v)$的复共轭；$P_n(u,v)=|N(u,v)|^2$为噪声的功率谱；$P_f(u,v)=|F(u,v)|^2$为原始图像的功率谱；$P_f(u,v)=|F(u,v)|^2$为原始图像的功率谱。

在式(3.7.19)中：

当$\gamma=1$时，$H_w(u,v)$是 Wiener 维纳滤波器的传递函数，其所得到的估计值是使$E\{[f(x,y)-\hat{f}(x,y)]^2\}=\min$，即取最小值时的最优估计；

当$\gamma=0$时，$H_w(u,v)$是逆滤波器的传递函数，逆滤波是维纳滤波的特例；

当$\gamma=1/\lambda\neq0$时，得到的估计称为变参量维纳滤波器(也称为约束最小二乘滤波器)。由此可见，约束最小二乘滤波器与维纳滤波器同属约束滤波复原方法。

维纳滤波能够自动抑制噪声，维纳滤波器比逆滤波效果好。

### 3.7.3 图像复原实现的案例分析

在 MATLAB 图像处理工具箱中，系统提供了下面用于实现图像复原的基本函数：

**1. 维纳滤波复原**

deconvwnr 函数可以实现维纳滤波。该函数有如下 3 种调用格式(其中，***J*** 是复原图像；***I*** 是退化图像，它是由于原始图像与点扩散函数 PSF 卷积和可能的加性噪声引起的退化图像)：

(1) ***J***=deconvwnr(***I***,PSF)

该函数使用的前提是：假设图像退化过程中无噪声，是维纳滤波的特例逆滤波。

(2) ***J***=deconvwnr(***I***,PSF,NSR)

该函数使用的前提是：在滤波中有 NSR=$P_n(u,v)/P_f(u,v)$噪信比参数选项，可参见式(3.7.19)的维纳滤波有约束复原传递函数表达式. 当 NSR 噪声信号功率比，默认值为 0，表示无噪声的情况。

(3) ***J***=deconvwnr(***I***,PSF,NCORR,ICORR)或 ***J***=deconvwnr(I,PSF,NCORR,ICORR)

其中：***I*** 是退化的原图像，***J*** 是去模糊复原图像。NSR 是噪声信号功率比，默认值为 0，表示无噪声的情况。NCORR 和 ICORR 表示噪声和原始图像的自相关函数。

该函数使用过程中，NCORR 和 ICORR 分别是噪声和原始图像的自相关函数。

**2. 约束最小二乘滤波复原**

用 deconvreg 函数实现对模糊图像的约束最小二乘复原的调用格式为：

$J$=deconvreg($I$,PSF)

$J$=deconvreg($I$,PSF,NP)

$J$=deconvreg($I$,PSP,NP,LRANGE)

$J$=deconvreg($I$,PSF,NP,LRANGE,REGOP)

[J,LAGRA]=deconvreg(I,PSP,…)

其中:$I$ 表示输入图像;PSF 表示点扩散函数;NP、LRANGE(输入)和 REGOP 是可选参数,分别表示图像的噪声强度、拉氏算子的搜索范围和约束算子。该函数也可以在指定的范围内搜索最优的拉氏算子。NP、LRANGE(输入)和 REGOP 这3个参数的默认值分别为0,[$10^{-9}$,$10^9$]和平滑约束拉格朗日算子。函数调用后的返回值J表示恢复后的输出图像,返回值 LAGRA 表示函数执行时最终使用的拉格朗日乘法算子。

### 3. 图像复原滤波函数的使用

**(1) 预先定义的空间滤波函数**

PSF=fspecial(type,parameters)

其中:type 表示滤波器的类型,其值可以是 gausslan,average,sobel,laplacian,prewltt,log,motion 等。fspecial 返回指定滤波器的单位冲激响应。当 type 为 motion 时,fspecial 返回运动滤波器的单位冲激响应(PSF 点扩散函数)。

**(2) 图像滤波函数**

imfilter=($I$,PSF,'circular','conv')

其中:选项 circular 用来减少边界效应;选项 conv 表示使用 PSF 对原始图像 $I$ 进行卷积来获得退化图像。

**【例 3.7.1】** 利用 deconvwnr 函数对有噪声模糊图像进行复原重建。

```
%利用 deconvwnr 函数对有噪声模糊图像进行复原重建
clear
I = imread('43.jpg');                                    %读入已经模糊的图像 I
I = I(5 + [1:256],40 + [1:256],:);
subplot(3,3,1), imshow(I);
LEN = 31;                                                %指定运动位移为 31 像素,运动角度为 11°
THETA = 11;
PSF = fspecial ( 'motion', LEN, THETA);                  %产生运动模糊的 PSF
Blurred = imfilter(I,PSF, 'circular', 'conv' );
subplot(3,3,2), imshow(Blurred);
wnr1 = deconvwnr(Blurred, PSF);
subplot (3,3,3) , imshow(wnr1);                          %逆滤波复原
noise = 0.1. * rand(size(Blurred));                      %添加随机噪声 (Blurred));
J = im2uint8(noise);
BlurredNoise = imadd(Blurred, J);
subplot(3,3,4), imshow(BlurredNoise);                    %显示添加随机噪声的图像
wnr2 = deconvwnr(Blurred,PSF);
%调用 deconvwnr 函数直接对一幅有噪声的图像进行复原
subplot(3,3,5), imshow(wnr2);                            %显示对有噪声图像的复原
NSR = sum(noise(:). ^2)/sum(im2double(I(:)). ^2);    %(Blurred(:))
%以信噪比 NSR 为噪声参数进行图像恢复
```

```
wnr3 = deconvwnr(BlurredNoise, PSF, NSR);
subplot(3,3,6); imshow ( wnr3 );
wnr31 = deconvwnr(BlurredNoise, PSF, NSR/2);
subplot(3,3,7); imshow (wnr3);
NP = abs(fftn(noise)).^2;
NCORR = fftshift(real(ifftn(NP)));                %计算噪声的自相关函数
IP = abs(fftn(im2double (Blurred))).^2;
ICORR = fftshift(real(ifftn(IP)));                %计算图像自相关函数
wnr4 = deconvwnr(BlurredNoise, PSF, NCORR, ICORR);
subplot(3,3,8); imshow(wnr4);
```

程序运行结果如图 3.7.4 所示。

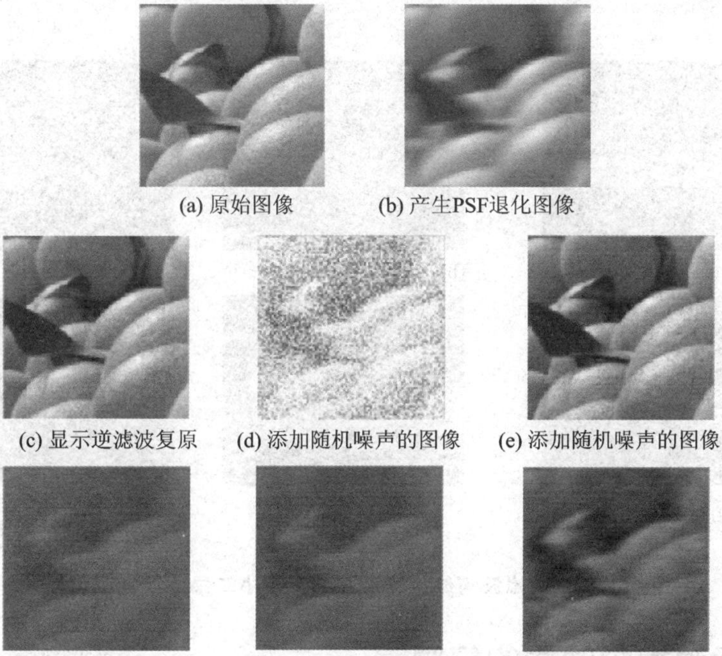

(a) 原始图像　(b) 产生PSF退化图像

(c) 显示逆滤波复原　(d) 添加随机噪声的图像　(e) 添加随机噪声的图像

(f) 以信噪比复原　(g) 减少信噪比的复原　(h) 以自相关函数复原

**图 3.7.4　维纳滤波的复原**

**【例 3.7.2】** 采用逆滤波与维纳滤波和约束最小二乘滤波复原。

下面的程序将实现原始图像仿真添加运动模糊的同时叠加高斯噪声形式退化图像,然后采用直接逆波复原,常数噪信比的维纳滤波复原。

如图 3.7.5 所示,采用最小二乘滤波、维纳滤波有很强的抑制噪声的能力,因而可以获得更好的复原效果。

```
%用 Matlab 程序实现逆滤波与维纳滤波和约束最小二乘滤波复原
I = imread('太空行走.jpg');                           %输入原始图像 I
figure(1); imshow(I, []);                            %显示原图像
PSF = fspecial('motion', 40, 75);                    %生成运动模糊图像 MF
MF = imfilter(I, PSF, 'circular');                   %用 PSF 产生退化图像
noise = imnoise(zeros(size(I)), 'gaussian', 0, 0.01); %产生高斯噪声
```

```
MFN = imadd(MF, im2uint8(noise));                      % 生成运动模糊 + 高斯噪声图像
figure(2); imshow(MFN, []);                            % 显示运动模糊叠加高斯噪声的图像
NSR = sum(noise(:).^2)/sum(MFN(:).^2);                 % 计算信噪比
figure(3);
imshow(deconvwnr(MFN, PSF), []);                       % 显示逆滤波复原图像
figure(4);
imshow(deconvwnr(MFN, PSF, NSR), []);                  % 显示维纳滤波复原图像
NP = 0.02 * prod(size(I));                             % 噪声强度
[reg1 LAGRA] = deconvreg(MFN, PSF, NP/3.0);            % 有噪声强度约束最小二乘滤波复原
figure(5); imshow(reg1);
edged = edgetaper(MFN, PSF);                           % 对图像边缘信息提取
reg2 = deconvreg(edged, PSF,[],LAGRA/300);             % 有拉格朗日乘法算子最小二乘滤波复原
figure(6); imshow(reg2);
```

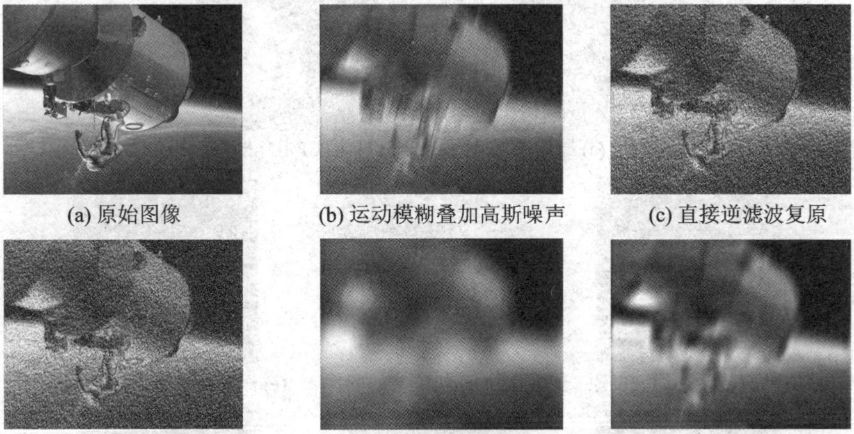

(a) 原始图像　(b) 运动模糊叠加高斯噪声　(c) 直接逆滤波复原

(d) 维纳滤波复原　(e) 有噪声强度最小二乘滤波复原　(f) 有拉格朗日乘法算子最小二乘滤波复原

**图 3.7.5　逆滤波与维纳滤波和约束最小二乘滤波复原比较**

### 3.7.4　运动模糊图像的复原

图像复原的主要目的是在给定退化图像 $g(x,y)$ 以及退化函数 $H$、噪声的某种了解或假设时，估计出原始图像 $f(x,y)$。现在的问题是退化函数 $H$ 一般是不知道的。因此，必须在进行图像复原前对退化函数 $H$ 进行估计。

一般确定模型化的一个主要方法是从其物理特性的基本原理来推导一个数学模型。

例如，运动模糊图像的复原，当成像传感器与被摄景物之间存在足够快的相对运动时，所摄取的图像就会出现"运动模糊"，即图像获取时被图像与传感器之间的均匀线性运动模糊了。这种模糊具有普遍性，采用数学推导其退化函数的过程如下：

假设图像 $f(x,y)$ 进行平面运动，$x_0(t)$ 和 $y_0(t)$ 分别是在 $x$ 和 $y$ 方向上随时间相应变化的运动参数。那么，在记录介质(如胶片或数字存储器)任意点的总曝光量是通过对时间间隔内瞬时曝光数的积分得到的。假设快门的开启和关闭所用时间极短，设 $T$

为曝光时间长度，并忽略成像过程其他因素干扰，则由于运动造成的模糊图像 $g(x,y)$为：

$$g(x,y)=\int_0^T f[x-x_0(t),y-y_0(t)]\mathrm{d}t \tag{3.7.20}$$

对上式进行傅里叶变换为：

$$G(u,v)=\int_{-\infty}^{\infty}\int_{-\infty}^{\infty} g(x,y)e^{-j2\pi(ux+vy)}\mathrm{d}x\mathrm{d}y$$
$$=\int_{-\infty}^{\infty}\int_{-\infty}^{\infty}\left[\int_0^T[f[x-x_0(t),y-y_0(t)]\mathrm{d}t]\right]e^{-j2\pi(ux+vy)}\mathrm{d}x\mathrm{d}y \tag{3.7.21}$$

对积分项函数 $f[x-x_0(t),y-y_0(t)]$利用傅里叶变换的位移性进行置换，得：

$$G(u,v)=\int_0^T F(u,v)e^{-j2\pi[ux_0(t)+vy_1(t)]}\mathrm{d}t=F(u,v)\int_0^T e^{-j2\pi[ux_0(t)+vy_1(t)]}\mathrm{d}t \tag{3.7.22}$$

令

$$H(u,v)=\int_0^T e^{-j2\pi[ux_0(t)+vy_1(t)]}\mathrm{d}t \tag{3.7.23}$$

则可得表达式为

$$G(u,v)=H(u,v)F(u,v) \tag{3.7.24}$$

当运动变量 $x_0(t)$和 $y(t)$为已知时，传递函数 $H(u,v)$可直接由式(3.7.23)得到。

运动模糊图像复原的案例分析如下：

例如，设当前图像 $f(x,y)$只在 $x$ 方向以给定的速度做匀速直线运动，那么有：

$$x_0(t)=at/T,y_0(t)=0 \tag{3.7.25}$$

当 $t=T$ 时，$f(x,y)$图像在水平 $x$ 方向的移动距离为 $a$。式(3.7.23)可变为：

$$H(u,v)=\int_0^T e^{-j2\pi ux_0(t)}\mathrm{d}t=\int_0^T e^{-j2\pi uat/T}\mathrm{d}t=\frac{T}{\pi ua}\sin(\pi ua)e^{-j2\pi ua} \tag{3.7.26}$$

若允许 $y$ 分量也变化，按 $y_0(t)=bt/T$ 运动，则退化函数变为：

$$H(u,v)=\frac{T}{\pi(ua+vb)}\sin[\pi(ua+vb)]e^{-j2\pi(ua+vb)} \tag{3.7.27}$$

在实际中，经常会遇到运动模糊图像的复原问题。例如，在飞机、宇宙飞行器等运动物体上所拍摄的照片，摄取镜头在曝光瞬间的偏移会产生匀速直线运动的模糊。一般采用维纳滤波复原来解决。

**【例 3.7.3】** 用 MATLAB 编程来实现由于运动造成的图像模糊和去除模糊的实例。

具体用 MATLAB 程序设计的思路是，首先使用 fspecial 函数创建一个运动模糊的 PSF，然后调用 imfilter 函数，并使用 PSF 对原始图像进行卷积操作，由此得到一幅模糊的图像，再用 Wiener 滤波消除运动模糊，使图像得到复原，程序运行的结果如图3.7.6 所示。

```
% 用 Matlab 程序实现由于运动造成的图像模糊和去除模糊的实例
I = imread('swan.bmp');                          % 读入清晰原图像
figure(1); imshow(I);                            % 显示原图像
LEN = 30;                                        % 设置运动位移为 30 个像素
```

```
THETA = 75;                                  % 设置运动角度为 75 度
PSF = fspecial('motion', LEN, THETA);        % 建立二维仿真线性运动滤波器 PSF
MF =  imfilter(I, PSF, 'circular', 'conv');  % 用 PSF 产生退化图像
figure(2); imshow(MF);                       % 显示模糊后的图像
wnr1 = deconvwnr(MF,PSF);                    % 用 Wiener 滤波消除运动模糊的图像
figure(3);imshow(wnr1);                      % 显示去除模糊的图像
```

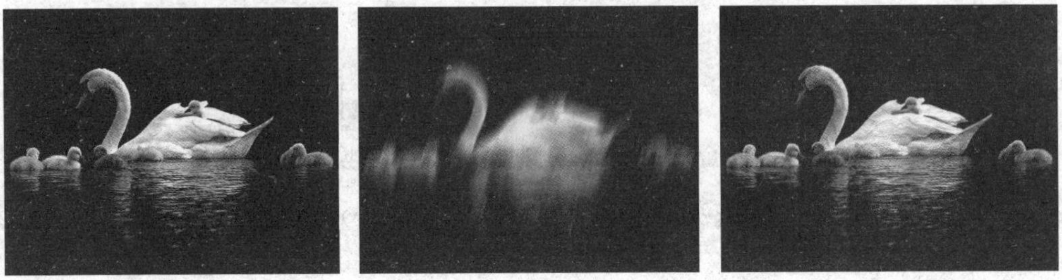

(a) 原始图像　　(b) 运动造成的图像模糊　　(c) Wiener滤波去图像模糊

**图 3.7.6　图像运动模糊与去模糊示例**

## 习题与思考题

3-1　图像增强的目的是什么,它包含哪些内容?

3-2　灰度变换的目的是什么?有哪些实现方法?

3-3　什么是灰度直方图?如何计算?如何用 MATLAB 编程实现直方图均衡化?

3-4　什么是图像平滑?空间域图像平滑的方法有哪些?针对高斯噪声、椒盐噪声和乘法性噪声,进行图像平滑方法的比较。在 MATLAB 环境中如何编程实现对图像进行去噪处理。

3-5　叙述均值滤波的基本原理。

3-6　什么是中值滤波,中值滤波的特点是什么?它主要用于消除什么类型的噪声?

3-7　图像锐化的目的是什么?有哪些方法可以实现?空间域常用的图像锐化算子有哪几种?如何用 MATLAB 语言编写出图像锐化的程序?

3-8　简述用于平滑滤波和锐化处理的滤波器之间的区别和联系。

3-9　多图像平均法为什么能去除噪声?该方法的主要难点是什么?

3-10　频域低通滤波的原理是什么?有哪些滤波器可以利用?

3-11　通过实例进行各种高通滤波器性能的比较。用 MATLAB 语言编写出图像高通滤波的程序。

3-12　什么是同态滤波?简述其基本原理。

3-13　什么是伪彩色图像增强?伪彩色处理的方法有哪些?其主要目的是什么?

3-14　伪彩色处理的方法有哪些?有哪些用途?

3-15　编写程序,实现几何畸变校正。

3-16　引起图像退化的原因有哪些?图像退化模型包含哪些种类?

3-17　逆滤波复原的基本原理是什么?

3-18　什么是无约束代数复原?什么是有约束代数复原?

3-19　用维纳滤波的方法如何进行图像复原?

3-20　用约束最小二乘方滤波复原时,不同的噪声强度、拉氏算子的搜索范围和约束算子对复原效果有何影响?

# 第 4 章

# 图像的几何变换

图像几何变换是指用数学建模的方法来描述图像位置、大小、形状等变化的方法。在实际场景拍摄到的一幅图像，如果画面过大或过小，都需要进行缩小或放大。如果拍摄时景物与摄像头不成相互平行关系的时候，会发生一些几何畸变，例如会把一个正方形拍摄成一个梯形等。这就需要进行一定的畸变校正。在进行目标物的匹配时，需要对图像进行旋转、平移等处理。在进行三维景物显示时，需要进行三维到二维平面的投影建模。因此，图像几何变换是图像处理及分析的基础。

本章在讲授图像几何变换的基础上，对图像的位置变换（平移、镜像、旋转）、形状变换（比例缩放、错切）和复合变换进行阐述，并对三维几何变换的投影变换进行简单介绍。主要结构如图 4.1 所示。

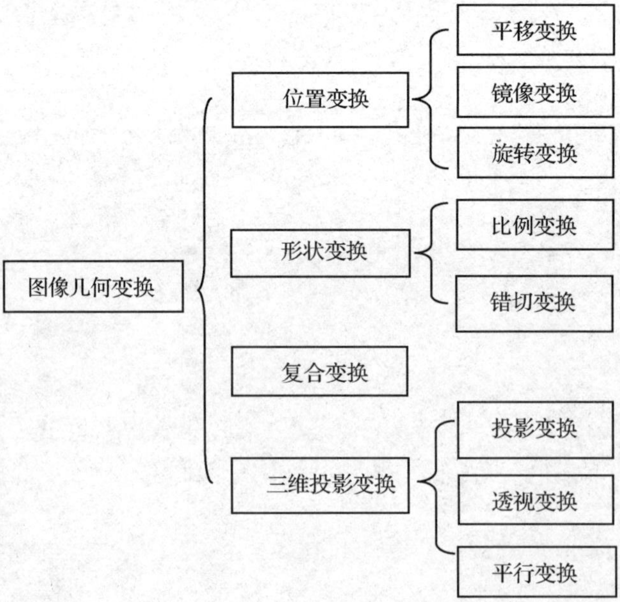


**图 4.1　图像几何变换的主要结构**

# 4.1 几何变换基础

## 4.1.1 齐次坐标

数字图像是把连续图像在坐标空间和性质空间离散化了的图像。例如,一幅二维数字图像可以用一组二维(2D)数组 $f(x,y)$ 来表示,其中 $x$ 和 $y$ 表示 2D 空间 $xy$ 中一个坐标点的位置,$f(x,y)$ 代表图像在点 $(x,y)$ 的某种性质的数值。如果所处理的是一幅灰度图,这时 $f(x,y)$ 表示灰度值,此时 $f(x,y)$,$x$、$y$ 都在整数集合中取值。因此,除了插值运算外,常见的图像几何变换可以通过与之对应的矩阵线性变换来实现。

现设点 $P_0(x_0,y_0)$ 进行平移后,移到 $P(x,y)$,其中 $x$ 方向的平移量为 $\Delta x$,$y$ 方向的平移量为 $\Delta y$。如图 4.1.1 所示,那么,点 $P(x,y)$ 的坐标为:

$$\begin{cases} x = x_0 + \Delta x \\ y = y_0 + \Delta y \end{cases} \tag{4.1.1}$$

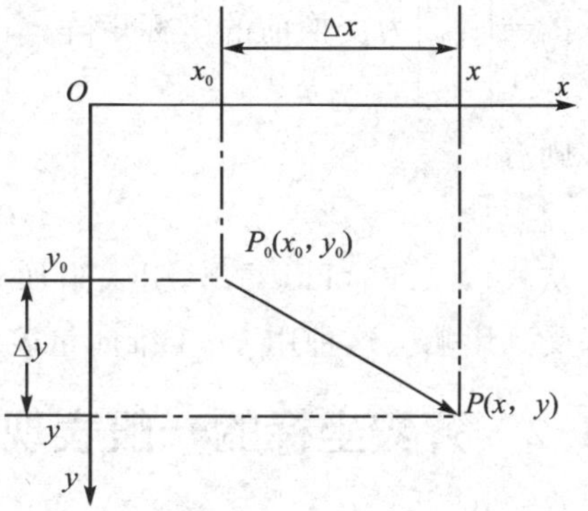


图 4.1.1 图像的平移变换示意图

这个变换用矩阵的形式可以表示为:

$$\begin{bmatrix} x \\ y \end{bmatrix} = \begin{bmatrix} x_0 \\ y_0 \end{bmatrix} + \begin{bmatrix} \Delta x \\ \Delta y \end{bmatrix} \tag{4.1.2}$$

对式(4.1.2)进行简单变换可得:

$$\begin{bmatrix} x \\ y \end{bmatrix} = \begin{bmatrix} 1 & 0 \\ 0 & 1 \end{bmatrix} \begin{bmatrix} x_0 \\ y_0 \end{bmatrix} + \begin{bmatrix} \Delta x \\ \Delta y \end{bmatrix} \tag{4.1.3}$$

对式(4.1.3)进行进一步变换,可得:

$$\begin{bmatrix} x \\ y \end{bmatrix} = \begin{bmatrix} 1 & 0 & \Delta x \\ 0 & 1 & \Delta y \end{bmatrix} \begin{bmatrix} x_0 \\ y_0 \\ 1 \end{bmatrix} \tag{4.1.4}$$

式(4.1.4)等号右侧左面的矩阵的第 1、2 列构成单位矩阵,第 3 列元素为平移常量。该矩阵是点 $P_0(x_0,y_0)$ 平移到 $P(x,y)$ 的平移矩阵,即为变换矩阵。该变换矩阵是 $2\times3$ 阶的矩阵,为了符合矩阵相乘时要求前者列数与后者行数相等的规则,需要在点的坐标列矩阵 $[x_0\ y_0]^{\mathrm{T}}$ 中引入第 3 个元素,增加一个附加坐标,扩展为 $3\times1$ 的列矩阵 $[x_0\quad y_0\quad 1]^{\mathrm{T}}$。这样,式(4.1.3)同式(4.1.4)表述的意义完全相同。为了使式(4.1.4)左侧表示成矩阵 $[x\quad y\quad 1]^{\mathrm{T}}$ 的形式,可用三维空间点 $(x,y,1)$ 表示二维空间点 $(x,y)$,即采用一种特殊的坐标,可以实现平移变换,变换结果如下:

$$\begin{bmatrix} x \\ y \\ 1 \end{bmatrix} = \begin{bmatrix} 1 & 0 & \Delta x \\ 0 & 1 & \Delta y \\ 0 & 0 & 1 \end{bmatrix} \begin{bmatrix} x_0 \\ y_0 \\ 1 \end{bmatrix} \tag{4.1.5}$$

现对式(4.1.5)中的各个矩阵进行定义：

$\boldsymbol{T}=\begin{bmatrix} 1 & 0 & \Delta x \\ 0 & 1 & \Delta y \\ 0 & 0 & 1 \end{bmatrix}$为变换矩阵；

$\boldsymbol{P}=\begin{bmatrix} x \\ y \\ 1 \end{bmatrix}$为变换后的坐标矩阵；

$\boldsymbol{P}_0=\begin{bmatrix} x_0 \\ y_0 \\ 1 \end{bmatrix}$为变换前的坐标矩阵；

则有：

$$\boldsymbol{P} = \boldsymbol{T} \cdot \boldsymbol{P}_0 \tag{4.1.6}$$

从式(4.1.5)可以看出，引入附加坐标后，扩充了矩阵的第3行，但并没有使变换结果受到影响。这种用 $n+1$ 维向量表示 $n$ 维向量的方法称为齐次坐标表示法。

## 4.1.2　齐次坐标的一般表现形式及意义

### 1. 齐次坐标的一般表现形式

式(4.1.6)给出了图像经过平移后齐次坐标的特殊形式，齐次坐标的一般形式可表示为：

$$\boldsymbol{P} = \begin{bmatrix} Hx \\ Hy \\ H \end{bmatrix} \tag{4.1.7}$$

式中，$H$ 为非零的实数。当 $H=1$ 时，$P=[x \quad y \quad 1]^T$ 称规范化齐次坐标。

### 2. 齐次坐标的意义

齐次坐标的几何意义相当于点$(x,y)$落在3D空间 $H=1$ 的平面上，如图4.1.2所示。如果将 $xy$ 平面内的三角形 $abc$ 的各顶点表示成齐次坐标$(x_i,y_i,1)(i=1, 2, 3)$的形式，就变成$H=1$平面内的三角形 $a_1b_1c_1$的各顶点。

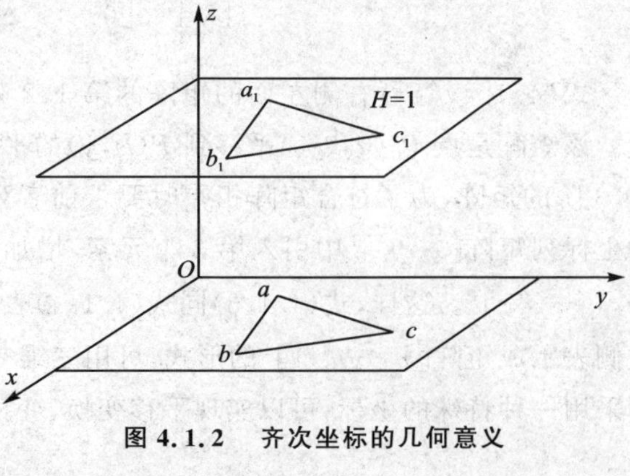


图 4.1.2　齐次坐标的几何意义

### 4.1.3　二维图像几何变换的矩阵

为了将式(4.1.6)写成一般形式，对包括平移在内的所有几何变换都适用，对 $\boldsymbol{P}$、$\boldsymbol{T}$、$\boldsymbol{P}_0$ 进行重新定义，齐次坐标为：

$$\boldsymbol{P}=\begin{bmatrix} Hx_1 & Hx_2 & \cdots & Hx_n \\ Hy_1 & Hy_2 & \cdots & Hy_n \\ H & H & \cdots & H \end{bmatrix} \tag{4.1.8}$$

当 $H=1$ 时，规范化的齐次坐标为：

$$\boldsymbol{P}=\begin{bmatrix} x_1 & x_2 & \cdots & x_n \\ y_1 & y_2 & \cdots & y_n \\ 1 & 1 & \cdots & 1 \end{bmatrix} \tag{4.1.9}$$

变换矩阵 $T$ 为：

$$\boldsymbol{T}=\begin{bmatrix} a & b & p \\ c & d & q \\ l & m & s \end{bmatrix} \tag{4.1.10}$$

$$\boldsymbol{P}_0=\begin{bmatrix} x_{01} & x_{02} & \cdots & x_{0n} \\ y_{01} & y_{02} & \cdots & y_{0n} \\ 1 & 1 & \cdots & 1 \end{bmatrix} \tag{4.1.11}$$

则上述变换可以用公式表示为：

$$\begin{bmatrix} x_1 & x_2 & \cdots & x_n \\ y_1 & y_2 & \cdots & y_n \\ 1 & 1 & \cdots & 1 \end{bmatrix}=T\cdot\begin{bmatrix} x_{01} & x_{02} & \cdots & x_{0n} \\ y_{01} & y_{02} & \cdots & y_{0n} \\ 1 & 1 & \cdots & 1 \end{bmatrix} \tag{4.1.12}$$

引入齐次坐标后，表示 2D 图像几何变换的 3×3 矩阵的功能就完善了，可以用它完成 2D 图像的各种几何变换。下面讨论 3×3 阶变换矩阵中各元素在变换中的功能。几何变换的3×3矩阵的一般形式如式(4.1.10)所示。

3×3 阶矩阵 $\boldsymbol{T}$ 可以分成 4 个子矩阵：$\begin{bmatrix} a & b \\ c & d \end{bmatrix}_{2\times 2}$ 子矩阵可使图像实现恒等、比例、镜像、错切和旋转变换；$[p \quad q]^{\mathrm{T}}$ 列矩阵可以使图像实现平移变换；$[l \quad m]$行矩阵可以使图像实现透视变换，但当 $l=0$，$m=0$ 时它无透视作用；$s$ 这一元素可以使图像实现全比例变换。例如，将图像进行全比例变换，即：

$$\begin{bmatrix} 1 & 0 & 0 \\ 0 & 1 & 0 \\ 0 & 0 & s \end{bmatrix}\begin{bmatrix} x_{0i} \\ y_{0i} \\ 1 \end{bmatrix}=\begin{bmatrix} x_i \\ y_i \\ 1 \end{bmatrix} \tag{4.1.13}$$

由式(4.1.13)可知，该等号在 $s\neq 1$ 时，等式两端不等，若想使等式成立，将式(4.1.13)变为：

$$\begin{bmatrix}1&0&0\\0&1&0\\0&0&s\end{bmatrix}\begin{bmatrix}x_{0i}\\y_{0i}\\1\end{bmatrix}=\begin{bmatrix}sx_i\\sy_i\\s\end{bmatrix} \tag{4.1.14}$$

齐次坐标规范化后得：

$$\begin{bmatrix}1&0&0\\0&1&0\\0&0&s\end{bmatrix}\begin{bmatrix}\frac{x_{0i}}{s}\\\frac{y_{0i}}{s}\\\frac{1}{s}\end{bmatrix}=\begin{bmatrix}x_i\\y_i\\1\end{bmatrix} \tag{4.1.15}$$

由式(4.1.15)可见，当 $s>1$ 时，图像按比例缩小，如 $s=2$，$x=\frac{x_0}{2}$，$y=\frac{y_0}{2}$，图像缩小到原来的1/2；当 $0<s<1$ 时，整个图像按比例放大，如 $s=1/2$，$x=2x_0$，$y=2y_0$，图像放大到原来的2倍；当 $s=1$ 时，$x=x_0$，$y=y_0$，图像大小不变。

## 4.2 图像的位置变换

图像的位置变换主要包括图像平移变换、图像镜像变换和图像旋转变换等。

### 4.2.1 图像平移变换

**1. 图像平移变换**

平移(Translation)变换是几何变换中最简单的一种变换，是将一幅图像上的所有点都按照给定的偏移量在水平方向沿 x 轴、在垂直方向沿 y 轴移动，如图 4.1.1 所示。设点 $P_0(x_0, y_0)$进行平移后移到 $P(x, y)$，其中 $x$ 方向的平移量为 $\Delta x$，$y$ 方向的平移量为 $\Delta y$。那么，点 $P(x, y)$的坐标为：

$$\begin{cases}x=x_0+\Delta x\\y=y_0+\Delta y\end{cases} \tag{4.2.1}$$

利用齐次坐标，变换前后图像上的点 $P_0(x_0, y_0)$和 $P(x, y)$之间的关系可以用如下的矩阵变换表示：

$$\begin{bmatrix}x\\y\\1\end{bmatrix}=\begin{bmatrix}1&0&\Delta x\\0&1&\Delta y\\0&0&1\end{bmatrix}\begin{bmatrix}x_0\\y_0\\1\end{bmatrix} \tag{4.2.2}$$

对变换矩阵求逆，可以得到式(4.2.2)的逆变换：

$$\begin{bmatrix}x_0\\y_0\\1\end{bmatrix}=\begin{bmatrix}1&0&-\Delta x\\0&1&-\Delta y\\0&0&1\end{bmatrix}\begin{bmatrix}x\\y\\1\end{bmatrix} \tag{4.2.3}$$

$$\begin{cases}x_0=x-\Delta x\\y_0=y-\Delta y\end{cases} \tag{4.2.4}$$

**2. 平移变换的几点说明**

① 平移后图像上的每一点都可以在原图像中找到对应的点。例如，对于新图中的(0,0)像素，代入式(4.2.4)所示的方程组，可以求出对应原图中的像素$(-\Delta x,-\Delta y)$。如果$\Delta x$或$\Delta y$大于0，则点$(-\Delta x,-\Delta y)$不在原图像中。对于不在原图像中的点，可以直接将它的像素值统一设置为0或者255(对于灰度图就是黑色或白色)。

设某一图像矩阵$\boldsymbol{F}$如式(4.2.5)所示。图像平移后，一方面可以将对于不在原图像中点的像素值统一设置为0，如式(4.2.6)所对应的矩阵$\boldsymbol{F}'$；另一方面，也可以将对于不在原图像中的点，将它的像素值统一设置为255，如式(4.2.7)所对应的矩阵$\boldsymbol{F}''$。图像平移结果如图4.2.1所示。

$$\boldsymbol{F}=\begin{bmatrix} f_{11} & f_{12} & \cdots & f_{1n-1} & f_{1n} \\ f_{21} & f_{22} & \cdots & f_{2n-1} & f_{2n} \\ \cdots & \cdots & \cdots & \wedge & \wedge \\ f_{n1} & f_{n2} & \cdots & f_{mn-1} & f_{mn} \end{bmatrix} \tag{4.2.5}$$

$$\boldsymbol{F}'=\begin{bmatrix} 0 & 0 & 0 & \cdots & 0 \\ 0 & f_{11} & f_{12} & \cdots & f_{1n-1} \\ 0 & f_{21} & f_{22} & \cdots & f_{2n-1} \\ \cdots & \cdots & \cdots & \cdots & \wedge \\ 0 & f_{n1} & f_{n2} & \cdots & f_{mn-1} \end{bmatrix} \tag{4.2.6}$$

$$\boldsymbol{F}''=\begin{bmatrix} 255 & 255 & 255 & \cdots & 255 \\ 255 & f_{11} & f_{12} & \cdots & f_{1n-1} \\ 255 & f_{21} & f_{22} & \cdots & f_{2n-1} \\ \cdots & \cdots & \cdots & \cdots & \wedge \\ 255 & f_{n1} & f_{n2} & \cdots & f_{mn-1} \end{bmatrix} \tag{4.2.7}$$

(a) 原图像　　(b) 不在原图中的部分填充白色　　(c) 不在原图中的部分填充黑色

**图 4.2.1　图像的平移**

② 若图像平移后并没被放大，说明移出的部分被截断，原图像中有点被移出显示区域。式(4.2.6)所对应的矩阵$\boldsymbol{F}'$和式(4.2.7)所对应的矩阵$\boldsymbol{F}''$，是式(4.2.5)所对应

的矩阵 **F** 移出的部分被截断,图像平移的结果如图 4.2.2 所示。

(a) 移动前的图像　　(b) 移动后的图像

**图 4.2.2　移动后图像大小不变**

③ 若不想丢失被移出的部分图像,新生成的图像将被扩大,式(4.2.8)为式(4.2.5)所对应矩阵 $F$ 平移的结果,图像平移结果如图 4.2.3 所示。

$$\boldsymbol{G}=\begin{bmatrix} 0 & 0 & 0 & \cdots & 0 & 0 \\ 0 & f_{11} & f_{12} & \cdots & f_{1n-1} & f_{1n} \\ 0 & f_{21} & f_{22} & \cdots & f_{2n-1} & f_{2n} \\ \cdots & \cdots & \cdots & \cdots & \cdots & \cdots \\ 0 & f_{n1} & f_{n2} & \cdots & f_{nn-1} & f_{nn} \end{bmatrix} \tag{4.2.8}$$

(a) 移动前的图像　　(b) 移动后的图像

**图 4.2.3　移动后图像被放大**

## 3. 图像平移案例分析

**【例 4.2.1】** 将图 4.2.4(a)所示图像向右下移动(偏移量为 50,50),图像大小保持不变，空白的地方用黑色填充。用 MATLAB 编程实现，并显示平移后的结果。设 I 为原图像的矩阵；Move_x 为向右移动的距离；Move_y 为向下移动的距离。

源代码如下：

```
I = imread('*.*');
I = double(I);
I_moveresult = zeros(size(I));
H = size(I);
Move_x = 50;
Move_y = 50;
I_moveresult(Move_x + 1:H(1),Move_y + 1:H(2),1:H(3)) = I(1:H(1) - Move_x,1:H(2) - Move_y,1:H
(3));
imshow(uint8(I_moveresult));
```

程序运行结果如图 4.2.4(b)所示。

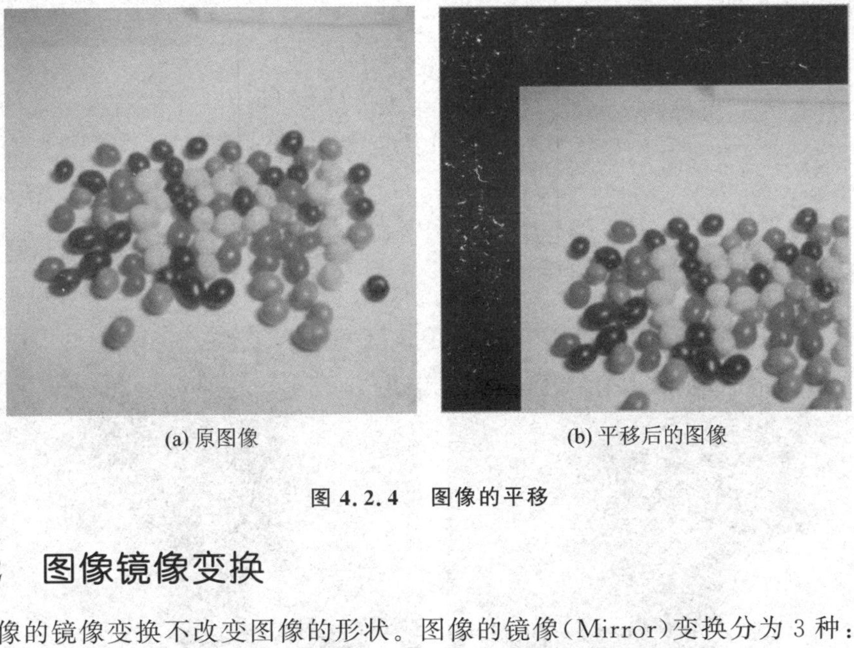

(a) 原图像　　(b) 平移后的图像

**图 4.2.4　图像的平移**

## 4.2.2　图像镜像变换

图像的镜像变换不改变图像的形状。图像的镜像(Mirror)变换分为 3 种：水平镜像、垂直镜像和对角镜像。

### 1. 图像的水平镜像

图像的水平镜像操作是将图像左半部分和右半部分以图像垂直中轴线为中心进行镜像对换。设点 $P_0(x_0,y_0)$进行镜像后的对应点为 $P(x, y)$，图像高度为 $f_H$，宽度为 $f_W$，原图像中 $P_0(x_0,y_0)$经过水平镜像后坐标将变为$(f_W-x_0,y_0)$，其代数表达式为：

$$\begin{cases} x = f_W - x_0 \\ y = y_0 \end{cases} \tag{4.2.9}$$

矩阵表达式为：

$$\begin{bmatrix} x \\ y \\ 1 \end{bmatrix} = \begin{bmatrix} -1 & 0 & f_W \\ 0 & 1 & 0 \\ 0 & 0 & 1 \end{bmatrix} \begin{bmatrix} x_0 \\ y_0 \\ 1 \end{bmatrix} \tag{4.2.10}$$

设原图像的矩阵为：

$$F = \begin{bmatrix} f_{11} & f_{12} & f_{13} & f_{14} & f_{15} \\ f_{21} & f_{22} & f_{23} & f_{24} & f_{25} \\ f_{31} & f_{32} & f_{33} & f_{34} & f_{35} \\ f_{41} & f_{42} & f_{43} & f_{44} & f_{45} \\ f_{51} & f_{52} & f_{53} & f_{54} & f_{55} \end{bmatrix} \tag{4.2.11}$$

经过水平镜像的图像，行的排列顺序保持不变，将原来的列排列 j=1,2,3,4,5 转换成 5,4,3,2,1，即：

$$F = \begin{bmatrix} f_{15} & f_{14} & f_{13} & f_{12} & f_{11} \\ f_{25} & f_{24} & f_{23} & f_{22} & f_{21} \\ f_{35} & f_{34} & f_{33} & f_{32} & f_{31} \\ f_{45} & f_{44} & f_{43} & f_{42} & f_{41} \\ f_{55} & f_{54} & f_{53} & f_{52} & f_{51} \end{bmatrix} \tag{4.2.12}$$

其水平镜像变换的图像如图 4.2.5 所示。

(a) 原图像

(b) 水平镜像后的图像

**图 4.2.5 图像的水平镜像**

## 2. 图像的垂直镜像

图像的垂直镜像操作是将图像上半部分和下半部分以图像水平中轴线为中心进行镜像对换。设点 $P_0(x_0, y_0)$ 进行镜像后的对应点为 $P(x, y)$，图像高度为 $f_H$，宽度为 $f_W$，原图像中 $P_0(x_0, y_0)$ 经过垂直镜像后坐标将变为 $(x_0, f_H - y_0)$，其代数表达式为：

$$\begin{cases} x = x_0 \\ y = f_H - y_0 \end{cases} \tag{4.2.13}$$

矩阵表达式为：

$$\begin{bmatrix} x \\ y \\ 1 \end{bmatrix} = \begin{bmatrix} 1 & 0 & 0 \\ 0 & -1 & f_H \\ 0 & 0 & 1 \end{bmatrix} \begin{bmatrix} x_0 \\ y_0 \\ 1 \end{bmatrix} \tag{4.2.14}$$

设原图像的矩阵如式(4.2.11)所示，经过垂直镜像的图像，列的排列顺序保持不变，将原来的行排列 $i=1,2,3,4,5$ 转换成 5,4,3,2,1，即：

$$H = \begin{bmatrix} f_{51} & f_{52} & f_{53} & f_{54} & f_{55} \\ f_{41} & f_{42} & f_{43} & f_{44} & f_{45} \\ f_{31} & f_{32} & f_{33} & f_{34} & f_{35} \\ f_{21} & f_{22} & f_{23} & f_{24} & f_{25} \\ f_{11} & f_{12} & f_{13} & f_{14} & f_{15} \end{bmatrix} \tag{4.2.15}$$

其垂直镜像变换的图像如图 4.2.6 所示。

(a) 原图像

(b) 垂直镜像后的图像

图 4.2.6　图像的垂直镜像

### 3. 图像的对角镜像

图像的对角镜像操作是将图像以图像水平中轴线和垂直中轴线的交点为中心进行镜像对换。相当于将图像先后进行水平镜像和垂直镜像。设点 $P_0(x_0, y_0)$ 进行镜像后的对应点为 $P(x, y)$，图像高度为 $f_H$，宽度为 $f_W$，原图像中 $P_0(x_0, y_0)$ 经过对角镜像后坐标将变为 $(f_W - x_0, f_H - y_0)$，其代数表达式为：

$$\begin{cases} x = f_W - x_0 \\ y = f_H - y_0 \end{cases} \tag{4.2.16}$$

矩阵表达式为：

$$\begin{bmatrix} x \\ y \\ 1 \end{bmatrix} = \begin{bmatrix} -1 & 0 & f_W \\ 0 & -1 & f_H \\ 0 & 0 & 1 \end{bmatrix} \begin{bmatrix} x_0 \\ y_0 \\ 1 \end{bmatrix} \tag{4.2.17}$$

设原图像的矩阵如式(4.2.11)所示,经过对角镜像的图像,将原来的行排列 $i=1,2,3,4,5$ 转换成 5,4,3,2,1,将原来的列排列 $j=1,2,3,4,5$ 转换成 5,4,3,2,1,即:

$$H=\begin{bmatrix} f_{55} & f_{54} & f_{53} & f_{52} & f_{51} \\ f_{45} & f_{44} & f_{43} & f_{42} & f_{41} \\ f_{35} & f_{34} & f_{33} & f_{32} & f_{31} \\ f_{25} & f_{24} & f_{23} & f_{22} & f_{21} \\ f_{15} & f_{14} & f_{13} & f_{12} & f_{11} \end{bmatrix} \tag{4.2.18}$$

其对角镜像变换的图像如图 4.2.7 所示。

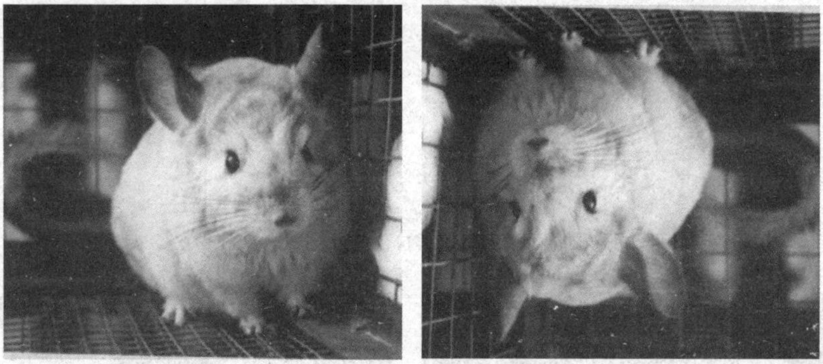

(a) 原图像　　(b) 对角镜像后的图像

图 4.2.7　图像的对角镜像

## 4. 图像镜像变换案例分析

**【例 4.2.2】** 将图 4.2.8(a)所示的图像分别进行水平、垂直和对角镜像,用 MATLAB 编程实现,并显示镜像后的结果。其中,I 为原图像;I_flipud 为垂直镜像;I_fliplr 为水平镜像;I_fliplr_flipud 为对角镜像。

源程序如下:

```
I = imread('*.*');
I = double(I);
H = size(I);
I_flipud(1:H(1),1:H(2),1:H(3)) = I(H(1):-1:1,1:H(2),1:H(3));                %垂直镜像
imshow(uint8(I_flipud));
figure;
I_fliplr(1:H(1),1:H(2),1:H(3)) = I(1:H(1),H(2):-1:1,1:H(3));                %水平镜像
imshow(uint8(I_fliplr));
figure;
I_fliplr_flipud(1:H(1),1:H(2),1:H(3)) = I(H(1):-1:1,H(2):-1:1,1:H(3)); %对角镜像
imshow(uint8(I_fliplr_flipud));
```

其程序运行结果如图 4.2.8(b)、(c)、(d)所示。

(a) 原图像

(b) 水平镜像

(c) 垂直镜像

(d) 对角镜像

**图 4.2.8 图像镜像变换的实验结果**

## 4.2.3 图像旋转变换

### 1. 图像旋转变换

旋转(Rotation)有一个绕着什么转的问题。通常的做法是,以图像的中心为圆心旋转,将图像上的所有像素都旋转一个相同的角度。图像的旋转变换是图像的位置变换,但旋转后,图像的大小一般会改变。和图像平移一样,在图像旋转变换中,可以把转出显示区域的图像截去,旋转后也可以扩大图像范围以显示所有的图像。图 4.2.10 是将图 4.2.9 旋转 30°(顺时针方向)后保持原图大小,转出的部分被裁掉的情况。图 4.2.11 是不裁掉转出部分,旋转后图像变大的情况。

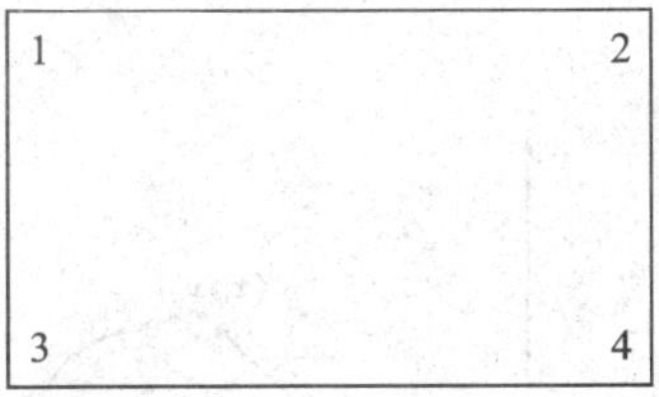


**图 4.2.9 旋转前的图**

采用图 4.2.11 是不裁掉转出部分,旋转后图像变大的做法,首先给出变换矩阵。在我们熟悉的坐标系中,如图 4.2.12 所示,将一个点顺时针旋转 $a$ 角,$r$ 为该点到原点的距离,$b$ 为 $r$ 与 $x$ 轴之间的夹角。在旋转过程中,$r$ 保持不变。

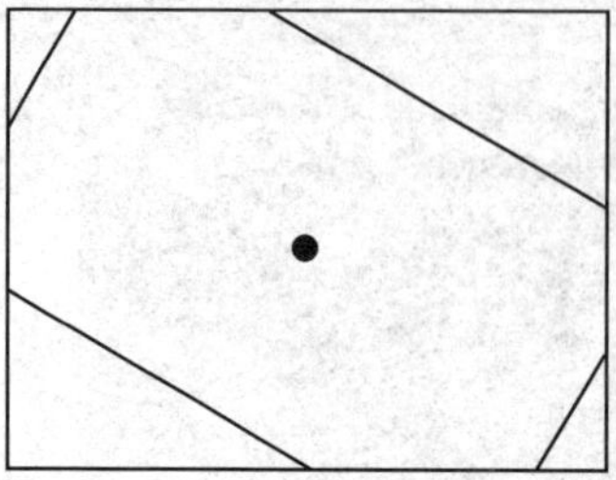

图 4.2.10　保持原图大小的旋转

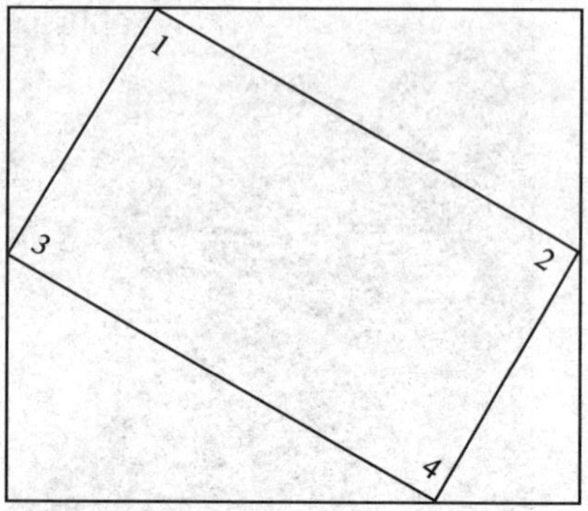


图 4.2.11　图像变大的旋转

设旋转前 $x_0$、$y_0$ 的坐标分别为 $x_0=r\cos b$；$y_0=r\sin b$。当旋转 $a$ 角度后，坐标 $x_1$、$y_1$ 的值分别为：

$$x_1 = r\cos(b-a) = r\cos b\cos a + r\sin b\sin a = x_0\cos a + y_0\sin a$$
$$y_1 = r\sin(b-a) = r\sin b\cos a - r\cos b\sin a = -x_0\sin a + y_0\cos a \tag{4.2.19}$$

以矩阵的形式表示为：

$$[x_1 \quad y_1 \quad 1] = [x_0 \quad y_0 \quad 1]\begin{bmatrix} \cos a & -\sin a & 0 \\ \sin a & \cos a & 0 \\ 0 & 0 & 1 \end{bmatrix} \tag{4.2.20}$$

式(4.2.20)中，坐标系 $xy$ 是以图像的中心为原点，向右为 $x$ 轴正方向，向上为 $y$ 轴正方向。它与以图像左上角点为原点 $O'$，向右为 $x'$ 轴正方向，向下为 $y'$ 轴正方向的坐标系 $x'y'$ 之间的转换关系如图 4.2.13 所示。

设图像的宽为 $w$，高为 $h$，容易得到：

$$[x \quad y \quad 1] = [x' \quad y' \quad 1]\begin{bmatrix} 1 & 0 & 0 \\ 0 & -1 & 0 \\ -0.5w & 0.5h & 1 \end{bmatrix} \tag{4.2.21}$$

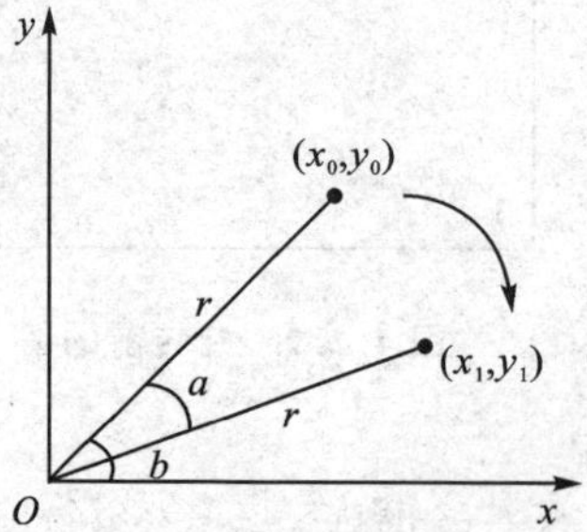


图 4.2.12　旋转示意图

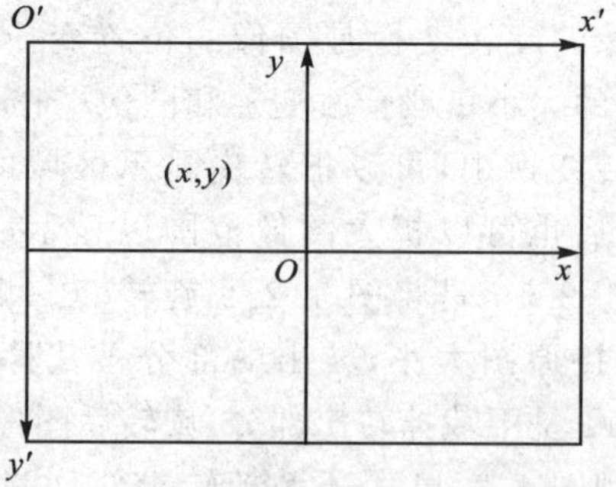


图 4.2.13　两种坐标系间的转换关系

逆变换为：

$$[x' \quad y' \quad 1]=[x \quad y \quad 1]\begin{bmatrix}1 & 0 & 0\\ 0 & -1 & 0\\ 0.5w & 0.5h & 1\end{bmatrix} \qquad (4.2.22)$$

有了式(4.2.20)、式(4.2.21)和式(4.2.22)，可以将变换分成 3 步来完成：

① 将坐标系 $O'$ 变成 $O$；

② 将该点顺时针旋转 $a$ 角；

③ 将坐标系 $O$ 变回 $O'$，这样，就得到了如下的变换矩阵(是上面 3 个矩阵的级联)：

$$[x_1 \quad y_1 \quad 1]=[x_0 \quad y_0 \quad 1]\times\begin{bmatrix}1 & 0 & 0\\ 0 & -1 & 0\\ -0.5w_{\text{old}} & 0.5h_{\text{old}} & 1\end{bmatrix}\times\begin{bmatrix}\cos\alpha & -\sin\alpha & 0\\ \sin\alpha & \cos\alpha & 0\\ 0 & 0 & 1\end{bmatrix}$$

$$\times\begin{bmatrix}1 & 0 & 0\\ 0 & -1 & 0\\ 0.5w_{\text{new}} & 0.5h_{\text{new}} & 1\end{bmatrix}=[x_0 \quad y_0 \quad 1]$$

$$\times\begin{bmatrix}\cos a & \sin a & 0\\ -\sin a & \cos a & 0\\ -0.5w_{\text{old}}\cos a+0.5h_{\text{old}}\sin a+0.5w_{\text{nev}} & -0.5w_{\text{old}}\sin a-0.5h_{\text{old}}\cos a+0.5h_{\text{nev}} & 1\end{bmatrix} \qquad (4.2.23)$$

注意，因为新图变大，所以上面公式中出现了 $w_{\text{old}}$，$h_{\text{old}}$，$w_{\text{new}}$，$h_{\text{new}}$，它们分别表示原图(old)和新图(new)的宽和高。式(4.2.23)的逆变换为：

$$[x_0 \quad y_0 \quad 1]=[x_1 \quad y_1 \quad 1]\times\begin{bmatrix}1 & 0 & 0\\ 0 & -1 & 0\\ -0.5w_{\text{new}} & 0.5h_{\text{new}} & 1\end{bmatrix}\times\begin{bmatrix}\cos a & \sin a & 0\\ -\sin a & \cos a & 0\\ 0 & 0 & 1\end{bmatrix}$$

$$\times\begin{bmatrix}1 & 0 & 0\\ 0 & -1 & 0\\ 0.5w_{\text{old}} & 0.5h_{\text{old}} & 1\end{bmatrix}=[x_1 \quad y_1 \quad 1]$$

$$\times\begin{bmatrix}\cos a & -\sin a & 0\\ \sin a & \cos a & 0\\ -0.5w_{\text{new}}\cos a-0.5_{\text{new}}\sin a+0.5w_{\text{old}} & 0.5w_{\text{new}}\sin a-0.5h_{\text{new}}\cos a+0.5w_{\text{old}} & 1\end{bmatrix} \qquad (4.2.24)$$

这样，对于新图中的每一点，就可以根据式(4.2.23)求出对应原图中的点，并得到它的灰度。如果超出原图范围，则填成白色。要注意的是，由于有浮点运算，计算出来的点的坐标可能不是整数，需采用取整处理，即找最接近的点，这样会带来一些误差(图像可能会出现锯齿)。更精确的方法是采用插值，这将在 4.3 节中进行介绍。

## 2. 图像旋转变换案例分析

**【例 4.2.3】** 将图 4.2.14(a)所示图像分别逆时针旋转 30°、45°和 60°用 MATLAB 编程，并显示施转后的结果。

源代码如下：

```
I = imread('d:\4.tif');
I = double(I);
I_rot30 = imrotate(I,30,'nearest');           % 旋转 30°
imshow(uint8(I_rot30));
figure;
I_rot45 = imrotate(I,45,'nearest');           % 旋转 45°
imshow(uint8(I_rot45));
figure;
I_rot60 = imrotate(I,60,'nearest');           % 旋转 60°
imshow(uint8(I_rot60));
```

程序运行结果如图 4.2.14(b)、(c)、(d)所示。

(a) 原图像

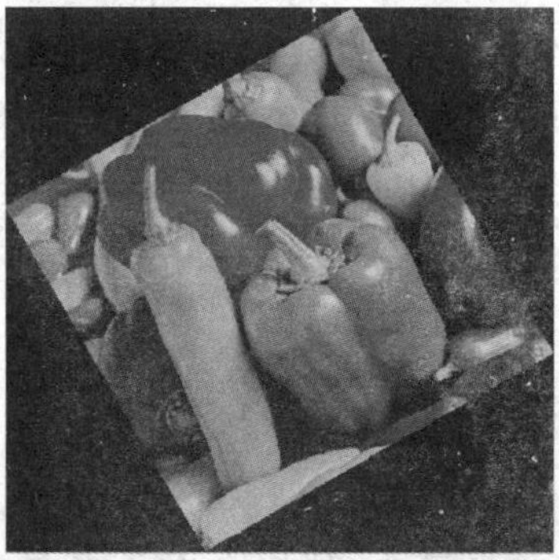

(b) 旋转30°后的图像

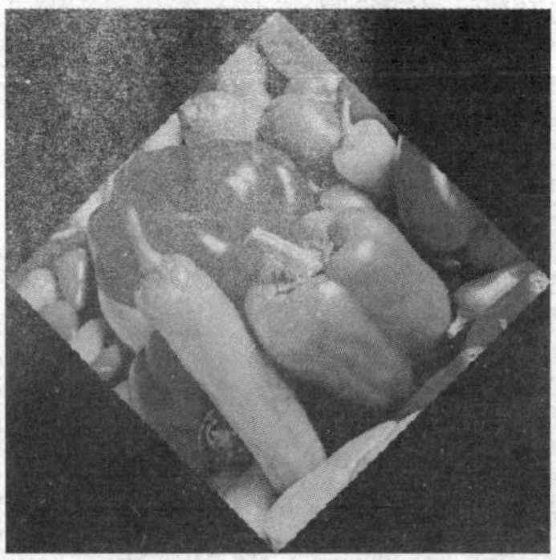

(c) 旋转45°后的图像

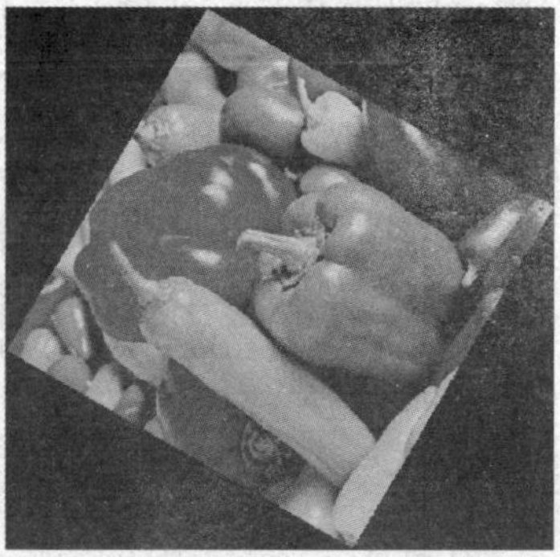

(d) 旋转60°后的图像

**图 4.2.14 图像旋转变换的实验结果**

# 4.3 图像形状变换

图像的形状变换是指用数学建模的方法对图像形状发生的变化进行描述。最基本的形状变换主要包括图像的缩放及错切等变换。下面就缩放、错切变换进行介绍。

## 4.3.1　图像比例缩放变换

图像比例缩放是指将给定的图像在 $x$ 轴方向按比例缩放 $f_x$ 倍，在 $y$ 轴方向按比例缩放 $f_y$ 倍，从而获得一幅新的图像。如果 $f_x=f_y$，即在 $x$ 轴方向和 $y$ 轴方向缩放的比率相同，称这样的比例缩放为图像的全比例缩放。如果 $f_x \neq f_y$，图像的比例缩放会改变原始图像像素间的相对位置，产生几何畸变，如图 4.3.1 所示。设原图像中的点 $P_0(x_0, y_0)$ 比例缩放后，在新图像中的对应点为 $P(x, y)$，则 $P_0(x_0, y_0)$ 和 $P(x, y)$ 之间的对应关系如图 4.3.2 所示。

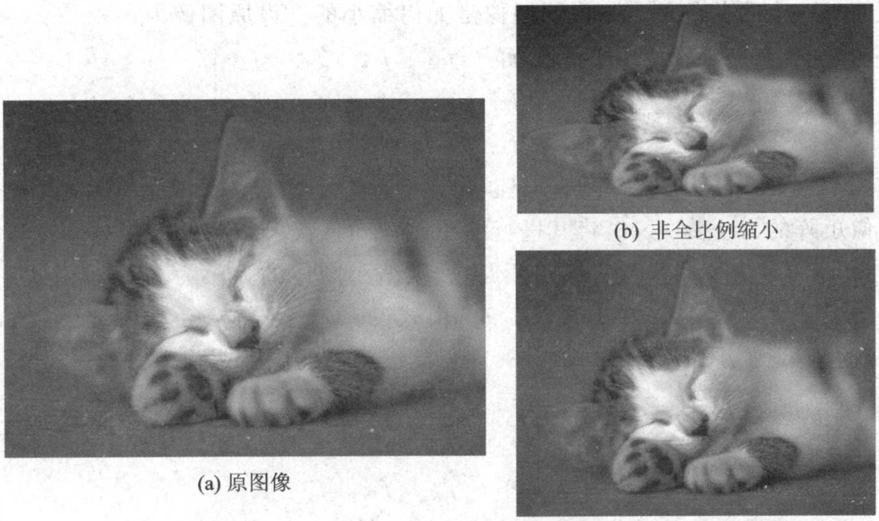

(a) 原图像

(b) 非全比例缩小

(c) 全比例缩小

图 4.3.1　图像的缩放

比例缩放前后两点 $P_0(x_0, y_0)$ 和 $P(x, y)$ 之间的关系用矩阵形式可以表示为：

$$\begin{bmatrix} x \\ y \\ 1 \end{bmatrix} = \begin{bmatrix} f_x & 0 & 0 \\ 0 & f_y & 0 \\ 0 & 0 & 0 \end{bmatrix} \begin{bmatrix} x_0 \\ y_0 \\ 1 \end{bmatrix} \tag{4.3.1}$$

式(4.3.1)的代数式为：

$$\begin{cases} x = f_x \cdot x_0 \\ y = f_y \cdot y_0 \end{cases} \tag{4.3.2}$$

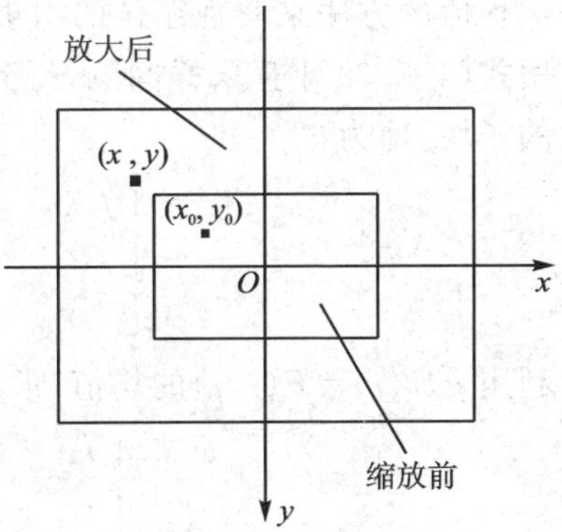


图 4.3.2　比例缩放

### 1. 图像的比例缩小变换

从数码技术的角度来说，图像的缩小是通过减少像素个数来实现的，因此，需要根据所期望缩小的尺寸数据，从原图像中选择合适的像素点，使图像缩小之后可以尽可能保持原有图像的概貌特征不丢失。下面介绍两种简单的图像缩小变换。

**(1) 基于等间隔采样的图像缩小方法**

这种图像缩小方法的设计思想是,通过对画面像素的均匀采样来保持所选择到的像素仍旧可以保持像素的概貌特征。该方法的具体实现步骤为:设原图为 $F(i,j)$,大小为 $M\times N(i=1,2,\cdots,M;j=1,2,\cdots,N)$。缩小后的图像为 $\boldsymbol{G}(i,j)$,大小为 $k_1M\times k_2N$(当 $k_1=k_2$ 时为按比例缩小,当 $k_1\neq k_2$ 时为不按比例缩小,且 $k_1<1,k_2<1$)($i=1,2,\cdots,k_1M;j=1,2,\cdots,k_2N$)。则有:

$$\Delta i=1/k_1 \qquad \Delta j=1/k_2 \tag{4.3.3}$$

$$g(i,j)=f(\Delta i\cdot i,\Delta j\cdot j) \tag{4.3.4}$$

下面举一个简单的例子来说明图像是如何缩小的。设原图像为:

$$\boldsymbol{F}=\begin{bmatrix} f_{11} & f_{12} & f_{13} & f_{14} & f_{15} & f_{16} \\ f_{21} & f_{22} & f_{23} & f_{24} & f_{25} & f_{26} \\ f_{31} & f_{32} & f_{33} & f_{34} & f_{35} & f_{36} \\ f_{41} & f_{42} & f_{43} & f_{44} & f_{45} & f_{46} \end{bmatrix} \tag{4.3.5}$$

图像矩阵的大小为 $4\times6$,将其进行缩小,缩小的倍数为 $k_1=0.7$,$k_2=0.6$,缩小后图像约为 $4\times0.7$ 列为 $6\times0.6$,经四舍五入,则缩小图像的大小为 $3\times4$。由式(4.3.3)计算得 $\Delta i=1/k_1=1.4,\Delta j=1/k_2=1.7$。由式(4.3.4)可得 $g(1,1)=f(1.4,1.7)=f(1,2)$,时理可得共 $g(i,j)$,由式(4.3.5)得到缩小后的图像矩阵为:

$$\boldsymbol{G}=\begin{bmatrix} f_{12} & f_{13} & f_{15} & f_{16} \\ f_{32} & f_{33} & f_{35} & f_{36} \\ f_{42} & f_{43} & f_{45} & f_{46} \end{bmatrix} \tag{4.3.6}$$

**(2) 基于局部均值的图像缩小方法**

从前面的缩小算法可以看到,算法的实现非常简单。但是采用上面的方法,对没有被选取到的点的信息就无法反映在缩小后的图像中。为了解决这个问题,可以采用基于局部均值的方法来实现图像的缩小,该方法的具体实现步骤如下:

用式(4.3.3)计算采样间隔,得到 $\Delta i$ 和 $\Delta j$;求出相邻两个采样点之间所包含的原图像的子块,即为:

$$\boldsymbol{F}_{(i,j)}=\begin{bmatrix} f_{\Delta i(i-1)+1,\Delta j\cdot(j-1)+1} & \cdots & f_{\Delta i\cdot(i-1)+1,\Delta j\cdot j} \\ \vdots & & \vdots \\ f_{\Delta i\cdot i,\Delta j\cdot(j-1)+1} & \cdots & f_{\Delta i\cdot i,\Delta j\cdot j} \end{bmatrix} \tag{4.3.7}$$

利用 $g(i,j)=F(i,j)$ 的均值,求出缩小的图像。同上例一样,设原图像为:

$$\boldsymbol{F}=\begin{bmatrix} f_{11} & f_{12} & f_{13} & f_{14} & f_{15} & f_{16} \\ f_{21} & f_{22} & f_{23} & f_{24} & f_{25} & f_{26} \\ f_{31} & f_{32} & f_{33} & f_{34} & f_{35} & f_{36} \\ f_{41} & f_{42} & f_{43} & f_{44} & f_{45} & f_{46} \end{bmatrix} \tag{4.3.8}$$

大小为 $4\times6$,将其进行缩小,缩小的倍数为 $k_1=0.7,k_2=0.6$,则缩小图像的大小为 $3\times4$。由式(4.3.3)计算得 $\Delta i=1/k_1=1.4,\Delta j=1/k_2=1.7$。由式(4.3.7)可以将图像 $\boldsymbol{F}$

分块为：

$$F=\begin{bmatrix} \boxed{f_{11} \quad f_{12}} & \boxed{f_{13}} & \boxed{f_{14} \quad f_{15}} & \boxed{f_{16}} \\ f_{21} \quad f_{22} & f_{23} & f_{24} \quad f_{25} & f_{26} \\ f_{31} \quad f_{32} & f_{33} & f_{34} \quad f_{35} & f_{36} \\ \boxed{f_{41} \quad f_{42}} & \boxed{f_{43}} & \boxed{f_{44} \quad f_{45}} & \boxed{f_{46}} \end{bmatrix} \tag{4.3.9}$$

再由 $g(i,j)=F(i,j)$ 的均值，得到缩小的图像为：

$$G=\begin{bmatrix} g_{11} & g_{12} & g_{13} & g_{14} \\ g_{21} & g_{22} & g_{23} & g_{24} \\ g_{31} & g_{32} & g_{33} & g_{34} \end{bmatrix} \tag{4.3.10}$$

式中：$g(i,j)$ 为式(4.3.9)各子块的均值，如 $g_{21}=(f_{21}+f_{22}+f_{31}+f_{32})/4$。

若图像为：

$$F=\begin{bmatrix} 31 & 35 & 39 & 13 & 17 & 21 \\ 32 & 36 & 10 & 14 & 18 & 22 \\ 33 & 37 & 11 & 15 & 19 & 23 \\ 34 & 38 & 12 & 16 & 20 & 24 \end{bmatrix} \tag{4.3.11}$$

按照上例缩小的比例，采用等间隔采样和采用局部均值采样得到缩小的图像分别为：

$$G=\begin{bmatrix} 35 & 39 & 17 & 21 \\ 37 & 11 & 19 & 23 \\ 38 & 12 & 20 & 24 \end{bmatrix} \tag{4.3.12}$$

$$G=\begin{bmatrix} 33 & 39 & 15 & 21 \\ 35 & 11 & 17 & 23 \\ 36 & 12 & 18 & 24 \end{bmatrix} \tag{4.3.13}$$

## 2. 图像的比例放大变换

图像在缩小操作中，是在现有的信息里如何挑选所需要的有用信息。而在图像的放大操作中，则需要对尺寸放大后所多出来的空格填入适当的像素值，这是信息的估计问题，所以较图像的缩小要难一些。由于图像相邻像素之间的相关性很强，可以利用这个相关性来实现图像的放大。与图像缩小相同，按比例放大不会引起图像的畸变，而不按比例放大则会产生图像的畸变。图像放大一般采用最近邻域法和线性插值法。

### (1) 最近邻域法

一般地，按比例将原图像放大 $k$ 倍时，如果按照最近邻域法，则需要将一个像素值添在新图像的 $k\times k$ 的子块中。式(4.3.14)为图像 $\boldsymbol{F}$ 的矩阵，该图像放大 3 倍得到图像 $\boldsymbol{G}$ 的矩阵用式(4.3.15)表示。图 4.3.3 为放大 5 倍的示意图。显然，如果放大倍数太大，按照这种方法处理会出现马赛克效应。

$$\boldsymbol{F}=\begin{bmatrix} f_{11} & f_{12} & f_{13} \\ f_{21} & f_{22} & f_{23} \\ f_{31} & f_{32} & f_{33} \end{bmatrix} \tag{4.3.14}$$

$$\boldsymbol{G}=\begin{bmatrix} f_{11} & f_{11} & f_{11} & f_{12} & f_{12} & f_{12} & f_{13} & f_{13} & f_{13} \\ f_{11} & f_{11} & f_{11} & f_{12} & f_{12} & f_{12} & f_{13} & f_{13} & f_{13} \\ f_{11} & f_{11} & f_{11} & f_{12} & f_{12} & f_{12} & f_{13} & f_{13} & f_{13} \\ f_{21} & f_{21} & f_{21} & f_{22} & f_{22} & f_{22} & f_{23} & f_{23} & f_{23} \\ f_{21} & f_{21} & f_{21} & f_{22} & f_{22} & f_{22} & f_{23} & f_{23} & f_{23} \\ f_{21} & f_{21} & f_{21} & f_{22} & f_{22} & f_{22} & f_{23} & f_{23} & f_{23} \\ f_{31} & f_{31} & f_{31} & f_{32} & f_{32} & f_{32} & f_{33} & f_{33} & f_{33} \\ f_{31} & f_{31} & f_{31} & f_{32} & f_{32} & f_{32} & f_{33} & f_{33} & f_{33} \\ f_{31} & f_{31} & f_{31} & f_{32} & f_{32} & f_{32} & f_{33} & f_{33} & f_{33} \end{bmatrix} \tag{4.3.15}$$

**(2) 线性插值法**

为了提高几何变换后的图像质量,常采用线性插值法。该方法的原理是:当求出的分数地址与像素点不一致时,求出周围 4 个像素点的距离比,根据该比率,由 4 个邻域的像素灰度值进行线性插值,如图 4.3.4 所示。

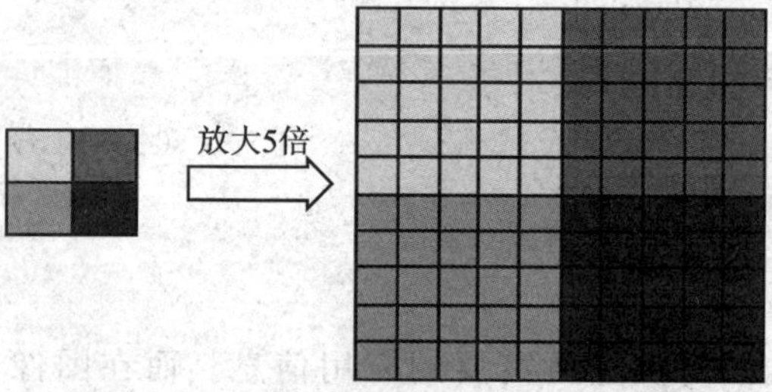


**图 4.3.3　按最近邻域法放大 5 倍的图像**

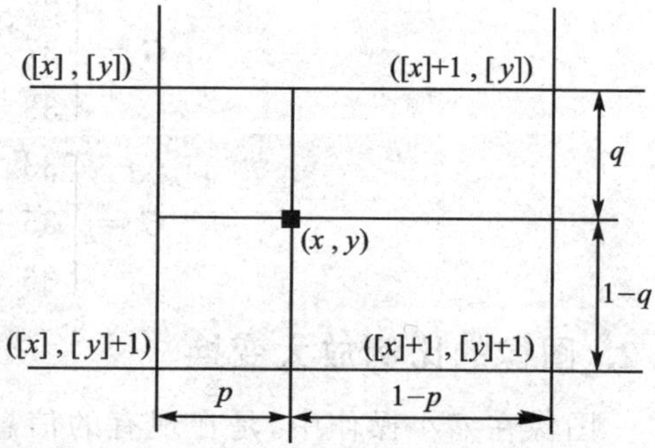


**图 4.3.4　线性插值法示意图**

简化后的灰度值的计算式如下:

$$g(x,y)=(1-q)\{(1-p)\times g([x],[y])+p\times g([x]+1,[y])\}+ q\{(1-p)\times g([x],[y]+1)+p\times g([x]+1,[y]+1)\} \tag{4.3.16}$$

式中:$g(x,y)$为坐标$(x,y)$处的灰度值;$[x]$和$[y]$为分别为不大于 $x$ 和 $y$ 的整数。

## 3. 图像比例缩放变换案例分析

**【例 4.3.1】** 用最近邻法将图 4.3.5(a)所示图像进行缩放,用 MATLAB 编程实现放大 2 倍和缩小 2 倍的程序,并显示变换结果。其中:I 为原图像;I_enlarge 为放大 2 倍的图像;I_reduce 为缩小 2 倍的图像。

源代码如下：

```
I = imread('d:\4.tif');
I = double(I);
I_enlarge = imresize(I,2,'nearest');      %放大 2 倍
imshow(uint8(I_enlarge));
I_reduce = imresize(I,0.5,'nearest');    %缩小 2 倍
figure;
imshow(uint8(I_reduce));
```

其运行结果如图 4.3.5(b)、(c)所示。

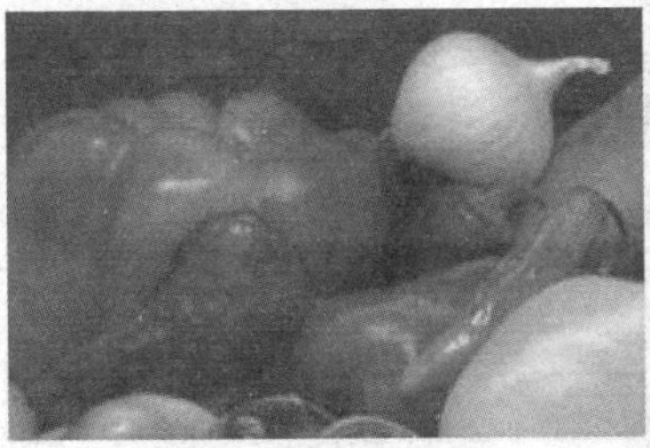

(a) 原图

(b) 缩小两倍

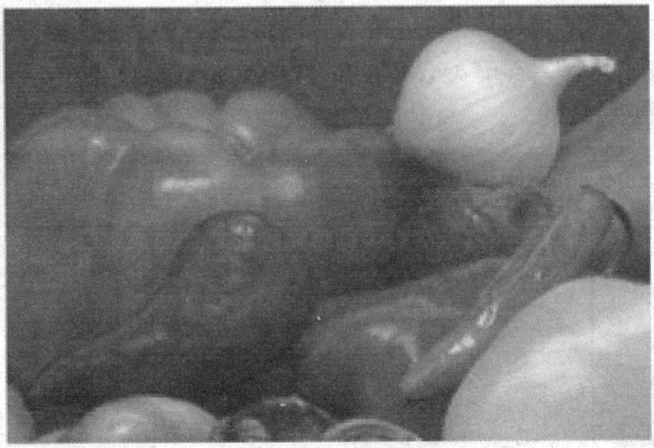

(c) 放大两倍

**图 4.3.5　图像比例变换的实验结果**

## 4.3.2　图像错切变换

### 1. 图像错切变换

图像的错切变换实际上是平面景物在投影平面上的非垂直投影。错切使图像中的图形产生扭变，这种扭变只在一个方向上产生，即分别称为水平方向错切或垂直方向错切。下面分别对其进行简要阐述。

**(1) 水平方向错切**

根据图像错切定义，在水平方向上的错切是指图形在水平方向上发生了扭变。如图 4.3.6所示，当图 4.3.6(a)发生了水平方向的错切之后，图 4.3.6(b)所示矩形的水平方向上的边扭变成斜边，而垂直方向上的边不变。图像在水平方向上错切的数学表达式为：

$$\begin{cases} x' = x + by \\ y' = y \end{cases} \tag{4.3.17}$$

式中：$(x,y)$为原图像的坐标；$(x',y')$为错切后的图像坐标。

根据式(4.3.17)，错切时图形的列坐标不变，行坐标随原坐标$(x,y)$和系数 $b$ 作线性变化，$b=\tan(\theta)$。若 $b>0$，图形沿 $x$ 轴正方向作错切；若 $b<0$，图形沿 $x$ 轴负方向作

错切。

**(2) 垂直方向错切**

图像在垂直方向上的错切,是指图形在垂直方向上的扭变。如图4.3.7所示,当图4.3.7(a)发生了垂直方向的错切之后,图4.3.7(b)所示矩形的水平方向上的边不变,垂直方向上的边扭变成斜边。图像在垂直方向上错切的数学表达式为:

$$\begin{cases} x' = x \\ y' = y + dx \end{cases} \tag{4.3.18}$$

式中:$(x,y)$为原图像的坐标;$(x',y')$为错切后的图像坐标。

根据式(4.3.18),错切时图形的行坐标不变,列坐标随原坐标$(x,y)$和系数$d$做线性变化,$d=\tan(\theta)$。若$d>0$,图形沿$y$轴正方向错切;若$d<0$,图形沿$y$轴负方向错切。

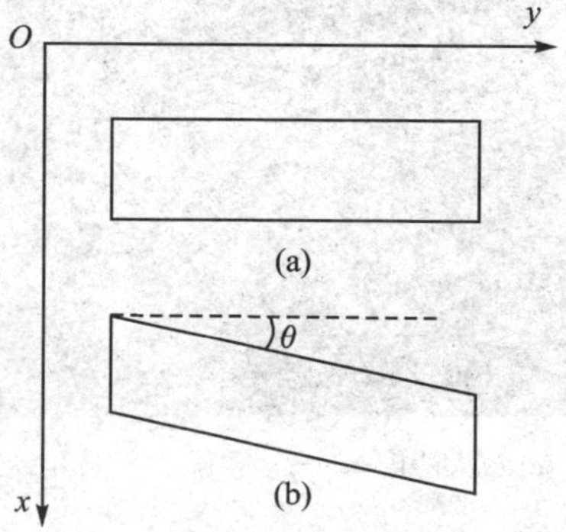


**图4.3.6 水平方向错切示意图**

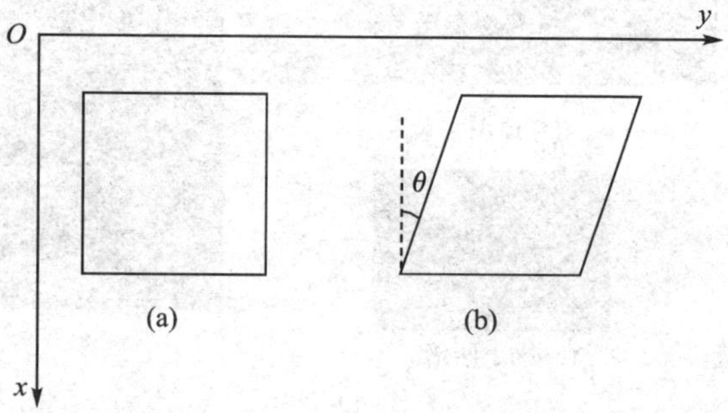


**图4.3.7 垂直方向错切示意图**

## 2. 图像错切变换案例分析

**【例4.3.2】** 对图4.3.8(a)所示的图像进行错切变换,用MATLAB实现,并显示错切后的图像。其中:I为原图像;B为错切后的图像。

源代码如下:

```
I = imread('*.*');
I = double(I);
H = size(I);
B = zeros(H(1) + round(H(2) * tan(pi/6)),H(2),H(3));
for a = 1:H(1)
for b = 1:H(2)
B(a + round(b * tan(pi/6)),b,1:H(3)) = I(a,b,1:H(3));
end
end
imshow(uint8(B))
```

其运行结果如图4.3.8(b)所示。

(a) 原图像

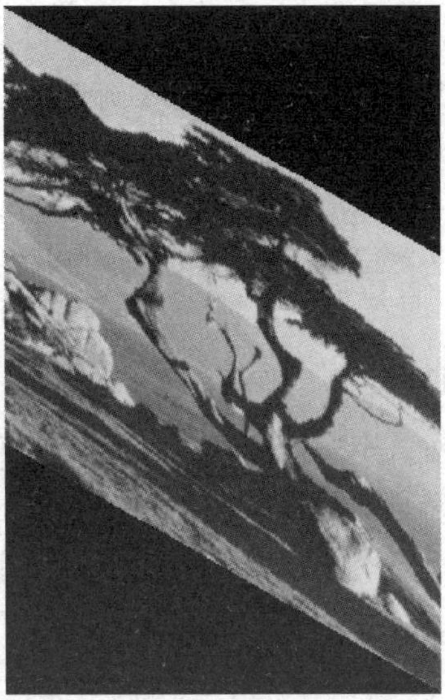

(b) 错切后的图像

图 4.3.8　图像错切的实验结果

# 4.4　图像复合变换

图像的复合变换是指对给定的图像连续施行若干次如前所述的平移、镜像、比例缩放、旋转等基本变换后所完成的变换，图像的复合变换又叫级联变换。

## 4.4.1　图像复合变换概述

利用齐次坐标，对给定的图像依次按一定顺序连续施行若干次基本变换，其变换的矩阵仍然可以用 3×3 阶的矩阵表示，而且从数学上可以证明，复合变换的矩阵等于基本变换的矩阵按顺序依次相乘得到的组合矩阵。设对给定的图像依次进行了基本变换 $F_1, F_2, \cdots, F_N$，它们的变换矩阵分别为 $\boldsymbol{T}_1, \boldsymbol{T}_2, \cdots, \boldsymbol{T}_N$，则图像复合变换的矩阵 $\boldsymbol{T}$ 可以表示为：$\boldsymbol{T}=\boldsymbol{T}_N\boldsymbol{T}_{N-1}\cdots\boldsymbol{T}_1$。

### 1. 复合平移

设某个图像先平移到新的位置 $P_1(x_1, y_1)$后，再将图像平移到 $P_2(x_2, y_2)$的位置，则复合平移矩阵为：

$$\boldsymbol{T}=\boldsymbol{T}_1\boldsymbol{T}_2=\begin{bmatrix}1 & 0 & x_1\\0 & 1 & y_1\\0 & 0 & 1\end{bmatrix}\begin{bmatrix}1 & 0 & x_2\\0 & 1 & y_2\\0 & 0 & 1\end{bmatrix}=\begin{bmatrix}1 & 0 & x_1+x_2\\0 & 1 & y_1+y_2\\0 & 0 & 1\end{bmatrix} \tag{4.4.1}$$

由此可见，尽管一些顺序的平移，用到矩阵的乘法，但最后合成的平移矩阵，只需对平移常量作加法运算。

### 2. 复合比例

同样,对某个图像连续进行比例变换,最后合成的复合比例矩阵,只要对比例常量做乘法运算即可。复合比例矩阵如下:

$$\boldsymbol{T}=\boldsymbol{T}_1\boldsymbol{T}_2=\begin{bmatrix}a_1 & 0 & 0\\0 & d_1 & 0\\0 & 0 & 1\end{bmatrix}\begin{bmatrix}a_2 & 0 & 0\\0 & d_2 & 0\\0 & 0 & 1\end{bmatrix}=\begin{bmatrix}a_1a_2 & 0 & 0\\0 & d_1d_2 & 0\\0 & 0 & 1\end{bmatrix} \tag{4.4.2}$$

### 3. 复合旋转

类似地,对某个图像连续进行旋转变换,最后合成的旋转变换矩阵等于两次旋转角度的和,复合旋转变换矩阵如下:

$$\begin{aligned}\boldsymbol{T}=\boldsymbol{T}_1\boldsymbol{T}_2&=\begin{bmatrix}\cos\theta_1 & \sin\theta_1 & 0\\-\sin\theta_1 & \cos\theta_1 & 0\\0 & 0 & 1\end{bmatrix}\begin{bmatrix}\cos\theta_2 & \sin\theta_2 & 0\\-\sin\theta_2 & \cos\theta_2 & 0\\0 & 0 & 1\end{bmatrix}\\&=\begin{bmatrix}\cos(\theta_1+\theta_2) & \sin(\theta_1+\theta_2) & 0\\-\sin(\theta_1+\theta_2) & \cos(\theta_1+\theta_2) & 0\\0 & 0 & 1\end{bmatrix}\end{aligned} \tag{4.4.3}$$

上述均为相对原点(图像中央)做比例、旋转等变换,如果要相对某一个参考点作变换,则要使用含有不同种基本变换的图像复合变换。不同的复合变换,其变换过程不同,但是无论它的变换过程多么复杂,都可以分解成一系列基本变换。相应地,使用齐次坐标后,图像复合变换的矩阵由一系列图像基本几何变换矩阵依次相乘而得到。

## 4.4.2 图像复合变换案例分析

**【例 4.4.1】** 将图 4.4.1(a)所示图像向下、向右平移,并用白色填充空白部分,再对其做垂直镜像,然后旋转 30°,再缩小 5 倍。用 MATLAB 编写其程序,给出运行结果。

源代码如下:

```
I = imread('*.*');
I = double(I);
B = zeros(size(I)) + 255;
H = size(I);
B(50 + 1:H(1),50 + 1:H(2),1:H(3)) = I(1:H(1) - 50,1:H(2) - 50,1:H(3));     %平移变换
C(1:H(1),1:H(2),1:H(3)) = B(H(1): - 1:1,1:H(2),1:H(3));                    %镜像变换
D = imrotate(C,30,'nearest');                                              %旋转变换
E = imresize(D,0.2,'nearest');                                             %比例变换
imshow(uint8(E))
```

程序结果如图 4.4.1(b)所示。

(a) 原图像

(b) 复合变换的结果

图 4.4.1　图像复合的实验结果

# 4.5　三维几何变换的投影变换简介

## 4.5.1　投影变换

在一幅二维图像上显示三维图形的对象形状，实际上是完成了一次三维信息到二维平面上的投影过程。把三维物体或对象转变为二维图形表示的过程称为投影变换。根据视点(投影中心)与投影平面之间距离的不同，投影可分为平行投影和透视投影。

透视投影即透视变换。如图 4.5.1 所示，给出了同一条直线段 $AB$ 的两种不同投影。当视点距离投影面为有限距离时的投影称为透视投影。这个距离决定着透视投影的特性——透视缩小效应，即三维物体或对象透视投影的大小与形体到视点的距离成反比。例如，等长的两直线段，都平行于投影面，但离投影中心近的线段，其透视投影大，而离投影中心远的线段，透视投影小。与平行投影相比，透视投影的深度感更强，看上去更真实，但透视投影不能真实地反映物体的精确尺寸和形状。当视点距离投影面无穷远时的投影称为平行投影。由于直线的平面投影本身是一条直线，所以，对直线段 $AB$ 作投影变换时，只需对线段的两个端点 $A$ 和 $B$ 作投影变换，连接两个端点在投影面上的投影 $A'$ 和 $B'$ 就可得到整个直线段 $AB$ 的投影 $A'B'$。

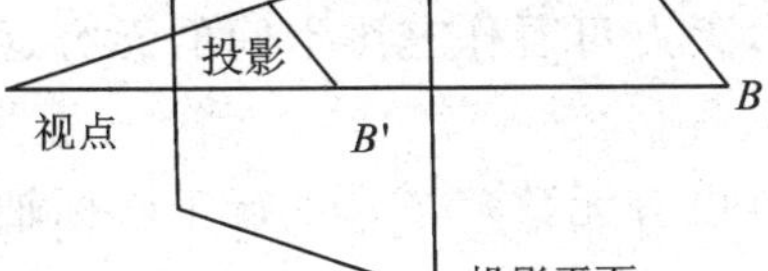


(a) 透视投影

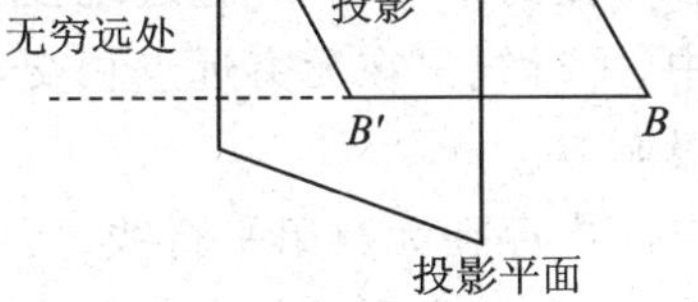


(b) 平行投影

图 4.5.1　平面投影原理示意图

透视投影和平行投影之间的区别在于视点与投影平面之间的距离不同。例如,室内的白炽灯照射物体所形成的投影是透视投影,而太阳可看作距离我们无穷远,太阳光照射形成的投影即为平行投影。当视点在无穷远时,投影线相互平行,所以在定义平行投影时,只需指明投影线的方向,即投影方向;而在定义透视投影时,需要指明视点的位置。

### 4.5.2 透视投影

假设视点在坐标原点,$z$ 坐标轴方向与观察方向重合一致,三维形体或对象上某一点为 $P(x, y, z)$,一点透视变换后在投影面(观察平面)$UV$ 上的对应点为 $P'(x', y', z')$,投影面与 $z$ 轴垂直,且与视点的距离为 $d$,$z$ 轴过投影面窗口的中心,窗口是边长为 $2S$ 的正方形,如图 4.5.2 所示。根据相似三角形对应边成比例的关系,有:

$$\frac{x'}{x} = \frac{y'}{y} = \frac{z'}{z} \qquad z' = d \tag{4.5.1}$$

$$x' = \frac{x}{z}d \qquad y' = \frac{y}{z}d \qquad z' = d \tag{4.5.2}$$

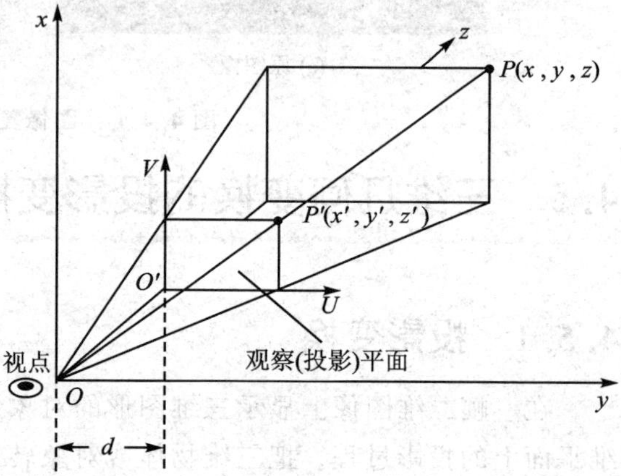


图 4.5.2 图像的透视变换

利用齐次坐标,与二维几何变换类似,将该过程写成变换矩阵形式为:

$$\begin{bmatrix} x' \\ y' \\ z' \\ 1 \end{bmatrix} = \begin{bmatrix} \frac{1}{z} & 0 & 0 & 0 \\ 0 & \frac{1}{z} & 0 & 0 \\ 0 & 0 & 1 & 0 \\ 0 & 0 & 0 & 0 \end{bmatrix} \begin{bmatrix} dx \\ dy \\ d \\ 1 \end{bmatrix} \tag{4.5.3}$$

一般地,视点不在原点,投影平面是任意平面的情况,一点透视变换的矩阵也可以用一个 4×4 的矩阵表示。由式(4.5.2)及式(4.5.3)可以看出,远处物体比近处物体的投影要小,即物体透视投影的大小与物体到视点的距离成反比,称为透视缩小效应。不平行于投影平面的平行线,经过透视投影之后交汇(相交)于一点,称该交点为灭点。在三维空间中,平行线只在无穷远点相交,因而,灭点可看作三维空间的无穷远点在投影平面上的投影点。

三维空间中存在无数组平行线,所以灭点也有无数多个。平行于坐标轴的平行线的灭点称为主灭点,主灭点的个数至多有 3 个,它的个数由与投影平面相交的坐标轴个数确定,如图 4.5.3 所示。如果投影平面为 $z=0$,它只与 $z$ 轴相交,因而只产生一个主灭点(图 4.5.3(a)),并且该主灭点落于 $z$ 轴之上。如果投影平面为 $x+z=0$,则它与 $x$

轴、$z$ 轴都相交,产生两个主灭点(图 4.5.3(b))。同理,当投影平面为 $x+y+z=0$ 时,有 3 个主灭点(图 4.5.3(c))。透视投影按主灭点的个数分为一点透视、二点透视和三点透视。

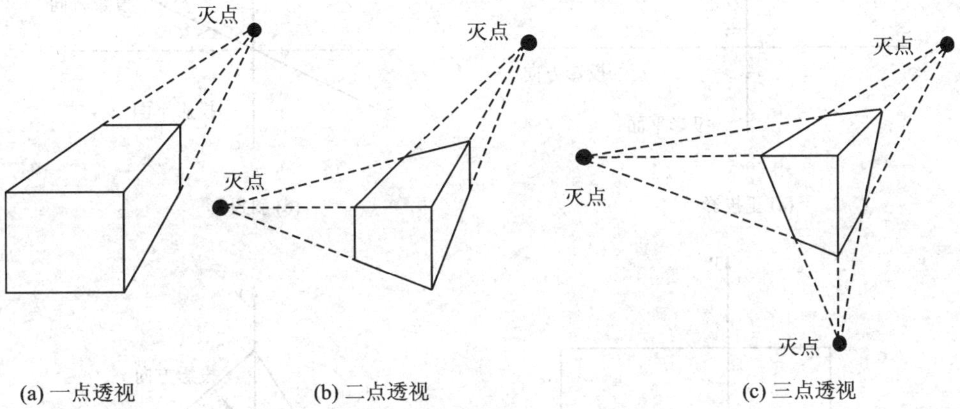


**图 4.5.3 透视投影的灭点**

透视投影类似于人的视觉系统能产生近大远小的效果。由它产生的图形深度感强,看起来更加真实。然而,这种透视效果并不总是有益的。例如:当需要图形精确反映物体的形状和尺寸时,采用平行投影更好,因为平行投影保持平行线之间的平行关系。

## 4.5.3 平行投影

平行投影不具有缩小性,能精确反映物体的实际尺寸。平行线的平行投影仍是平行线。平行投影可根据投影方向与投影面的夹角分成正投影和斜投影两种。当投影方向与投影面的夹角为 90°时。得到的投影为正投影,否则为斜投影。如图 4.5.4(a)和图 4.5.4(b)所示,是平行投影中的两类投影模式的原理示意图。

### 1. 正投影

如图 4.5.4(c)和图 4.5.4(d)所示,依据投影平面的法矢量的方向,正投影又分为三视图和正轴侧两种模式。

当投影平面与某一坐标轴垂直时,得到的投影称三视图。三视图分为主视图、侧视图和俯视图,对应的投影平面分别与 $z$、$x$、$y$ 轴垂直。图 4.5.5 所示是一个物体(房屋)的三视图,可以看到,从 3 个不同的方向得到的同一个物体的形状是不一样的。三视图常用于工程制图,因为在其上可以测量距离和角度。但一个方向上的视图只反映物体的一个侧面,只有将 3 个方向上的视图结合起来,才能综合出物体的空间结构和形状。

### 2. 斜投影

斜投影是第二类平行投影,与正投影的区别在于投影方向与投影面不垂直。斜投影将正投影的三视图和正轴侧的特性结合起来,既能像三视图那样在主平面上进行距

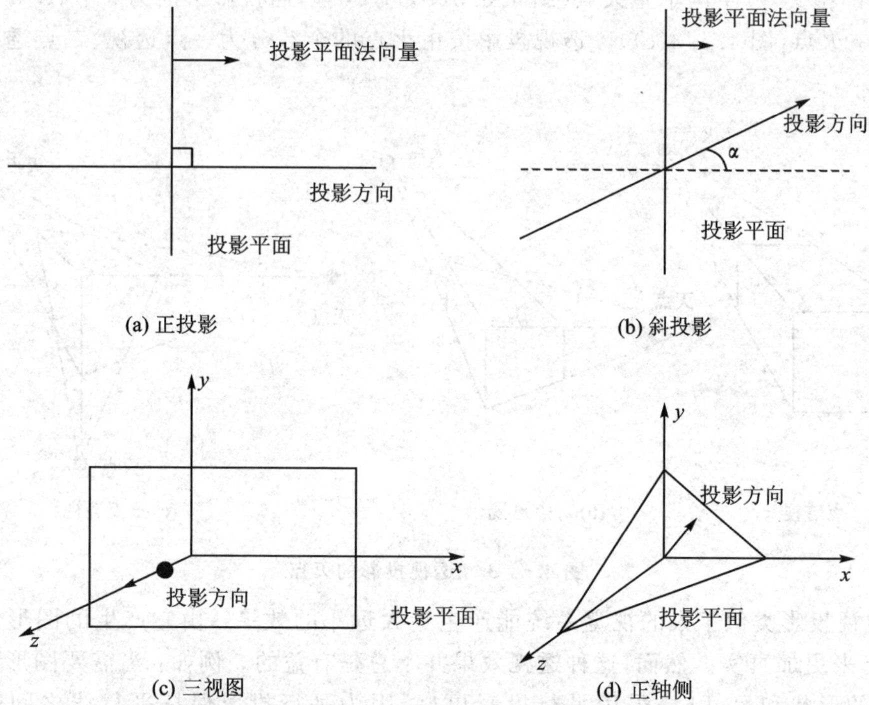


**图 4.5.4　平行投影及正投影示意图**

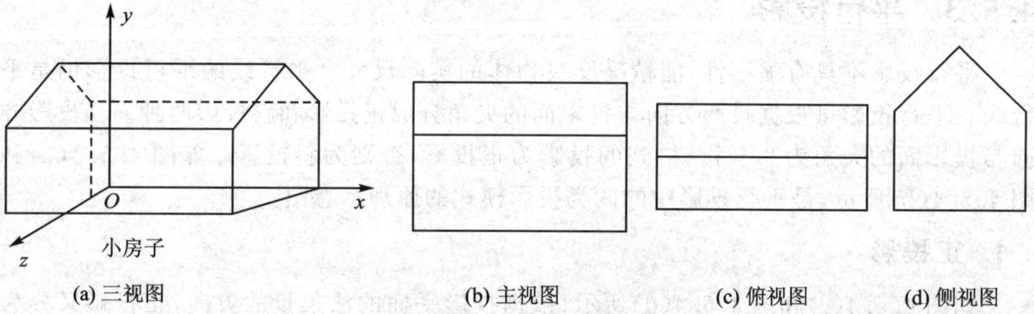


**图 4.5.5　三视图示意图**

离和角度侧量,又能像正轴侧那样同时反映物体的多个面,具有立体效果。通常选择投影面垂直于某个主轴,这样,对平行于投影面的物体表面可进行距离和角度的侧量,而对物体的其他面,可沿该主轴侧量距离。

# 习题与思考题

4-1　在图像缩放中,采用最近邻域法进行放大时,如果放大倍数太大,可能会出现马赛克效应,这个问题有没有办法解决或者有所改善?

4-2 设 $f(221,396)=18$，$f(221,397)=45$，$f(222,396)=52$，$f(222,397)=36$，试用线性插值法计算 $f(221.3,396.7)$的值。

4-3 复合变换的矩阵等于基本变换的矩阵按顺序依次相乘得到的组合矩阵，即 $\boldsymbol{T}=\boldsymbol{T}_N\boldsymbol{T}_{N-1}\cdots\boldsymbol{T}_1$，问矩阵顺序的改变能否影响变换的结果？

4-4 写出图像对角镜像的代数表达式和矩阵表达式，并将题4-4图进行对角镜像。

| | | | |
|---|---|---|---|
| A | B | C | R |
| D | E | F | T |
| G | H | K | L |
| Q | W | X | Y |

**题4-4图 原图像矩阵**

4-5 将图像围绕点 $(x,y)=(127,127)$ 逆时针旋转 30°，写出几何变换。假设(0，0)在左上角。

4-6 在轴测投影中，当 $x$、$y$ 和 $z$ 三个方向的长度都按同一比例缩短时，称为正等测投影，这时可解得：$\phi=45°$，$\theta=35.2644°$，试证明。

4-7 编写一个程序以实现如下功能：将一个灰度图像与该图像少许平移后（边界全部填充为零）得到的图像相减后再相乘，并显示和比较两种操作带来的不同的图像输出效果。

4-8 设原图像为：

| | | | |
|---|---|---|---|
| 59 | 60 | 58 | 57 |
| 61 | 59 | 59 | 57 |
| 62 | 59 | 60 | 58 |
| 59 | 61 | 60 | 56 |

请用最近邻域法将该图像放大为16×16大小的图像。

4-9 若图像矩阵的大小为：

$$\boldsymbol{F}=\begin{bmatrix}28 & 32 & 36 & 10 & 14 & 18\\ 29 & 33 & 7 & 11 & 15 & 19\\ 30 & 34 & 8 & 12 & 16 & 20\\ 31 & 35 & 9 & 13 & 17 & 21\end{bmatrix}$$

现将其进行缩小，缩小的倍数为 $k_1=0.7$ 和 $k_2=0.8$，分别求等间隔采样和采用局部均值采样后缩小图像的矩阵。

# 第 5 章

# 图像的压缩编码

在计算机图像处理系统中,图像的最大特点和难点就是海量数据的表示与传输,因此如何有效快速地存储和传输这些图像数据成为当今信息社会的迫切需求。图像数据的压缩技术从总体上来说就是利用图像数据固有的冗余性和相关性,将一个大的图像数据文件转换成较小的同性质的文件。

本章首先介绍图像压缩编码基础知识,然后重点讲解熵编码、预测编码、变换编码和JPEG图像压缩编码标准,并简要介绍 MPEG 图像压缩编码。本章主要结构如图 5.1 所示。

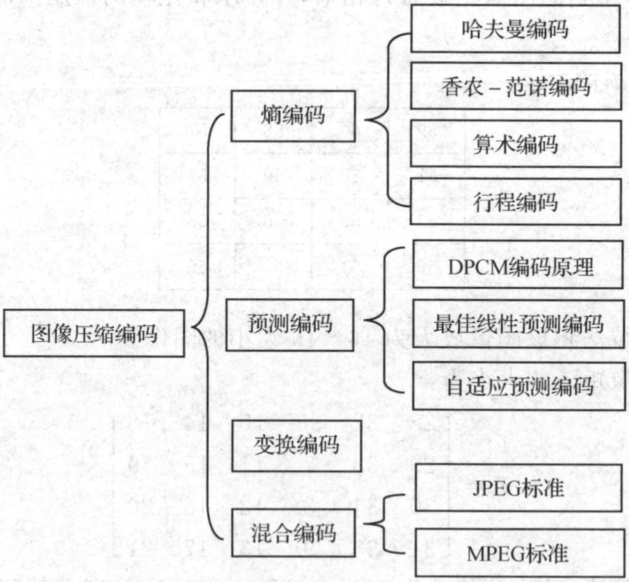


**图 5.1　图像压缩编码的主要结构**

# 5.1　图像压缩编码基础

## 5.1.1　图像压缩编码的必要性

随着信息技术的发展，图像信息已经成为通信和计算机系统中一种重要的处理对象。图像的最大特点也是最大难点就是海量数据的表示与传输，如果不对数据进行压缩处理，数量巨大的数据就很难在计算机系统及网络上存储、处理和传输，所以必须对图像进行压缩编码。图像编码与压缩从本质上来说就是对要处理的图像源数据按一定的规则进行变换和组合，从而达到以尽可能少的代码（符号）来表示尽可能多的数据信息。

## 5.1.2　图像压缩编码的可能性

数据是用来表示信息的，如果不同的方法为表示给定量的信息使用了不同的数据量，那么使用较多数据量的方法中，有些数据必然是代表了无用的信息，或者是重复地表示了其他数据已经表示的信息，这就是数据冗余的概念。

由于图像数据本身固有的冗余性和相关性，使得将一个大的图像数据文件转换成较小的图像数据文件成为可能，图像数据压缩就是要去掉信号数据的冗余性。一般来说，图像数据中存在以下几种冗余：

① 空间冗余（像素间冗余、几何冗余）：这是图像数据中经常存在的一种冗余。在同一幅图像中，规则物体和规则背景（所谓规则是指表面是有序的，而不是完全杂乱无章的排列）的表面物理特性具有相关性，这些相关性的光成像结果在数字化图像中就表现为数据冗余。

② 时间冗余：在序列图像（电视图像、运动图像）中，相邻两帧图像之间有较大的相关性。如图 5.1.1 所示，$F_1$帧中有一个小汽车和一个路标，在时间 $T$ 后的 $F_2$图像中仍包含以上两个物体，只是小车向前行驶了一段路程，此时 $F_1$和 $F_2$中的路标和背景都是时间相关的，小车也是时间相关的，因而 $F_2$和 $F_1$具有时间冗余。

(a) $F_1$帧

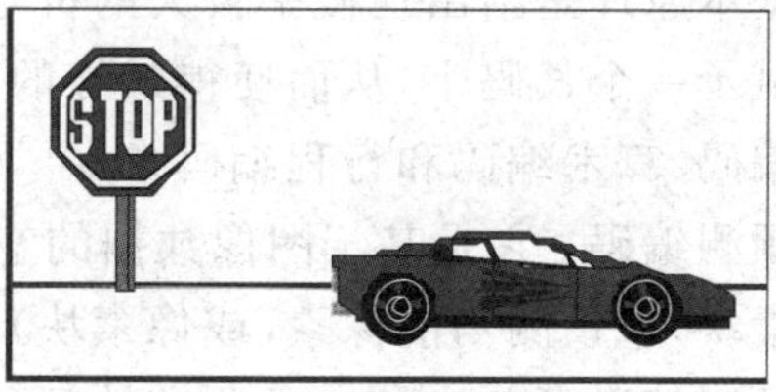


(b) $F_2$帧

图 5.1.1　时间冗余示例

③ 信息熵冗余：也称为编码冗余，如果图像中平均每个像素使用的比特数大于该图像的信息熵，则图像中存在冗余，称为信息熵冗余。

④ 结构冗余：有些图像(例如墙纸、草席等)存在较强的纹理结构，称为结构冗余。

⑤ 知识冗余：有许多图像对其理解与某些基础知识有相当大的相关性，例如：人脸的图像有固定的结构，嘴的上方有鼻子，鼻子的上方有眼睛，鼻子位于正脸图像的中线上等。这类规律性的结构可由先验知识和背景知识得到，称此类冗余为知识冗余。

⑥ 心理视觉冗余：人类的视觉系统对于图像场的注意是非均匀和非线性的，特别是视觉系统并不是对图像场的任何变化都能感知，即眼睛并不是对所有信息都有相同的敏感度。有些信息在通常的视觉感觉过程中与另外一些信息相比来说并不那么重要，这些信息可认为是心理视觉冗余的，去除这些信息并不会明显地降低所感受到的图像的质量。心理视觉冗余的存在是与人观察图像的方式有关的，人在观察图像时主要是寻找某些比较明显的目标特征，而不是定量地分析图像中每个像素的亮度，或至少不是对每个像素等同地分析。人通过在脑子里分析这些特征并与先验知识结合以完成对图像的解释过程，由于每个人所具有的先验知识不同，对同一幅图像的心理视觉冗余也就因人而异。

## 5.1.3 图像压缩编码的分类

图像编码压缩的方法目前有很多，其分类方法根据出发点不同而有差异。

① 根据解压重建后的图像和原始图像之间是否具有误差，图像编码压缩分为无损(亦称无失真、无误差、信息保持型)编码和有损(有失真、有误差、信息非保持型)编码两大类。

- 无损编码：这类压缩算法中删除的仅仅是图像数据中冗余的信息，因此在解压缩时能精确恢复原图像。无损编码用于要求重建后图像严格地与原始图像保持相同的场合，例如复制、保存十分珍贵的历史和文物图像等。
- 有损编码：这类算法把不相干的信息也删除了，因此在解压缩时只能对原始图像进行近似地重建，而不能精确地复原，有损编码适合大多数用于存储数字化的模拟数据。

② 根据编码原理，图像压缩编码分为熵编码、预测编码、变换编码和混合编码等。

- 熵编码：这是纯粹基于信号统计特性的编码技术，是一种无损编码。熵编码的基本原理是给出现概率较大的符号赋予一个短码字，而给出现概率较小的符号赋予一个长码字，从而使得最终的平均码长很小。常见的熵编码方法有哈夫曼编码、算术编码和行程编码。
- 预测编码：它是基于图像数据的空间或时间冗余特性，用相邻的已知像素(或像素块)来预测当前像素(或像素块)的取值，然后再对预测误差进行量化和编码。预测编码可分为帧内预测和帧间预测，常用的预测编码有差分脉码调制(Differential Pulse Code Modulation，DPCM)和运动补偿法。
- 变换编码：通常是将空间域上的图像经过正交变换映射到另一变换域上，使变换后的系数之间的相关性降低。图像变换本身并不能压缩数据，但变换后图像的大部分能量只集中到少数几个变换系数上，再采用适当的量化和熵编码就可以有效地压缩图像。

- 混合编码：是指综合了熵编码、变换编码或预测编码的编码方法，如 JPEG 标准和 MPEG 标准。

③ 根据图像的光谱特征，图像压缩编码分为单色图像编码、彩色图像编码和多光谱图像编码。

④ 根据图像的灰度，图像压缩编码分为多灰度编码和二值图像编码。

### 5.1.4　图像压缩编码的系统评价

在图像编码中，编码质量是一个非常重要的概念，怎样以尽可能少的比特数来存储或传输一幅图像，同时又使接收者感到满意，这是图像编码的目标。

对于图像编码的质量评价主要体现在基于压缩编码参数的评价、基于保真度（逼真度）准则的评价、算法的适用范围、算法的复杂度 4 个方面。

#### 1. 基于压缩编码参数的评价

**(1) 信息量、图像的熵与平均码字长度**

令图像像素灰度级集合为$\{l_1, l_2, \cdots, l_m\}$，其对应的概率分别为 $p(l_1), p(l_2), \cdots, p(l_m)$，则根据香农信息论，定义其信息量为：

$$I(l_i) = -\log_2 p(l_i) \tag{5.1.1}$$

如果将图像所有可能灰度级的信息量进行平均，就得到信息熵（Entropy），所谓熵就是平均信息量。

图像熵定义为：

$$H = \sum_{i=1}^{m} p(l_i) I(l_i) = -\sum_{i=1}^{m} p(l_i) \log_2 p(l_i) \tag{5.1.2}$$

式中：$H$ 的单位为比特/字符。图像熵表示图像灰度级集合的比特数的均值，或者说描述了图像信源的平均信息量。

当灰度级集合$\{l_1, l_2, \cdots, l_m\}$中 $l_i$ 出现的概率相等，都为 $2^{-L}$时，熵 $H$ 最大，等于 $L$ 比特；只有当 $l_i$ 出现的概率不相等时，$H$ 才会小于 $L$。

香农信息论已经证明：信源熵是进行无失真编码的理论极限，低于此极限的无失真编码方法是不存在的，这是熵编码的理论基础。

平均码长定义为：

$$R = \sum_{i=1}^{m} n_i p(l_i) \tag{5.1.3}$$

式中：$n_i$ 为灰度级 $l_i$ 所对应的码字长度，平均码长的单位也是比特/字符。

**(2) 编码效率**

编码效率定义为：

$$\eta = \frac{H}{R} \tag{5.1.4}$$

如果 $R$ 和 $H$ 相等，编码效果最佳；如果 $R$ 和 $H$ 接近，编码效果佳；如果 $R$ 远大于

$H$,则编码效果差。

由于同一图像压缩编码算法对不同图像的编码效率往往不同,为了公平地衡量图像压缩编码算法的效率,常常需要定义一些所谓的"标准图像",通过测量不同图像编码算法在同一组"标准图像"上的性能,来评价各图像压缩算法的编码效率。图5.1.2给出了国际上流行的3幅图像Lena、Barbara和Mandril。图5.1.2(a)头发部分高频数据含量丰富,背景含低频数据,肩部亮度过渡平滑;图5.1.2(b)低频区域含量适中,但物体边缘丰富,头巾、裤子及桌布上有极细腻的条纹;图5.1.2(c)高频数据极为丰富,特别是脸部毛发部分,主要用于评价图像编码算法对高频区域数据的处理性能。

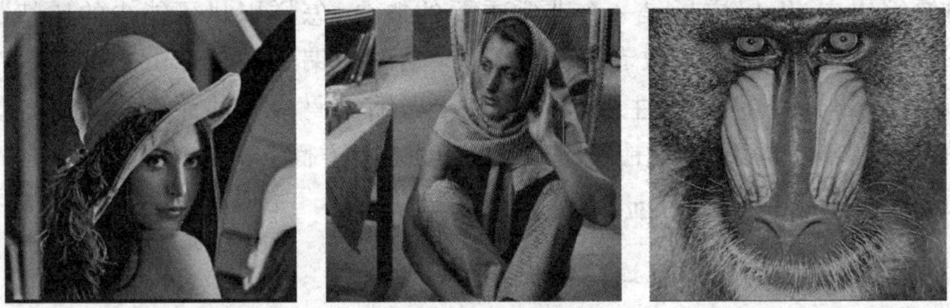

(a) Lena (b) Barbara (c) Mandrill

**图5.1.2 国际上流行的3幅标准图像**

**(3) 压缩比**

压缩比是衡量数据压缩程度的指标之一。至今尚无压缩比的统一定义。目前常用的压缩比 $P_r$ 定义为:

$$P_r = \frac{L_s - L_d}{L_s} \times 100\% \tag{5.1.5}$$

式中:$L_s$ 为源代码长度;$L_d$ 为压缩后的代码长度。

压缩比的物理意义是被压缩掉的数据占源数据的百分比。一般地,压缩比大,则说明被压缩掉的数据量多。当压缩比 $P_r$ 接近100%时,压缩效率最理想。

**(4) 冗余度**

如果编码效率 $\eta \neq 100\%$,就说明还有冗余度。冗余度 $r$ 定义为:

$$r = 1 - \eta \tag{5.1.6}$$

$r$ 越小,说明可压缩的余地越小。

总之,一个编码系统要研究的问题是设法减小编码平均长度 $R$,使编码效率尽量趋于1,而冗余度尽量趋于0。

## 2. 基于保真度(逼真度)准则的评价

在图像压缩编码中,解码图像与原始图像可能会有差异,因此,需要评价压缩后图像的质量。描述解码图像相对原始图像偏离程度的测度一般称为保真度(逼真度)准则。常用的准则可分为两大类:客观保真度准则和主观保真度准则。

**(1) 客观保真度准则**

最常用的客观保真度准则是原图像与解码图像之间的均方根误差和均方根信噪比

两种。令 $f(x,y)$ 表示原图像，$\hat{f}(x,y)$ 表示 $f(x,y)$ 先压缩又解压缩后得到的 $f(x,y)$ 的近似。对任意 $x$ 和 $y$，$f(x,y)$ 和 $\hat{f}(x,y)$ 之间的误差定义为：

$$e(x,y)=\hat{f}(x,y)-f(x,y) \tag{5.1.7}$$

若 $f(x,y)$ 和 $\hat{f}(x,y)$ 大小均为 $M\times N$，则它们之间的均方根误差 $e_{rms}$ 为：

$$e_{rms}=\left\{\frac{1}{MN}\sum_{x=0}^{M-1}\sum_{y=0}^{N-1}[\hat{f}(x,y)-f(x,y)]^2\right\}^{\frac{1}{2}} \tag{5.1.8}$$

如果将 $\hat{f}(x,y)$ 看做原始图像 $f(x,y)$ 和噪声信号 $e(x,y)$ 的和，则解压缩图像的均方根信噪比 $SNR_{ms}$ 为：

$$SNR_{ms}=\sum_{x=0}^{M-1}\sum_{y=0}^{N-1}\hat{f}(x,y)^2\Bigg/\sum_{x=0}^{M-1}\sum_{y=0}^{N-1}[\hat{f}(x,y)-f(x,y)]^2 \tag{5.1.9}$$

对上式求平方根，则得到均方根信噪比 $SNR_{ms}$。

**(2) 主观保真度准则**

尽管客观保真度准则提供了一种简单方便的信息损失的方法，但是很多解压图像最终是供人观看的，有时单用某一个或几个解析式来度量图像品质，甚至得到与主观评估相反的结果。这样就会造成采用这些解析公式得到的定量逼真度的可信度低。造成逼真度不能从理论上完满解决的根本原因在于人眼视觉感知得到的信息传输到神经系统的处理、判别过程不清楚，而这又涉及生物物理学、生物化学以及生态光学等领域的知识，至今还不能提供这一过程的满意答案（这也是当今计算机视觉的一个前沿课题，目前正在研究发展中）。因此，目前对图像品质的度量仍停留在主观评估上。所谓主观评估就是聘请一些“外行”或“内行”，通过对图像的观察来判别好坏。因而这是一种定性的评估。这种主观评估可能是对一幅图像而言，由观察者对其总体印象估出优劣，其等级标准见表 5.1.1；或在一组图像中进行比较，如表 5.1.2 所列。采用主观评估的缺点是显而易见的，对“外行”人来说，可能注意的是图像大体上的优劣，而对“内行”人即具有图像处理经验的人来说，更多的是注意图像中细节退化程度。因此，这种主观评估法应使“外行”和“内行”分开进行。

**表 5.1.1　总体优度标准**

| 序　号 | 评估结果 |
|---|---|
| ⑤ | 优 |
| ④ | 良 |
| ③ | 中 |
| ② | 可 |
| ① | 劣 |

**表 5.1.2　分组优度标准**

| 序　号 | 评估结果 |
|---|---|
| ⑦ | 组内最好 |
| ⑥ | 比本组中等好 |
| ⑤ | 比本组中等稍好 |
| ④ | 本组中等 |
| ③ | 比本组中等稍差 |
| ② | 比本组中等差 |
| ① | 组内最差 |

**3. 算法的适用范围**

特定的图像编码算法具有相应的适用范围,并不对所有的图像都有效。一般说来,大多数基于图像信息统计特性的压缩算法具有较广的适用范围,而一些特定的编码算法的适用范围较窄。例如,分形编码主要用于自相似性高的图像,某些算法(例如基于对象的图像压缩编码方案)只能用于特定图像场景(例如人的头肩像场景)的压缩。

**4. 算法的复杂度**

算法的复杂度是指完成图像压缩和解压缩所需的运算量和硬件实现该算法的难易程度。优秀的压缩算法要求有较高的压缩比,压缩和解压缩快,算法简单,易于硬件实现,还要求解压缩后的图像质量较好。选用编码方法时一定要考虑图像信源本身的统计特性、多媒体系统(硬件和软件产品)的适应能力、应用环境以及技术标准。

# 5.2 熵编码

## 5.2.1 哈夫曼编码

根据信息论中信源码理论,可以证明在平均码长 $R$ 大于等于图像熵 $H$ 的条件下,总可以设计出某种无失真编码方法。当然如果编码结果使 $R$ 远大于 $H$,表明这种编码方法效率很低,占用比特数太多。最好的编码结果是使 $R$ 等于或接近于 $H$,这种状态的编码方法称为最佳编码,它既不丢失信息而引起图像失真,又占用最少的比特数。

熵编码的目的就是要使编码后的图像平均码长 $R$ 尽可能接近图像熵 $H$,一般是根据图像灰度级数出现的概率大小赋予不同长度码字,出现概率大的灰度级用短码字,出现概率小的灰度级用长码字。可以证明,这样的编码结果所获得的平均码字长度最短,这就是下面要介绍的变长最佳编码定理。

**变长最佳编码定理:** 在变长编码中,对出现概率大的信息符号赋给短码字,而对于出现概率小的信息符号赋给长码字。如果码字长度严格按照所对应符号出现概率大小逆序排列,则编码结果平均码字长度一定小于任何其他排列方式。

哈夫曼编码过程如下:

① 把信源符号按出现的概率由大到小排成一个序列。如:$p_1>p_2>\cdots>p_{m-1}>p_m$。

② 把其中2个最小的概率 $p_{m-1}$、$p_m$ 挑出来,并将符号1赋给其中最小的,即 $p_m\to 1$;符号0赋给另一稍大的,即 $p_{m-1}\to 0$。

③ 求出 $p_{m-1}$、$p_m$ 之和 $p_i$,将 $p_i$ 设想成对应于一个新的信息的概率,即:

$$p_i = p_{m-1} + p_m$$

④ 将 $p_i$ 与上面未处理的$(m-2)$个信息的概率重新由大到小再排列,构成一个新的概率序列。

⑤ 重复步骤②、③、④,直到所有 $m$ 个信息的概率均已联合处理为止。

**【例 5.2.1】** 已知某信源发出的8个信息,其信源概率分布是不均匀的,分别为

{0.1,0.18,0.4,0.05,0.06,0.1,0.07,0.04}，请对信源进行哈夫曼编码，并求出 3 个参数：平均码长、熵及编码效率。

具体的编码过程如图 5.2.1 所示，编码结果见表 5.2.1。

平均码长为：

$$R=\sum_{i=1}^{8}n_i p(l_i)$$
$$=1\times0.4+3\times(0.18+0.10)+4\times(0.10+0.06+0.07)+5\times(0.05+0.04)$$
$$=2.61$$

熵为：

$$H=-\sum_{i=1}^{8}p(l_i)\log_2 p(l_i)=2.55$$

编码效率为：

$$\eta=\frac{H}{R}=\frac{2.55}{2.61}=97.8\%$$

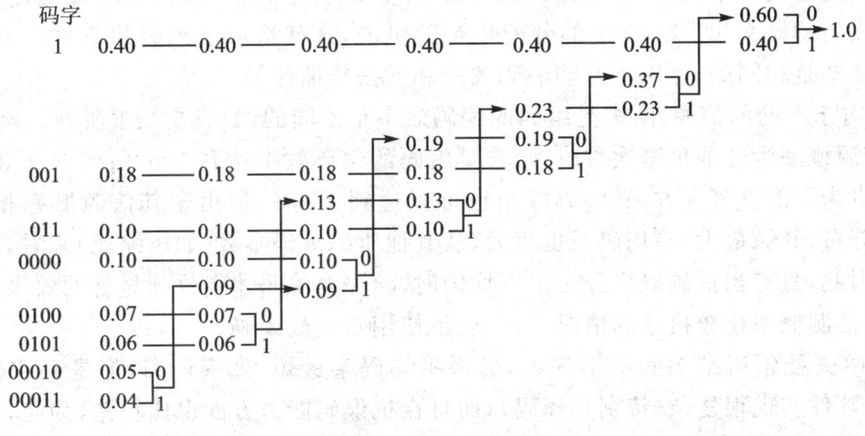


图 5.2.1　哈夫曼编码过程

表 5.2.1　哈夫曼编码在不同概率分布下的编码效果对比

| 信源符号 | 概率分布不均匀 | | | 概率分布为 2 的负幂次方 | | | 概率分布均匀 | | |
|---|---|---|---|---|---|---|---|---|---|
| | 出现概率 | 码字 | 码长 | 出现概率 | 码字 | 码长 | 出现概率 | 码字 | 码长 |
| $l_1$ | 0.40 | 1 | 1 | $2^{-1}$ | 1 | 1 | $2^{-3}$ | 111 | 3 |
| $l_2$ | 0.18 | 001 | 3 | $2^{-2}$ | 01 | 2 | $2^{-3}$ | 110 | 3 |
| $l_3$ | 0.10 | 011 | 3 | $2^{-3}$ | 001 | 3 | $2^{-3}$ | 101 | 3 |
| $l_4$ | 0.10 | 0000 | 4 | $2^{-4}$ | 0001 | 4 | $2^{-3}$ | 100 | 3 |
| $l_5$ | 0.07 | 0100 | 4 | $2^{-5}$ | 00001 | 5 | $2^{-3}$ | 011 | 3 |
| $l_6$ | 0.06 | 0101 | 4 | $2^{-6}$ | 000001 | 6 | $2^{-3}$ | 010 | 3 |

续表 5.2.1

| 信源符号 | 概率分布不均匀 | | | 概率分布为 2 的负幂次方 | | | 概率分布均匀 | | |
|---|---|---|---|---|---|---|---|---|---|
| | 出现概率 | 码字 | 码长 | 出现概率 | 码字 | 码长 | 出现概率 | 码字 | 码长 |
| $l_7$ | 0.05 | 00010 | 5 | $2^{-7}$ | 0000001 | 7 | $2^{-3}$ | 001 | 3 |
| $l_8$ | 0.04 | 00011 | 5 | $2^{-7}$ | 0000000 | 7 | $2^{-3}$ | 000 | 3 |
| 3 个参数 | $H=2.55$<br>$R=2.61$<br>$\eta=97.8\%$ | | | $H=1.984$<br>$R=1.984$<br>$\eta=100\%$ | | | $H=3$<br>$R=3$<br>$\eta=100\%$ | | |

可见,哈夫曼方法编码的结果是,其码字平均长度很接近信息符号的熵值。

**【例 5.2.2】** 信源概率分布为 2 的负整数次幂,编码结果见表 5.2.1。

**【例 5.2.3】** 信源概率分布均匀时,编码结果见表 5.2.1。

从上述 3 个例子可以看出哈夫曼编码具有以下特点:

① 哈夫曼编码构造出来的编码值不是唯一的。原因之一是在给两个最小概率的图像的灰度值进行编码时,可以是大概率为 0,小概率为 1,但也可相反;原因之二是当两个灰度值的概率相等时,0、1 的分配也是随机的,这就造成了编码的不惟一性,但其平均码长却是相同的,所以不影响编码效率和数据压缩性能。

② 对于不同的信源,哈夫曼编码的编码效率是不同的,如表 5.2.1 所列。例 5.2.2 中,当信源概率为 2 的负幂次方时,哈夫曼编码的编码效率达到 100%;例 5.2.3 中,概率分布也为 2 的负幂次方,其编码效率也可以达到 100%,但由于其信源概率相等,服从均匀分布,其熵最大,平均码长也很大,从其他压缩编码参数(如压缩比)来看,却是最低的。因此,只有当信源概率分布很不均匀时,哈夫曼编码才会收到显著的效果。换句话说,在信源概率比较接近的情况下,一般不使用哈夫曼编码。

③ 哈夫曼编码结果码字不等长,虽说平均码字最短,效率最高,但是码字长短不一,实时硬件实现很复杂(特别是译码),而且在抗误码能力方面也比较差,为此,研究人员提出了一些修正方法,如双字长哈夫曼编码(也称亚最佳编码方法),希望通过降低一些效率来换取硬件实现简单的实惠。双字长编码只采用两种字长的码字,对出现概率高的符号用短码字,对出现概率低的符号用长码字。短码字中留下一个码字不用,作为长码字前缀。这种方法编码压缩效果不如哈夫曼编码,但其硬件实现相对简单,抗干扰能力也比哈夫曼编码强得多。

④ 哈夫曼编码应用时,均需要与其他编码相结合,才能进一步提高数据的压缩比。例如在静态图像国际压缩标准 JPEG 中,先对图像进行分块,然后进行 DCT 变换、量化、Z 形扫描,行程编码后,再进行哈夫曼编码。

## 5.2.2 香农-范诺编码

### 1. 香农-范诺编码

香农-范诺编码(Shannon - Fannon)也是一种常见的可变字长编码,与哈夫曼编码相似。当信源符号出现的概率正好为2的负幂次方时，采用香农-范诺编码同样能够达到100%的编码效率。香农-范诺编码的理论基础是：符号的码字长度 $N_i$ 完全由该符号出现的概率来决定，即：

$$-\log_D P_i \leqslant N_i \leqslant -\log_D P_i + 1 \tag{5.2.1}$$

式中：$D$ 为编码所用的数制。

香农-范诺编码的具体步骤如下：

① 将信源符号按其出现概率从大到小排序；

② 按照式(5.2.1)计算出各概率对应的码字长度 $N_i$；

③ 计算累加概率 $A_i$，即：

$$\begin{cases} A_1 = 0 \\ A_i = A_{i-1} + P_{i-1} \qquad (i = 2,3,\cdots,N) \end{cases} \tag{5.2.2}$$

④ 把各个累加概率 $A_i$ 由十进制转化为二进制，取该二进制数的前 $N_i$ 位作为对应信源符号的码字。

为便于比较，仍以例5.2.1中图像为对象，对其进行香农-范诺编码，结果如表5.2.2所列。

**表5.2.2 香农-范诺编码**

| 信源符号 | 出现概率 $P_i$ | 码字长度 $N_i$ | 累加概率 $A_i$ | 转换为二进制 | 分配码字 $B_i$ |
|---|---|---|---|---|---|
| $l_1$ | 0.40 | 2 | 0 | 0 | 00 |
| $l_2$ | 0.18 | 3 | 0.40 | 0110 | 011 |
| $l_3$ | 0.10 | 4 | 0.58 | 10010 | 1001 |
| $l_4$ | 0.10 | 4 | 0.68 | 10100 | 1010 |
| $l_5$ | 0.07 | 4 | 0.78 | 11000 | 1100 |
| $l_6$ | 0.06 | 5 | 0.85 | 110110 | 11011 |
| $l_7$ | 0.05 | 5 | 0.91 | 111010 | 11101 |
| $l_8$ | 0.04 | 5 | 0.96 | 111101 | 11110 |
| $R=3.17$ | | $H=2.55$ | | $\eta=80.4\%$ | |

## 2. 二分法香农-范诺编码

二分法香农-范诺编码方法的步骤如下：

① 将信源符号按照其出现概率从大到小排序；

② 从这个概率集合中的某个位置将其分为2个子集合，并尽量使2个子集合的概率和近似相等，给前面一个子集合赋值为0，后面一个子集合赋值为1；

③ 重复步骤②，直到各个子集合中只有一个元素为止；

④ 将每个元素所属的子集合的值依次串起来，即可得到各个元素的香农-范诺编码。

表 5.2.3 给出了对例 5.2.1 中的图像进行的二分法香农-范诺编码的结果。

**表 5.2.3 二分法香农–范诺编码**

<table>
<tr><th>分配码字</th><th>信源符号</th><th>出现概率</th><th></th><th></th><th></th><th></th></tr>
<tr><td>00</td><td>$l_1$</td><td>0.40</td><td rowspan="2">0.58（0）</td><td>0.40（0）</td><td></td><td></td></tr>
<tr><td>01</td><td>$l_2$</td><td>0.18</td><td>0.18（1）</td><td></td><td></td></tr>
<tr><td>100</td><td>$l_3$</td><td>0.10</td><td rowspan="6">0.42（1）</td><td rowspan="2">0.20（0）</td><td>0.10（0）</td><td></td></tr>
<tr><td>101</td><td>$l_4$</td><td>0.10</td><td>0.10（1）</td><td></td></tr>
<tr><td>1100</td><td>$l_5$</td><td>0.07</td><td rowspan="4">0.22（1）</td><td rowspan="2">0.13（0）</td><td>0.07（0）</td></tr>
<tr><td>1101</td><td>$l_6$</td><td>0.06</td><td>0.06（1）</td></tr>
<tr><td>1110</td><td>$l_7$</td><td>0.05</td><td rowspan="2">0.09（1）</td><td>0.05（0）</td></tr>
<tr><td>1111</td><td>$l_8$</td><td>0.04</td><td>0.04（1）</td></tr>
<tr><td colspan="3">$R$=2.64</td><td colspan="2">$H$=2.55</td><td colspan="2">$\eta$ =96.59%</td></tr>
</table>

## 5.2.3 算术编码

算术编码是 20 世纪 80 年代发展起来的一种熵编码方法,这种方法不是将单个信源符号映射成一个码字,而是把整个信源表示为实数线上的 0～1 之间的一个区间,其长度等于该序列的概率;再在该区间内选择一个代表性的小数,将其转化为二进制作为实际的编码输出。信息序列中的每个元素都要缩短为一个区间,信息序列中元素越多,所得到的区间就越小。当区间变小时,就需要更多的数位来表示这个区间。采用算术编码,每个符号的平均编码长度可以为小数。

算术编码有两种模式:一种是基于信源概率统计特性的固定编码模式;另一种是针对未知信源概率模型的自适应模式。自适应模式中各个符号的概率初始值都相同,它们依据出现的符号而相应地改变。只要编码器和解码器都使用相同的初始值和相同的改变值的方法,那么它们的概率模型将保持一致。上述两种形式的算术编码均可用硬件实现,其中自适应模式适用于不进行概率统计的场合。有关实验数据表明,在未知信源概率分布的情况下,算术编码一般要优于哈夫曼编码。在 JPEG 扩展系统中,就用算术编码取代了哈夫曼编码。

下面结合一个实例来阐述固定模式的算术编码的具体方法。

**【例 5.2.4】** 设一待编码的数据序列(即信源)为“*cadacdb*”,信源中各符号出现的概率依次为 $P(a)=0.1$,$P(b)=0.4$,$P(c)=0.2$,$P(d)=0.3$,写出对这个信源进行算术编码的过程,并利用 MATLAB 编程实现。

首先,数据序列中的各数据符号在区间[0, 1]内的间隔(赋值范围)设定为:

$$a=[0,\ 0.1)\quad b=[0.1,\ 0.5)\quad c=[0.5,\ 0.7)\quad d=[0.7,\ 1.0)$$

算术编码所依据的公式为:

$$\begin{cases} \text{Start}_\text{N} = \text{Start}_\text{B} + L \times \text{Left}_\text{C} \\ \text{End}_\text{N} = \text{Start}_\text{B} + L \times \text{Right}_\text{C} \end{cases} \tag{5.2.3}$$

式中:$\text{Start}_\text{N}$、$\text{End}_\text{N}$分别为新间隔(或称为区间)的起始位置和结束位置;$\text{Start}_\text{B}$为前一

间隔的起始位置；$L$ 为前一间隔的长度；$Left_C$、$Right_C$ 分别为当前编码符号的初始区间的左端和右端。

初始化时，$Start_B=0$，$L=1.0-0=1.0$。

**(1) 对第一个信源符号 *c* 编码**

$$Start_N = Start_B + L \times Left_C = 0 + 1 \times 0.5 = 0.5$$

$$End_N = Start_B + L \times Right_C = 0 + 1 \times 0.7 = 0.7$$

信源符号 $c$ 将区间 $[0,1) \rightarrow [0.5,0.7)$，下一个信源的范围为：

$$L = End_N - Start_N = 0.7 - 0.5 = 0.2$$

**(2) 对第 2 个信源符号 *a* 编码**

$$Start_N = Start_B + L \times Left_C = 0.5 + 0.2 \times 0 = 0.5$$

$$End_N = Start_B + L \times Right_C = 0.5 + 0.2 \times 0.1 = 0.52$$

信源符号 $a$ 将区间 $[0.5,0.7) \rightarrow [0.5,0.52)$，下一个信源的范围为：

$$L = End_N - Start_N = 0.52 - 0.5 = 0.02$$

**(3) 对第 3 个信源符号 *d* 编码**

$$Start_N = Start_B + L \times Left_C = 0.5 + 0.02 \times 0.7 = 0.514$$

$$End_N = Start_B + L \times Right_C = 0.5 + 0.02 \times 1 = 0.52$$

信源符号 $d$ 将区间 $[0.5,0.52) \rightarrow [0.514,0.52)$，下一个信源的范围为：

$$L = End_N - Start_N = 0.52 - 0.514 = 0.006$$

**(4) 对第 4 个信源符号 *a* 编码**

$$Start_N = Start_B + L \times Left_C = 0.514 + 0.006 \times 0 = 0.514$$

$$End_N = Start_B + L \times Right_C = 0.514 + 0.006 \times 0.1 = 0.5146$$

信源符号 $a$ 将区间 $[0.514,0.52) \rightarrow [0.514,0.5146)$，下一个信源的范围为：

$$L = End_N - Start_N = 0.5146 - 0.514 = 0.0006$$

**(5) 对第 5 个信源符号 *c* 编码**

$$Start_N = Start_B + L \times Left_C = 0.514 + 0.0006 \times 0.5 = 0.5143$$

$$End_N = Start_B + L \times Right_C = 0.514 + 0.0006 \times 0.7 = 0.51442$$

信源符号 $c$ 将区间 $[0.514,0.5146) \rightarrow [0.5143,0.51442)$，下一个信源的范围为：

$$L = End_N - Start_N = 0.51442 - 0.5143 = 0.00012$$

**(6) 对第 6 个信源符号 *d* 编码**

$$Start_N = Start_B + L \times Left_C = 0.5143 + 0.00012 \times 0.7 = 0.514384$$

$$End_N = Start_B + L \times Right_C = 0.5143 + 0.00012 \times 1 = 0.51442$$

信源符号 $d$ 将区间 $[0.5143,0.51442) \rightarrow [0.514384,0.51442)$，下一个信源的范围为：

$$L = End_N - Start_N = 0.51442 - 0.514384 = 0.000036$$

**(7) 对第 7 个信源符号 *b* 编码**

$$Start_N = Start_B + L \times Left_C = 0.514384 + 0.000036 \times 0.1 = 0.5143876$$

$$End_N = Start_B + L \times Right_C = 0.514384 + 0.000036 \times 0.5 = 0.514402$$

信源符号 $b$ 将区间 $[0.514384,0.51442) \rightarrow [0.5143876,0.514402)$。最后，从

[0.5143876,0.514402)中选择一个数作为编码输出,选择0.5143876。

解码是编码的逆过程,通过编码最后的下标界值0.5143876得到信源“*cadacdb*”是惟一的编码。

由于0.5143876在[0.5,0.7]区间,所以可知第一个信源符号为*c*。

得到信源符号*c*以后,由于已知信源符号*c*的上界和下界,利用编码的可逆性,减去信源符号*c*的下界0.5,得0.0143876,再用信源符号*c*的范围0.2去除,得到0.071938。由于已知0.071938落在信源符号*a*的区间,所以得到第2个信源符号为*a*;同样,再减去信源符号*a*的下界0,除以信源*a*的范围0.1,得到0.71938,已知0.71938落在信源符号*d*的区间,所以得到第3个信源符号为*d*……,同理操作下去,直至解码结束。

具体解码操作过程如下:

$$\frac{0.5143876-0}{1}=0.5143876\Rightarrow c$$

$$\frac{0.5143876-0.5}{0.2}=0.071938\Rightarrow a$$

$$\frac{0.071938-0}{0.1}=0.71938\Rightarrow d$$

$$\frac{0.71938-0.7}{0.3}=0.0646\Rightarrow a$$

$$\frac{0.0646-0}{0.1}=0.646\Rightarrow c$$

$$\frac{0.646-0.5}{0.2}=0.73\Rightarrow d$$

$$\frac{0.73-0.7}{0.3}=0.1\Rightarrow b$$

$$\frac{0.1-0.1}{0.4}=0 \qquad \text{结束}$$

主程序MATLAB源代码如下:

```
clear all
format long e;
symbol = ['abcd'];
ps = [0.1 0.4 0.2 0.3];                 %信源各符号出现的概率
inseq = ('cadacdb');                    %待编码的数据序列
codeword = suanshubianma(symbol,ps,inseq)                       %算术编码
outseq = suanshujiema(symbol,ps,codeword,length(inseq))         %算术解码
%算术编码函数 suanshubianma
function acode = suanshubianma(symbol,ps,inseq)
high_range = [];
for k = 1:length(ps)
    high_range = [high_range sum(ps(1:k))];
end
low_range = [0 high_range(1:length(ps - 1))];
sbidx = zeros(size(inseq));
for i = 1:length(inseq)
```

```
        sbidx(i) = find(symbol == inseq(i));
    end
    low = 0;
    high = 1;
    for i = 1:length(inseq)
        range = high - low;
        high = low + range * high_range(sbidx(i));
        low = low + range * low_range(sbidx(i));
    end
    acode = low;
    %算术解码函数 suanshujiema
    function symbos = suanshujiema(symbol,ps,codeword,symlen)
    format long e
    high_range = [];
    for k = 1 : length(ps)
        high_range = [high_range sum(ps(1:k))];
    end
    low_range = [0 high_range(1:length(ps) - 1)];
    psmin = min(ps);
    symbos = [];
    for i = 1 : symlen
        idx = max(find(low_range< = codeword));
        codeword = codeword - low_range(idx);
          if abs(codeword - ps(idx))<0.01 * psmin
            idx = idx + 1;
            codeword = 0;
        end
        symbos = [symbos symbol(idx)];
        codeword = codeword/ps(idx);
        if abs(codeword)<0.01 * psmin
            i = symlen + 1;
        end
    end
```

运行结果为：

```
codeword = 5.143876000000001e - 001
outseq = cadacdb
```

### 5.2.4 行程编码

行程编码(Run-length Coding)是相对简单的编码技术，主要思路是将一个相同值的连续串用一个代表值和串长来代替。例如，有一个字符串“*aaabccddddd*”，经过行程编码后可以用“*3a1b2c5d*”来表示。对图像编码来说，可以定义沿特定方向上具有相同灰度值的相邻像素为一轮，其延续长度称为延续的行程，简称为行程或游程。例如，若沿水平方向有一串 $M$ 个像素具有相同的灰度 $N$，则行程编码后，只传递 2 个值($N$,$M$)就可以代替 $M$ 个像素的 $M$ 个灰度值 $N$。

行程编码分为定长行程编码和变长行程编码两种。定长行程编码是指编码的行程所使用的二进制位数固定。如果灰度连续相等的个数超过了固定二进制位数所能表示的最大值,则进行下一轮行程编码。变长行程编码是指对不同范围的行程使用不同位数的二进制位数进行编码,需要增加标志位来表明所使用的二进制位数。

行程编码一般不直接应用于多灰度图像,但比较适合于二值图像的编码。为了达到较好的压缩效果,有时行程编码与其他一些编码方法混合使用。例如,在JPEG中,行程编码和DCT及哈夫曼编码一起使用,先对图像分块处理,然后对分块进行DCT,量化后的频域图像数据做Z形扫描,再做行程编码,对行程编码的结果再进行哈夫曼编码。

## 5.3 预测编码

预测编码是建立在信号(语音、图像等)数据的相关性之上,根据某一模型利用以往的样本值对新样本进行预测,减少数据在时间和空间上的相关性,以达到压缩数据的目的。预测方法有多种,其中差分脉冲编码调制(Differential Pulse Code Modulation, DPCM),是一种具有代表性的编码方法,本节将着重介绍DPCM的基本原理、最佳线性预测及其自适应编码方法。

### 5.3.1 DPCM基本原理

由图像的统计特性可知,相邻像素之间有较强的相关性,即相邻像素的灰度值相同或相近,因此,某像素的值可根据以前已知的几个像素值来估计、猜测。正是由于像素间的相关性,才使预测成为可能。

预测编码的基本思想是通过提取每个像素中的新信息并对它们编码来消除像素间的冗余,这里一个像素的新信息定义为该像素的当前或现实值与预测值的差,利用这种具有预测性质的差值,再量化、编码、传输,其效果更佳,这一方法就称为DPCM法。预测法编码通常不直接对信号编码,而是对预测误差编码。DPCM系统原理框图如图5.3.1所示。

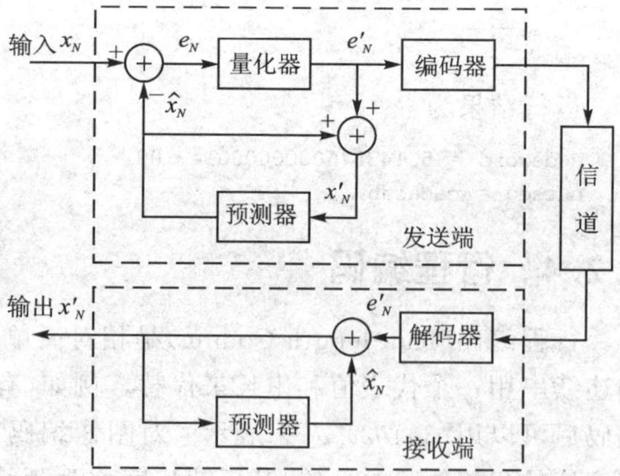

图5.3.1 DPCM系统原理框图

设 $x_N$ 为 $t_N$ 时刻输入信号的亮度采样值;$\hat{x}_N$ 为根据 $t_N$ 时刻以前已知的像素亮度采样值 $x_1, x_2, \cdots, x_{N-1}$ 对 $x_N$ 所做的预测值;$e_N$ 为差值信号,也称误差信号,其值为:

$$e_N = x_N - \hat{x}_N \qquad (5.3.1)$$

$q_N$ 为量化器的量化误差,$e'_N$ 为量化器输出信号,则有:

$$q_N = e_N - e'_N \qquad (5.3.2)$$

接收端输出为 $x'_N$，则有：

$$x'_N = \hat{x}_N + e'_N$$

那么在接收端复原的像素值 $x'_N$ 与发送端的原输入像素值 $x_N$ 之间的误差为：

$$x_N - x'_N = x_N - (\hat{x}_N + e'_N) = (x_N - \hat{x}_N) - e'_N = e_N - e'_N = q_N \quad (5.3.3)$$

由此可见：在 DPCM 系统中，误差的来源是发送端的量化器，而与接收端无关。

① 若去掉量化器，那么 $e_N = e'_N$，则 $q_N = 0$，$x_N - x'_N = 0$。这样就可以完全不失真地恢复输入信号 $x_N$，从而实现信息保持型编码。

② 若 $q_N \neq 0$，那么输入信号 $x_N$ 和复原信号输出 $x'_N$ 之间就一定存在误差，从而产生图像质量的某种降质。这样的 DPCM 系统实现的是保真度编码，在这样的 DPCM 系统中就存在一个如何能使误差尽可能减少的问题。

## 5.3.2 最佳线性预测编码方法

### 1. 预测编码的类型

若 $t_N$ 时刻之前的已知样值与预测值之间的关系呈现某种函数形式，该函数一般分为线性和非线性两种，所以预测编码器也就有线性预测编码器和非线性预测编码器两种。

若估计值 $\hat{x}_N$ 与 $x_1, x_2, \cdots, x_{N-1}$ 样值之间呈现为：

$$\hat{x}_N = \sum_{i=1}^{N-1} a_i x_i \quad (5.3.4)$$

若式中 $a_i(i=1,2,\cdots,N-1)$ 为常量，则称这种预测为线性预测。$a_1, a_2, \cdots, a_{N-1}$ 称为预测系数。

若 $t_N$ 时刻的信号样本值 $x_N$ 与 $t_N$ 时刻之前的已知样本值 $x_1, x_2, \cdots, x_{N-1}$ 之间不是如式(5.3.4)所示的线性组合关系，而是非线性关系，则称之为非线性预测。

在图像数据压缩中，常用如下几种线性预测方案：

① 前值预测：即 $\hat{x}_N = a x_{N-1}$。

② 一维预测：即用 $x_N$ 的同一扫描行中的前面已知的几个采样值预测 $x_N$，其预测公式为：

$$\hat{x}_N = \sum_{i=1}^{N-1} a_i x_i$$

③ 二维预测：即不但用 $x_N$ 的同一扫描行以前的几个采样值($x_1, x_5$)，如图 5.3.2 所示，还要用 $x_N$ 的以前几行中的采样值($x_2$, $x_3, x_4$)一起来预测 $x_N$。例如：

$$\hat{x}_N = a_1 x_1 + a_2 x_2 + a_3 x_3 + a_4 x_4 + a_5 x_5$$

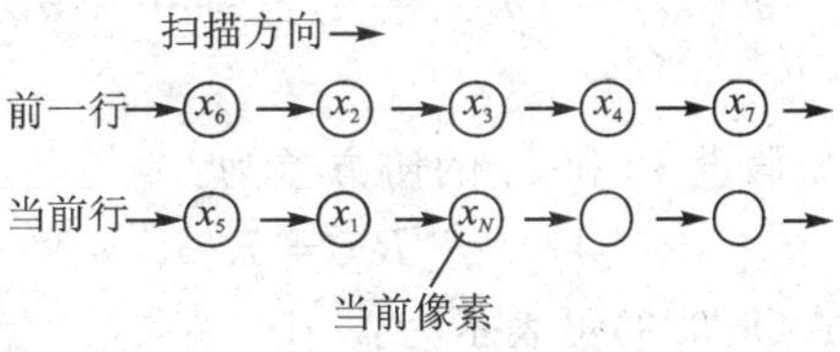


图 5.3.2 二维预测示意图

以上都是一幅图像中像素点之间的预测，

统称为帧内预测。

④ 三维预测(帧间预测):即取用已知像素不但是前几行的而且还包括前几帧的来预测 $x_N$。通常相邻帧间细节的变化是很少的,即相对应像素的灰度变化较小,存在极强的相关性,利用预测编码去除帧间的相关性,可以获得更大的压缩比。

### 2. 最佳线性预测

所谓最佳线性预测就是按照均方误差最小准则,选择式(5.3.4)中线性预测系数 $a_i$,使得预测的偏差值 $e_N=x_N-\hat{x}_N$ 为最小。

假定二维图像信号 $x(t)$ 是一个均值为零,方差为 $\sigma^2$ 的平稳随机过程,$x(t)$ 在 $t_1$,$t_2$,…,$t_{N-1}$ 时刻的采样值集合为 $x_1,x_2,\cdots,x_{N-1}$。

由式(5.3.4)可以得到 $t_N$ 时刻采样值的线性预测值为:

$$\hat{x}_N=\sum_{i=1}^{N-1}a_ix_i=a_1x_1+a_2x_2+\cdots+a_{N-1}x_{N-1} \tag{5.3.5}$$

式中:$a_i$ 为预测系数。

根据线性预测定义,$\hat{x}_N$ 必须十分逼近 $x_N$,这就要求 $a_1,a_2,\cdots,a_{N-1}$ 为最佳系数。采用均方误差最小的准则,可得到最佳的 $a_i$。

设 $x_N$ 的均方误差为:

$$\begin{aligned}E\{[e_N]^2\}&=E\{[x_N-\hat{x}_N]^2\}\\&=E\{[x_N-(a_1x_1+a_2x_2+\cdots+a_{N-1}x_{N-1})]^2\}\end{aligned} \tag{5.3.6}$$

为使 $E\{[e_N]^2\}$ 最小,在式(5.3.6)中对 $a_i$ 求微分,即:

$$\begin{aligned}\frac{\partial}{\partial a_i}E\{[e_N]^2\}&=\frac{\partial}{\partial a_i}E\{[x_N-(a_1x_1+a_2x_2+\cdots+a_{N-1}x_{N-1})]^2\}\\&=-2E\{[x_N-(a_1x_1+a_2x_2+\cdots+a_{N-1}x_{N-1})]x_i\}\quad(i=1,2,\cdots,N-1)\end{aligned} \tag{5.3.7}$$

根据极值定义,得到 $N-1$ 个方程组成的方程组:

$$\begin{cases}E\{[x_N-(a_1x_1+a_2x_2+\cdots+a_{N-1}x_{N-1})]x_1\}=0\\E\{[x_N-(a_1x_1+a_2x_2+\cdots+a_{N-1}x_{N-1})]x_2\}=0\\\quad\vdots\\E\{[x_N-(a_1x_1+a_2x_2+\cdots+a_{N-1}x_{N-1})]x_{N-1}\}=0\end{cases} \tag{5.3.8}$$

简记为:

$$E\{[x_N-(a_1x_1+a_2x_2+\cdots+a_{N-1}x_{N-1})]x_i\}=0\quad(i=1,2,\cdots,N-1) \tag{5.3.9}$$

假设 $x_i$ 和 $x_j$ 的协方差为:

$$R_{ij}=E\{x_i,x_j\}\qquad(i,j=1,2,\cdots,N-1) \tag{5.3.10}$$

则式(5.3.9)可表示为:

$$R_{Ni}=a_1R_{1i}+a_2R_{2i}+\cdots+a_{N-1}R_{(N-1)i}\qquad(i=1,2,\cdots,N-1)$$

若所有的协方差 $R_{ij}$ 已知,则在特定的算法下,$N-1$ 个预测系数 $a_i$ 即可解得。

【例 5.3.1】 针对图 5.3.3(a)所示的原始图像，要求利用 MATLAB 编程实现采用前值预测($\hat{x}_N = a x_{N-1}$)进行一阶无损预测编码，并显示出解码图像。

主程序 MATLAB 源代码如下：

```
clear,clc
close all
X = imread('peppers.bmp','bmp');                   % 读取图像
imshow(X)                                           % 显示图像
title('原始图像')
a = 1;                                              % 利用前值预测,a 为预测系数
X = double(X);
Y = Yucebianma(X);                                  % 预测编码
XX = Yucejiema(Y);                                  % 预测解码
e = double(X) - double(XX);                         % 预测误差
[m,n] = size(e);
erms = sqrt(sum(e(:).^2)/(m * n));                  % 计算均方根误差,因为是无损预测,erms 应该为 0
XX = uint8(XX);
figure,imshow(XX);                                  % 显示解码图像
title('解码图像')
 % Yucebianma 是一维无损预测编码程序
function Y = Yucebianma(x)
a = 1;
x = double(x);
[m,n] = size(x);
xyuce = zeros(m,n);                                 % xyuce 为存放 x 的预测值
xs = x;
zc = zeros(m,1);
for j = 1:length(a)
    xs = [zc xs(:,1:end - 1)];
    xyuce = xyuce + a * xs;
end
Y = x - round(xyuce);
 % Yucejiema 是解码程序,与编码程序用的是同一个预测器
function xhuifu = Yucejiema(Y)
a = 1;
a = a(end: - 1:1);
[m,n] = size(Y);
order = length(a);
a = repmat(a,m,1);
huifux = zeros(m,n + order);
for j = 1:n
    jj = j + order;
    huifux(:,jj) = Y(:,j) + round(sum(a(:,order: - 1:1). * huifux(:,(jj - 1): - 1:(jj - or-
der)),2));
end
xhuifu = huifux(:,order + 1:end);
```

解码图像如图 5.3.3(b)所示。

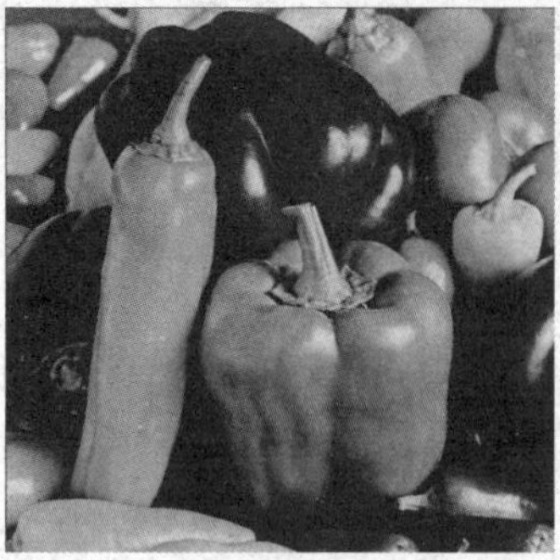

(a) 原始图像

(b) 解码图像

图 5.3.3 预测编码程序运行结果图

### 5.3.3 自适应预测编码方法

线性预测编码的基础是假设图像全域为平稳的随机过程，自相关系数与像素在域中的位置无关。实际上，图像的起伏始终是存在的，被描述像素和周围像素之间，含有多种多样的关系。线性预测系数 $a_i$ 是一种近似条件下的常数，忽略了像素的个性，存在以下缺点，影响图像质量，如图 5.3.4 所示。

① 对灰度有突变的地方，会有较大的预测误差，致使重建图像的边缘模糊，分辨率降低。

② 对灰度变化缓慢区域，其差值信号应为零，但因其预测值偏大而使重构图像有颗粒噪声。

为了改善图像质量，克服上述预测编码带来的缺点，非线性预测充分考虑了图像的统计特性和个别变化，预测器的预测系数不固定，随图像的局部特性而有所变化。尽量使预测系数与图像所处的局部特性相匹配，即预测系数随预测环境而变，从而得到较为理想的输出，故称为自适应预测编码。

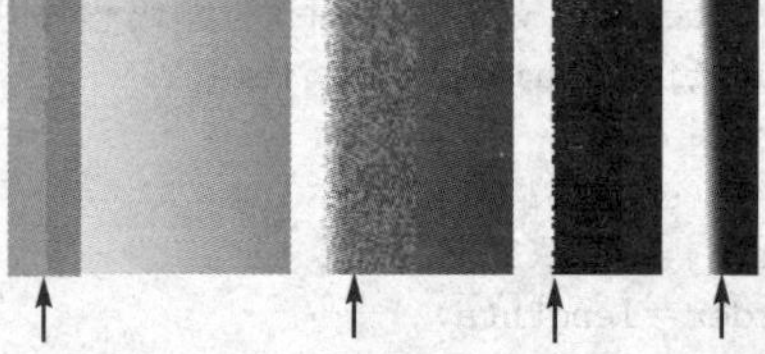


图 5.3.4 预测编码降质图像

自适应方法很多，1977 年 Yamada 提出了一个二维 DPCM 的自适应预测方案，预测函数为：

$$\hat{x}_N = K(a_1 x_1 + a_4 x_4) \tag{5.3.11}$$

其预测系数 $a_1 = 0.75$，$a_4 = 0.25$，$K$ 为自适应预测参数，定义如下：

$$K = \begin{cases} 1.0 + 0.125 & |e'_{N-1}| = e_K \\ 1.0 & e_1 < |e'_{N-1}| < e_K \\ 1.0 - 0.125 & |e'_{N-1}| = e_1 \end{cases} \tag{5.3.12}$$

式中：$e_K$ 为最大量化输出正电平；$e_1$ 为最小量化输出正电平；$e'_{N-1}$ 为第 $N-1$ 个采样值

的量化输出电平。

当 $e_1 < |e'_{N-1}| < e_K$ 时，取自适应参数 $K=1$，则第 $N$ 个预测值将按 $\hat{x}_N = 0.75x_1 + 0.25x_4$ 输出。

当 $|e'_{N-1}| = e_K$ 时，预测值 $\hat{x}_N$ 自动增大 12.5%，即自适应参数 $K=1.125$。这对缓减 $\hat{x}_N$ 和 $\hat{x}_{N+1}$ 等几个相邻像素出现斜率过载，增强图像边缘，减轻其模糊现象是有效的。

当 $|e'_{N-1}| = e_1$ 时，取自适应系数 $K=0.875$，预测值自动减小 12.5%，在图像中对减少颗粒噪声是有作用的。

## 5.4 变换编码

变换编码就是将原来在空间域上描述的图像等信号，通过一种数学变换（常用二维正交变换如傅里叶变换、离散余弦变换、沃尔什变换等），变换到变换域中进行描述，达到改变能量分布的目的。即将图像能量在空间域的分散分布变为在变换域的能量的相对集中分布，达到去除相关的目的，再经过适当的方式量化编码，进一步压缩图像。

信息论的研究表明，正交变换不改变信源的熵值，变换前后图像的信息量并无损失，完全可以通过反变换得到原来的图像值。但是，统计分析表明，图像经过正交变换后，把原来分散在原空间的图像数据在新的坐标空间中得到集中，对于大多数图像，大量的变换系数很小，只要删除接近于 0 的系数，并且对较小的系数进行粗量化，而保留包含图像主要信息的系数，以此进行压缩编码。在重建图像进行解码（逆变换）时，所损失的将是一些不重要的信息，几乎不会引起图像的失真，图像的变换编码就是利用这些来压缩图像的，这种方法可得到很高的压缩比。

一个典型的变换编码系统如图 5.4.1 所示，编码器执行 4 个步骤：图像分块、变换、量化和编码。

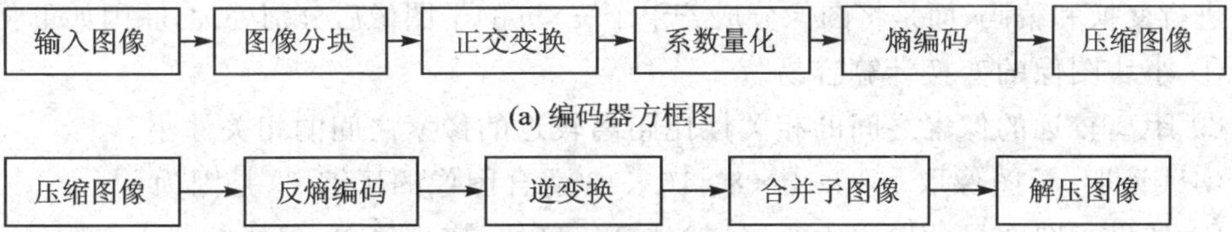


(a) 编码器方框图

(b) 解码器方框图

**图 5.4.1 变换编码系统方框图**

变换编码首先将一幅 $N \times N$ 大小的图像分成 $(N/n)^2$ 个子图像，然后对子图像进行变换操作，解除子图像像素间的相关性，达到用少量的变换系数包含尽可能多的图像信息的目的；接下来的量化步骤是有选择的消除或粗量化带有很少信息的变换系数，因为它们对重建图像的质量影响很小；最后是编码，一般用变长码对量化后的系数进行编码。解码是编码的逆操作，由于量化是不可逆的，所以在解码中没有对应的模块，要注意的是压缩并不是在变换步骤中取得的，而是在量化变换系数和编码时取得的。

### 1. 变换的选择

许多图像变换都可以用于变换编码。在理论上,K-L变换是最优的正交变换,它能完全消除子图像块内像素间的线性相关性,经K-L变换后各变换系数在统计上不相关,其协方差矩阵为对角阵,因而大大减少了原数据的冗余度。如果丢弃特征值较小的一些变换系数,那么所造成的均方误差是所有正交变换中最小的。由于K-L变换是取原图各子图像块协方差矩阵的特征向量作为变换后的基向量,因此K-L变换的基对不同图像是不同的,与编码对象的统计特性有关。这种不确定性使得K-L变换使用起来非常不方便,所以尽管K-L变换具有上述优点,一般只将它作为理论上的比较标准。

在目前常用的正交变换中,DCT变换的性能仅次于K-L变换,所以DCT变换被认为是一种准最佳变换。另一方面,DCT变换矩阵与图像内容无关,而且由于它是构造成对称的数据序列,从而避免了子图像边界处的跳跃和不连续现象,并且也有快速算法(FDCT)。因此在图像编码的应用中,往往都采用二维DCT。在JPEG基本系统中,就是采用二维DCT算法作为压缩的基本方法。

傅里叶变换是应用最早的变换之一,也有快速算法,但它的不足之处在于子图像的变换系数在边界处的不连续而造成恢复的子图像在其边界也不连续,于是由各恢复子图像构成的整幅图像将呈现隐约可见的子图像的方块状结构,影响图像质量。

沃尔什变换与DCT变换相比,其算法简单(只有加法和减法),因而运算速度快,适用于高速实时系统,而且也容易硬件实现,但性能比DCT变换差一些。

### 2. 子图像尺寸的选择

正交变换是一种数据处理手段,它将被处理的数据按照某种变换规则映射到另一个域中去处理。正交变换有一维、二维和多维不同的处理方式。由于图像可以看成二维数据矩阵,所以在图像编码中多采用二维正交变换的方式。如果将一幅图像作为一个二维矩阵,则其正交变换的计算量也太大,难以实现。因此,在实用中变换编码并不是对整幅图像进行变换和编码,而是将图像分成若干个$n \times n$的子图像后分别处理,原因如下:

① 小块图像的变换计算容易。

② 距离较远的像素之间的相关性比距离较近的像素之间的相关性小。

实践证明,子图像取$4 \times 4$、$8 \times 8$、$16 \times 16$适合图像的压缩,这是因为:

① 如果子图像尺寸取得太小,虽然计算速度快,实现简单,但压缩能力有限。

② 如果子图像尺寸取得太大,虽然去相关效果好,因为DFT、DCT等正弦类变换均渐近最佳性,但也渐趋饱和,由于图像本身的相关性很小,反而使其压缩效果不明显,而且增加了计算的复杂性。

### 3. 变换系数的选择

对子图像经过变换后,保留变换后的哪些系数用作编码和传输将直接影响信号恢复的质量,变换系数的选择原则是保留能量集中的、方差大的系数。

系数选择通常有变换区域编码和变换阈值编码两种方法。

**(1) 变换区域编码**

变换区域编码是对设定形状的区域内的变换系数进行量化编码，区域外的系数被舍去。一般来说，变换后的系数值较大的都会集中在区域的左上部，即低频率分量都集中在此部分，保留的也是这一部分。其他部分的系数被舍去，在恢复信号时再对它们补0。这样，由于保留了大部分图像信号能量，在恢复信号后，其质量不会产生显著变化。实验研究指出，以均方误差为准则的最佳区域是所谓的最大方差区域。一般具有最大方差的系数集中于接近图像变换的原点处(左上角为原点)，典型的分区模板如图 5.4.2 所示(阴影部分为保留系数)。在分区采样过程里保留的系数需要量化和编码，所以分区模块中的每个元素也可用对每个系数编码所需的比特数表示，典型的分区比特分配如图 5.4.3 所示。

| | | | | | | | |
|---|---|---|---|---|---|---|---|
| 1 | 1 | 1 | 1 | 1 | 0 | 0 | 0 |
| 1 | 1 | 1 | 1 | 0 | 0 | 0 | 0 |
| 1 | 1 | 1 | 0 | 0 | 0 | 0 | 0 |
| 1 | 1 | 0 | 0 | 0 | 0 | 0 | 0 |
| 1 | 0 | 0 | 0 | 0 | 0 | 0 | 0 |
| 0 | 0 | 0 | 0 | 0 | 0 | 0 | 0 |
| 0 | 0 | 0 | 0 | 0 | 0 | 0 | 0 |
| 0 | 0 | 0 | 0 | 0 | 0 | 0 | 0 |

**图 5.4.2　典型的分区模板**

| | | | | | | | |
|---|---|---|---|---|---|---|---|
| 8 | 7 | 6 | 4 | 3 | 2 | 1 | 0 |
| 7 | 6 | 5 | 4 | 3 | 2 | 1 | 0 |
| 6 | 5 | 4 | 3 | 3 | 1 | 1 | 0 |
| 4 | 4 | 3 | 3 | 2 | 1 | 0 | 0 |
| 3 | 3 | 3 | 2 | 1 | 1 | 0 | 0 |
| 2 | 2 | 1 | 1 | 1 | 0 | 0 | 0 |
| 1 | 1 | 1 | 0 | 0 | 0 | 0 | 0 |
| 0 | 0 | 0 | 0 | 0 | 0 | 0 | 0 |

**图 5.4.3　典型的分区比特分配**

变换区域编码的明显缺陷，就是高频分量完全丢失。反映在恢复图像上将是轮廓及细节模糊。克服这一缺陷的方法，可以预先设定几个区域，根据实际系数分布自动选取能量最大的区域。

**(2) 变换阈值编码**

变换阈值编码是根据实际情况设定某一大小幅度的阈值，若变换系数超过该阈值，则保留这些系数进行编码传输，其余的补 0。这样，多数低频成分被编码输出，而且少数超过阈值的高频成分也将被保留下来进行编码输出。这在一定程度上弥补了区域法的不足，但这种选择系数的方法有两个问题需要解决：一个是被保留下来进行编码的系数在矩阵中的位置是不确定的，因此，尚需增加“地址”编码比特数，其码率相对地要高一些；另一个问题是“阈值”需要通过实验来确定，当然也可以根据总比特数进行自适应阈值选择，但需要一定的技术，这将增加编码的复杂程度。

图 5.4.4(a)为 8×8 原始图像的灰度分布矩阵，经过哈达玛变换后，变换系数分布如图 5.4.4(b)所示。假定表示图像像素位置的行号、列号均以 4 位表示，设阈值大于10，变换系数统一用 7 比特编码，则对于图 5.4.4(b)来说，编码输出总码长为 45 比特，具体编码为 0000 0000 0111101 0001 0001 0011001 0110 0110 0010101。

**【例 5.4.1】**　图 5.4.5(a)为原始图像，用 MATLAB 编程实现将原始图像分割成 8×8 的子图像，对每个子图像进行 DCT，这样每个子图像有 64 个系数，舍去 50%小的变换系数，进行 2∶1 的压缩，显示解码图像。

| | | | | | | | |
|---|---|---|---|---|---|---|---|
| 1 | 2 | 3 | 0 | 3 | 0 | 1 | 0 |
| 0 | 1 | 0 | 1 | 1 | 1 | 0 | 1 |
| 1 | 0 | 1 | 2 | 1 | 2 | 1 | 0 |
| 0 | 1 | 2 | 2 | 2 | 2 | 0 | 1 |
| 1 | 0 | 3 | 2 | 1 | 2 | 1 | 0 |
| 0 | 0 | 1 | 3 | 2 | 3 | 0 | 1 |
| 1 | 0 | 1 | 0 | 1 | 0 | 1 | 0 |
| 0 | 1 | 0 | 1 | 0 | 1 | 0 | 1 |

(a) 原始图像的灰度矩阵

| | | | | | | | |
|---|---|---|---|---|---|---|---|
| 61 | −1 | 1 | −1 | 1 | −1 | −27 | −1 |
| 3 | 25 | −1 | −7 | 7 | 1 | 3 | 1 |
| 9 | 3 | 1 | −1 | 1 | −1 | −7 | −5 |
| 7 | 5 | −1 | −7 | 7 | 1 | −1 | −11 |
| 5 | 3 | 5 | −1 | 1 | −5 | 1 | −9 |
| 3 | −3 | 3 | 1 | −1 | −3 | −1 | 1 |
| −15 | 7 | 5 | −1 | 1 | −5 | 21 | −13 |
| 7 | 9 | 3 | 1 | −1 | −3 | −5 | −11 |

(b) 哈达玛变换系数矩阵

**图 5.4.4　阈值编码示例**

MATLAB 源代码如下：

```
clear;
cr = 0.5;
initialimage = imread('baboon.bmp');                    % 读取原图像
imshow(initialimage);                                   % 显示原图像
title('原始图像')
initialimage = double(initialimage);
t = dctmtx(8);
dctcoe = blkproc(initialimage,[8,8],'P1 * x * P2',t,t'); % 将图像分成 8×8 子图像,求 DCT
coevar = im2col(dctcoe,[8,8],'distinct');              % 将变换系数矩阵重新排列
coe = coevar;
[y,ind] = sort(coevar);
[m,n] = size(coevar);
snum = 64 - 64 * cr;                                    % 根据压缩比确定要将系数变为 0 的个数
for i = 1:n
    coe(ind(1:snum),i) = 0;                             % 将最小的 snum 个变换系数设为 0
end
b2 = col2im(coe,[8,8],[512,512],'distinct');           % 重新排列系数矩阵
i2 = blkproc(b2,[8,8],'P1 * x * P2',t',t);             % 求逆离散余弦变换(IDCT)
i2 = uint8(i2);
figure
imshow(i2)                                              % 显示压缩后的图像
title('压缩图像')
```

程序运行的解压缩图像如图 5.4.5(b)所示。

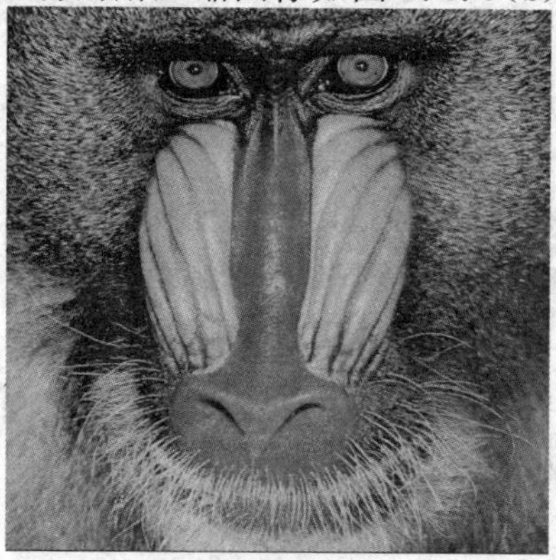

(a) 原始图像

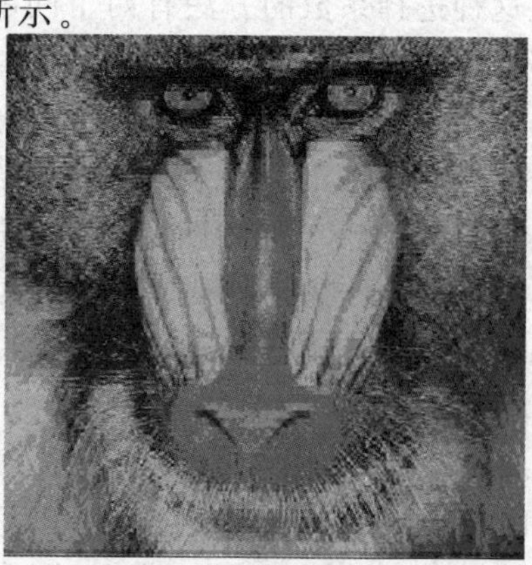

(b) 解压缩图像

**图 5.4.5　实验运行结果**

# 5.5 图像压缩编码国际标准

## 5.5.1 静止图像压缩标准JPEG

JPEG(Joint Photographic Experts Group)是联合图像专家小组的缩写。所谓联合是指国际标准化组织(ISO)和国际电报电话咨询委员会(CCITT)的联合。联合图像专家小组于1986年成立,任务是开发研制连续色调、多级灰度、静止图像的数字图像压缩编码标准,使之满足以下要求:

- 必须将图像质量控制在可视保真度高的范围内,同时编码器可被参数化,允许用户设置压缩或质量水平。
- 压缩标准可以应用于任何一类连续色调数字图像,并不应受到维数、颜色、画面尺寸、内容、影调的限制。
- 压缩标准必须从完全无损到有损范围内可选,以适应不同的存储、CPU和显示要求。

此外,JPEG标准是为连续色调图像的压缩提供的公共标准,连续色调图像并不局限于单色调图像。该标准可适用于各种多媒体存储和通信应用所使用的灰度图像、摄影图像及静止视频压缩文件。

JPEG标准包括图像编码和解码过程以及压缩图像数据的编码表示,它提供了3种压缩算法:基本系统(Baseline System)、扩展系统(Extended System)和无失真压缩(Lossless)。所有的JPEG编码器和解码器必须支持基本系统,另外两种压缩算法适用于特定的应用。

JPEG支持两种图像建立模式:顺序型(Sequential)和渐进型(Progressive),以满足用户对不同应用的需求。JPEG压缩算法分为两大类:无失真压缩和有失真压缩。使用无失真压缩算法将源图像数据转变为压缩数据,该压缩数据经对应的解压缩算法处理后可获得与源图像完全一致的重建图像。有失真压缩算法基于离散余弦变换,所生成的压缩图像数据经解压缩生成的重建图像与源图像在视觉上保持一致。一般来说,压缩比越大,视觉上的一致性越差。综合以上两点,JPEG共有4种工作模式:

① 顺序型编码工作模式:图像的所有8×8像素的图像子块从左到右、从上到下依次输入。图像子块经DCT变换后形成8×8的DCT系数阵列,每一个系数阵列被量化后立即进行熵编码并作为压缩图像数据的一部分输出,从而尽可能地降低对系数存储的要求,如图5.5.1所示。

② 渐进型编码工作模式:基于DCT对图像分层次进行处理,从模糊到清晰地传输图像,如图5.5.2所示。有2种实现方法:

- 频谱选择法,即按Z形扫描的序号将DCT量化序数分成几个频段,每个频段对应一次扫描,每块均先传送低频扫描数据,得到原图概貌,再依次传送高频扫描数据,使图像逐渐清晰。

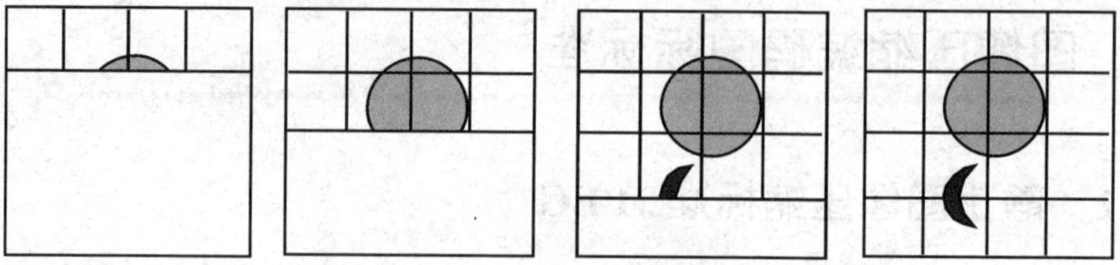

图 5.5.1　顺序型编码工作模式

➤ 逐次逼近法,即每次扫描全部 DCT 量化序数,但每次的表示精度逐渐提高。

③ 无失真编码工作模式：被编码的图像可以保证恢复到与原图像数据完全一致。

④ 分层编码工作模式：在空间域将原图像以不同的分辨率表示,每个分辨率对应一次扫描,处理时可以基于 DCT 或预测编码,可以是渐进式,也可以是顺序式,如图 5.5.3 所示。

JPEG 基本系统的编解码方框图如图 5.5.4 所示。

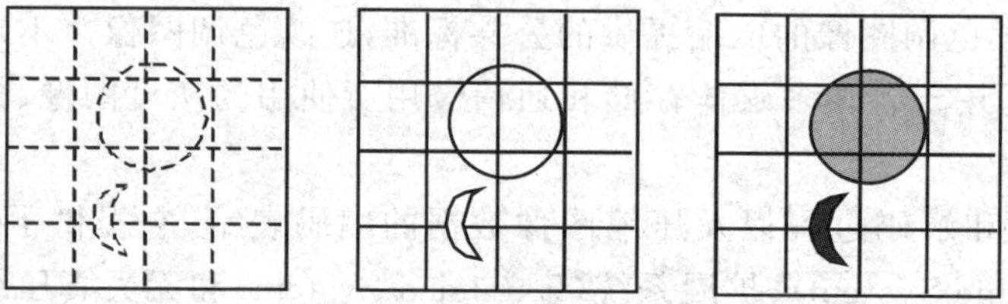

图 5.5.2　渐进型编码工作模式

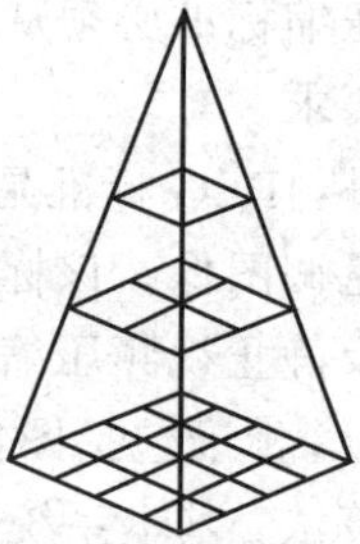

图 5.5.3　分层编码工作模式

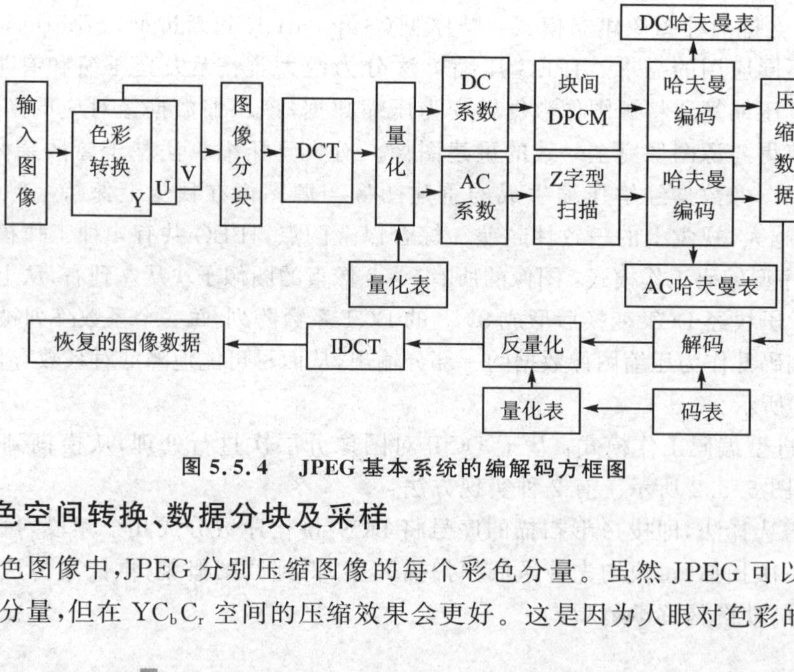


图 5.5.4　JPEG 基本系统的编解码方框图

## 1. 颜色空间转换、数据分块及采样

在彩色图像中,JPEG 分别压缩图像的每个彩色分量。虽然 JPEG 可以压缩通常的红绿蓝分量,但在 $YC_bC_r$ 空间的压缩效果会更好。这是因为人眼对色彩的变化不如

对亮度的变化敏感，因而对色彩的编码可以比对亮度的编码粗糙些。这主要体现在不同的采样频率和量化精度上，因此，编码前一般先将图像从 RGB 空间转换到 $YC_bC_r$ 空间。

在颜色空间转换完成之后，再将每个分量图像分割成不重叠的 8×8 像素块，每一个 8×8 像素块称为一个数据单元(DU)。在对图像采样时，可以采用不同的采样频率，这种技术称为二次采样。由于亮度比色彩更重要，因而对 Y 分量的采样频率可高于对 $C_b$、$C_r$ 的采样频率，这样有利于节省存储空间。常用的采样方案有 YUV422 和 YUV411。把采样频率最低的分量图像中一个 DU 所对应的像区上覆盖的所有各分量上的 DU 按顺序编组为一个最小编码单元(MCU)。对灰度图像而言，只有一个 Y 分量，MCU 就是一个数据单元；而对彩色图像而言，以 4∶1∶1 的采样方案为例，则一个 MCU 由 4 个 Y 分量的 DU、一个 $C_b$ 分量的 DU 和一个 $C_r$ 分量的 DU 组成。

### 2. 离散余弦变换(DCT)

图像数据块分割后，即以 MCU 为单位顺序将 DU 进行二维离散余弦变换。对以无符号数表示的具有 $P$ 位精度的输入数据，在 DCT 前要减去 $2^{P-1}$，转换成有符号数；而在 IDCT 后，应加上 $2^{P-1}$，转换成无符号数。对每个 8×8 的数据块 DU 进行 DCT 后，得到的 64 个系数代表了该图像块的频率成分，其中低频分量集中在左上角，高频分量分布在右下角。系数矩阵左上角的称为直流(DC)系数，它代表了该数据块的平均值；其余 63 个称为交流(AC)系数。

### 3. 系数量化

在 DCT 处理中得到的 64 个系数中，低频分量包含了图像亮度等主要信息。在从空间域到频域的变换中，图像中的缓慢变化比快速变化更易引起人眼的注意，所以在重建图像时，低频分量的重要性高于高频分量。因而在编码时可以忽略高频分量，从而达到压缩的目的，这也是量化的根据和目的。

在 JPEG 标准中，用具有 64 个独立元素的量化表来规定 DCT 域中相应的 64 个系数的量化精度，使得对某个系数的具体量化阶取决于人眼对该频率分量的视觉敏感程度。理论上，对不同的空间分辨率、数据精度等情况，应该有不同的量化表。不过，一般采用图 5.5.5 和图 5.5.6所示的量化表，可取得较好的视觉效果。之所以用 2 张量化表，是因为 Y 分量比 $C_b$ 和 $C_r$ 更重要些，因而对 Y 采用细量化，而对 $C_b$ 和 $C_r$ 采用粗量化。量化就是用 DCT 变换后的系数除以量化表中相对应的量化阶后四舍五入取整。由于量化表中左上角的值较小，而右下角的值较大，因而起到了保持低频分量、抑制高频分量的作用。

### 4. Z 形扫描

DCT 系数量化后，用 Z(Zigzag)形扫描将其变成一维数列，这样做的目的是有利于熵编码，Z 形扫描的顺序如图 5.5.7 所示。

**5. DC 系数编码**

DC 系数反映了一个 8×8 数据块的平均亮度,一般与相邻块有较大的相关性。JPEG 对 DC 系数作差分编码,即用前一数据块的同一分量的 $DC_{j-1}$ 系数作为当前块的预测值,再对当前块的实际值 $DC_j$ 与预测值 $DC_{j-1}$ 的差值作哈夫曼编码,如图 5.5.8 所示。

| | | | | | | | |
|---|---|---|---|---|---|---|---|
| 16 | 11 | 10 | 16 | 24 | 40 | 51 | 61 |
| 12 | 12 | 14 | 19 | 26 | 58 | 60 | 55 |
| 14 | 13 | 16 | 24 | 40 | 57 | 69 | 56 |
| 14 | 17 | 22 | 29 | 51 | 87 | 80 | 62 |
| 18 | 22 | 37 | 56 | 68 | 109 | 103 | 77 |
| 24 | 35 | 55 | 64 | 81 | 104 | 113 | 92 |
| 49 | 64 | 78 | 87 | 103 | 121 | 120 | 101 |
| 72 | 92 | 95 | 98 | 112 | 100 | 103 | 99 |

图 5.5.5 亮度量化表

| | | | | | | | |
|---|---|---|---|---|---|---|---|
| 17 | 18 | 24 | 47 | 99 | 99 | 99 | 99 |
| 18 | 21 | 26 | 66 | 99 | 99 | 99 | 99 |
| 24 | 26 | 56 | 99 | 99 | 99 | 99 | 99 |
| 47 | 66 | 99 | 99 | 99 | 99 | 99 | 99 |
| 99 | 99 | 99 | 99 | 99 | 99 | 99 | 99 |
| 99 | 99 | 99 | 99 | 99 | 99 | 99 | 99 |
| 99 | 99 | 99 | 99 | 99 | 99 | 99 | 99 |
| 99 | 99 | 99 | 99 | 99 | 99 | 99 | 99 |

图 5.5.6 色度量化表

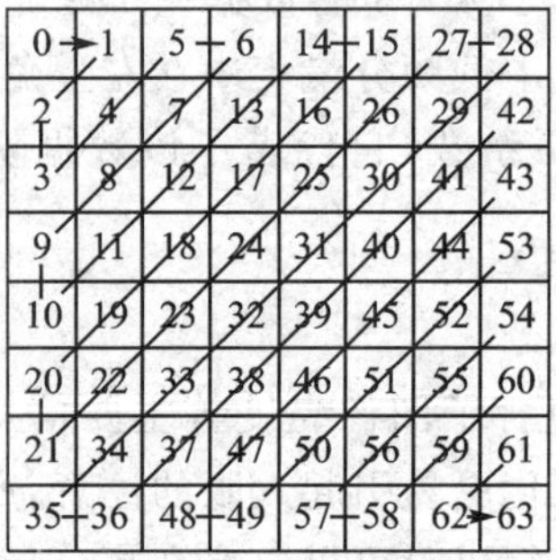


图 5.5.7 DCT 系数的 Z 形扫描顺序

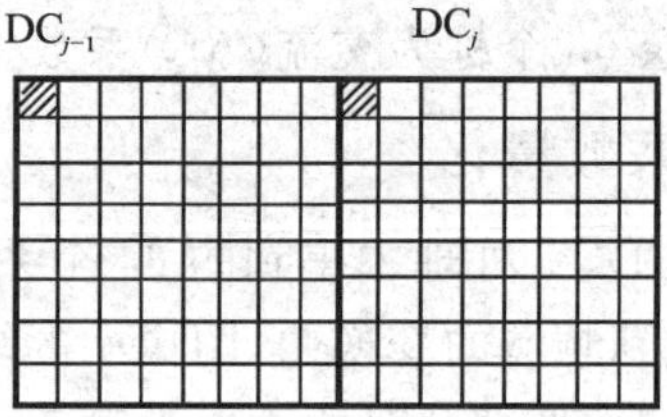


图 5.5.8 DC 系数差分编码

若 DC 系数的动态范围为−1 024～+1 024,则差值的动态范围为−2 047～+2 047。如果为每个差值赋予一个码字,则码表过于庞大。因此,JPEG 对码表进行了简化,采用"前缀码(SSSS)+尾码"来表示。前缀码指明了尾码的有效位数 B,可以根据 DIFF 从表 5.5.1 中查出前缀码对应的哈夫曼编码。尾码的取值取决于 DC 系数的差值和前缀码,如果 DC 系数的差值 DIFF≥0,则尾码的码字为 DIFF 的 B 位原码;否则,取 DIFF 的 B 位反码。

表 5.5.1 图像分量为 8 位时 DC 系数差值的典型哈夫曼编码表

| SSSS | DC 系数差值 DIFF | 亮度码字 | 色度码字 |
|---|---|---|---|
| 0 | 0 | 00 | 00 |
| 1 | −1、1 | 010 | 01 |
| 2 | −3、−2、2、3 | 011 | 10 |

续表 5.5.1

| SSSS | DC系数差值DIFF | 亮度码字 | 色度码字 |
|---|---|---|---|
| 3 | −7～−4、4～7 | 100 | 110 |
| 4 | −15～−8、8～15 | 101 | 1110 |
| 5 | −31～−16、16～31 | 110 | 11110 |
| 6 | −63～−17、17～63 | 1110 | 111110 |
| 7 | −127～−64、64～127 | 11110 | 1111110 |
| 8 | −255～−128、128～255 | 111110 | 11111110 |
| 9 | −511～−256、256～511 | 1111110 | 111111110 |
| 10 | −1023～−512、512～1023 | 11111110 | 1111111110 |
| 11 | −2047～−1023、1023～2047 | 111111110 | 11111111110 |

## 6. AC系数编码

经Z形排列后的AC系数，更有可能出现连续0组成的字符串，从而对其进行行程编码将有利于压缩数据。JPEG将一个非零AC系数及其前面的0行程长度（连续0的个数）的组合称为一个事件。将每个事件编码表示为“NNNN/SSSS＋尾码”，其中，NNNN为0行程的长度，SSSS表示尾码的有效位数B（即当前非零系数所占的比特数）。如果非零AC系数大于等于0，则尾码的码字为该系数的B位原码；否则，取该系数的B位反码。

由于只用4位表示0行程的长度，故在JPEG编码中，最大0行程只能等于15。当0行程长度大于16时，需要将其分开多次编码，即对前面的每16个0以“F/0”表示，对剩余的继续编码。

由非零系数的数值可从表5.5.2中查出对应的SSSS，由NNNN/SSSS又可从表5.5.3或表5.5.4中查得其对应的哈夫曼码字。

表5.5.2 AC系数的尾码位数表

| SSSS | AC系数的幅度 |
|---|---|
| 0 | 0 |
| 1 | −1、1 |
| 2 | −3、−2、2、3 |
| 3 | −7～−4、4～7 |
| 4 | −15～−8、8～15 |
| 5 | −31～−16、16～31 |
| 6 | −63～−17、17～63 |
| 7 | −127～−64、64～127 |
| 8 | −255～−128、128～255 |
| 9 | −511～−256、256～511 |
| 10 | −1023～−512、512～1023 |

表5.5.3 亮度AC系数码表

| 行程/尺寸 | 码长 | 码　字 | 行程/尺寸 | 码长 | 码　字 | 行程/尺寸 | 码长 | 码　字 |
|---|---|---|---|---|---|---|---|---|
| 0/0 (EOB) | 4 | 1010 | 5/4 | 16 | 1111111110011111 | A/8 | 16 | 1111111111001101 |
| 0/1 | 2 | 00 | 5/5 | 16 | 1111111110100000 | A/9 | 16 | 1111111111001110 |
| 0/2 | 2 | 01 | 5/6 | 16 | 1111111110100001 | A/A | 16 | 1111111111001111 |

续表 5.5.3

| 行程/尺寸 | 码长 | 码字 | 行程/尺寸 | 码长 | 码字 | 行程/尺寸 | 码长 | 码字 |
|---|---|---|---|---|---|---|---|---|
| 0/3 | 3 | 100 | 5/7 | 16 | 1111111110100010 | B/1 | 10 | 1111111001 |
| 0/4 | 4 | 1011 | 5/8 | 16 | 1111111110100011 | B/2 | 16 | 1111111111010000 |
| 0/5 | 5 | 11010 | 5/9 | 16 | 1111111110100100 | B/3 | 16 | 1111111111010001 |
| 0/6 | 7 | 1111000 | 5/A | 16 | 1111111110100101 | B/4 | 16 | 1111111111010010 |
| 0/7 | 8 | 11111000 | 6/1 | 7 | 1111011 | B/5 | 16 | 1111111111010011 |
| 0/8 | 10 | 1111110110 | 6/2 | 12 | 111111110110 | B/6 | 16 | 1111111111010100 |
| 0/9 | 16 | 1111111110000010 | 6/3 | 16 | 1111111110100110 | B/7 | 16 | 1111111111010101 |
| 0/A | 16 | 1111111110000011 | 6/4 | 16 | 1111111110100111 | B/8 | 16 | 1111111111010110 |
| 1/1 | 4 | 1100 | 6/5 | 16 | 1111111110101000 | B/9 | 16 | 1111111111010111 |
| 1/2 | 5 | 11011 | 6/6 | 16 | 1111111110101001 | B/A | 16 | 1111111111011000 |
| 1/3 | 7 | 1111001 | 6/7 | 16 | 1111111110101010 | C/1 | 10 | 1111111010 |
| 1/4 | 9 | 111110110 | 6/8 | 16 | 1111111110101011 | C/2 | 16 | 1111111111011001 |
| 1/5 | 11 | 11111110110 | 6/9 | 16 | 1111111110101100 | C/3 | 16 | 1111111111011010 |
| 1/6 | 16 | 1111111110000100 | 6/A | 16 | 1111111110101101 | C/4 | 16 | 1111111111011011 |
| 1/7 | 16 | 1111111110000101 | 7/1 | 8 | 11111010 | C/5 | 16 | 1111111111011100 |
| 1/8 | 16 | 1111111110000110 | 7/2 | 12 | 111111110111 | C/6 | 16 | 1111111111011101 |
| 1/9 | 16 | 1111111110000111 | 7/3 | 16 | 1111111110101110 | C/7 | 16 | 1111111111011110 |
| 1/A | 16 | 1111111110001000 | 7/4 | 16 | 1111111110101111 | C/8 | 16 | 1111111111011111 |
| 2/1 | 5 | 11100 | 7/5 | 16 | 1111111110110000 | C/9 | 16 | 1111111111100000 |
| 2/2 | 8 | 11111001 | 7/6 | 16 | 1111111110110001 | C/A | 16 | 1111111111100001 |
| 2/3 | 10 | 1111110111 | 7/7 | 16 | 1111111110110010 | D/1 | 11 | 11111111000 |
| 2/4 | 12 | 111111110100 | 7/8 | 16 | 1111111110110011 | D/2 | 16 | 1111111111100010 |
| 2/5 | 16 | 1111111110001001 | 7/9 | 16 | 1111111110110100 | D/3 | 16 | 1111111111100011 |
| 2/6 | 16 | 1111111110001010 | 7/A | 16 | 1111111110110101 | D/4 | 16 | 1111111111100100 |
| 2/7 | 16 | 1111111110001011 | 8/1 | 9 | 111111000 | D/5 | 16 | 1111111111100101 |
| 2/8 | 16 | 1111111110001100 | 8/2 | 15 | 111111111000000 | D/6 | 16 | 1111111111100110 |
| 2/9 | 16 | 1111111110001101 | 8/3 | 16 | 1111111110110110 | D/7 | 16 | 1111111111100111 |
| 2/A | 16 | 1111111110001110 | 8/4 | 16 | 1111111110110111 | D/8 | 16 | 1111111111101000 |
| 3/1 | 6 | 111010 | 8/5 | 16 | 1111111110111000 | D/9 | 16 | 1111111111101001 |
| 3/2 | 9 | 111110111 | 8/6 | 16 | 1111111110111001 | D/A | 16 | 1111111111101010 |
| 3/3 | 12 | 111111110101 | 8/7 | 16 | 1111111110111010 | E/1 | 16 | 1111111111101011 |
| 3/4 | 16 | 1111111110001111 | 8/8 | 16 | 1111111110111011 | E/2 | 16 | 1111111111101100 |
| 3/5 | 16 | 1111111110010000 | 8/9 | 16 | 1111111110111100 | E/3 | 16 | 1111111111101101 |
| 3/6 | 16 | 1111111110010001 | 8/A | 16 | 1111111110111101 | E/4 | 16 | 1111111111101110 |
| 3/7 | 16 | 1111111110010010 | 9/1 | 9 | 111111001 | E/5 | 16 | 1111111111101111 |
| 3/8 | 16 | 1111111110010011 | 9/2 | 16 | 1111111110111110 | E/6 | 16 | 1111111111110000 |
| 3/9 | 16 | 1111111110010100 | 9/3 | 16 | 1111111110111111 | E/7 | 16 | 1111111111110001 |

续表 5.5.3

| 行程/尺寸 | 码长 | 码　字 | 行程/尺寸 | 码长 | 码　字 | 行程/尺寸 | 码长 | 码　字 |
|---|---|---|---|---|---|---|---|---|
| 3/A | 16 | 1111111110010101 | 9/4 | 16 | 1111111111000000 | E/8 | 16 | 1111111111110010 |
| 4/1 | 6 | 111011 | 9/5 | 16 | 1111111111000001 | E/9 | 16 | 1111111111110011 |
| 4/2 | 10 | 1111111000 | 9/6 | 16 | 1111111111000010 | E/A | 16 | 1111111111110100 |
| 4/3 | 16 | 1111111110010110 | 9/7 | 16 | 1111111111000011 | F/0 | 11 | 11111111001 |
| 4/4 | 16 | 1111111110010111 | 9/8 | 16 | 1111111111000100 | F/1 | 16 | 1111111111110101 |
| 4/5 | 16 | 1111111110011000 | 9/9 | 16 | 1111111111000101 | F/2 | 16 | 1111111111110110 |
| 4/6 | 16 | 1111111110011001 | 9/A | 16 | 1111111111000110 | F/3 | 16 | 1111111111110111 |
| 4/7 | 16 | 1111111110011010 | A/1 | 9 | 111111010 | F/4 | 16 | 1111111111111000 |
| 4/8 | 16 | 1111111110011011 | A/2 | 16 | 1111111111000111 | F/5 | 16 | 1111111111111001 |
| 4/9 | 16 | 1111111110011100 | A/3 | 16 | 1111111111001000 | F/6 | 16 | 1111111111111010 |
| 4/A | 16 | 1111111110011101 | A/4 | 16 | 1111111111001001 | F/7 | 16 | 1111111111111011 |
| 5/1 | 7 | 1111010 | A/5 | 16 | 1111111111001010 | F/8 | 16 | 1111111111111100 |
| 5/2 | 11 | 11111110111 | A/6 | 16 | 1111111111001011 | F/9 | 16 | 1111111111111101 |
| 5/3 | 16 | 1111111110011110 | A/7 | 16 | 1111111111001100 | F/A | 16 | 1111111111111111 |

表 5.5.4　色差 AC 系数码表

| 行程/尺寸 | 码长 | 码　字 | 行程/尺寸 | 码长 | 码　字 | 行程/尺寸 | 码长 | 码　字 |
|---|---|---|---|---|---|---|---|---|
| 0/0 (EOB) | 2 | 00 | 5/4 | 16 | 1111111110100000 | A/8 | 16 | 1111111111001111 |
| 0/1 | 2 | 01 | 5/5 | 16 | 1111111110100001 | A/9 | 16 | 1111111111010000 |
| 0/2 | 3 | 100 | 5/6 | 16 | 1111111110100010 | A/A | 16 | 1111111111010001 |
| 0/3 | 4 | 1010 | 5/7 | 16 | 1111111110100011 | B/1 | 9 | 111111001 |
| 0/4 | 5 | 11000 | 5/8 | 16 | 1111111110100100 | B/2 | 16 | 1111111111010010 |
| 0/5 | 5 | 11001 | 5/9 | 16 | 1111111110100101 | B/3 | 16 | 1111111111010011 |
| 0/6 | 6 | 111000 | 5/A | 16 | 1111111110100110 | B/4 | 16 | 1111111111010100 |
| 0/7 | 7 | 1111000 | 6/1 | 7 | 1111001 | B/5 | 16 | 1111111111010101 |
| 0/8 | 9 | 111110100 | 6/2 | 11 | 11111110111 | B/6 | 16 | 1111111111010110 |
| 0/9 | 10 | 1111110110 | 6/3 | 16 | 1111111110100111 | B/7 | 16 | 1111111111010111 |
| 0/A | 12 | 111111110100 | 6/4 | 16 | 1111111110101000 | B/8 | 16 | 1111111111011000 |
| 1/1 | 4 | 1011 | 6/5 | 16 | 1111111110101001 | B/9 | 16 | 1111111111011001 |
| 1/2 | 6 | 111001 | 6/6 | 16 | 1111111110101010 | B/A | 16 | 1111111111011010 |
| 1/3 | 8 | 11110110 | 6/7 | 16 | 1111111110101011 | C/1 | 9 | 111111010 |

续表 5.5.4

| 行程/尺寸 | 码长 | 码字 | 行程/尺寸 | 码长 | 码字 | 行程/尺寸 | 码长 | 码字 |
|---|---|---|---|---|---|---|---|---|
| 1/4 | 9 | 111110101 | 6/8 | 16 | 1111111110101100 | C/2 | 16 | 1111111111011011 |
| 1/5 | 11 | 11111110110 | 6/9 | 16 | 1111111110101101 | C/3 | 16 | 1111111111011100 |
| 1/6 | 12 | 111111110101 | 6/A | 16 | 1111111110101110 | C/4 | 16 | 1111111111011101 |
| 1/7 | 16 | 1111111110001000 | 7/1 | 7 | 1111010 | C/5 | 16 | 1111111111011110 |
| 1/8 | 16 | 1111111110001001 | 7/2 | 11 | 11111111000 | C/6 | 16 | 1111111111011111 |
| 1/9 | 16 | 1111111110001010 | 7/3 | 16 | 1111111110101111 | C/7 | 16 | 1111111111100000 |
| 1/A | 16 | 1111111110001011 | 7/4 | 16 | 1111111110110000 | C/8 | 16 | 1111111111100001 |
| 2/1 | 5 | 11010 | 7/5 | 16 | 1111111110110001 | C/9 | 16 | 1111111111100010 |
| 2/2 | 8 | 11110111 | 7/6 | 16 | 1111111110110010 | C/A | 16 | 1111111111100011 |
| 2/3 | 10 | 1111110111 | 7/7 | 16 | 1111111110110011 | D/1 | 11 | 11111111001 |
| 2/4 | 12 | 111111110110 | 7/8 | 16 | 1111111110110100 | D/2 | 16 | 1111111111100100 |
| 2/5 | 15 | 111111111000010 | 7/9 | 16 | 1111111110110101 | D/3 | 16 | 1111111111100101 |
| 2/6 | 16 | 1111111110001100 | 7/A | 16 | 1111111110110110 | D/4 | 16 | 1111111111100110 |
| 2/7 | 16 | 1111111110001101 | 8/1 | 8 | 11111001 | D/5 | 16 | 1111111111100111 |
| 2/8 | 16 | 1111111110001110 | 8/2 | 16 | 1111111110110111 | D/6 | 16 | 1111111111101000 |
| 2/9 | 16 | 1111111110001111 | 8/3 | 16 | 1111111110111000 | D/7 | 16 | 1111111111101001 |
| 2/A | 16 | 1111111110010000 | 8/4 | 16 | 1111111110111001 | D/8 | 16 | 1111111111101010 |
| 3/1 | 5 | 11010 | 8/5 | 16 | 1111111110111010 | D/9 | 16 | 1111111111101011 |
| 3/2 | 8 | 11110111 | 8/6 | 16 | 1111111110111011 | D/A | 16 | 1111111111101100 |
| 3/3 | 10 | 1111110111 | 8/7 | 16 | 1111111110111100 | E/1 | 14 | 11111111100000 |
| 3/4 | 12 | 111111110110 | 8/8 | 16 | 1111111110111101 | E/2 | 16 | 1111111111101101 |
| 3/5 | 16 | 1111111110010001 | 8/9 | 16 | 1111111110111110 | E/3 | 16 | 1111111111101110 |
| 3/6 | 16 | 1111111110010010 | 8/A | 16 | 1111111110111111 | E/4 | 16 | 1111111111101111 |
| 3/7 | 16 | 1111111110010011 | 9/1 | 9 | 111110111 | E/5 | 16 | 1111111111110000 |
| 3/8 | 16 | 1111111110010100 | 9/2 | 16 | 1111111111000000 | E/6 | 16 | 1111111111110001 |
| 3/9 | 16 | 1111111110010101 | 9/3 | 16 | 1111111111000001 | E/7 | 16 | 1111111111110010 |
| 3/A | 16 | 1111111110010110 | 9/4 | 16 | 1111111111000010 | E/8 | 16 | 1111111111110011 |
| 4/1 | 6 | 111010 | 9/5 | 16 | 1111111111000011 | E/9 | 16 | 1111111111110100 |
| 4/2 | 9 | 111110110 | 9/6 | 16 | 1111111111000100 | E/A | 16 | 1111111111110101 |
| 4/3 | 16 | 1111111110010111 | 9/7 | 16 | 1111111111000101 | F/0 | 10 | 1111111010 |
| 4/4 | 16 | 1111111110011000 | 9/8 | 16 | 1111111111000110 | F/1 | 15 | 111111111000011 |

续表 5.5.4

| 行程/尺寸 | 码长 | 码　字 | 行程/尺寸 | 码长 | 码　字 | 行程/尺寸 | 码长 | 码　字 |
|---|---|---|---|---|---|---|---|---|
| 4/5 | 16 | 1111111110011001 | 9/9 | 16 | 1111111111000111 | F/2 | 16 | 1111111111110110 |
| 4/6 | 16 | 1111111110011010 | 9/A | 16 | 1111111111001000 | F/3 | 16 | 1111111111110111 |
| 4/7 | 16 | 1111111110011011 | A/1 | 9 | 111111000 | F/4 | 16 | 1111111111111000 |
| 4/8 | 16 | 1111111110011100 | A/2 | 16 | 1111111111001001 | F/5 | 16 | 1111111111111001 |
| 4/9 | 16 | 1111111110011101 | A/3 | 16 | 1111111111001010 | F/6 | 16 | 1111111111111010 |
| 4/A | 16 | 1111111110011110 | A/4 | 16 | 1111111111001011 | F/7 | 16 | 1111111111111011 |
| 5/1 | 6 | 111011 | A/5 | 16 | 1111111111001100 | F/8 | 16 | 1111111111111100 |
| 5/2 | 10 | 1111111001 | A/6 | 16 | 1111111111001101 | F/9 | 16 | 1111111111111101 |
| 5/3 | 16 | 1111111110011111 | A/7 | 16 | 1111111111001110 | F/A | 16 | 1111111111111111 |

**【例 5.5.1】**　设有一图像(256 灰度级)分成了很多 8×8 的不重叠的像素块,其中一个亮度数据块如图 5.5.9所示,请将其进行 JPEG 编码。

根据前面 JPEG 编码的步骤可知,在图像数据分块以后,应该以 MCU 为单位顺序将 DU 进行二维离散余弦变换,对以无符号数表示的具有 $P$ 位精度的输入数据,在 DCT 变换前要减去 $2^{P-1}$,图 5.5.9 所示的图像矩阵应该每个像素都减去 $2^7$,即减去 128,得:

| | | | | | | | |
|---|---|---|---|---|---|---|---|
| −66 | −77 | −67 | −64 | −51 | −67 | −64 | −55 |
| −65 | −73 | −62 | −35 | −21 | −43 | −60 | −53 |
| −66 | −70 | −60 | −9 | 21 | −28 | −59 | −54 |
| −55 | −60 | −67 | −2 | 22 | −12 | −56 | −57 |
| −81 | −57 | −68 | −14 | 0 | −38 | −58 | −55 |
| −63 | −53 | −64 | −58 | −53 | −66 | −77 | −54 |
| −43 | −58 | −68 | −76 | −73 | −60 | −59 | −42 |
| −50 | −57 | −63 | −60 | −67 | −52 | −58 | −29 |

然后进行离散余弦变换,得变换系数矩阵为:

| | | | | | | | |
|---|---|---|---|---|---|---|---|
| 62 | 51 | 61 | 64 | 77 | 61 | 64 | 73 |
| 63 | 55 | 66 | 93 | 107 | 85 | 68 | 75 |
| 62 | 58 | 68 | 119 | 149 | 100 | 69 | 74 |
| 73 | 68 | 61 | 126 | 150 | 116 | 72 | 71 |
| 47 | 71 | 60 | 114 | 128 | 90 | 70 | 73 |
| 65 | 75 | 64 | 70 | 75 | 62 | 51 | 74 |
| 85 | 70 | 60 | 52 | 55 | 68 | 69 | 86 |
| 78 | 71 | 65 | 68 | 61 | 76 | 70 | 99 |

**图 5.5.9　原图像亮度数据块**

| | | | | | | | |
|---|---|---|---|---|---|---|---|
| −413.6250 | −35.9992 | −64.3446 | 23.2097 | 56.6250 | −25.7988 | −5.4135 | −7.5730 |
| 15.7499 | −13.6739 | −59.5102 | 14.7796 | 19.0568 | 1.4968 | −6.3755 | 12.9149 |
| −52.4762 | 6.6543 | 79.8631 | −22.1357 | −22.5934 | 14.7510 | 20.8451 | 7.7844 |
| −49.8452 | 14.2227 | 30.6398 | −18.3392 | −16.1161 | −1.1170 | −2.8832 | 4.3218 |
| 12.3750 | −9.7205 | −12.0741 | 3.2943 | 2.6250 | 0.4443 | −5.9580 | −6.3068 |
| −1.0142 | 6.4061 | 14.3106 | 12.8172 | −0.3569 | 3.3340 | 5.0937 | 3.7301 |
| −6.8117 | 4.8567 | −4.4049 | −8.7864 | 3.2700 | −5.9359 | 0.1369 | 3.1459 |
| 0.2278 | −9.1509 | −6.8891 | −3.5041 | 1.0817 | 0.0517 | −6.5535 | 4.6791 |

可以看出,能量集中在少数低频系数上。用图5.5.5所示的亮度量化表对系数矩阵量化后的结果如图5.5.10所示。对量化结果按图5.5.7所示的顺序进行Z形扫描,并对扫描结果的DC及AC系数进行编码的结果见表5.5.5。

| | | | | | | | |
|---|---|---|---|---|---|---|---|
| 26 | −3 | −6 | 1 | 2 | −1 | 0 | 0 |
| 1 | −1 | −4 | 1 | 1 | 0 | 0 | 0 |
| −4 | 1 | 5 | −1 | −1 | 0 | 0 | 0 |
| −4 | 1 | 1 | −1 | 0 | 0 | 0 | 0 |
| 1 | 0 | 0 | 0 | 0 | 0 | 0 | 0 |
| 0 | 0 | 0 | 0 | 0 | 0 | 0 | 0 |
| 0 | 0 | 0 | 0 | 0 | 0 | 0 | 0 |
| 0 | 0 | 0 | 0 | 0 | 0 | 0 | 0 |

**图5.5.10 量化结果**

**表5.5.5 Zigzag排列及行程编码与哈夫曼编码结果**

| 序号 $k$ | 0 | 1 | 2 | 3 | 4 | 5 | 6 |
|---|---|---|---|---|---|---|---|
| 数据 ZZ($k$) | −26 | −3 | 1 | −4 | −1 | −6 | 1 |
| NNNN/SSSS | | 0/2 | 0/1 | 0/3 | 0/1 | 0/3 | 0/1 |
| 编码结果 | | 0100 | 001 | 100011 | 000 | 100001 | 001 |
| 序号 $k$ | 7 | 8 | 9 | 10 | 11 | 12 | 13 |
| 数据 ZZ($k$) | −4 | 1 | −4 | 1 | 1 | 5 | 1 |
| NNNN/SSSS | 0/3 | 0/1 | 0/3 | 0/1 | 0/1 | 0/3 | 0/1 |
| 编码结果 | 100011 | 001 | 100011 | 001 | 001 | 100101 | 001 |
| 序号 $k$ | 14 | 15 | 16 | 17 | 18 | 19 | 20 |
| 数据 ZZ($k$) | 2 | −1 | 1 | −1 | 1 | 0 | 0 |
| NNNN/SSSS | 0/2 | 0/1 | 0/1 | 0/1 | 0/1 | | |
| 编码结果 | 0110 | 000 | 001 | 000 | 001 | | |
| 序号 $k$ | 21 | 22 | 23 | 24 | 25 | 26～63 | |
| 数据 ZZ($k$) | 0 | 0 | 0 | −1 | −1 | 0 | |
| NNNN/SSSS | | | | 5/1 | 0/1 | | 0/0 |
| 编码结果 | | | | 11110100 | 000 | | 1010 |

**(1) DC 系数的编码说明**

在量化系数矩阵的 Z 形扫描结果中，第一个系数为 DC 系数。假设前一亮度数据块的 DC 系数为－30，则差值 DIFF＝－26－(－30)＝4。因 4 在(－7～－4，4～7)范围内，由表 5.5.1 查得 SSSS＝3，其前缀码字为 100，3 位尾码即为 4 的二进制原码 100，从而 DC 系数的编码为 100100。如果前一数据块的 DC 系数为－22，则 DIFF＝－4。由表 5.5.1 查得 SSSS 及前缀码字同上，其 3 位尾码即－4 的反码 011，因此 DC 系数的编码为 100011。

**(2) AC 系数的编码说明**

在 Z 形扫描结果中，第一个非零 AC 系数为－3。在它前面的连续 0 的个数为 0，即 NNNN＝0。根据 AC 系数－3，从表 5.5.2 查得 SSSS＝2，由 NNNN/SSSS＝0/2，从表 5.5.3 查得其哈夫曼码字为 01，而－3＜0，所以尾码为－3 的反码 00，因此该 AC 系数的编码为 0100。其他非零 AC 系数的编码结果见表 5.5.5。在 Z 形扫描结果中的末尾，除第 25 个系数非零外，其他系数全为 0，故直接用一个结束块“EOB(0/0)”结束本块，由表 5.5.3 查得其码字为 1010。于是，最后该亮度块的编码为(其中，假定差值为 4)：1001000100001100011000 1 00001001100011001100011001001100101001011000000 10000011111010000 01010，共用了 92 位，而原始图像块需 8×8×8＝512 位，因此压缩比为 5.565。

## 5.5.2 活动图像压缩标准 MPEG

### 1. MPEG 标准

MPEG 是 Moving Picture Experts Group 的英文缩写，其含义是“活动图像专家组”，是活动的视频图像压缩的国际标准的简称。该专家组成立于 1988 年，它的工作不仅局限于活动图像编码，还把伴音和图像的压缩联系在一起，并且根据不同的应用场合，定义了不同的标准。

MPEG-1 是 1993 年 8 月正式通过的技术标准，其全称为“适用于约 1.5 Mb/s 以下数字存储媒体的运动图像及伴音的编码”。这里所指的数字存储媒体包括 CD-ROM、DAT、硬盘、可写光盘等，同时利用该标准也可以在 ISDN 或局域网中进行远程通信。

MPEG-2 是 1994 年 11 月发布的“活动图像及伴音通用编码”标准，该标准可以应用于 2.048～20 Mb/s 的速率和分辨率的场合，如多媒体计算机、多媒体数据库、多媒体通信、常规数字电视、高清晰度电视以及交互电视等。

MPEG-4 是 1999 年 1 月公布的该标准的 V1.0 版本，同年 12 月公布了 V2.0 版本。该标准主要应用于超低速系统中，例如：多媒体 Internet、视频会议和视频电视等个人通信、交互式视频游戏和多媒体邮件、基于网络的数据业务、光盘等交互式存储媒体、远程视频监视及无线多媒体通信。特别是它能够满足基于内容的访问和检索的多媒体应用，且其编码系统是开放的，可随时加入新的有效算法模块。

MPEG－7是2000年11月颁布的称为“多媒体内容描述接口”的标准。定义该标准的目的是制定出一系列的标准描述符来描述各种媒体信息。这种描述与多媒体信息的内容有关,这样将便于用户进行基于内容和对象的视听信息的快速搜索。MPEG－7与其他MPEG标准的不同之处在于它提供了与内容有关的描述符,并不包括具体的视音频压缩算法,而且还未形成与内容提交有关的所有标准的总框架。

MPEG－21的全称为“多媒体框架”。该标准的目的在于为多媒体用户提供透明而有效的电子交易和使用环境。

## 2. MPEG视频压缩方法

运动图像的压缩包括两个方面:帧内压缩和帧间压缩。帧内压缩是删除空间的数据冗余,帧间压缩是删除帧与帧之间的时间冗余。MPEG标准在空间域的压缩,类似于JPEG标准,每一帧被作为独立的图像获取,且压缩步骤与JPEG标准的步骤一样。而帧间编码的基本思想是仅存储运动图像从一帧到下一帧的变化部分,而不是存储全部图像数据。这样做能极大地减少运动图像数据的存储量,达到帧间压缩的目的,这是通过把帧序列划分为I帧、P帧和B帧,使用参照帧及运动补偿技术来实现的。

**(1) 帧的类型**

- I帧:在编码时,无需参照任何其他帧的帧称为I帧,它是利用自身的相关性进行帧内压缩编码。
- P帧:在帧编码时,仅使用最近的前一帧(I帧或P帧)作为参照帧,该帧称为P帧或称为预测帧。
- B帧:在帧编码时,要使用前、后帧作为参照帧时,该帧称为B帧或双向预测帧。

图5.5.11给出了这3种不同图像类型的相互关系。

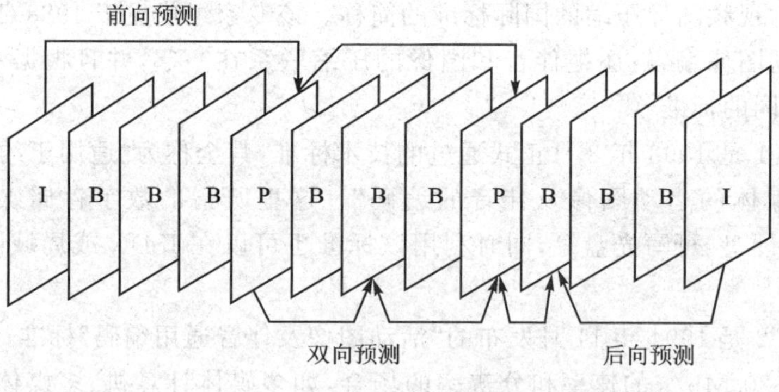


**图5.5.11 I、P和B这3种不同图像类型的相互关系**

**(2) 运动补偿技术**

在帧间编码中,运动补偿技术是提高帧间压缩的有效方法,运动补偿技术主要用于消除P帧和B帧在时间上的冗余。在对P帧或B帧进行编码时,以宏块为基本编码单位,一个宏块的大小一般可定义为16×16。

对于B帧,每一16×16宏块有4种类型,分别是帧内宏块(I块)、前向预测宏块(F

块)、后向预测宏块(B 块)和平均宏块(A 块)。

对于 P 帧,每一 16×16 宏块只有 I 块和 F 块两种。

无论 B 帧还是 P 帧,I 块编码与 I 帧编码技术一致。F 块、B 块、A 块都是采用基于块的运动补偿技术。

基于块的运动补偿技术是在参照帧中寻找与当前编码块最佳匹配的宏块。所谓最佳匹配是指这两个宏块之间差值最小,通常可以用绝对值 AE 最小作为匹配依据,AE 值为:

$$AE = \sum_{i=0}^{15}\sum_{j=0}^{15} | f(i,j) - g(i-dx, j-dy) | \tag{5.5.1}$$

式中:$f$ 为参照帧宏块;$g$ 为当前编码宏块;$dx$、$dy$ 为参照宏块在 $x$ 和 $y$ 方向上的运动矢量,它反映了从一帧到另一帧时,宏块仅仅是位置发生了改变,而内容并没有改变。

在参照帧中寻找最佳匹配块的方法有块匹配法、梯度匹配法和相位匹配法。图 5.5.12 表示的是最简单的块匹配搜索方式,其中,搜索域为$(16+2p)\times(16+2p)$,$p$ 的取值范围可视运动图像的运动快慢而定,一般取 $p=6$。

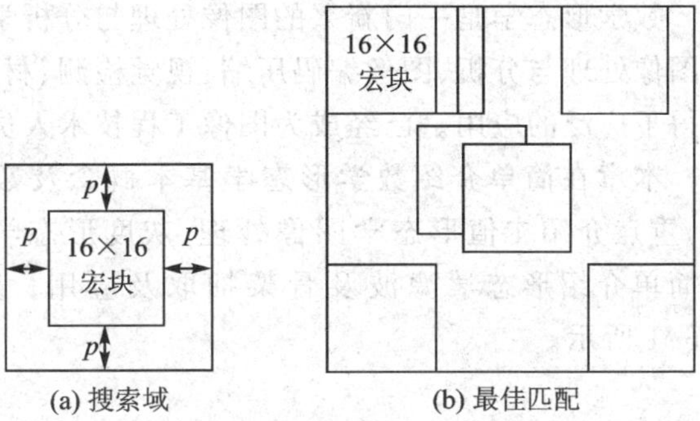


**图 5.5.12　搜索域与最佳匹配**

搜索的基本方法是:每走一步,判断当前块与参照帧中的块是否完全相同或基本相同,若找到了基本匹配块,根据原来位置与新位置就可以得到运动矢量$(dx,dy)$。即首先在参照帧中找到与当前块相匹配的最佳宏块,并将宏块之差进行编码,同时对两宏块之间产生的运动矢量进行编码;解码时,根据运动矢量再借助参照帧的内容还原当前宏块。

# 习题与思考题

5-1　简述图像压缩编码的必要性和可能性。

5-2　编写一个实现哈夫曼编码的程序,要求用实际图像作为例子对其进行编码压缩,并计算熵、平均码长和编码效率。

5-3　现有 8 个待编码的符号$\{l_1,l_2,\cdots,l_8\}$,这些符号出现的概率分别为{0.38,0.20,0.14,0.11,0.08,0.04,0.03,0.02},请用香农-范诺编码方法对这 8 个符号进行编码。

5-4　假设信源符号为$\{a,b,c,d\}$,这些符号出现的概率分别为{0.2,0.2,0.4,0.2}写出对信源符号 $bdadc$ 进行算术编码和解码的过程。

5-5　简述预测编码的基本原理。

5-6　正交变换编码的基本原理是什么?

5-7　什么是变换区域编码?什么是变换阈值编码?

5-8　图像编码有哪些国际标准?其基本的应用对象是什么?

# 第6章 图像形态学处理

数学形态学是一门新兴的图像处理与分析学科，其基本理论与方法在文字识别、医学图像处理与分析、图像编码压缩、视觉检测、材料科学以及机器人视觉等诸多领域都取得了广泛的应用。已经成为图像工程技术人员必须掌握的基本知识之一。

本章在简单介绍数学形态学基本概念及数学形态学中常用的集合定义的基础上，重点介绍二值形态学图像处理、灰度形态学图像处理的基本理论、方法和算法，并简单介绍形态学滤波及骨架抽取及应用。数学形态学图像处理的主要结构如图6.1所示。

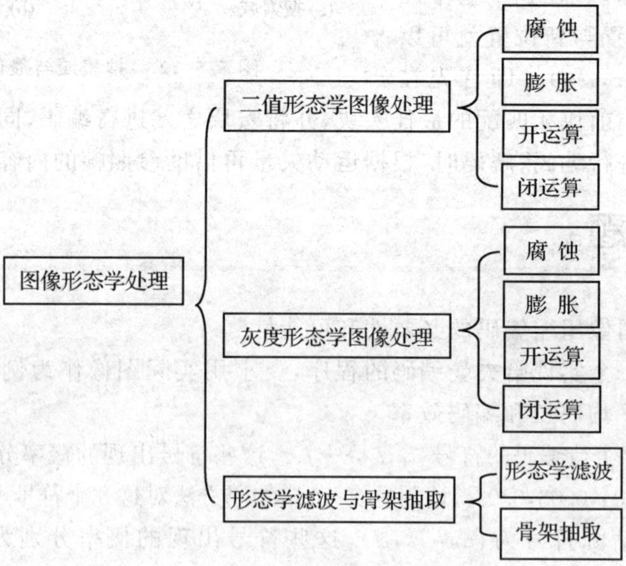


图 6.1 形态学图像处理的主要结构

# 6.1　形态学图像处理

## 6.1.1　形态学图像处理方法

数学形态学(Mathematical Morphology)诞生于1964年。当时,法国巴黎矿业学院的博士生赛拉(J. Serra)在导师马瑟荣(G. Matheron)的指导下从事铁矿石的定量岩石学分析及预测开采价值的研究工作。在研究过程中,赛拉摒弃了传统的分析方法,研制了一个数字图像分析设备,并将它称为"纹理分析器",随着实验研究与分析工作的不断深入,逐渐形成了"击中/击不中变换"的概念。与此同时,马瑟荣在一个更为理论层面上第一次引入了形态学的表达式,建立了颗粒分析方法。他们的工作奠定了这门学科的理论基础,例如:击中/击不中变换、开闭运算、布尔模型及纹理分析器的原型等。

从某种特定意义上讲,形态学图像处理是以几何学为基础的。它着重研究图像的几何结构,这种结构表示的可以是分析对象的宏观性质,例如,在分析一个工具或印刷字符的形状时,研究的就是其宏观结构形态,也可以是微观性质;在分析颗粒分布或由小的基元产生的纹理时,研究的便是微观结构形态。形态学研究图像几何结构的基本思想是利用一个结构元素去探测一个图像,看是否能够将这个结构元素很好地填放在图像的内部,同时验证填放结构元素的方法是否有效。在图6.1.1中给出了一个二值图像 $X$ 和一个圆形结构元素 $S$。结构元素放在两个不同的位置。其中一个位置可以很好地放入结构元素,而在另一个位置,则无法放入结构元素。通过对图像内适合放入结构元素的位置做标记,便可得到关于图像结构的信息。这些信息与结构元素的尺寸和形状都有关。因而,这些信息的性质取决于结构元素的选择。也就是说,结构元素的选择与从图像中抽取何种信息有密切的关系,构造不同的结构元素,便可完成不同的图像分析,得到不同的分析结果。

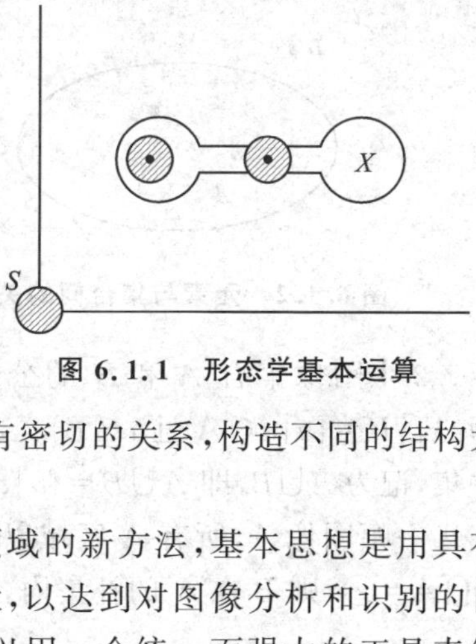

图6.1.1　形态学基本运算

数学形态学是一种应用于图像处理和模式识别领域的新方法,基本思想是用具有一定形态的结构元素去度量和提取图像中的对应形状,以达到对图像分析和识别的目的。用于描述数学形态学的语言是集合论,因此它可以用一个统一而强大的工具来解决图像处理中所遇到的问题。迄今为止,还没有一种方法能像数学形态学那样既有坚实的理论基础,简洁、朴素、统一的基本思想,又有如此广泛的实用价值。有人称数学形态学在理论上是严谨的,在基本观念上却是简单和优美的。其主要用途是获取物体拓扑结构信息,通过物体和结构元素相互作用的某些运算,得到物体更本质的形态。在图像处理中的应用主要是:

- 利用形态学的基本运算,对图像进行观察和处理,从而达到改善图像质量的目的;

- 描述和定义图像的各种几何参数和特征,例如面积、周长、连通度、颗粒度、骨架和方向性等。

数学形态学方法比其他空域或频域图像处理和分析方法具有一些明显的优势。例如,在图像恢复处理中,基于数学形态学的形状滤波器可借助于先验的几何特征信息,利用形态学算子,既可以有效地滤除噪声,又可以保留图像中的原有信息;另外,数学形态学算法易于用并行处理方法有效地实现,而且硬件实现容易。基于数学形态学的边缘信息提取处理优于基于微分运算的边缘提取算法,它不像微分算法对噪声那样敏感,同时,提取的边缘也比较平滑,利用数学形态学方法提取的图像骨架也比较连续,断点少。

## 6.1.2 基本符号和定义

### 1. 集　合

在数字图像处理的数学形态学运算中,把一幅图像称为一个集合。对于一幅图像 $A$,如果点 $a$ 在 $A$ 的区域以内,则 $a$ 是 $A$ 的元素,记为 $a \in A$,$b$ 在 $A$ 的区域以外,则 $b$ 不是 $A$ 的元素,记为 $b \notin A$。如图 6.1.2 所示。

对于两幅图像 $B$ 和 $A$,$B$ 所有元素 $a_1$,都有 $a_1 \in A$,则称 $B$ 包含于 $A$,记作 $B \subset A$,如图 6.1.3所示。

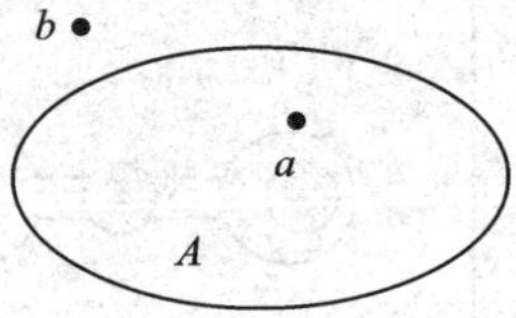


图 6.1.2　元素与集合间的关系

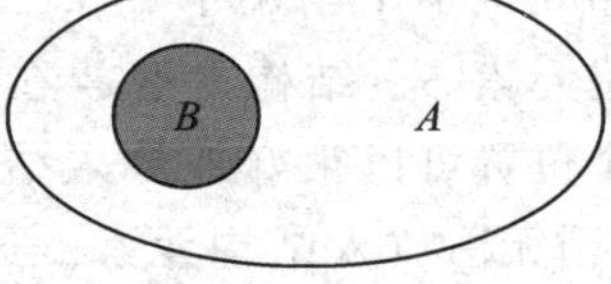


图 6.1.3　集合与集合间的关系

2 个图像集合 $A$ 和 $B$ 的公共点组成的集合称为两个集合的交集,记为 $A \cap B$,即 $A \cap B = \{a \mid a \in A \text{ 且 } a \in B\}$。2 个集合 $A$ 和 $B$ 的所有元素组成的集合称为两个集合的并集,记为 $A \cup B$,即 $A \cup B = \{a \mid a \in A \text{ 或 } a \in B\}$,如图 6.1.4 所示。

一幅图像 $A$,所有 $A$ 区域以外的点构成的集合称为 $A$ 的补集,记作 $A^c$。显然,若 $B \cap A = \varnothing$,则 $B$ 在 $A$ 的补集内,如图 6.1.5 所示。

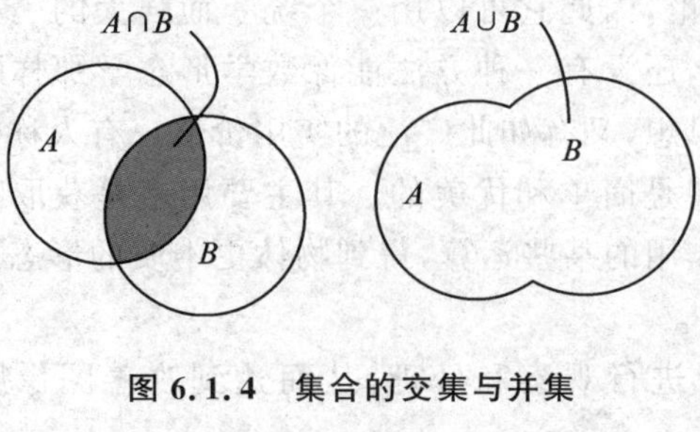


图 6.1.4　集合的交集与并集

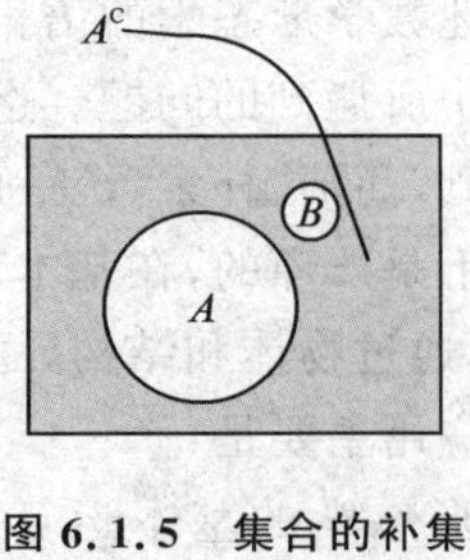


图 6.1.5　集合的补集

## 2. 击中与击不中

对于2幅图像 $B$ 和 $A$，若存在一个点，它既是 $B$ 的元素，又是 $A$ 的元素，即 $A \cap B \neq \varnothing$，则称 $B$ 击中 $A$，记作 $B \uparrow A$，如图6.1.6(a)所示。若不存在任何一个点，它既是 $B$ 的元素，又是 $A$ 的元素，则称 $B$ 不击中 $A$，即 $B \cap A = \varnothing$，如图6.1.6(b)所示。

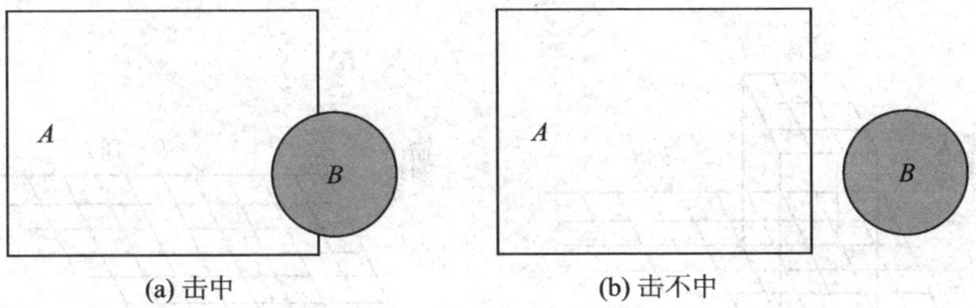


图6.1.6 击中与击不中

## 3. 平移和对称集

设 $A$ 是一幅数字图像如图6.1.7(a)所示，$b$ 是一个点如图6.1.7(b)所示，那么定义 $A$ 被 $b$ 平移后的结果为 $A+b=\{a+b \mid a \in A\}$。即取出 $A$ 中的每个点 $a$ 的坐标值，将其与点 $b$ 的坐标值相加，得到一个新的点的坐标值 $a+b$，所有这些新点构成的图像就是 $A$ 被 $b$ 平移的结果，记为 $A+b$，如图6.1.7(c)所示。

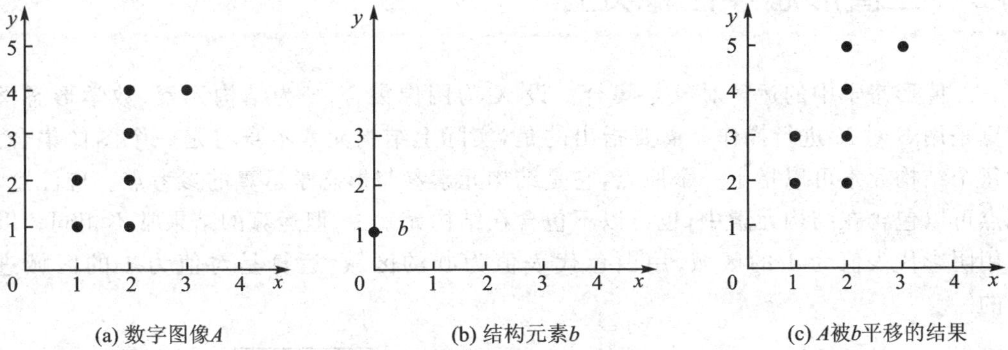


图6.1.7 图像的平移

设有一幅图像 $B$，将 $B$ 中所有元素的坐标取反，即令 $(x,y)$ 变成 $(-x,-y)$，所有这些点构成的新的集合称为 $B$ 的对称集，记作 $B^{\vee}$，如图6.1.8所示。

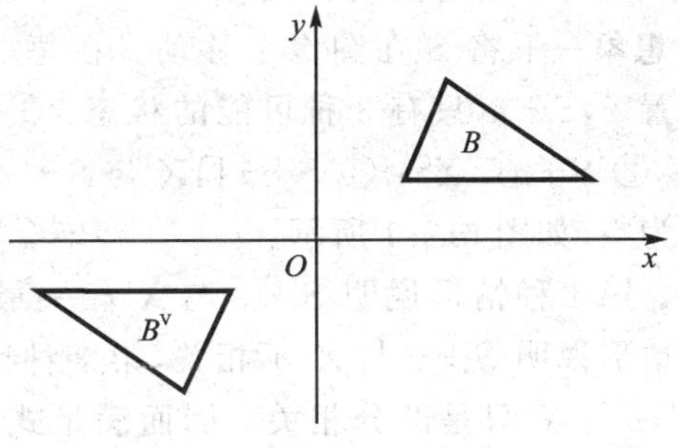


图6.1.8 集合的对称

## 4. 结构元素

设有两幅图像 $S$ 和 $X$。若 $X$ 是被处理的对象，而 $S$ 是用来处理 $X$ 的，则称 $S$ 为结构元素，$S$ 又被形象地称作刷子。结构元素通常都是一些比较小的图像。在结构元素中可以指定一个点为原点,通常形态学图像处理以在图像中移动一个结构元素并进行一种类似于卷积运算的方式进行,只是以逻辑运算代替卷积的乘加运算,如图 6.1.9 所示。逻辑运算的结果保存在输出的新图像对应点的位置,所以,形态学处理的效果取决于结构基元的大小、内容和逻辑运算的性质。

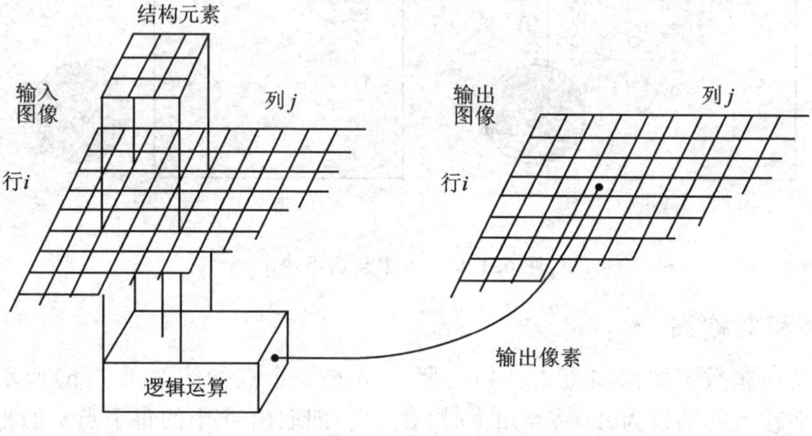


**图 6.1.9 形态学中的逻辑运算**

## 6.2 二值形态学图像处理

二值形态学中的运算对象是集合。设 $X$ 为图像集合,$S$ 为结构元素,数学形态学运算是用 $S$ 对 $X$ 进行操作。需要指出的是,实际上结构元素本身也是一个图像集合。对每个结构元素可以指定一个原点,它是结构元素参与形态学运算的参考点。应注意,原点可以包含在结构元素中,也可以不包含在结构元素中,但运算的结果常不相同。以下用阴影代表值为 1 的区域,用白色代表值为 0 的区域,运算是对值为 1 的区域进行的。

### 6.2.1 腐　蚀

对一个给定的目标图像 $X$ 和一个结构元素 $S$,想象一下将 $S$ 在图像上移动。在每一个当前位置 $x$,$S+x$ 只有 3 种可能的状态:① $S+x\subseteq X$;② $S+x\subseteq X^C$;③ $S+x\cap X$ 与 $S+x\cap X^C$ 均不为空,如图 6.2.1 所示。

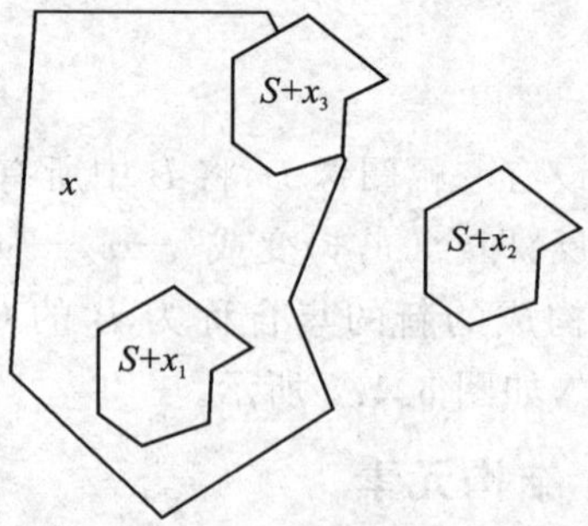


**图 6.2.1 $S+x$ 的 3 种可能状态**

第 1 种情形说明 $S+x$ 与 $X$ 相关最大,第 2 种情形说明 $S+x$ 与 $X$ 不相关,第 3 种情形说明 $S+x$ 与 $X$ 只是部分相关。因而满足式(6.2.1)

的点 $x$ 的全体构成结构元素与图像最大相关点集，这个点集称为 $S$ 对 $X$ 的腐蚀(简称腐蚀，有时也称 $X$ 用 $S$ 腐蚀)，记为 $X \ominus S$，腐蚀也可以用集合的方式定义，即：

$$E(X) = X \ominus S = \{x \mid S + x \subseteq X\} \tag{6.2.1}$$

把结构元素 $S$ 平移 $a$ 后得到 $S_a$。若 $S_a$ 包含于 $X$，则记下这个 $a$ 点，所有满足上述条件的 $a$ 点组成的集合称为 $X$ 被 $S$ 腐蚀的结果，换句话说，用 $S$ 来腐蚀 $X$ 得到的集合是 $S$ 完全包括 $X$ 时 $S$ 的原点位置的集合，如图 6.2.2 所示。

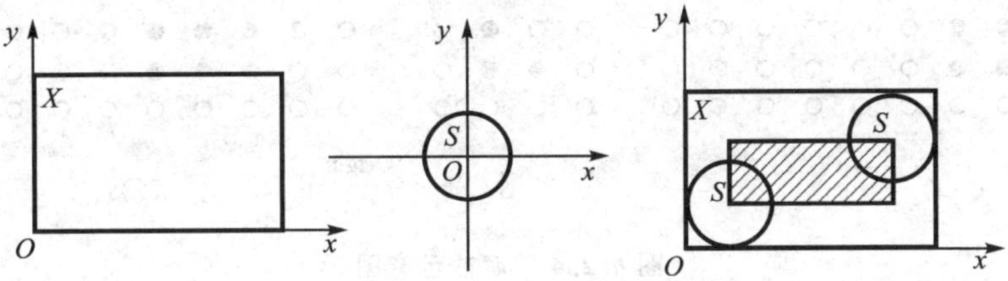


**图 6.2.2　腐蚀示意图**

图 6.2.2 中 $X$ 是被处理的对象，$S$ 是结构元素。不难知道，对于任意一个在阴影部分的点 $a$，$S_a$ 包含于 $X$，所以 $X$ 被 $S$ 腐蚀的结果就是那个阴影部分。阴影部分在 $X$ 的范围之内，且比 $X$ 小，就像 $X$ 被剥掉了一层似的，这就是为什么叫腐蚀的原因。

值得注意的是，上面的 $S$ 是对称的，即 $S$ 的对称集 $S^{v}=S$，所以 $X$ 被 $S$ 腐蚀的结果和 $X$ 被 $S^{v}$ 腐蚀的结果是一样的。如果 $S$ 不是对称的，就会发现 $X$ 被 $S$ 腐蚀的结果和 $X$ 被 $S^{v}$ 腐蚀的结果不同，如图 6.2.3 所示。

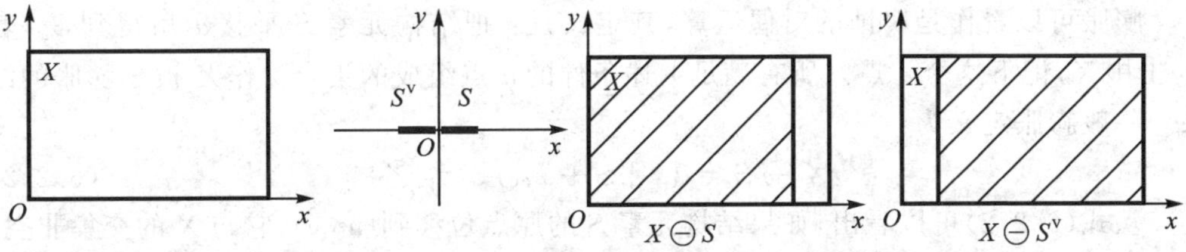


**图 6.2.3　结构元素非对称时，腐蚀的结果不同**

腐蚀的作用是消除物体所有边界点。如果结构元素取 3×3 的黑点块，则称为简单腐蚀，其结果使区域的边界沿周边减少一个像素；如果区域是圆的，则每次腐蚀后它的直径将减少 2 个像素。腐蚀可以把小于结构元素的物体去除，选取不同大小的结构元素，可去掉不同大小且无意义的物体。如果两物体间有细小的连通，当结构元素足够大时，腐蚀运算可以将物体分开。

在图 6.2.4 中，左边是被处理的图像 $X$(二值图像，针对的是黑点)，中间是结构元素 $S$，那个标有 Origin 的点是中心点，即当前处理元素的位置，在介绍模板操作时也有过类似的概念。腐蚀的方法是，把 $S$ 的中心点和 $X$ 上的点一个一个地对比，如果 $S$ 上的所有点都在 $X$ 的范围内，则该点保留，否则将该点去掉。右边是腐蚀后的结果。可以看出，它仍在原来 $X$ 的范围内，且比 $X$ 包含的点要少，就像 $X$ 被腐蚀掉了一层。图

6.2.6为图6.2.5腐蚀后的结果图，能够很明显地看出腐蚀的效果。

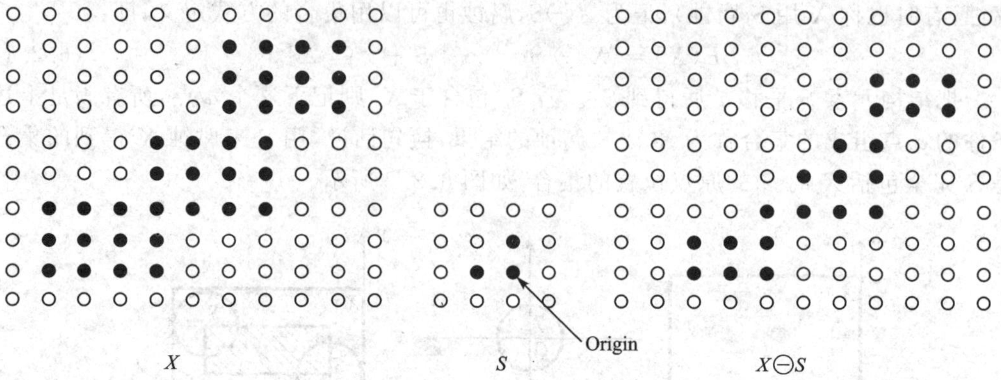


图 6.2.4　腐蚀示意图

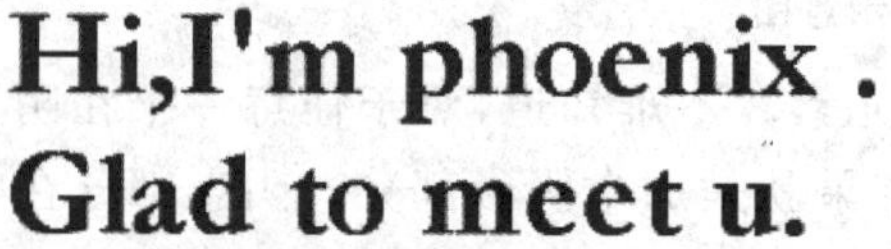


图 6.2.5　原　图

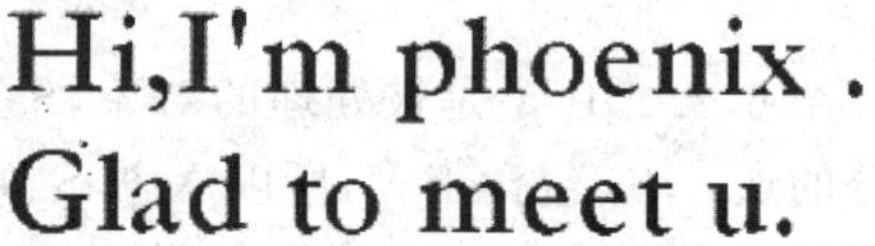


图 6.2.6　腐蚀后的结果图

## 6.2.2　膨　胀

膨胀可以看作是腐蚀的对偶运算，其定义是：把结构元素 $S$ 平移 $a$ 后得到 $S_a$，若 $S_a$ 击中 $X$，记下这个 $a$ 点。所有满足上述条件的 $a$ 点组成的集合称作 $X$ 被 $S$ 膨胀的结果。一般膨胀定义为：

$$X \oplus S = \{x \mid S + x \cup x \neq \varnothing\} \tag{6.2.2}$$

从式(6.2.2)可以看出，如果结构元素 $S$ 的原点位移到 $(x,y)$，它与 $X$ 的交集非空，这样的点 $(x,y)$ 组成的集合就是 $S$ 对 $X$ 膨胀产生的结果，换句话说：用 $S$ 来膨胀 $X$ 得到的集合是 $S$ 完全击中 $X$ 时 $S$ 的原点位置的集合，如图6.2.7所示。

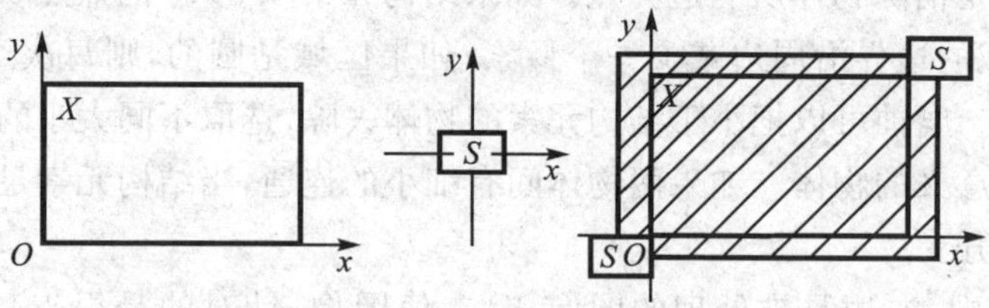


图 6.2.7　膨胀的结果

在图6.2.8中，左边是被处理的图像 $X$(二值图像，针对的是黑点)，中间是结构元素 $S$。膨胀的方法是，把 $S$ 的中心点和 $X$ 上的点及 $X$ 周围的点一个一个地对，如果 $S$ 上有一个点落在 $X$ 的范围内，则该点就为黑，右边是膨胀后的结果。可以看出，它包括

$X$ 的所有范围,就像 $X$ 膨胀了一圈似的。

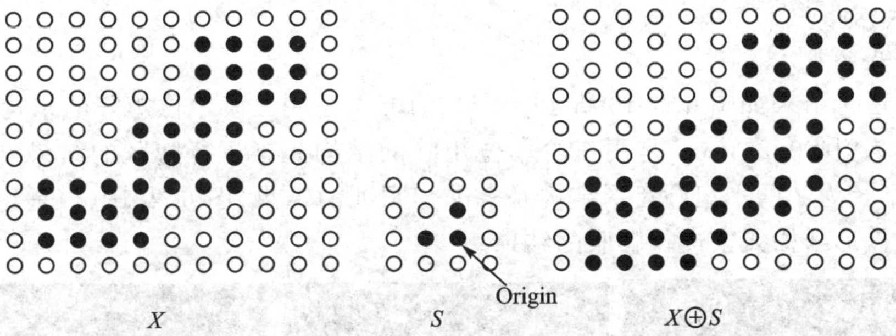


图 6.2.8 膨胀运算

膨胀的作用是把图像区域周围的背景点合并到区域中,其结果是使区域的面积增大相应数量的点。图 6.2.9(a)为原图,图 6.2.9(b)为膨胀后的结果图,比较此二图能够很明显地看出膨胀的效果。如果结构元素取 3×3,则称为简单膨胀,其结果使区域的边界沿周边增加一个像素,如果区域是圆的,则每次膨胀后区域的直径增加两个像素,如果两个物体距离比较近,通过膨胀可能连通在一起。膨胀对填补分割后物体中的空洞很有用。

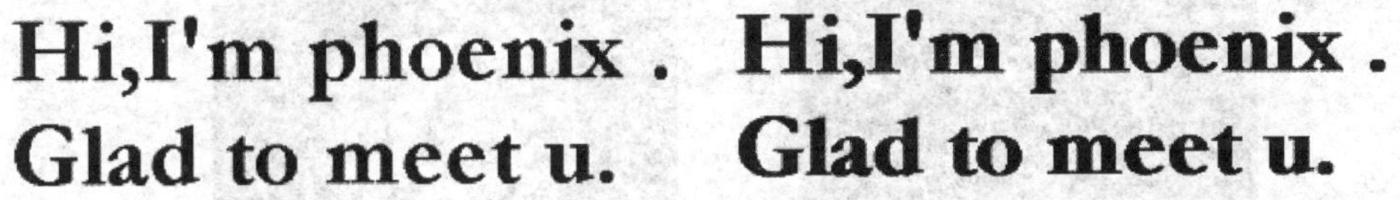


(a) 原 图　　(b) 膨胀后的图形

图 6.2.9 膨胀变换结果图

**【例 6.2.1】** 将如图 6.2.10(a) 所示图像用 MATLAB 编程进行腐蚀与膨胀处理,要求:①用三阶单位矩阵的结构元素进行腐蚀和膨胀;②用半径为 2 的平坦圆盘形结构元素进行腐蚀和膨胀;③显示所有腐蚀及膨胀结果。

```
bw0 = imread('brain_surf_small.bmp');
% 变为阈值取为 0.8 的二值图像
bw1 = im2bw(bw0,0.8);
figure(1);
imshow(bw1);
s = ones(3);
bw2 = imerode(bw1,s);
figure(2);
imshow(bw2);
bw3 = imdilate(bw1,s);
figure(3);
imshow(bw3);
s1 = strel('disk',2);
bw4 = imerode(bw1,s1);
figure(4);
```

```
imshow(bw4);
bw5 = imdilate(bw1,s);
figure(5);
imshow(bw5);
```

程序运行结果如图 6.2.10 所示,图 6.2.10(b)是用三阶单位矩阵的结构元素进行腐蚀的结果,图 6.2.10(c)是用三阶单位矩阵的结构元素进行膨胀的结果,图 6.2.10(d)是用半径为 2 的平坦圆盘形结构元素进行腐蚀的结果,图 6.2.10(e)是用半径为 2 的平坦圆盘形结构元素进行膨胀的结果。

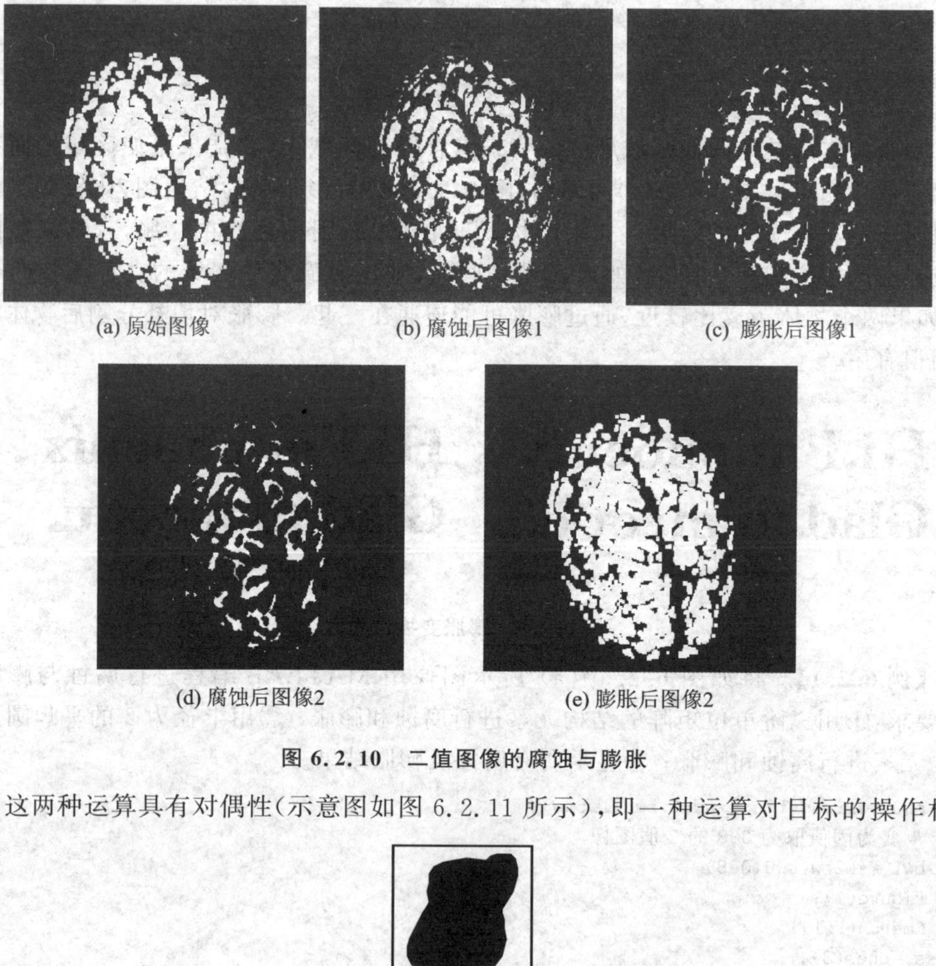


**图 6.2.10 二值图像的腐蚀与膨胀**

这两种运算具有对偶性(示意图如图 6.2.11 所示),即一种运算对目标的操作相当

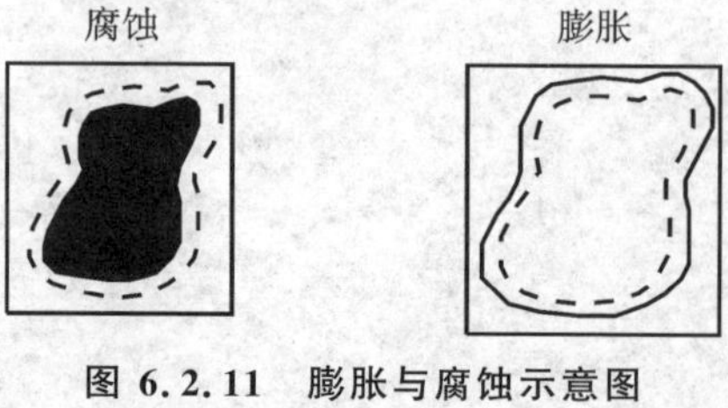


**图 6.2.11 膨胀与腐蚀示意图**

于另一种运算对图像背景的操作。可表示为：

$$\begin{cases}(X \oplus S)^C = X^C \ominus \hat{S} \\ (X \ominus S)^C = X^C \oplus \hat{S}\end{cases} \tag{6.2.3}$$

## 6.2.3　结构元素的分解

膨胀满足结合律，即：

$$A \oplus (S \oplus C) = (A \oplus S) \oplus C \tag{6.2.4}$$

假设一个结构元素 $S$ 可以表示为两个结构元素 $S_1$ 和 $S_2$ 的膨胀，即：

$$S = S_1 \oplus S_2 \tag{6.2.5}$$

则 $X \oplus S = X \oplus (S_1 \oplus S_2) = (X \oplus S_1) \oplus S_2$，换言之，用 $S$ 膨胀 $X$ 等同于用 $S_1$ 先膨胀 $X$，再用 $S_2$ 膨胀前面的结果，称 $S$ 能够分解成 $S_1$ 和 $S_2$ 两个结构元素。

结合律很重要，因为计算膨胀所需要的时间正比于结构元素中的非零像素的个数。例如，考虑一个结构元素大小为 5×5，且其元素为 1 的数组膨胀：

$$\begin{bmatrix} 1 & 1 & 1 & 1 & 1 \\ 1 & 1 & 1 & 1 & 1 \\ 1 & 1 & \boxed{1} & 1 & 1 \\ 1 & 1 & 1 & 1 & 1 \\ 1 & 1 & 1 & 1 & 1 \end{bmatrix}$$

这个结构元素可分解成一个值为 1 的 5 元素行矩阵和一个值为 1 的 5 元素列矩阵：

$$\begin{bmatrix} 1 & 1 & \boxed{1} & 1 & 1 \end{bmatrix} \oplus \begin{bmatrix} 1 \\ 1 \\ \boxed{1} \\ 1 \\ 1 \end{bmatrix}$$

原始结构元素中的元素个数为 25，但在行列分解中的总元素数只有 10 个，这意味着首先用行结构元素膨胀，然后再用列结构元素膨胀，能够比 5×5 的数组膨胀快 2.5 倍。在实际中，速度多少会慢一些，因为在每个膨胀运算中总有些其他开销，至少在用分解形式时需要两次膨胀运算。然而，分解的实现所获得的速度增长仍然有很大意义。

## 6.2.4　开运算与闭运算

在形态学图像处理中，除了腐蚀和膨胀这两种基本运算之外，还有两种起着非常重要作用的二次运算：开运算、闭运算。开、闭运算是以腐蚀和膨胀为定义的，但是，从结构元素填充的角度看，它们具有更为直观的几何形式，这也是其应用的基础。

### 1. 开运算

先腐蚀后膨胀的运算称为开运算，利用图像 $S$ 对图像 $X$ 做开运算，用符号 $X \bigcirc S$ 表示，其定义为：

$$X \bigcirc S = (X \ominus S) \oplus S \tag{6.2.6}$$

理解开运算在图像处理中的作用,然后来讨论下面的等价方程:

$$X \bigcirc S = \bigcap \{S + x \mid S + x \subseteq X\} \tag{6.2.7}$$

这个方程表明,开运算可以通过计算所有可以填入图像内部的结构元素平移的“并”而得。即对每一个可填入位置做标记,计算结构元素平移到每一个标记位置时的“并”,便可得到开运算结果。事实上,这正是先腐蚀,然后做膨胀运算的结果,如图6.2.12 所示。

图 6.2.12 表示了先腐蚀后膨胀所描述的开运算。图中给出了利用圆盘对一个矩形先腐蚀后膨胀所得到的结果。可以看出用圆盘对矩形做开运算,会使矩阵的内角变圆。这种圆化的结果,可以通过将圆盘在矩形内部滚动,并计算各个可以填入位置的并集得到。如果结构元素为一个底边水平的小正方形,那么,开运算便不会产生内角,所得结果与原图形相同。

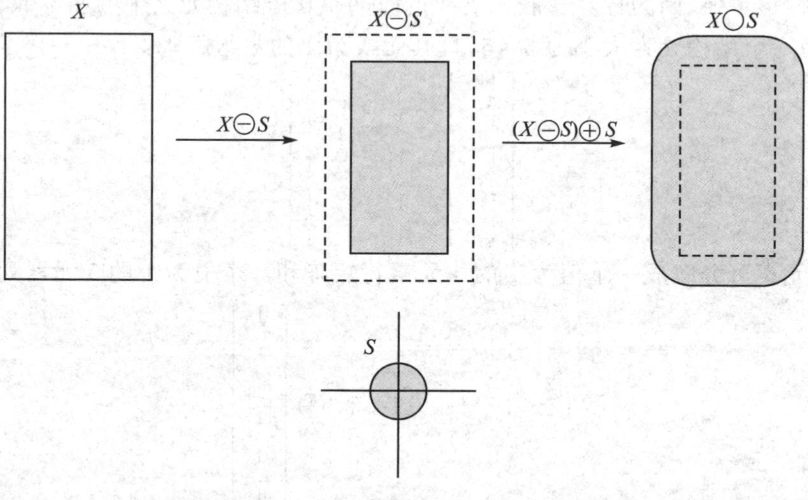


**图 6.2.12　二值图像开运算示意图**

图 6.2.13(a)是被处理的图像 $X$(二值图像,针对的是黑点),图 6.2.13(b)是结构元素 S,图 6.2.13(c)是腐蚀后的结果,图 6.2.13(d)是在图 6.2.13(c)基础上膨胀的结果。可以看到,原图经过开运算后,一些孤立的小点被去掉了。一般来说,开运算能够去除孤立的小点、毛刺和小桥(即连通两块区域的小点),而总的位置和形状不变,这就是开运算的作用。

**注意**:如果 $S$ 是非对称的,进行开运算时要用 $S$ 的对称集 $S^{\vee}$ 膨胀,否则,开运算的结果和原图相比要发生平移,图 6.2.14 和图 6.2.15 能够说明这个问题。

图 6.2.16 给了两个开运算的例子,其中图 6.2.16(a)是结构元素 $S_1$ 和 $S_2$,图 6.2.16(b)是用 $S_1$ 对 $X$ 进行开运算的结果,图 6.2.16(c)是用 $S_2$ 对 $X$ 进行开运算的结果。当使用圆盘结构元素时,开运算对边界进行了平滑,去掉了凸角;当使用线段结构元素时,沿线段方向宽度较大的部分才能够被保留下来,而较小的凸部将被剔除。而 $X - X \bigcirc S$ 给出的是图像的凸出特征。可见,不同结构元素的选择导致了不同的分割,即提取出不

同的特征。

综上所述，可以得到关于开运算的几点结论：

- 开运算能够除去孤立的小点、毛刺和小桥，而总的位置和形状不变。
- 开运算是一个基于几何运算的滤波器。
- 结构元素大小的不同将导致滤波效果的不同。
- 不同结构元素的选择导致了不同的分割，即提取出不同的特征。

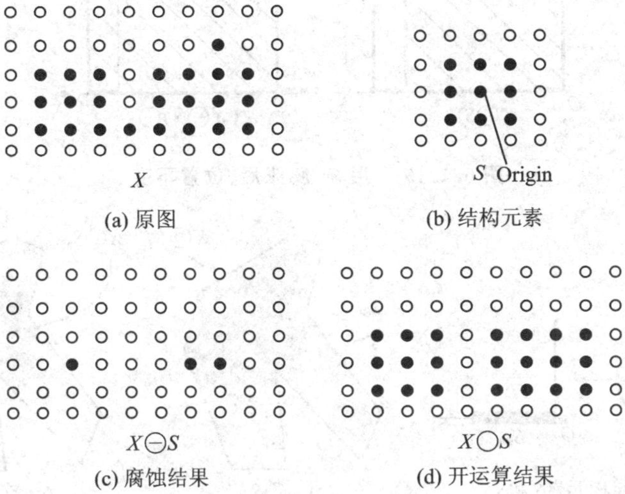


图 6.2.13　开运算

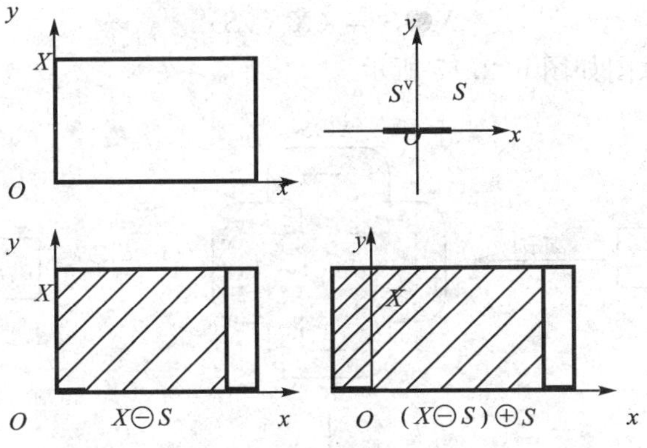


图 6.2.14　用 S 膨胀后，结果向左平移

## 2. 闭运算

闭运算是开运算的对偶运算，定义为先膨胀然后再做腐蚀。利用 $S$ 对 $X$ 做闭运算表示为 $X\bullet S$，其定义为：

$$X\bullet S=(X\oplus S)\ominus S \tag{6.2.8}$$

闭运算为开运算的对偶算子，是因为满足下面的关系：

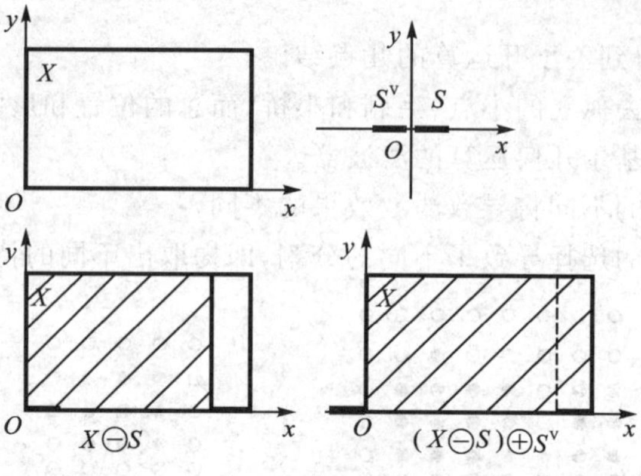


**图 6.2.15　用 $S^V$ 膨胀后,位置不变**

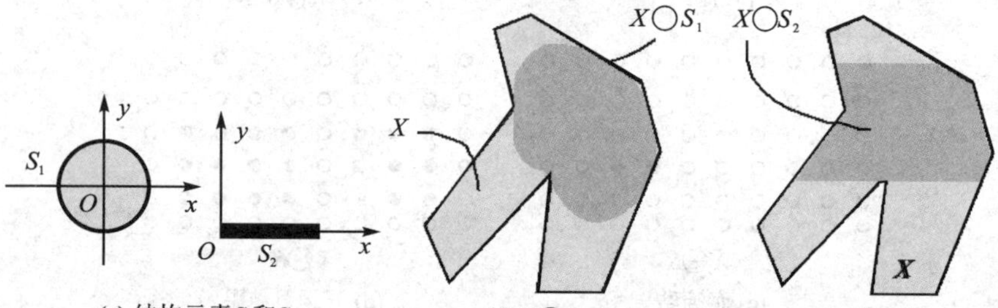


(a) 结构元素$S_1$和$S_2$　(b) $X\bigcirc S_1$　(c) $X\bigcirc S_2$

**图 6.2.16　开运算去掉了凸角**

$$X\bullet S=(X^C\bigcirc S)^C \tag{6.2.9}$$

闭运算过程示意图如图 6.2.17 所示。

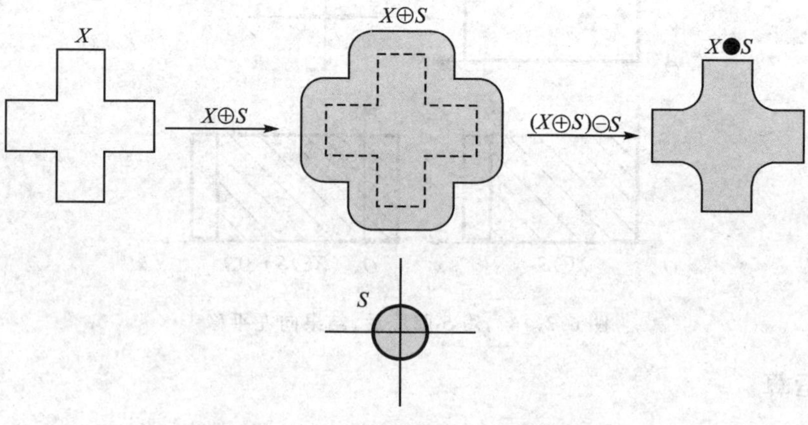


**图 6.2.17　二值图像闭运算示意图**

由于 S 为一个圆盘,故旋转对运算结果不会产生任何影响。闭运算即沿图像的外边缘填充或滚动圆盘。显然,闭运算对图形的外部作滤波,仅仅磨光了凸向图像内部的尖角。

图 6.2.18(a)是被处理的图像 $X$(二值图像,针对的是黑点),图 6.2.18(b)是结构元素 $S$,图 6.2.18(c)是膨胀后的结果,图 6.2.18(d)是在图 6.2.18(c)基础上腐蚀得到的结果。原图经过闭运算后,断裂的地方被弥合了。一般来说,闭运算能够填平小湖(即小孔),弥合小裂缝,而总的位置和形状不变,这就是闭运算的作用。

**注意:** 如果 $S$ 是非对称的,进行闭运算时要用 $S$ 的对称集 $S^{V}$ 膨胀;否则,闭运算的结果和原图相比要发生平移。

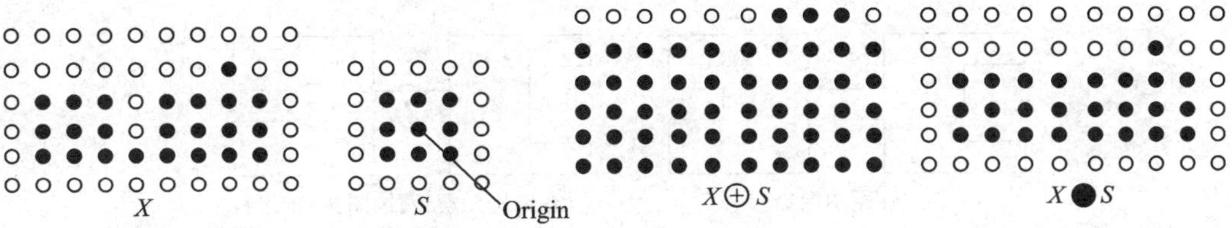


(a) 原　图　　(b) 结构元素$S$　　(c) 膨胀后的结果　　(d) 闭运算的结果

**图 6.2.18　闭运算**

图 6.2.19 给出了 2 个闭运算的例子,其中,图 6.2.19(a)是结构元素 $S_1$ 和 $S_2$,图 6.2.19(b)是用 $S_1$ 对 $X$ 进行闭运算的结果,图 6.2.19(c)是用 $S_2$ 对 $X$ 进行闭运算的结果。可见,闭运算通过填充图像的凹角来平滑图像,而 $X●S-X$ 给出的是图像的凹入特征。

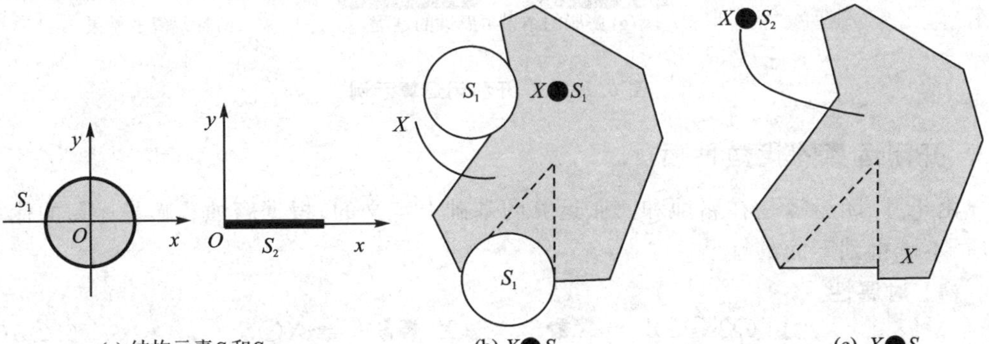


(a) 结构元素$S_1$和$S_2$　　(b) $X●S_1$　　(c) $X●S_2$

**图 6.2.19　闭运算填充了凹角**

综上所述,也可以得到关于闭运算的几点结论:

- 闭运算能够填平小湖(即小孔),弥合小裂缝,而总的位置和形状不变。
- 闭运算是通过填充图像的凹角来滤波图像的。
- 结构元素大小的不同将导致滤波效果的不同。
- 不同结构元素的选择导致了不同的分割。

图 6.2.20 表示集合 $X$ 被一个圆盘形结构开运算和闭运算的情况。图 6.2.20(a)是集合 $X$,图 6.2.20(b)表示腐蚀过程中圆盘形结构元素的各个位置,当完成这一过程时,形成分开的两个图如 6.2.20(c)所示。注意,$X$ 的两个主要部分之间的"桥梁"被

去掉了。“桥梁”的宽度小于结构元素的直径，也就是结构元素不能完全包含于集合 $X$ 的这一部分。同样，$X$ 的最右边的部分也被切掉了。图 6.2.20(d)给出了对腐蚀的结果进行膨胀的过程。6.2.20(e)表示了开运算的最后结果。同样，图 6.2.20(f)～(h)表示了用同样的结构元素对 $X$ 做闭运算的结果，结果去掉了 $X$ 左边对于 $S$ 来说较小的弯。用同一个圆形结构元素对集合 $X$ 做开运算和闭运算，使 $S$ 的一些部分平滑。

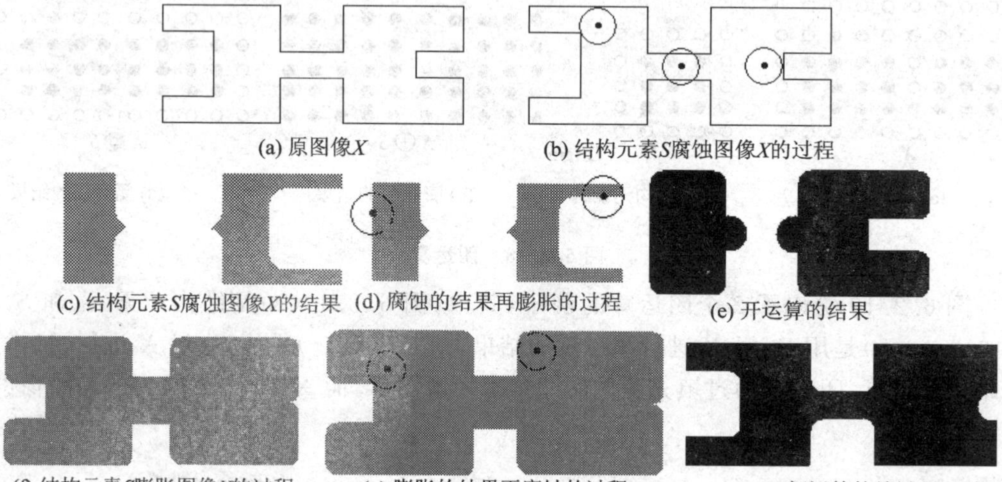

(a) 原图像$X$　(b) 结构元素$S$腐蚀图像$X$的过程

(c) 结构元素$S$腐蚀图像$X$的结果　(d) 腐蚀的结果再膨胀的过程　(e) 开运算的结果

(f) 结构元素$S$膨胀图像$X$的过程　(g) 膨胀的结果再腐蚀的过程　(h) 闭运算的结果

**图 6.2.20　开和闭运算示例**

## 3. 开闭运算的代数性质

由于开、闭运算是在腐蚀和膨胀运算的基础上定义的，根据腐蚀和膨胀运算的代数性质，不难得到下面的性质。

**(1) 对偶性**

$$(X^C \circ S)^C = X \bullet S \qquad (X^C \bullet S)^C = X \circ S \tag{6.2.10}$$

开运算的补集等于 $X$ 的补集的闭运算，或者 $X$ 闭运算的补集等于 $X$ 的补集的开运算。也可以这样来理解：在两个小岛之间有一座小桥，把岛和桥看作是处理对象 $X$，则 $X$ 的补集为大海。如果涨潮时将小桥和岛的外围淹没(相当于用尺寸比桥宽大的结构元素对 $X$ 进行开运算)，那么两个岛的分隔，相当于小桥两边海域的连通(对 $X^C$ 做闭运算)。

**(2) 扩展性(收缩性)**

$$X \circ S \subseteq X \subseteq X \bullet S \tag{6.2.11}$$

即开运算恒使原图像缩小，而闭运算恒使原图像扩大。

**(3) 单调性**

如果 $X \subseteq Y$，则：

$$X \bullet S \subseteq Y \bullet S, X \circ S \subseteq Y \circ S \tag{6.2.12}$$

如果 $Y\subseteq Z$ 且 $Z\bullet Y=Z$，则：

$$X\bullet Y\subseteq X\bullet Z \tag{6.2.13}$$

根据这一性质可以知道，结构元素的扩大只有在保证扩大后的结构元素对原结构元素开运算不变的条件下方能保持单调性。

**(4) 平移不变性**

$$\begin{cases}(X+h)\bullet S=(X\bullet S)+h & (X+h)\bigcirc S=(X\bigcirc S)+h\\ X\bullet(S+h)=X\bullet S & X\bigcirc(S+h)=X\bigcirc S\end{cases} \tag{6.2.14}$$

**(5) 等幂性**

$$(X\bullet S)\bullet S=X\bullet S \qquad (X\bigcirc S)\bigcirc S=X\bigcirc S \tag{6.2.15}$$

开、闭运算的等幂性意味着一次滤波就能把所有特定结构元素的噪声滤除干净，做重复的运算不会再有效果。这是一个与经典方法（例如中值滤波、线性卷积）不同的性质。

## 4. 开和闭运算案例分析

**【例 6.2.2】** 将如图 6.2.21(a)所示图像用 MATLAB 编程进行开和闭运算，要求：①用三阶单位矩阵的结构元素进行开和闭运算；②用半径为 2 的平坦圆盘形结构元素进行开和闭运算；③显示所有开和闭运算的结果。

以下是利用 MATLAB 实现二值图像开和闭运算的程序：

```
bw0 = imread(' brain_surf_small.bmp ');
% 变为阈值取为 0.7 的二值图像
bw1 = im2bw(bw0,0.7);
figure(1);
imshow(bw1);
s = ones(3);
bw2 = imopen(bw1,s);
figure(2);
imshow(bw2);
bw3 = imclose(bw1,s);
figure(3);
imshow(bw3);
s1 = strel('disk',2);
bw4 = imopen(bw1,s1);
figure(4);
imshow(bw4);
bw5 = imclose(bw1,s1);
figure(5);
imshow(bw5);
```

程序运行结果：图 6.2.21(b)是用三阶单位矩阵的结构元素进行开运算的结果，图 6.2.21(c)是用三阶单位矩阵的结构元素进行闭运算的结果，图 6.2.21(d)是用半径为 2 的平坦圆盘形结构元素进行开运算的结果，图 6.2.21(e)是用半径为 2 的平坦圆盘形结构元素进行闭运算的结果。

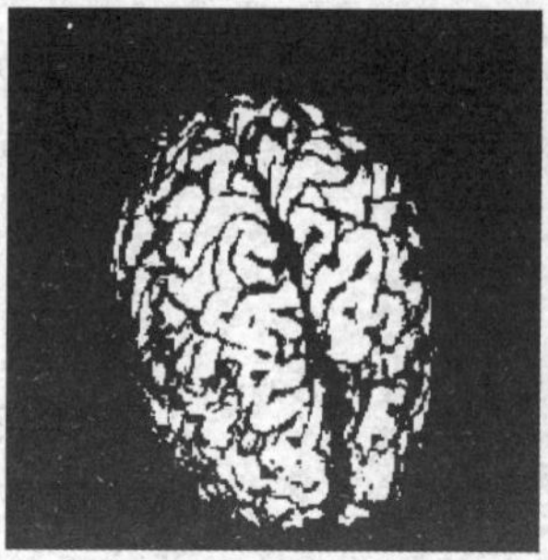
(a) 原始图像

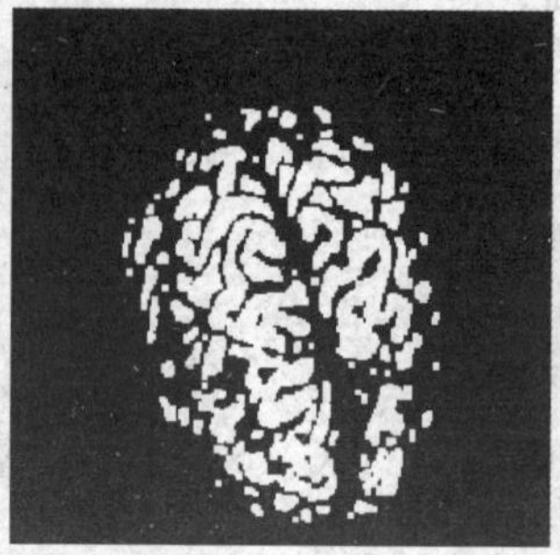
(b) 开运算后图像1

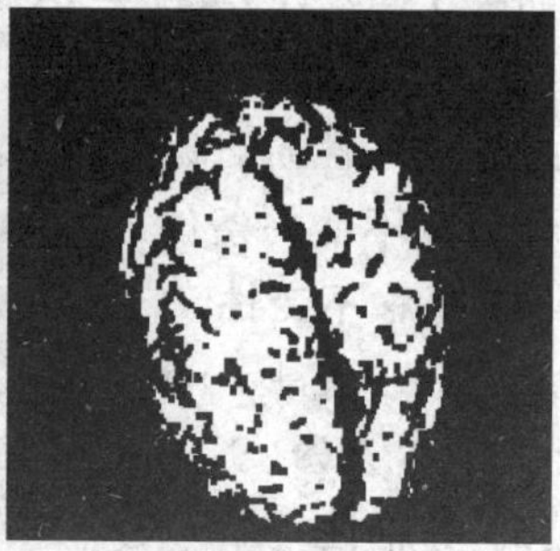
(c) 闭运算后图像1

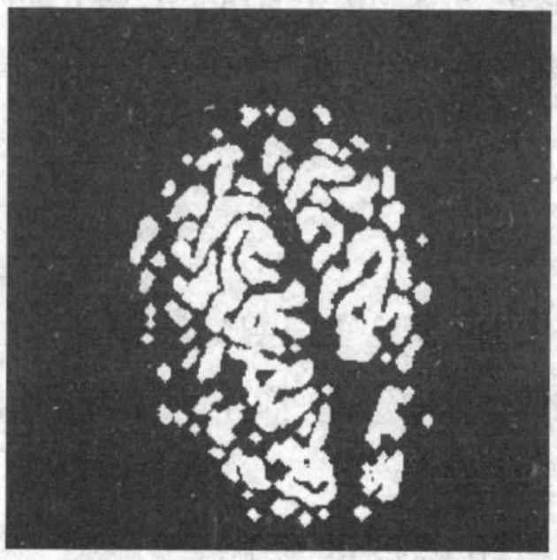
(d) 开运算后图像2

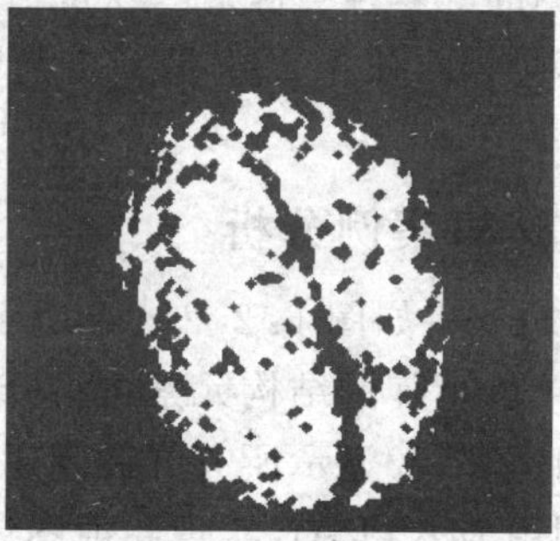
(e) 闭运算后图像2

图 6.2.21 二值图像开闭运算

# 6.3 灰度形态学图像处理

二值形态学的4个基本运算,即腐蚀、膨胀、开和闭运算,可方便地推广到灰度图像空间。本节介绍用类比方法进行推广的结果。与二值形态学不同的是,这里运算的操作对象不再看作集合而看作图像函数。以下设 $f(x,y)$ 是输入图像,$S(x,y)$ 是结构元素。

## 6.3.1 腐蚀与膨胀

### 1. 灰值腐蚀

利用结构元素 $S(x,y)$ 对输入图像进行灰值腐蚀记为 $f\ominus S$,其定义为:

$$(f\ominus S)(t,m)=\min\{f(t+x,m+y)-S(x,y)\mid t+x,m+y\in D_f,x+y\in D_S\} \tag{6.3.1}$$

式中:$D_f$ 和 $D_S$ 分别为 $f$ 和 $S$ 的定义域。这里限制$(S+x)$和$(t+y)$在 $f$ 的定义域内,类似于二值腐蚀定义中要求结构元素完全包括在被腐蚀集合中。

图6.3.1表示了定义式的几何意义。其效果相当于半圆形结构元素在被腐蚀函数

的下面“滑动”时，其圆心画出的轨迹。但是，这里存在一个限制条件，即结构元素必须在函数曲线的下面平移。从图中不难看出，半圆形结构元素从函数的下面对函数产生滤波作用，这与圆盘从内部对二值图像滤波的情况是相似的。

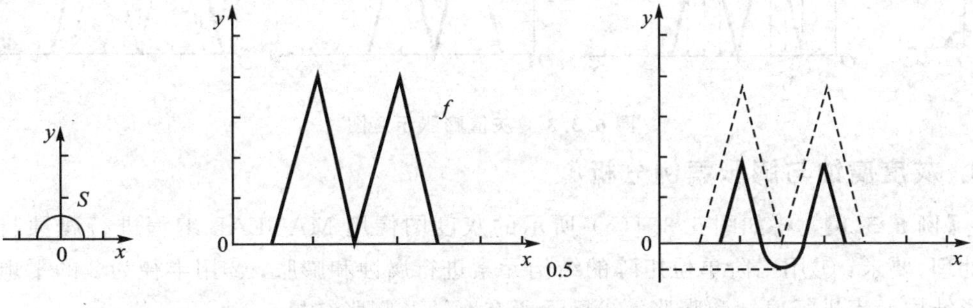


**图 6.3.1　半圆结构元素进行灰值腐蚀**

图 6.3.2 中，采用了一个扁平结构元素对上图的函数做灰值腐蚀。扁平结构元素是一种在其定义域上取常数的结构元素，要注意这种结构元素产生的滤波效果。

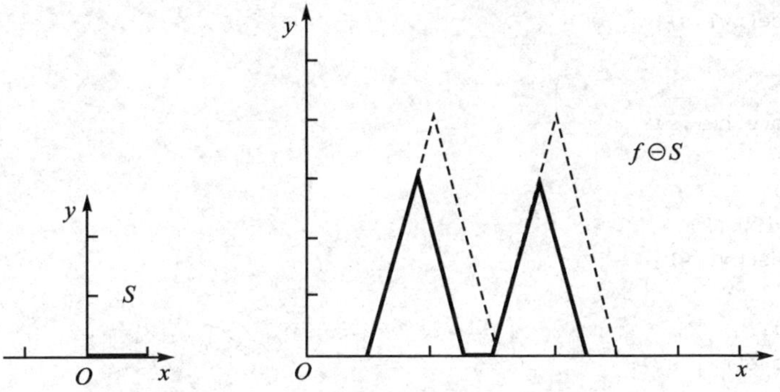


**图 6.3.2　扁平结构元素进行灰值腐蚀**

在图 6.3.2 中，可以看到灰值腐蚀与二值腐蚀之间的一个基本关系：被灰值腐蚀函数的定义域等于利用结构元素的定义域作为结构元素，对函数的定义域做二值腐蚀所得到的结果。

## 2. 灰值膨胀

利用结构元素 $S(x,y)$ 对输入图像进行灰值膨胀，记为 $f \oplus S$，其定义为：

$$(f \oplus S)(t,m) = \max\{f(t-x,m-y) + S(x,y) \mid t-x,m-y \in D_f, x+y \in D_S\} \tag{6.3.2}$$

式中：$D_f$ 和 $D_S$ 分别为 $f$ 和 $S$ 的定义域。这里限制 $(t-x)$ 和 $(m-y)$ 在 $f$ 的定义域内，类似于二值膨胀定义中要求两个运算集合至少有一个（非零）元素相交。

灰度膨胀可以通过将结构元素的原点平移到与信号重合，然后，对信号上的每一点求结构元素的最大值得到，如图 6.3.3 所示。

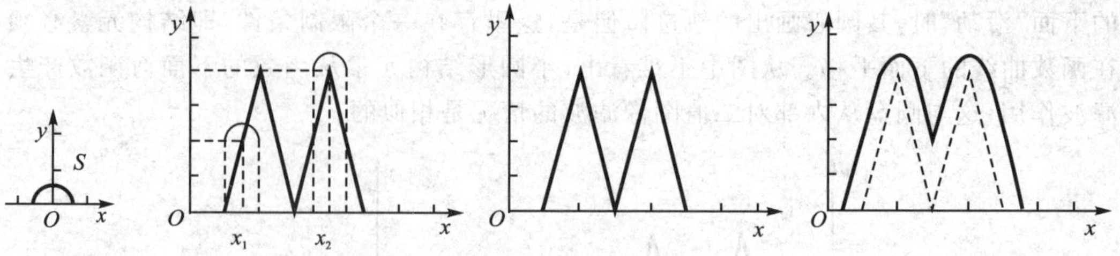


图 6.3.3　灰值膨胀示意图

### 3. 灰度腐蚀与膨胀案例分析

**【例 6.3.1】** 将如图 6.3.4(a) 所示的灰度图像用 MATLAB 编程进行腐蚀与膨胀处理,要求:①用三阶单位矩阵的结构元素进行腐蚀和膨胀;②用半径为 2 的平坦圆盘形结构元素进行腐蚀和膨胀;③显示所有腐蚀及膨胀结果。

```
bw1 = imread('ribs_and_corcalc_small.bmp');
figure(1);
imshow(bw1);
s = ones(3,3);
bw2 = imerode(bw1,s);
figure(2);
imshow(bw2);
bw3 = imdilate(bw1,s);
figure(3);
imshow(bw3);
s1 = strel('disk',2);
bw4 = imerode(bw1,s1);
figure(4);
imshow(bw4);
bw5 = imdilate(bw1,s1);
figure(5);
imshow(bw5);
```

程序运行结果如图 6.3.4 所示,图(b)是用三阶单位矩阵的结构元素进行腐蚀的结果,图 6.3.4(c)是用三阶单位矩阵的结构元素进行膨胀的结果,图 6.3.4(d)是用半径为 2 的平坦圆盘形结构元素进行腐蚀的结果,图 6.3.4(e)是用半径为 2 的平坦圆盘形结构元素进行膨胀的结果。

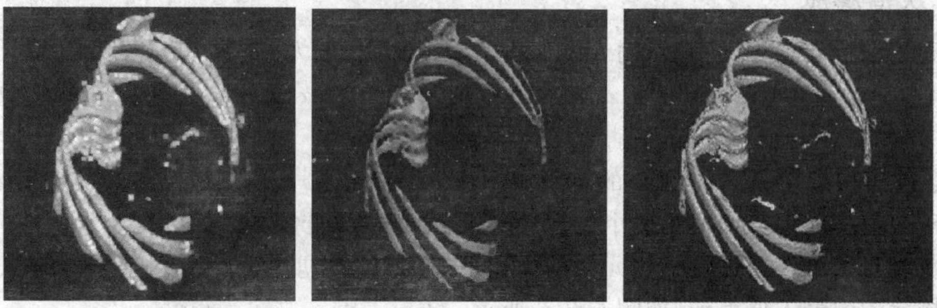

(a) 原始图像　(b) 腐蚀后图像1　(c) 膨胀后图像1

图 6.3.4　灰值图像的腐蚀膨胀运算

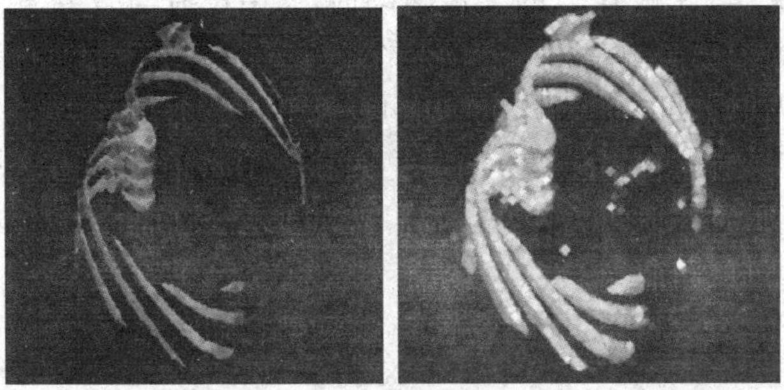

(d) 腐蚀后图像2　　　　(e) 膨胀后图像2

图 6.3.4　灰值图像的腐蚀膨胀运算(续)

从实验结果可知,灰值图像的腐蚀,如果结构元素的值都为正,则输出图像会比输入图像暗;如果输入图像中亮细节的尺寸比结构元素小,则其影响会被减弱,减弱的程度取决于这些亮细节周围的灰度值和结构元素的形状和幅值。灰值图像的膨胀运算,如果结构元素的值都为正,则输出图像会比输入图像亮,根据输入图像中暗细节的灰度值以及它们的形状相对于结构元素的关系,它们在膨胀中或被消减或被除掉。

## 6.3.2　开运算与闭运算

### 1. 开运算与闭运算

数学形态学中关于灰值开和闭运算的定义与它们在二值数学形态学中的对应运算是一致的。用结构元素 $S$ (灰值图像)对灰值图像 $f$ 做开运算记为 $f \bigcirc S$,其定义为:

$$f \bigcirc S = (f \ominus s) \oplus S \tag{6.3.3}$$

用结构元素 $S$(灰值图像)对灰值图像 $f$ 做闭运算记为 $f \bullet S$,其定义为

$$f \bullet S = (f \oplus S) \ominus S \tag{6.3.4}$$

灰值开、闭运算也有简单的几何解释,如图 6.3.5 所示。在图 6.3.5 (a)中,给出了一幅图像$f(x,y)$在 $y$ 为常数时的一个剖面 $f(x)$,其形状为一连串的山峰山谷。假设结构元素 $S$ 是球状的,投影到 $x$ 和 $f(x)$平面上是个圆。下面分别讨论开、闭运算的情况。

用 $S$ 对 $f$ 做开运算,即 $f \bigcirc S$,可看作将 $S$ 贴着 $f$ 的下沿从一端滚到另一端。图 6.3.5 (b)给出了 $S$ 在开运算中的几个位置,图 6.3.5 (c)给出了开运算操作的结果。从图 6.3.5(c)可看出,对所有比 $S$ 的直径小的山峰其高度和尖锐度都减弱了。换句话说,当 $S$ 贴着 $f$ 的下沿滚动时,$f$ 中没有与 $S$ 接触的部位都削减到与 $S$ 接触。实际中常用开运算操作消除与结构元素相比尺寸较小的亮细节,而保持图像整体灰度值和大的亮区域基本不受影响。具体地说,第 1 步的腐蚀去除了小的亮细节并同时减弱了图像亮度;第 2 步的膨胀增加了图像亮度,但又不重新引入前面去除的细节。

用 $S$ 对 $f$ 做闭运算,即 $f \bullet S$,可看作将 $S$ 贴着 $f$ 的上沿从一端滚到另一端。图 6.3.5(d)给出了 $S$ 在闭运算操作中的几个位置,图 6.3.5 (e)给出了闭运算操作的结果。从图 6.3.5(e)可看出,山峰基本没有变化,而所有比 $S$ 的直径小的山谷得到了

“填充”。换句话说,当 $S$ 贴着 $f$ 的上沿滚动时,$f$ 中没有与 $S$ 接触的部位都得到“填充”,使其与 $S$ 接触。实际中常用闭运算操作消除与结构元素相比尺寸较小的暗细节,而保持图像整体灰度值和大的暗区域基本不受影响。具体的说,第 1 步的膨胀去除了小的暗细节并同时增强了图像亮度;第 2 步的腐蚀减弱了图像亮度但又不重新引入前面去除的细节。

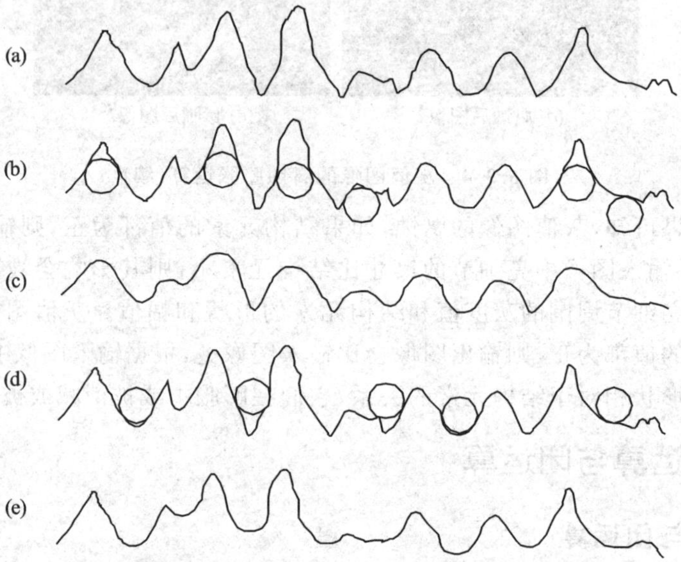


图 6.3.5　灰值图像的开闭运算

## 2. 开运算与闭运算案例分析

**【例 6.3.2】**　将如图 6.3.6(a)所示灰度图像用 MATLAB 编程进行开和闭运算,要求:①用三阶单位矩阵的结构元素进行开和闭运算;②用原点到顶点距离均为 2 的平坦菱形结构元素进行开和闭运算;③显示所有开和闭运算的结果。

原程序代码如下:

```
bw1 = imread('tt.bmp');
figure(1);
imshow(bw1);
s = ones(2,2);
bw2 = imopen(bw1,s);
figure(2);
imshow(bw2);
bw3 = imclose(bw1,s);
figure(3);
imshow(bw3);
s1 = strel('diamond',2);
bw4 = imopen(bw1,s1);
figure(4);
imshow(bw4);
bw5 = imclose(bw1,s1);
```

```
figure(5);
imshow(bw5);
```

程序运行结果：图 6.3.6(b)是用三阶单位矩阵的结构元素进行开运算的结果，图 6.3.6(c)是用三阶单位矩阵的结构元素进行闭运算的结果，图 6.3.6(d)是用原点到顶点距离均为 2 的平坦菱形结构元素进行开运算的结果，图 6.3.6(e)是用原点到顶点距离均为 2 的平坦菱形结构元素进行闭运算的结果。

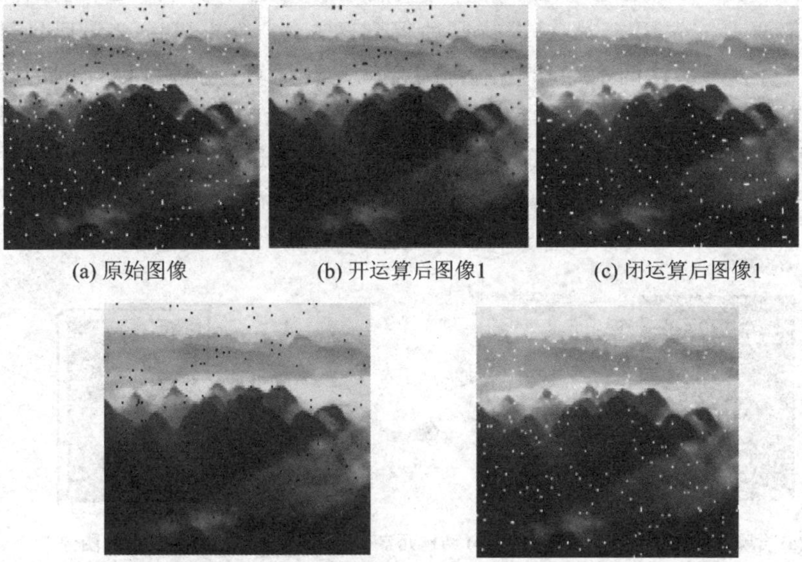

(a) 原始图像　(b) 开运算后图像1　(c) 闭运算后图像1

(d)开运算后图像2　(e) 闭运算图像2

图 6.3.6　灰值图形的开闭运算

# 6.4　形态学滤波及骨架抽取

前面已经介绍了二值形态学和灰值形态学的基本运算：腐蚀、膨胀、开和闭运算及其一些性质，通过对它们的组合可以得到一系列二值形态学和灰值形态学的实用算法。灰值形态学的主要算法有灰值形态学梯度、形态学平滑、纹理分割等。本节主要介绍形态学滤波、骨架抽取等重要算法。通过本节的讨论，可以从几何角度理解形态学的一些非常实用的技术。

**注意**：在实际应用形态学方法时，通常需要对输入图像做预处理，以便适合于使用这些算法；同时对输出图像可能还要做一些处理，以便产生满意的结果。

## 6.4.1　形态学滤波

### 1. 形态学滤波方法

由于开、闭运算所处理的信息分别与图像的凸、凹处相关，因此，它们本身都是单边算子,可以利用开、闭运算去除图像的噪声、恢复图像,也可以交替使用开、闭运算以达到双边滤波的目的。一般地,可以将开、闭运算结合起来构成形态学噪声滤波器,例如 $(X \bigcirc S) \bullet S$ 或 $(X \bullet S) \bigcirc S$ 等。下面讨论开、闭运算对噪声污染图像所具有的恢复能力,图 6.4.1 给出消除噪声的一个图例。图 6.4.1(a)包括一个长方形的目标 $X$,由于噪声的影响在目标内部有一些噪声孔而在目标周围有一些噪声块。现在用图 6.4.1(b)所示的结构元素 $S$ 通过形态学操作来滤除噪声,这里的结构元素应当比所有的噪声孔和块都要大。先用 $S$ 对 $X$ 进行腐蚀得到图 6.4.1(c),再用 $S$ 对腐蚀结果进行膨胀得到图 6.4.1(d),这两个操作的串行结合就是开运算,它将目标周围的噪声块消除掉了。再用 $S$ 对图 6.4.1(d)进行一次膨胀得到图 6.4.1(e),然后用 $S$ 对膨胀结果进行腐蚀得到图 6.4.1(f),这两个操作的串行结合就是闭运算,它将目标内部的噪声孔消除掉了。整个过程是先做开运算再做闭运算,可以写为:

$$\{[(X \ominus S) \oplus S] \oplus S\} \ominus S = (X \bigcirc S) \bullet S \tag{6.4.1}$$

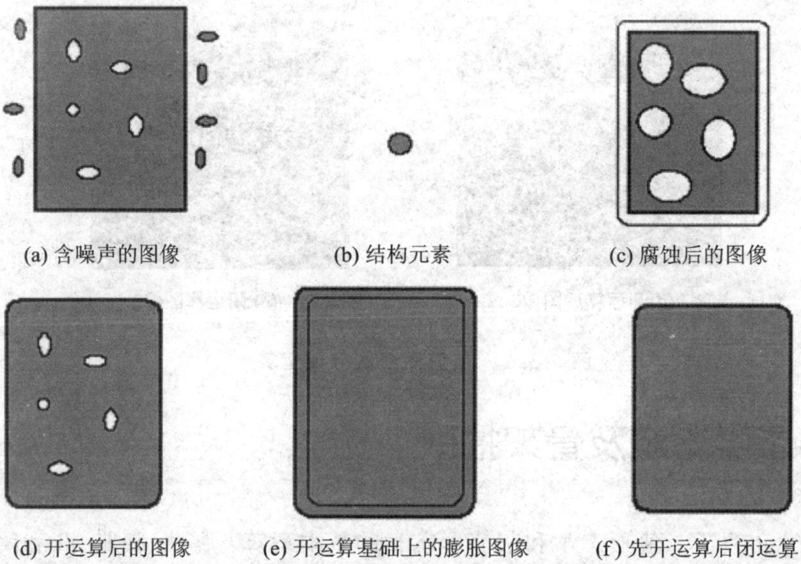

(a) 含噪声的图像　(b) 结构元素　(c) 腐蚀后的图像

(d) 开运算后的图像　(e) 开运算基础上的膨胀图像　(f) 先开运算后闭运算的图像

**图 6.4.1　二维图形形态学滤波示意图**

灰值开运算可用于过滤最大噪声(高亮度噪声),因为被滤掉的噪声位于信号的上方。如果将图中信号上方的尖峰视为噪声,那么,开运算后可得到很好的滤波效果。根据对偶性,闭运算可以滤掉信号下方的噪声尖峰。图 6.4.2 中给出了利用扁平结构元素的开闭滤波结果和二值情况相似,适当地选择结构元素的尺寸是非常关键的。此外,如果信号中还混杂有不同尺寸的噪声脉冲,并且噪声之间并没有很好地分离,那么,可以选用一种交变序列滤波器,这种滤波器使用逐渐增加宽度的结构元素,交替地做开闭运算。在一般情况下,噪声往往由信号上下凸起的尖峰组成。只要这些噪声是很好分离的,则可以利用开运算和闭运算的迭代运算或闭运算和开运算的迭代运算将其消除。

从统计学角度看,以开运算作为滤波器,存在这样的问题:除非噪声图像位于非噪声图像的上方，例如存在极大噪声的情况；否则，滤波器的输出将会产生偏移现象。这是因为做过开运算的图像总是位于噪声图像下方的缘故，闭运算也存在同样的问题。使用迭代运算的目的之一就是要减弱这些偏移现象。

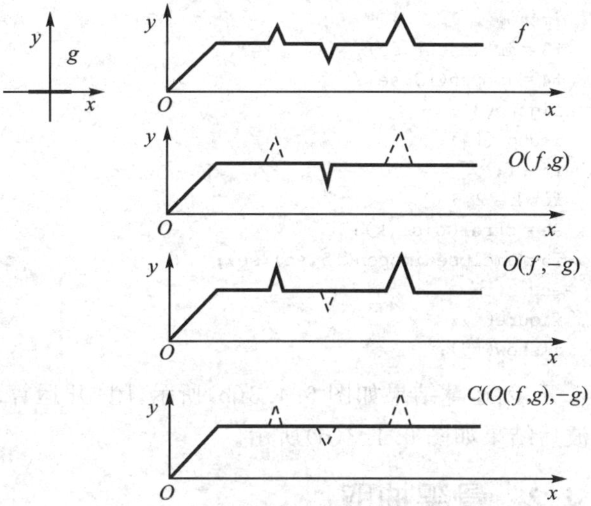


**图 6.4.2　灰值图像形态学滤波示意图**

### 2. 形态学滤波的案例分析

**【例 6.4.1】**　将图 6.4.3(a)采用形态学方法进行滤波，通过 MATLAB 编程实现滤波，并显示部分结果和最终结果。

用 MATLAB 实现的形态学滤波的原程序代码如下：

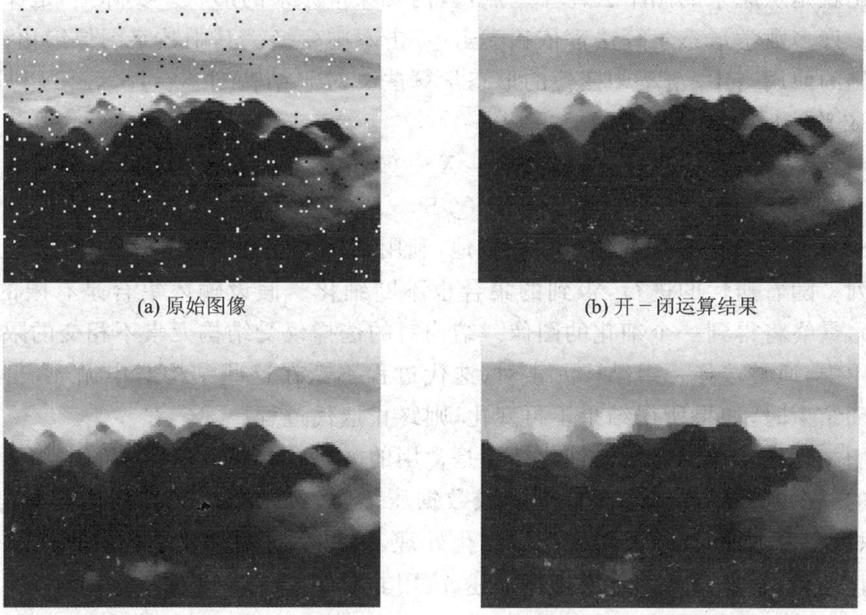

(a) 原始图像　　(b) 开－闭运算结果

(c) 闭－开结果运算　　(d) 交替顺序滤波后的图像

**图 6.4.3　形态学滤波**

```
f = imread('tt.bmp');
figure(1);
imshow(f);
se = strel('disk',1);
f1 = imopen(f,se);
f2 = imclose(f1,se);
figure(2);
```

```
imshow(f2);
f3 = imclose(f,se);
f4 = imopen(f3,se);
figure(3);
imshow(f4);
f5 = f;
for k = 2:3
se = strel('disk',k);
f5 = imclose(imopen(f5,se),se);
end
figure(4);
imshow(f5);
```

开-闭运算结果如图 6.4.3(b)所示,闭-开运算结果如图 6.4.3(c)所示,交替顺序滤波后结果如图 6.4.3(d)所示。

## 6.4.2 骨架抽取

### 1. 细 化

细化就是从原来的图中去掉一些点,但仍要保持原来的形状。实际上,是保持原图的骨架。许多数学形态学算法都依赖于击中/击不中变换。其中数字图像细化,便是一种最常见的使用击中/击不中变换的形态学算法。对于结构对 $S=(S^1,S^2)$,利用 $S$ 细化 $X$ 定义为:

$$X \otimes S = X - (X \ominus S) \tag{6.4.2}$$

$$X^1 = X \otimes S^1 \qquad X^2 = X^1 \otimes S^2 \qquad \cdots \qquad X^N = X^{N-1} \otimes S^N \tag{6.4.3}$$

即 $X \otimes S$ 为 $X$ 与 $X \ominus S$ 的差集。更一般地,利用结构对序列 $S^1,S^2,\cdots,S^N$ 迭代地产生输出序列。随着迭代的进行,得到的集合也不断细化。假设输入集合是有限的(即 $N$ 为有限),最终将得到一个细化的图像。结构对的选择仅受结构元素不相交的限制。在实际应用中,通常选择一组结构元素对,迭代过程不断在这些结构对中循环,当一个完整的循环结束时,如果所得结果不再变化,则终止迭代过程。

利用细化技术得到区域的细化结构是常用的方法。寻找二值图像的细化结构是图像处理的一个基本问题。在图像识别或数据压缩时,经常要用到这样的细化结构,例如,在识别字符之前,往往要对字符做细化处理,求出字符的细化结构。骨架便是这样一种细化结构,它是目标的重要拓扑描述,应用非常广泛。

### 2. 骨 架

所谓骨架,可以理解为图像的中轴。例如:一个长方形的骨架是它的长方向上的中轴线,圆的骨架是它的圆心,直线的骨架是它自身,孤立点的骨架也是自身。骨架获取的方法主要有下列两种方法:

#### (1) 基于烈火模拟

设想在 $t=0$ 时刻,将目标边界各处同时点燃,火的前沿以匀速向目标内部蔓延,当前沿相交时火焰熄灭,火焰熄灭点的集合就构成了骨架,如图 6.4.4 所示。

$$X = \bigcup_{k=0}^{N} \{S_k(X) \oplus kS\} \tag{6.4.9}$$

式中：$S$ 为结构元素；$(S_k(X)\oplus kS)$ 代表连续 $k$ 次用 $S$ 对 $S_k(X)$ 膨胀，即：

$$(S_k(X) \oplus kS) = \{[\cdots(S_k(X) \oplus S) \oplus S] \oplus \cdots\} \oplus S \tag{6.4.10}$$

利用式(6.4.10)以及图像腐蚀、膨胀算法可以编写程序实现形态学骨架抽取变换，图 6.4.6给出了用形态学方法抽取图像骨架的一个实例。其中，图 6.4.6 (a)为一幅二值图像，图 6.4.6(b)为用 3×3 的结构元素 $S$(原点在中心)得到的骨架，图 6.4.6(c)为用 5×5 的结构元素得到的骨架，图 6.4.6(d)为用 7×7 的结构元素得到的骨架。

**注意：**图 6.4.6 (c)和图 6.4.6 (d)中，由于模板较大，叶柄没有保留下来。

### 3. 骨架抽取案例分析

**【例 6.4.2】** 能够实现从文本抽取骨架的功能。对象是白纸黑字的文本。如将图 6.4.7所示黑色矩形进行细化，要求只剩中间的一列，如图 6.4.8 所示。

细化是从原来的图中去掉一些点，但仍要保持原来的形状。实际上，是保持原图的骨架。判断一个点是否能去掉是以 8 个相邻点(八连通)的情况来作为判据的，具体判据为：

- 内部点不能删除；
- 孤立点不能删除；

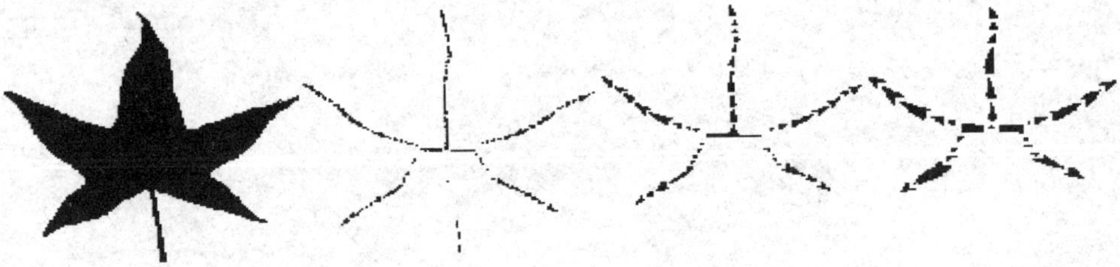

(a) 二值图像　(b) 3×3得到的骨架　(c) 5×5得到的骨架　(d) 7×7得到的骨架

**图 6.4.6　骨架抽去示例**

**图 6.4.7　黑色矩形**



**图 6.4.8　细化后的结果**

- 直线端点不能删除；
- 如果 $P$ 是边界点，去掉 $P$ 后，如果连通分量不增加，则 $P$ 可以删除。

图 6.4.9 中，图(a)不能删除，因为它是个内部点，我们要求的是骨架，如果连内部点也删了，骨架也会被掏空；图(b)不能删除，与图(a)道理相同；图(c)可以删除，这样的点不是骨架；图(d)不能删除，因为删掉后，原来相连的部分断开了；图(e)可以删除，这样的点不是骨架；图(f)不能删除，因为它是直线的端点，如果删除了，那么整个直线也被删除了，就剩不下什么了。

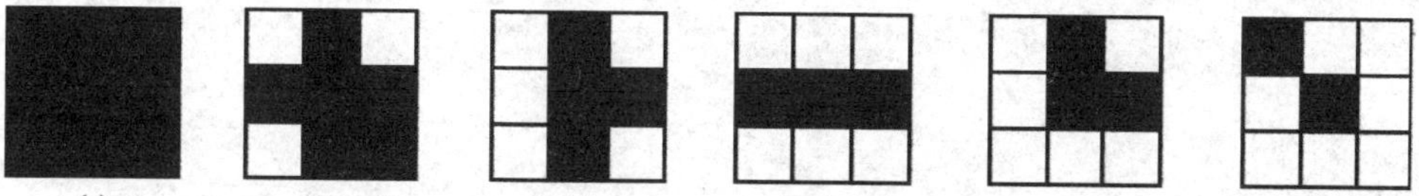


**图 6.4.9　根据某点的 8 个相邻点的情况来判断该点是否能删除**

根据上述判据，事先做出一张表，如表 6.4.1 所列。从 0 到 255 共有 256 个元素，每个元素要么是 0，要么是 1。根据某点(当然是要处理的黑色点了)的 8 个相邻点的情况查表。若表中的元素是 1，则表示该点可删除；若表中的元素是 0，则表示该点保留。

**表 6.4.1　细化算法表**

| | | | | | | | | | | | | | | | | |
|---|---|---|---|---|---|---|---|---|---|---|---|---|---|---|---|---|
| 元　素 | 0 | 1 | 2 | 3 | 4 | 5 | 6 | 7 | 8 | 9 | 10 | 11 | 12 | 13 | 14 | 15 |
| 元素的值 | 0 | 0 | 1 | 1 | 0 | 0 | 1 | 1 | 1 | 1 | 0 | 1 | 1 | 1 | 0 | 1 |
| 元　素 | 16 | 17 | 18 | 19 | 20 | 21 | 22 | 23 | 24 | 25 | 26 | 27 | 28 | 29 | 30 | 31 |
| 元素的值 | 1 | 1 | 0 | 0 | 1 | 1 | 1 | 1 | 0 | 0 | 0 | 0 | 0 | 0 | 0 | 1 |
| 元　素 | 32 | 33 | 34 | 35 | 36 | 37 | 38 | 39 | 40 | 41 | 42 | 43 | 44 | 45 | 46 | 47 |
| 元素的值 | 0 | 0 | 1 | 1 | 0 | 0 | 1 | 1 | 1 | 1 | 0 | 1 | 1 | 1 | 0 | 1 |
| 元　素 | 48 | 49 | 50 | 51 | 52 | 53 | 54 | 55 | 56 | 57 | 58 | 59 | 60 | 61 | 62 | 63 |
| 元素的值 | 1 | 1 | 0 | 0 | 1 | 1 | 1 | 1 | 0 | 0 | 0 | 0 | 0 | 0 | 0 | 1 |
| 元　素 | 64 | 65 | 66 | 67 | 68 | 69 | 70 | 71 | 72 | 73 | 74 | 75 | 76 | 77 | 78 | 79 |
| 元素的值 | 1 | 1 | 0 | 0 | 1 | 1 | 0 | 0 | 0 | 0 | 0 | 0 | 0 | 0 | 0 | 0 |
| 元　素 | 80 | 81 | 82 | 83 | 84 | 85 | 86 | 87 | 88 | 89 | 90 | 91 | 92 | 93 | 94 | 95 |
| 元素的值 | 0 | 0 | 0 | 0 | 0 | 0 | 0 | 0 | 0 | 0 | 0 | 0 | 0 | 0 | 0 | 0 |
| 元　素 | 96 | 97 | 98 | 99 | 100 | 101 | 102 | 103 | 104 | 105 | 106 | 107 | 108 | 109 | 110 | 111 |
| 元素的值 | 1 | 1 | 0 | 0 | 1 | 1 | 0 | 0 | 1 | 1 | 0 | 1 | 1 | 1 | 0 | 1 |
| 元　素 | 112 | 113 | 114 | 115 | 116 | 117 | 118 | 119 | 120 | 121 | 122 | 123 | 124 | 125 | 126 | 127 |
| 元素的值 | 0 | 0 | 0 | 0 | 0 | 0 | 0 | 0 | 0 | 0 | 0 | 0 | 0 | 0 | 0 | 0 |
| 元　素 | 128 | 129 | 130 | 131 | 132 | 133 | 134 | 135 | 136 | 137 | 138 | 139 | 140 | 141 | 142 | 143 |
| 元素的值 | 0 | 0 | 1 | 1 | 0 | 0 | 1 | 1 | 1 | 1 | 0 | 1 | 1 | 1 | 0 | 1 |
| 元　素 | 144 | 145 | 146 | 147 | 148 | 149 | 150 | 151 | 152 | 153 | 154 | 155 | 156 | 157 | 158 | 159 |
| 元素的值 | 1 | 1 | 0 | 0 | 1 | 1 | 1 | 1 | 0 | 0 | 0 | 0 | 0 | 0 | 0 | 1 |
| 元　素 | 160 | 161 | 162 | 162 | 164 | 165 | 166 | 167 | 168 | 169 | 170 | 171 | 172 | 173 | 174 | 175 |
| 元素的值 | 0 | 0 | 1 | 1 | 0 | 0 | 1 | 1 | 1 | 1 | 0 | 1 | 1 | 1 | 0 | 1 |
| 元　素 | 176 | 177 | 178 | 179 | 180 | 181 | 182 | 183 | 184 | 185 | 186 | 187 | 188 | 189 | 190 | 191 |
| 元素的值 | 1 | 1 | 0 | 0 | 1 | 1 | 1 | 1 | 0 | 0 | 0 | 0 | 0 | 0 | 0 | 0 |

## 习题与思考题

6-1　不同的结构元素对同一幅图像的腐蚀或膨胀会有所不同,举例说明结构元素的哪些因素对图像的腐蚀、膨胀有影响。

6-2　画出用一个半径为 $r/4$ 的圆形结构元素膨胀一个半径为 $r$ 的圆的示意图。

6-3　画出用一个半径为 $r/4$ 的圆形结构元素腐蚀一个 $r\times r$ 的正方形的示意图。

6-4　数学形态学的基本运算:腐蚀、膨胀、开和闭运算是否有共同的性质?如果没有,说明原因;如果有,总结它们有哪些共同性质。

6-5　通过形态学的开、闭运算,利用题6-5(b)图的结构元素,去除题6-5(a)图存在的噪声(内部的噪声空和目标外部的噪声块)。简述滤波方法,画出滤波过程简图。

6-6　编写一个完整的程序,实现二值图像的腐蚀、膨胀以及开和闭运算,并对一幅二值图像进行处理。

6-7　编写一个完整的程序,实现灰值图像的腐蚀、膨胀以及开和闭运算,并对一幅灰度图像进行处理。

6-8　编写一个程序,完成对题6-8图所示图像的细化。

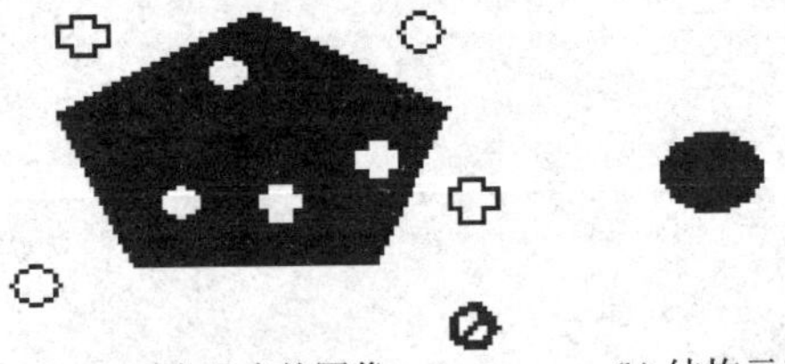

(a) 含噪声的图像　　(b) 结构元素

**题6-5图　去除图像噪声**

**题6-8图　被细化的图像**

# 第7章 图像分割

图像分割(Image Segmentation)是把图像分成若干个有意义区域的处理技术。从本质上说是将各像素进行分类的过程。分类所依据的特性可以是像素的灰度值、颜色或多谱特性、空间特性和纹理特性等。图像分割按照图像的某些特性(如灰度级等)将图像分成若干区域,在每个区域内部有相同或者相近的特性,而相邻区域的特性不相同。一般假设在同一区域内特性的变化平缓,而在区域的边界上特性的变化剧烈。

简单地讲,就是在一幅图像中,把目标从背景中分离出来,以便于进一步处理。目前对于在任意图像分割处理中,找到使这些区域和景物中的各种目标一一相对应的关系还是十分困难的。

本章主要介绍的内容有阈值选取的图像分割,其中包括灰度阈值分割、直方图阈值分割、最大熵阈值分割、二维最大熵阈值分割、全局、局部阈值分割;区域的图像分割,包括有区域生长、区域的分裂—合并;边缘检测的图像分割;图像运动目标分割。并通过MATLAB编写的程序设计示例来实现数字图像分割的应用。其内容与结构如图7.1所示。

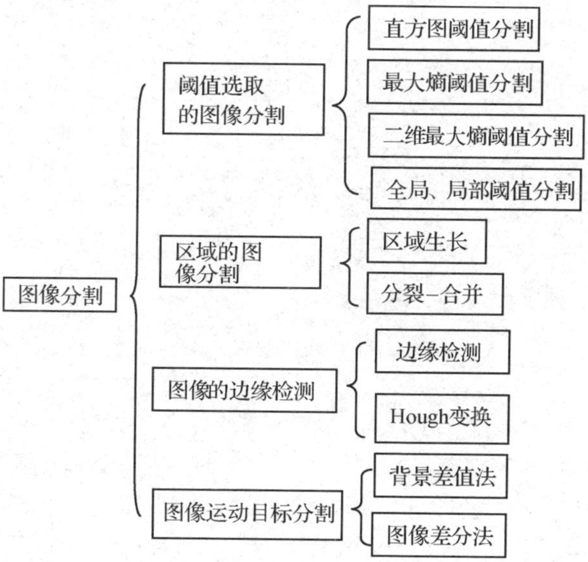


图7.1 本章图像分割技术的内容与结构

为具有一个集合 $D$ 内的灰度的区域,而其他作为背景,即:

$$g(i,j)=\begin{cases}255 & f(i,j)\in D\\ 0 & 其他\end{cases} \tag{7.1.4}$$

还有一种分割,其定义为:

$$g(i,j)=\begin{cases}f(i,j) & f(i,j)\geqslant T\\ 0 & 其他\end{cases} \tag{7.1.5}$$

这种分割称为半阈值化(Semi-thresholding),这样分割的目的是屏蔽图像背景,留下物体部分的灰度信息。

### 2. 灰度图像二值化的案例分析

**【例 7.1.1】** 利用图像分割测试图像中的微小结构。

```
%  图像分割测试图像中的微小结构
I = imread('cell.tif');                 % 读入原始图像到 I 变量
subplot(2,2,1),imshow (I), title ('原始图像');
Ic = imcomplement (I);                  % 调用 imcomplement 函数对图像求反色
BW = im2bw( Ic, graythresh (Ic) );      % 使用 im2bw 函数,转换成二值化图像来阈值分割
subplot ( 2,2,2 ), imshow (BW), title ('阈值截取分割后图像');
se = strel('disk',6);   % 创建形态学结构元素,选择一个半径为 6 个像素的圆盘形结构元素
BWc = imclose ( BW, se);                % 图像形态学关闭运算
BWco = imopen ( BWc, se);               % 图像形态学开启运算
subplot ( 2,2,3 ), imshow (BWco), title ('对小图像进行删除后图像');
mask = BW&BWco;                         % 对两幅图像进行逻辑 "与"操作
subplot ( 2,2,4 ), imshow (mask), title ('检测结果的图像');
```

程序运行结果如图 7.1.3 所示。

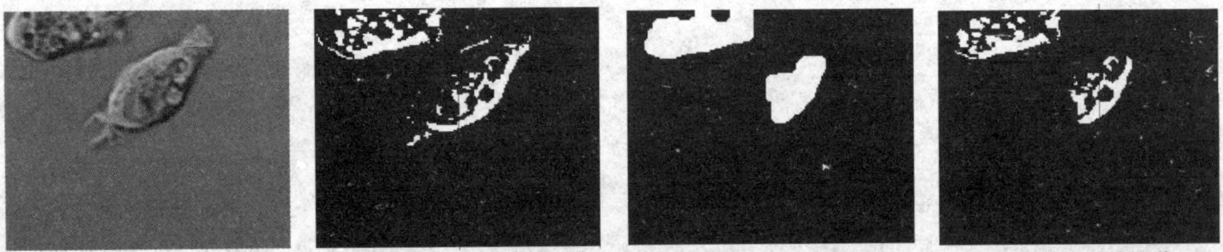

(a) 原图像　(b) 阈值截取分割后的图像　(c) 删除微小结构后的图像　(d) 检测结果的图像

**图 7.1.3　搜索图像中的微小结构**

### 3. 灰度图像多区域阈值分割

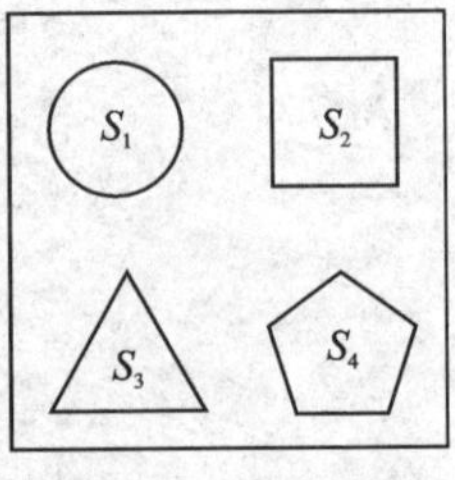


**图 7.1.4　图像中的区域($n=4$)**

在灰度图像中分离出有意义区域的最基本的方法是设置阈值的分割方法。若图像中存在背景 $S_0$ 和 $n$ 个不同意义的部分 $S_1,S_2,\cdots,S_n$,如图 7.1.4 所示。或者说该图像有($n+1$)个区域组成,各个区域内的灰度值相近,而各区域之间的灰度特性有明显差异,并设背景的灰度值最小,则可在各区域的灰度差异处设置 $n$

个阈值 $T_0, T_1, T_2, \cdots, T_{n-1}$( $T_0 < T_1 < T_2 < \cdots < T_{n-1}$),并进行如下分割处理:

$$g(i,j)=\begin{cases} g_0 & f(i,j)\leqslant T_0 \\ g_1 & T_0 < f(i,j)\leqslant T_1 \\ \vdots & \vdots \\ g_{n-1} & T_{n-2} < f(i,j)\leqslant T_{n-1} \\ g_n & f(i,j) > T_{n-1} \end{cases} \tag{7.1.6}$$

式中: $f(i,j)$为原图像像素的灰度值; $g(i,j)$为区域分割处理后图像上像素的输出结果; $g_0, g_1, g_2 \cdots, g_n$ 分别为处理后背景 $S_0$,区域 $S_1$,区域 $S_2$,…,区域 $S_n$ 中像素的输出值或某种标记。含有多目标图像的直方图如图 7.1.5 所示。

图像中各点经上述灰度阈值法处理后,各个有意义区域就从图像背景中分离出来。

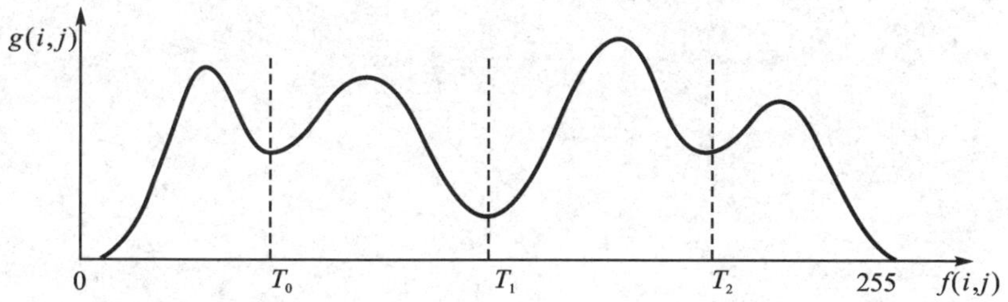


图 7.1.5　含有多目标图像的直方图

## 7.1.2　直方图阈值

### 1. 直方图阈值的双峰法

若灰度图像的直方图,其灰度级范围为 $i=0,1,\cdots,L-1$,当灰度级为 $k$ 时的像素数为 $n_k$,则一幅图像的总像素 $N$ 为:

$$N=\sum_{i=0}^{L-1} n_i = n_0 + n_1 + \cdots + n_{L-1} \tag{7.1.7}$$

灰度级 $i$ 出现的概率为:

$$p_i = \frac{n_i}{N} = \frac{n_i}{n_0 + n_1 + \cdots + n_{L-1}} \tag{7.1.8}$$

当灰度图像中画面比较简单且对象物的灰度分布比较有规律时,背景和对象物在图像的灰度直方图上各自形成一个波峰,由于每两个波峰间形成一个低谷,因而选择双峰间低谷处所对应的灰度值为阈值,可将两个区域分离。

把这种通过选取直方图阈值来分割目标和背景的方法称为直方图阈值双峰法。如图 7.1.6 所示,在灰度级 $t_1$ 和 $t_2$ 两处有明显的峰值,而在 $t$ 处是一个谷点。

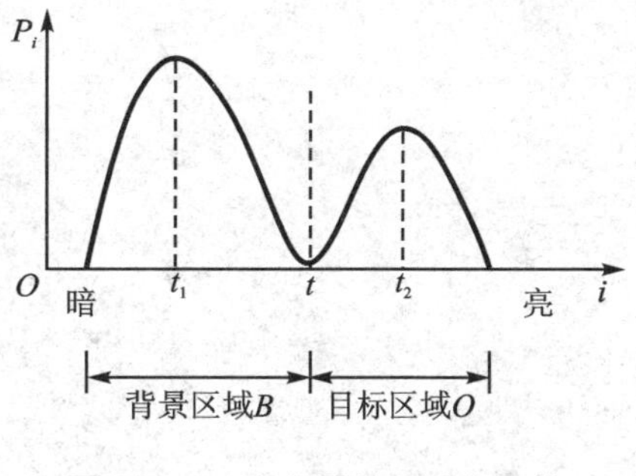


图 7.1.6　直方图的双峰与阈值

或者达到规定的迭代次数，则可将 $T_2$ 作为最终阈值结果，否则将 $T_2$ 赋给 $T_0$，将 $H_d+H_b$ 赋给 $H_0$，重复②～④步的操作，直至满足要求为止。

**(2) 算法与程序流程框图**

最大信息熵图像分割程序算法流程框图，如图 7.1.9 所示。

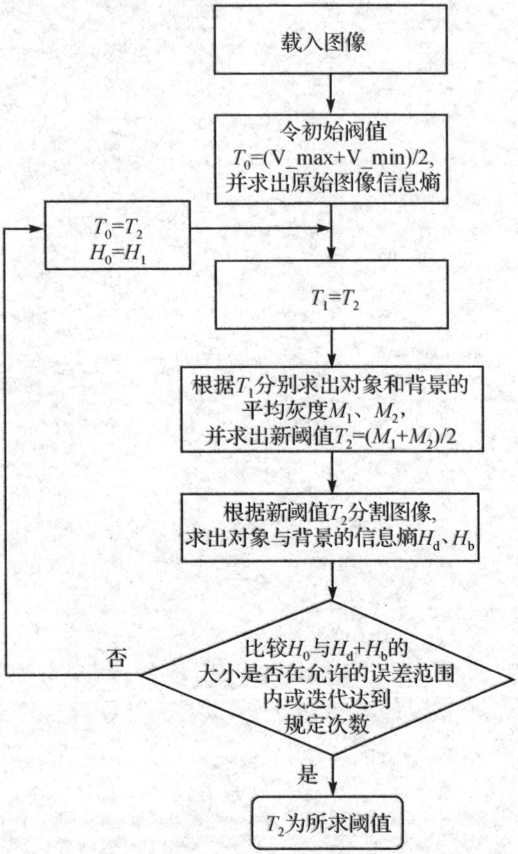


**图 7.1.9　最大信息熵图像分割程序算法流程框图**

**(3) 基于最大信息熵算法程序的实现**

```
% 基于最大信息熵算法程序
clear;
close all;
I = imread('女飞行员.JPG');                    % 输入原图像
figure, imshow(I);                             % 显示原始彩色图像
if length(size(I)) == 3                        % 如果是彩色图像转换为灰度图像
    I = rgb2gray(I);                           % 将 RGB 图像转换为灰度图像
end
[X,Y] = size(I);
V_max = max(max(I));
V_min = min(min(I));
T0 = (V_max + V_min)/2;                        % 初始分割阈值
h = imhist(I);                                 % 计算图像直方图
```

```
figure,plot(h);
grayp = imhist(I)/numel(I);              %求图像像素概率
I = double(I);
H0 = - sum(grayp(find(grayp(1:end)>0)). * log(grayp(find(grayp(1:end)>0))));
cout = 100;                              %设置迭代次数为100次
while(cout>0)
    Tmax = 0;                            %初始化
grayPd = 0;
grayPb = 0;
    Hd = 0;
    Hb = 0;
    T1 = T0;
    A1 = 0;
    A2 = 0;
    B1 = 0;
    B2 = 0;
    for i = 1:X                          %计算灰度平均值
      for j = 1:Y
        if(I(i,j)< = T1)
          A1 = A1 + 1;
          B1 = B1 + I(i,j);
        else
          A2 = A2 + 1;
          B2 = B2 + I(i,j);
        end
      end
end
M1 = B1/A1;
    M2 = B2/A2;
    T2 = (M1 + M2)/2;
    TT = round(T2);
    grayPd = sum(grayp(1:TT));           %计算分割区域G1的概率和
    if grayPd == 0
      grayPd = eps;
    end
    grayPb = 1 - grayPd;
    if grayPb == 0
      grayPb = eps;
    end
Hd = - sum((grayp(find(grayp(1:TT)>0))/grayPd). * log((grayp(find(grayp(1:TT)>0))/
grayPd)));
                                         %计算分割后区域G1的信息熵
Hb = - sum(grayp(TT + (find(grayp(TT + 1:end)>0)))/grayPb. * log(grayp(TT + (find(grayp
(TT + 1:end)>0)))/grayPb));              %计算分割后区域G2的信息熵
H1 = Hd + Hb;
    cout = cout - 1;
    if (abs(H0 - H1)<0.0001)|(cout == 0)
      Tmax = T2;
      break;
    else
      T0 = T2;
```

对于复杂图像来讲,仅仅利用像元或像元邻域的全局阈值技术很难获得良好的分割结果,当图像尺寸较大时,利用全局直方图会丢失许多集群,即那些像元数目不多的区域类。因此对于分割复杂图像,要充分考虑局部区域特性,在可能的条件下还应该选择更多的属性和有关的语义信息加以辅助。

**2. 局部阈值法**

在局部阈值分割法中,原始图像被分为几个小的子图像,再对每个子图像分别求出最优分割阈值。但是,在阈值分割后,相邻子图像之间的边界处可能产生灰度级的不连续性,因此需用平滑技术进行排除。局部阈值分割法常用的方法有灰度差直方图法、微分直方图法。局部阈值分割法虽然能改善分割效果,但存在以下缺点:

- 每幅子图像的尺寸不能太小,否则统计出的结果无意义。
- 每幅图像的分割是任意的,如果有一幅子图像正好落在目标区域或背景区域,而根据统计结果对其进行分割,也许会产生更差的结果。
- 局部阈值法对每一幅子图像都要进行统计,速度慢,难以适应实时性的要求。

## 7.1.5 二维直方图阈值

由于图像一维灰度直方图的信息来源是基于点灰度特征的统计信息,它并没有充分利用图像的空间信息,所以当噪声干扰和照明等因素的影响,使信噪比降低时,虽然用最大熵法来选取阈值处理速度较快,但由于图像的一维灰度直方图没有明显的峰和谷时,仅利用一维灰度值分布选取的阈值往往难以获得满意的图像分割效果,甚至还可能产生错误的分割。

解决的方法是可以在一维灰度直方图阈值分割算法上引入图像的二次统计特性(区域灰度特征),由于区域灰度特征包含了图像的部分空间信息,且对噪声的敏感程度要低于点灰度特征。由此综合利用图像的点灰度特征和区域灰度特征就可较好的表征图像的信息,达到改善图像的分割质量,从而实现二维直方图最大熵阈值。

**1. 二维直方图**

设原始灰度图像 $f(x,y)$ 的灰度级数为 $L$,图像的大小为 $M\times N$,经过对其进行区域灰度特征的 3×3 或 5×5 点阵的平滑滤波处理得到平滑图像 $g(x,y)$,它的灰度级数仍然为 $L$,图像的大小不变。这样由原始图像 $f(x,y)$ 像素的灰度级和平滑图像 $g(x,y)$ 对该像素的邻域平均灰度级共同来构成一个二元函数 $z(i,j)$,$z(i,j)=[f(x,y),g(x,y)]_{M\times N}$。

像素的灰度级和该像素的邻域平均灰度级的可能取值为 $L\times L$,设 $\eta_{ij}$ 为图像中点灰度为 $i$ 及其区域灰度均值为 $j$ 的像素点数,$p_{ij}$ 为点灰度与区域灰度均值对 $(i,j)$ 发生的概率,则:

$$p_{ij}=\frac{n_{ij}}{M\times N}\qquad (p_{ij},i,j=0,1,2,\cdots,L-1)\tag{7.1.16}$$

式中:$M\times N$ 为图像的大小。

这样的关系可用图形来描述，它由点灰度值、区域灰度均值两个灰度轴组成的灰度平面及一系列垂直于灰度平面的线段(这些线段分别对应灰度平面上各点灰度值出现的频率 $p_{ij}$)构成，称此图形为二维直方图。

**2. 二维最大熵阈值分割**

在二维直方图中，高峰主要分布在平面的对角线附近，并且在总体上呈现出双峰状态。这是由于图像的所有像素中，目标点和背景点所占比例最大，而目标区域和背景区域内部的像素灰度级比较均匀，点灰度及其区域灰度均值相差不大，所以都集中在对角线附近，其两个峰分别对应于目标和背景。在远离平面对角线的坐标处，峰的高度急剧下降，这部分反映图像中的噪声点、边缘点和杂散点。二维直方图不仅利用了图像的灰度值信息，而且利用了其邻域空间的相关信息，可以较好地表征图像的信息。

图 7.1.12 为二维直方图的灰度平面图，其中 $A$ 区和 $B$ 区分别代表目标和背景(或相反)，远离对角线的 $C$ 区和 $D$ 区代表边界和噪声，所以应该在 $A$ 区和 $B$ 区中通过二维最大熵法确定最佳阈值，使其真正代表目标和背景的信息量最大。

当图像在强噪声干扰下，一维灰度直方图没有明显的峰和谷时，这时一维直方图如果只有一个单峰，那么物体和背景的分布区分将很不明显，但在二维直方图中，由于利用了图像邻域的相关信息，物体和背景的双峰分布仍明显得到保留，可看出两个峰的不同分布。

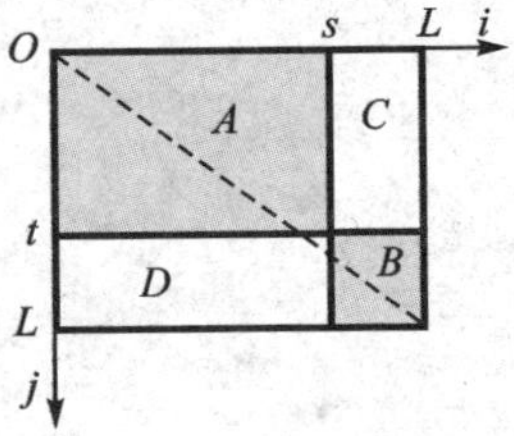


**图 7.1.12　图像二维直方图的灰度平面**

通常情况下，图像都要受到不同程度的噪声干扰，为了抑制噪声，利用如图 7.1.12 二维直方图进行分割能得到很好的效果。

设 $A$ 区域和 $B$ 区域各自具有不同的概率分布，用 $A$ 区和 $B$ 区的后验概率对各区域的概率 $p_{i,j}$ 进行归一化处理，以使分区熵之间具有可加性。如果阈值设在$(s,t)$，则：

$$P_A = \sum_{i=0}^{s}\sum_{j=0}^{t} p_{ij} \qquad (i=0,1,\cdots,s;j=0,1,\cdots,t) \tag{7.1.17}$$

$$P_B = \sum_{i=s+1}^{L-1}\sum_{j=t+1}^{L-1} p_{ij} \qquad (i=s+1,s+2,\cdots,L-1;j=t+1,t+2,\cdots,L-1) \tag{7.1.18}$$

定义离散二维熵为：

$$H = -\sum_{i=0}^{L-1}\sum_{j=0}^{L-1} p_{ij}\ln p_{ij} \tag{7.1.19}$$

则 $A$ 区和 $B$ 区的二维熵分别为：

$$H(A) = -\sum_{i=0}^{s}\sum_{j=0}^{t}\left(\frac{p_{ij}}{P_A}\right)\ln\left(\frac{p_{ij}}{P_A}\right) = \ln P_A + \frac{H_A}{P_A} \tag{7.1.20}$$

$$H(B) = -\sum_{i=s+1}^{L-1}\sum_{j=t+1}^{L-1}\left(\frac{p_{ij}}{P_B}\right)\ln\left(\frac{p_{ij}}{P_B}\right) = \ln P_B + \frac{H_B}{P_B} \tag{7.1.21}$$

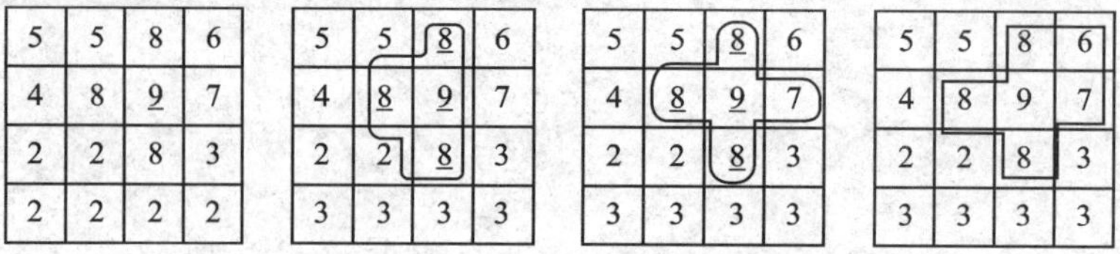


(a) 输入图像　(b) 第1次区域生长　(c) 第2次区域生长　(d) 结束

**图 7.2.2　区域生长的简单图示**

阈值$T=2$,基本单元为像素,在 3×3 的微区域中与 $f(m,n)$像素相邻的像素数有 8 个,如图 7.2.3 所示。

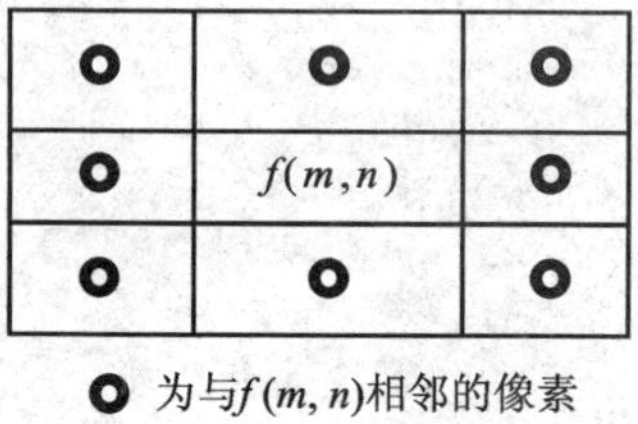


**图 7.2.3　$f(m,n)$的 3×3 邻域**

本例中,在图 7.2.4 中区域标记为 $A$、$B$、$C$。原图像灰度值见图 7.2.4(a)。

用光栅扫描顺序确定合并起点的基本单元,第 1 个合并起点如图 7.2.4(b)所示,标记为 $A$,灰度值 $f_A=2$。分别比较该基本单元与其 3 个邻点 1、5、1 的灰度差,由判别准则和设置的阈值 $T$ 可得 2 个邻点 1、1 与基本单元合并,只有一个邻点 5 不能合并,其结果如图 7.2.4(c)所示,由此计算合并后小区域中基本单元的平均灰度为 $f_A=(2+1+1)/3$。然后确定以此小区域中的 3 个基本单元 $A\ A\ A$ 为中心的不属于任何区域的邻点有 5 个,并分别做相似判别得结果如图 7.2.4 (d)所示。依此类推,得到小区域 $A$ 不能再扩张的结果如图 7.2.4 (e)所示,至此第 1 次合并结束。图 7.2.4 (e)中的 $B$ 为第 2 个合并起点,重复上述过程,得到与区域 $A$ 灰度特性不同的区域 $B$,如图 7.2.4 (f)所示。最终结果将图像分割成 $A$、$B$、$C$ 这 3 个区域,如图 7.2.4(g)所示。

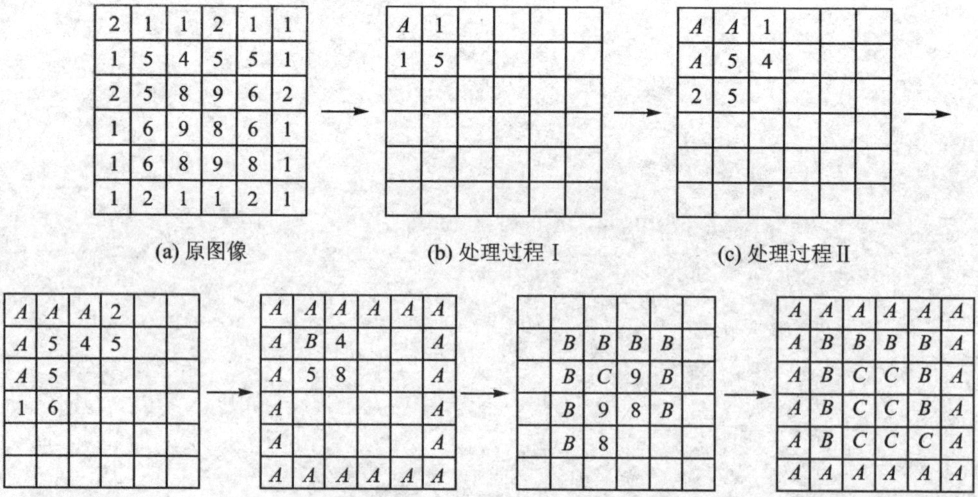


(a) 原图像　(b) 处理过程Ⅰ　(c) 处理过程Ⅱ

(d) 处理过程Ⅲ　(e) 处理过程Ⅳ　(f) 处理过程Ⅴ　(g) 处理结果Ⅵ

**图 7.2.4　灰度差判别准则的区域合并**

### 7.2.2 分裂-合并分割方法

分裂-合并分割方法(Split-merge Algorithm)是指从树的某一层开始，按照某种区域属性的一致性测度，对应该合并的相邻块加以合并，对应该进一步划分的块再进行划分的分割方法。分裂-合并分割方法差不多是区域生长的逆过程，它从整个图像出发，不断分裂得到各个子区域，然后再把前景区域合并，实现目标提取。典型的分割技术是以图像四叉树(Quadtree)或金字塔(Pyramid)作为基本数据结构的分裂-合并方法。

**1. 树结构**

树结构可用来表示一幅图像，树的根代表图像本身，树的叶则代表每个像元素。如图 7.2.5(c)所示，0 层的根也可看作一个节点，第一层有 4 个节点，若图像的大小是 $N\times N, N=2^n=2^2$。则应该有 $2^2\times 2^2=16$ 个节点，需经过 0 层→1 层→2 层才能抵达每一树叶(像素)，像素也称树叶。整个树结构有 $n+1=3$ 层。区域生长是先从单个生长点开始通过不断接纳满足接收准则的新生长点，最后得到整个区域，其实是从树的叶子开始，由下至上最终到达树的根，最终完成图像的区域划分。无论由树的根开始，由上至下决定每个像元素的区域类归属，还是由树的叶子开始，由下至上完成图像的区域划分，它们都要遍历整个树。

**2. 图像四叉树结构**

四叉树要求输入图像 $f(x,y)$ 的大小为 2 的整数次幂。设 $N=2^n$，对于 $N\times N$ 大小的输入图像 $f(x,y)$，可以连续进行 4 次等分，一直分到正方形的大小正好与像素的大小相等为止。换句话说，就是设 $R$ 代表整个正方形图像区域，一个四叉树从最高 0 层开始，把 $R$ 连续分成越来越小的 1/4 的正方形子区域 $R_i$，不断的将该子区域 $R_i$ 进行 4 等分，并且最终使子区域 $R_i$ 处于不可分状态。图像四叉树分裂与结构如图 7.2.5 所示。

**3. 四叉树分解案例分析**

图像的四叉树分解指的是将一幅图像分解成一个个具有同样特性的子块。这一方法能揭示图像的结构信息。同时，它作为自适应压缩算法的第 1 步。实现四叉树分解可以使用 qtdecomp 函数。该函数首先将一幅方块图像分解成 4 个小方块图像，然后检测每一小块中像素值是否满足规定的同一性标准。如果满足就不再分解。如果不满足，则继续分解，重复迭代，直到每一小块达到同一性标准。这时小块之间进行合并，最后的结果是几个大小不等的块。

MATLAB 图像处理工具箱中提供了专门的 qtdecomp 四叉树分解函数，它的调用格式为：

```
S=qtdecomp(I)
S=qtdecomp(I,threshold , mindim)
```

qtdecomp(I)为对灰度图像 I 进行四叉树分解，返回的四叉树结构是稀疏矩阵 S。

小区块合并,仍用合并准则,这样就形成了不规则的大区域。由此最后完成区域的合并与分裂。如图 7.2.7(e)、(f)所示。

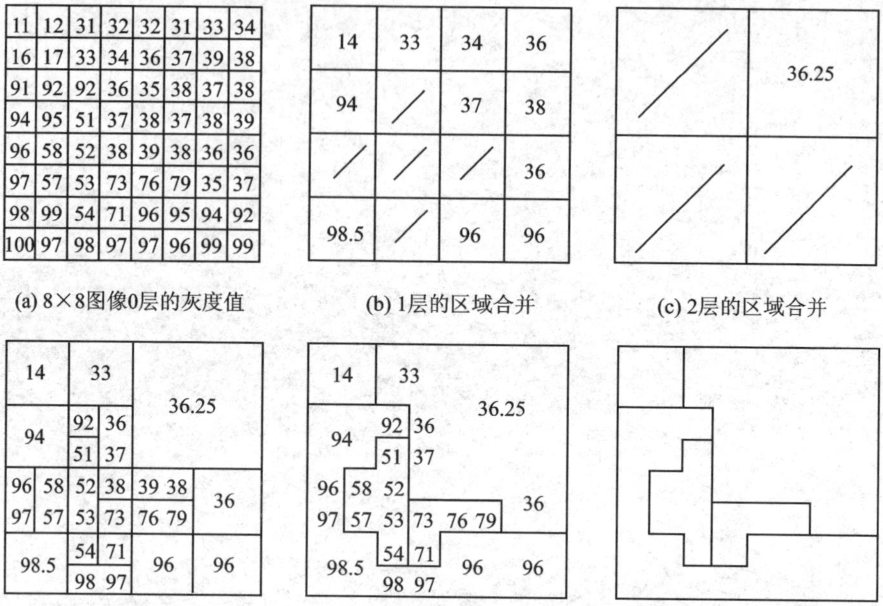


(a) 8×8图像0层的灰度值　(b) 1层的区域合并　(c) 2层的区域合并

(d) 3层的区域分裂　(e) 合并消除小区域块　(f) 最终结果

**图 7.2.7　四叉树分裂-合并算法处理实例**

# 7.3　边缘检测的图像分割

数字图像的边缘检测是图像分割、目标区域识别、区域形状提取等图像分析领域十分重要的基础,也是图像识别中提取图像特征的一个重要属性。在进行图像理解和分析时,第一步往往就是边缘检测,由于边缘广泛存在于目标与目标、物体与背景、区域与区域(含不同色彩)之间,它是图像分割所依赖的重要特征。目前边缘检测已成为机器视觉研究领域最活跃的课题之一,在工程应用中占有十分重要的地位。

## 7.3.1　边缘检测的基本原理

图像边缘是图像最基本的特征,边缘在图像分析中起着重要作用。所谓边缘(Edge)是指图像局部特性的不连续性。灰度或结构等信息的突变处称为边缘,例如:灰度级的突变、颜色的突变、纹理结构的突变等。边缘是一个区域的结束,也是另一个区域的开始,利用该特征可以分割图像。

当人们看一个有边缘的物体时,首先感觉到的便是边缘,如图 7.3.1 所示。

一条理想的边缘应具有如图 7.3.1(a)所示模型的特性。每个像素都处在灰度级跃变的一个垂直的台阶上(例如图形中所示的水平线通过图像的灰度剖面图)。

而实际上,诸如图像采集系统的性能、采样率和获得图像的照明条件等因素的影响，得到的边缘往往是模糊的，边缘被模拟成具有“斜坡面”的剖面，如图 7.3.1(b)所示，在这个模型中，不再有细线（宽为一个像素的线条），而是出现了边缘的点包含斜坡中任意点的情况。由此可以看到：模糊的边缘使边缘的“宽度”较大，而清晰的边缘使边缘的“宽度”较小。

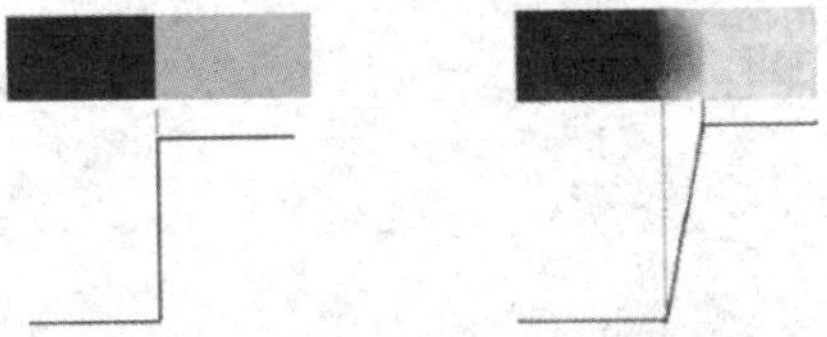


图 7.3.1　灰度级跃变的边缘模型

图像的边缘有方向和幅度两个属性，沿边缘方向像素变化平缓，垂直于边缘方向像素变化剧烈。边缘上的这种变化可以用微分算子检测出来，通常用一阶导数或二阶导数来检测边缘，不同的是一阶导数认为最大值对应边缘位置，而二阶导数则以过零点对应边缘位置。实际上，对于图像中的任意方向上的边缘都可以进行类似的分析。在图像边缘检测中对任意点的一阶导数可以利用该点梯度的幅度来获得，二阶导数可以用拉普拉斯算子得到。

## 7.3.2　边缘检测算子

由于微分算子具有突出灰度变化的作用，对图像进行微分运算，在图像边缘处其灰度变化较大，故该处微分计算值较高，可将这些微分值作为相应点的边缘强度，通过阈值判别来提取边缘点，即如果微分值大于阈值，则为边缘点。

边缘检测（Edge Detection）的实质是采用某种算法来提取出图像中对象与背景间的交界线。图像灰度的变化情况可以用图像灰度分布的梯度来反映，因此我们可以用局部图像微分技术来获得边缘检测算子。经典的边缘检测方法是对原始图像中像素的某小邻域来构造边缘检测算子。

Roberts、Sobel、Prewitt 是基于一阶导数的边缘检测算子，图像的边缘检测是通过 2×2（Roberts 算子）或者 3×3 模板作为核与图像中的每个像素点做卷积和运算，然后选取合适的阈值以提取边缘。

Laplace 边缘检测算子是基于二阶导数的边缘检测算子，该算子对噪声敏感。Laplace 算子的改进方式是先对图像进行平滑处理，然后再应用二阶导数的边缘检测算子，其代表是拉普拉斯高斯（LOG）算子。前边介绍的边缘检测算法是基于微分方法的，其依据是图像的边缘对应一阶导数的极大值点和二阶导数的过零点。Canny 算子是另外一类边缘检测算子，它不是通过微分算子检测边缘，而是在满足一定约束条件下推导出的边缘检测最优化算子。

**【例 7.3.1】**　编程实现二维拉普拉斯高斯算子（LoG）图像与图像的边缘提取。

```
%拉普拉斯高斯算子(LOG)边缘检测
%显示 LOG 算子的图像
clear
x = -2:0.1:2;
y = -2:0.1:2;
sigma = 0.5;
```

## 7.4 Hough 变换的线-圆检测

### 7.4.1 Hough 变换原理

Hough(霍夫)变换是一种线描述方法。它可以将图像空间中用直角坐标表示的直线变换为极坐标空间中的点。一般常将 Hough 变换称为线-点变换,利用 Hough 变换提取直线的基本原理是：把直线上点的坐标变换到过点的直线的系数域,通过利用共线和直线相交的关系,使直线的提取问题转化为计数问题。Hough 变换提取直线的主要优点是受直线中的间隙和噪声影响较小。

**1. 直角坐标中的 Hough 变换**

在图像空间的直角坐标中,经过点$(x,y)$的直线可表示为：

$$y = ax + b \tag{7.4.1}$$

式中：$a$ 为斜率;$b$ 为截距。

上式可变换为：

$$b = -ax + y \tag{7.4.2}$$

该变换即为直角坐标中对$(x,y)$点的 Hough 变换,它表示参数空间的一条直线。

**2. 极坐标中的 Hough 变换**

如果用 $\rho$ 代表原点距直线的法线距离,$\theta$ 为该法线与 $x$ 轴的夹角,则可用如下参数方程来表示该直线。这一直线的霍夫变换为：

$$\rho = x\cos\theta + y\sin\theta \tag{7.4.3}$$

直角坐标系的线与极坐标域的一个点的对应如图 7.4.1(a)和(b)所示。如图 7.4.1(c)～(f)所示,在 $xy$ 直角坐标系中通过公共点的一簇直线,映射到 $\rho\theta$ 极坐标系中便是一个点集。反之在 $xy$ 直角坐标系中共线的点映射到 $\rho\theta$ 极坐标系便成为共点的一簇曲线。由此可见,Hough 变换使不同坐标系中的线和点建立了一种对应关系。

综上所述,Hough 变换的性质如下：

① 通过 $xy$ 平面域上一点的一簇直线变换到极坐标变换域 $\rho\theta$ 平面时,将形成一条类似正弦状的正弦曲线。

② $\rho\theta$ 平面上极坐标变换域中的一点对应于 $xy$ 域中的一条直线。

③ $xy$ 平面域中一条直线上的 $n$ 个点对应 $\rho\theta$ 平面上极坐标变换域中经过一个公共点的 $n$ 条曲线。这条性质可证明如下。

证明：设 $xy$ 平面中的 $n$ 个点$(x_1,y_1)$,$(x_2,y_2)$,…,$(x_n,y_n)$共一条直线,则有：

$$y_i = ax_i + b \qquad (i = 1,2,\cdots,n) \tag{7.4.4}$$

由 Hough 变换的定义可知,变换域的曲线为：

$$\rho_i = x_i\cos\theta_i + y_i\sin\theta_i \qquad (i = 1,2,\cdots,n) \tag{7.4.5}$$

将 $y_i=ax_i+b$ 代入式(7.4.5),有：

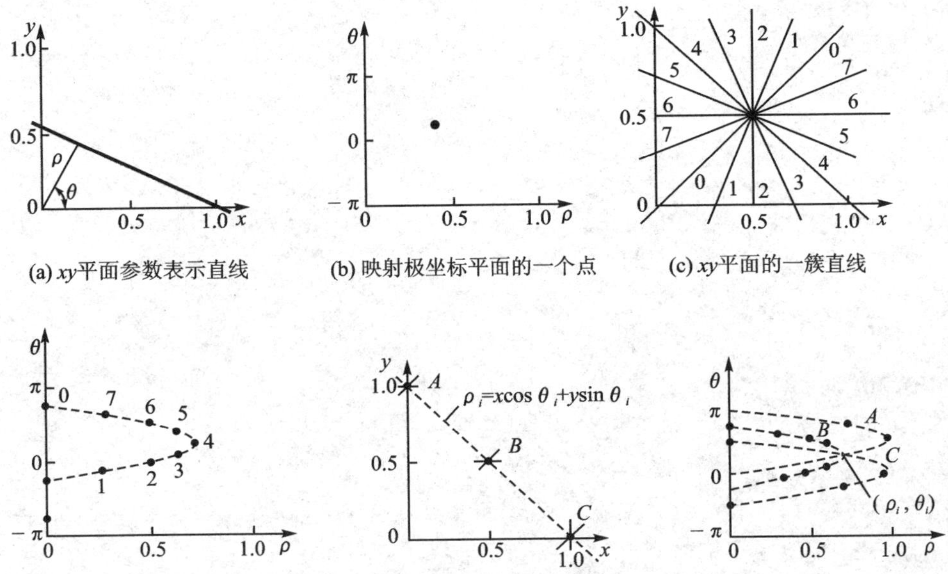


(a) xy平面参数表示直线　(b) 映射极坐标平面的一个点　(c) xy平面的一簇直线

(d) 变换到 ρθ 平面的正弦状的轨迹　(e) xy平面上的3个共线点　(f) ρθ 平面上公共交点的3条曲线

**图 7.4.1　霍夫变换的原理示意图**

$$\rho_i = x_i \cos\theta_i + y_i \sin\theta_i = x_i \cos\theta_i + (ax_i + b)\sin\theta_i$$
$$= x_i(\cos\theta_i + a\sin\theta_i) + b\sin\theta_i \qquad (i = 1, 2, \cdots, n) \tag{7.4.6}$$

由此可知,无论 $x_i$ 为何值,要使 $n$ 条曲线都通过 $\cos\theta_i + a\sin\theta_i = 0$ 这点,即$(\rho',\theta')$点,其中:

$$\theta' = -\arctan\frac{1}{a} \qquad \rho' = b\sin\left(-\arctan - \frac{1}{a}\right) \tag{7.4.7}$$

④ $\rho\theta$ 平面上极坐标变换域中一条曲线上的 $n$ 个点对应于 $xy$ 平面域中过一公共点的 $n$ 条直线。仿照③不难证明这条性质。

由图 7.4.1(e)和(f)可知,若在 $xy$ 平面上有 3 个共线点,它们变换到 $\rho\theta$ 平面上为有一公共交点的 3 条曲线,交点的 $\rho\theta$ 参数就是 3 点共线的直线参数。

## 7.4.2　应用 Hough 变换检测空间曲线案例

### 1. 用 Hough 变换对直线的检测

用 Hough 变换提取检测直线。通常将 $xy$ 称为图像平面,$\rho\theta$ 称为参数平面。

利用点与线的对偶性,将图像空间的线条变为参数空间的聚集点,从而检测给定图像是否存在给定性质的曲线。

**【例 7.4.1】**　利用 Hough 变换在图像中检测直线。

在 MATLAB 中,利用 Hough 变换查找直线的方法,可采用系统提供的 hough、houghpeaks 和 houghlines 函数来直接编程实现检测直线。具体编程如下:

```
%用 Hough 变换对直线的检测
```

**【例 7.4.2】** 编写 Hough 变换圆检测的主程序和子函数 hough_circle 示例。

① Hough 变换圆检测主程序：

```
% = = = = = = Hough 变换对圆检测的主程序 = = = = = = = = = = = =
clc,clear all
I = imread('2.bmp');                         % 输入原始图像
[m,n,l] = size(I);
if l>1
    I = rgb2gray(I);                          % 将 RGB 图像转换为灰度图像
end
BW = edge(I,'sobel');                        % 用 sobel 算子提取原图像边缘
step_r = 1;                                  % 设置检测圆的半径步长为 1
step_angle = 0.1;                            % 设置检测圆的角度为 0.1 弧度
minr = 20;                                   %最小圆半径
maxr = 30;                                   %最大圆半径
thresh = 0.7;                                %阈值
[hough_space,hough_circle,para] =
hough_circle(BW,step_r,step_angle,minr,maxr,thresh);  % 调用子函数
hough_circle
subplot(131),imshow(I),title('原图像')         % 显示原始图像
subplot(132),imshow(BW),title('边缘')          % 显示 sobel 算子提取的原图像边缘
subplot(133),imshow(hough_circle),title('检测结果')   % 显示检测的结果
```

② 编写 Hough 变换圆检测子函数 hough_circle 如下：

```
function[hough_space, hough_circle,para] = hough_circle(BW,step_r,
step_angle,r_min,r_max,p)
% + + + + + + + + + + + + + + + + + + + + + + +
% input
% BW:              二值图像;
% step_r:          检测的圆半径步长
% step_angle:      角度步长,单位为弧度
% r_min:           最小圆半径
% r_max:           最大圆半径
% p:阈值:          0,1 之间的数
% + + + + + + + + + + + + + + + + + + + + + + +
% output
% hough_space: 参数空间,h(a,b,r)表示圆心在(a,b)半径为 r 的圆上的点数
% hough_circl: 二值图像,检测到的圆
% para: 检测到的圆的圆心、半径
% + + + + + + + + + + + + + + + + + + + + + + +
[m,n] = size(BW);
size_r = round((r_max - r_min)/step_r) + 1;
size_angle = round(2 * pi/step_angle);
hough_space = zeros(m,n,size_r);
[rows,cols] = find(BW);
ecount = size(rows);
% Hough 变换
% 将图像空间(x,y)对应到参数空间(a,b,r)
% a = x - r * cos(angle)
% b = y - r * sin(angle)
for i = 1:ecount
```

```
    for r = 1:size_r
      for k = 1:size_angle
        a = round(rows(i) - (r_min + (r - 1) * step_r) * cos(k * step_angle));
        b = round(cols(i) - (r_min + (r - 1) * step_r) * sin(k * step_angle));
        if(a>0&a<=m&b>0&b<=n)
          hough_space(a,b,r) = hough_space(a,b,r) + 1;
        end
      end
    end
end
% 搜索超过阈值的聚集点
max_para = max(max(max(hough_space)));
index = find(hough_space>=max_para * p);
length = size(index);
hough_circle = false(m,n);
for i = 1:ecount
    for k = 1:length
      par3 = floor(index(k)/(m * n)) + 1;
      par2 = floor((index(k) - (par3 - 1) * (m * n))/m) + 1;
      par1 = index(k) - (par3 - 1) * (m * n) - (par2 - 1) * m;
      if((rows(i) - par1)^2 + (cols(i) - par2)^2<(r_min + (par3 - 1) * step_r)^2 + 5&...
          (rows(i) - par1)^2 + (cols(i) - par2)^2>(r_min + (par3 - 1) * step_r)^2 - 5)
        hough_circle(rows(i),cols(i)) = true;
      end
    end
end
% 输出检测的参数结果
for k = 1:length
    par3 = floor(index(k)/(m * n)) + 1;
    par2 = floor((index(k) - (par3 - 1) * (m * n))/m) + 1;
    par1 = index(k) - (par3 - 1) * (m * n) - (par2 - 1) * m;
    par3 = r_min + (par3 - 1) * step_r;
    fprintf(1,'Center %d %d radius %d\n',par1,par2,par3);
    para(:,k) = [par1,par2,par3];
end
```

运行 Hough 变换圆检测程序得到结果如图 7.4.3 所示。

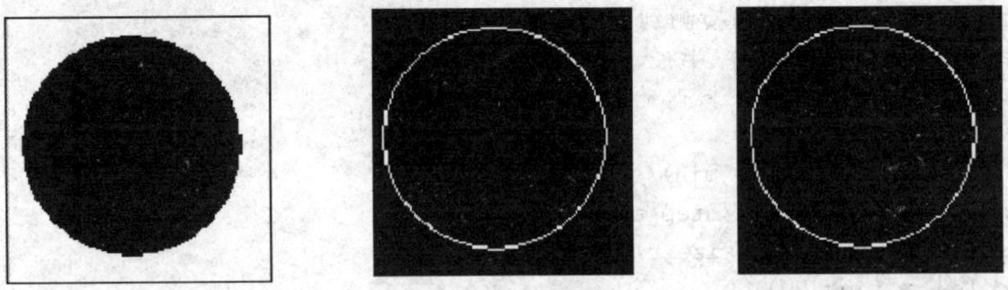

(a) 原始图像　　(b) 原图像的边缘　　(c) 检测结果

图 7.4.3　霍夫变换对圆检测的效果

# 7.5 运动图像目标分割

运动目标分割(Motion Object Segmentation)所研究的对象通常是图像序列,运动目标分割的目的是从序列图像中将变化区域从背景中分割出来。静态图像 $f(x,y)$ 是空间位置 $(x,y)$ 的函数,它与时间 $t$ 变化无关,只由单幅静止图像无法描述物体的运动。而图像序列的每一幅称为一帧,图像序列一般可以表示为:$f(x,y,t)$;和静态图像相比,多了一个时间参数 $t$。当采集的多帧图像获取时间间隔相等时,那么图像序列也可表示为 $f(x,y,i)$,$i$ 为图像帧数。通过分析图像序列,获取景物的运动参数及各种感兴趣的视觉信息是计算机视觉的重要内容,而运动分割是它的关键技术。

## 7.5.1 图像背景差值法

### 1. 背景差值法

背景差值法是在假设图像背景不随图像帧数而变,即图像背景是静止不变的,可表示为 $b(x,y)$,这时让每一帧图像的灰度值减去背景的灰度值而得到一个差值图像 $id(x,y,i)$ 的过程:

$$id(x,y,i) = f(x,y,i) - b(x,y) \tag{7.5.1}$$

式中:图像系列为 $f(x,y,i)$,$(x,y)$ 为图像位置坐标,$i$ 为图像帧数。

二值化差值图像可通过设置一个阈值 T 而得到:

$$bid(x,y,i) = \begin{cases} 1 & |id(x,y,i)| \geqslant T \\ 0 & |id(x,y,i)| < T \end{cases} \tag{7.5.2}$$

取值为 1 和 0 的像素分别对应于前景(运动目标区域)和背景(非运动区域),阈值 T 的选择可采用静态图像中阈值分割所使用的方法。由此可见背景差值法的原理是比较简单的,利用该方法可以对静止背景下的运动目标进行分割。

### 2. 背景差值法实现案例分析

**【例 7.5.1】** 用背景差值法从静止的背景中分割出目标图像。

```
%  用背景差值法分割图像
f = imread('M1.bmp')                    % 读入原始目标图像
subplot(2, 2, 1); imshow(f);            % 显示原始图像
title('原始图像');
b = imread('b.bmp');
subplot(2, 2, 2); imshow(b);            % 显示背景图像
title('背景图像');
df = im2double(f);                      % 转换图像矩阵为双精度型
db = im2double(b)
c = df - db;                            % 差值图像计算
d = im2uint8 (c);                       % 转换图像矩阵为8位无符号整型
subplot(2, 2, 3); imshow(d);            % 显示差值图像
title('差值图像')
```

```
T= 50;                                    % 阈值
T = T/255
i = find(abs(c)>= T)                      % 阈值分割处理
c(i) = 1;
i = find(abs(c)<T)
c(i) = 0;
subplot(2, 2, 4); imshow(c);              % 显示二值化差值图像
title ('二值化差值图像');
```

阈值 $T$ 选择的准确与否直接影响到二值图像的质量。如果阈值 $T$ 选得太高,二值图像中判定为运动目标的区域会产生碎化现象;相反,如果选得太低,又会引入大量的噪声。

程序得到结果如图 7.5.1 所示。

(a) 原始图像　　(b) 背景图像　　(c) 差值图像　　(d) 二值化差值图像

**图 7.5.1　用背景差值法分割图像**

背景差值法的特点:速度快,检测准确,其关键是背景图像的获取。但是在有些情况下,静止背景是不易直接获得的,此外,由于噪声等因素的影响,仅仅利用单帧的信息容易产生错误,这就需要通过视频序列的帧间信息来估计和恢复背景,即背景重建。结果如图 7.5.1 所示。需要指出的是,将一帧图像的灰度值减去背景图像的灰度值所得到的差值图像并不完全精确等于运动目标的图像,但用该方法,可起到分割和检测图像的作用,除非背景图像的像素值全为零。

## 7.5.2　图像差分法

在应用视觉系统中,检测运动目标常用差分图像的方法,一般有两种情况,一是当前图像与固定背景图像之间的差分称为减背景法,二是当前连续两幅图像(时间间隔 $\Delta t$)之间的差分称为相邻帧差分法。下面以图像序列相邻帧之间的差分法进行介绍。

图像差分法是在序列图像中,检测图像序列相邻两帧之间变化,通过逐像素比较可直接求取前后两帧图像对应像素点之间灰度值的差别。

它是当图像背景不是静止时,无法用背景差值法检测和分割运动目标的另外一种简单方法。在这种方式下,帧 $f(x,y,i)$ 与帧 $f(x,y,j)$ 之间的变化可用一个二值差分图像 $D_f(x,y)$ 表示:

$$D_f(x,y)=\begin{cases}1 & |f(x,y,j)-f(x,y,i)|>T \\ 0 & \text{其他}\end{cases} \tag{7.5.3}$$

式中 $T$ 是阈值。同样，在差分图像中，取值为 1 的像素点代表变化区域。一般来说，变化区域对应于运动对象，当然它也有可能是由噪声或光照变化所引起的。阈值在这里同样起着非常重要的作用。对于缓慢运动的物体和缓慢光强变化引起的图像变化，在某些阈值下可能检测不到。图像差分法要求图像帧与帧之间要配准得很好；否则，容易产生大的误差。

图像差分法可以将图像中目标的位置和形状变化突出出来。如图 7.5.2(a)所示，设目标的灰度比背景亮，则在差分的图像中，可以得到在运动前方为正值的区域；而在运动后方为负值的区域，这样可以获得目标的运动矢量，也可以得到目标上一定部分的形状；如果对一系列图像两两求差，并把差分图像中值为正或负的区域逻辑合起来，就可以得到整个目标的形状。图 7.5.2(b)给出一个示例，将长方形区域逐渐下移，依次划过椭圆目标的不同部分，将各次结果组合起来，就得到完整的椭圆目标。

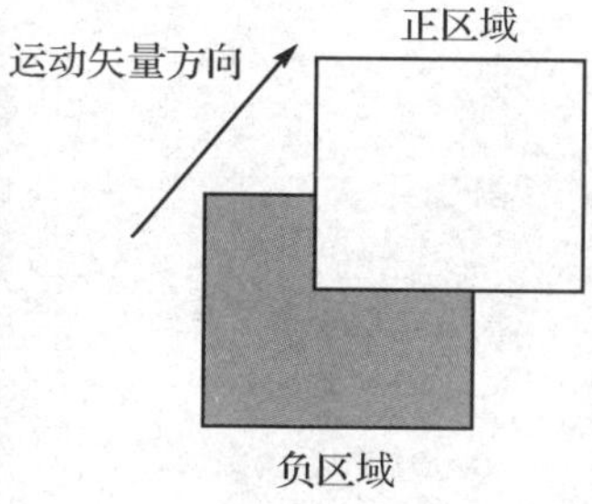


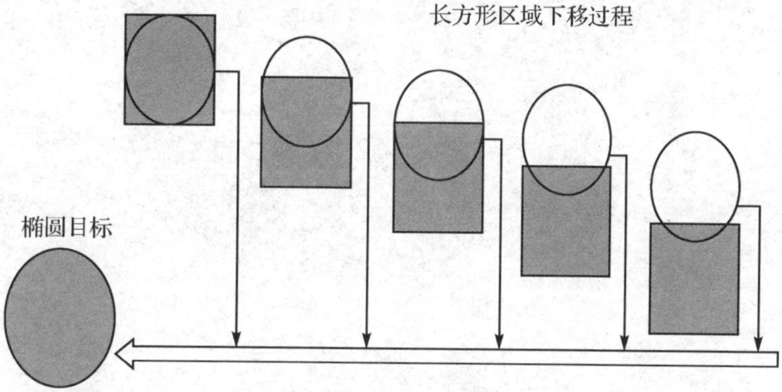


**图 7.5.2　图像差分法运动检测原理**

# 习题与思考题

7-1　什么是区域？什么是图像分割？什么是边缘检测？实现方法有哪些？用 MATLAB 语言编写出相应的程序。

7-2　应用 MATLAB 语言编写实例，对 Sobel、Prewitt、Roberts、LOG、Canny 方法的边缘检测性能进行比较。

7-3　在灰度阈值法分割中，阈值如何选择？用 MATLAB 语言编写出相应的程序。

7-4　什么是 Hough 变换？试述采用 Hough 变换检测直线的原理。Hough 变换检测直线时，为什么不采用 $y=kx+b$ 的表示形式？

7-5　采用区域生长法进行图像分割时，可采用哪些生长准则？用 MATLAB 语言编写相应的程序。

7-6　边缘检测算子有哪些？它们各有什么优缺点？编程实现。

7-7　设计一个利用 Sobel 算子、Roberts 算子、高斯算子进行边界检测的程序，比较各边界检测算子检测的视觉效果与运算量。

7-8　应用 MATLAB 语言编写对一幅灰度图像进行边缘检测、二值化的程序（检测和二值化的方法可以根据实际图像进行选择）。

# 第8章 图像特征分析

数字图像的分析和理解是图像处理的高级阶段，目的是使用计算机分析和识别图像，为此必须分析图像的特征，图像特征是指图像中可用作标志的属性，图像特征可以分为：视觉特征和统计特征。图像的视觉特征是指人的视觉直接感受到的自然特征（例如区域的颜色、亮度、纹理、轮廓等）；统计特征是指需要通过变换或测量才能得到的人为特征（例如各种变换的频谱、直方图、各阶矩等）。

本章首先介绍颜色特征、形状特征及纹理特征的基础知识，并简单介绍标记、拓扑描述符，本章主要结构如图 8.1 所示。

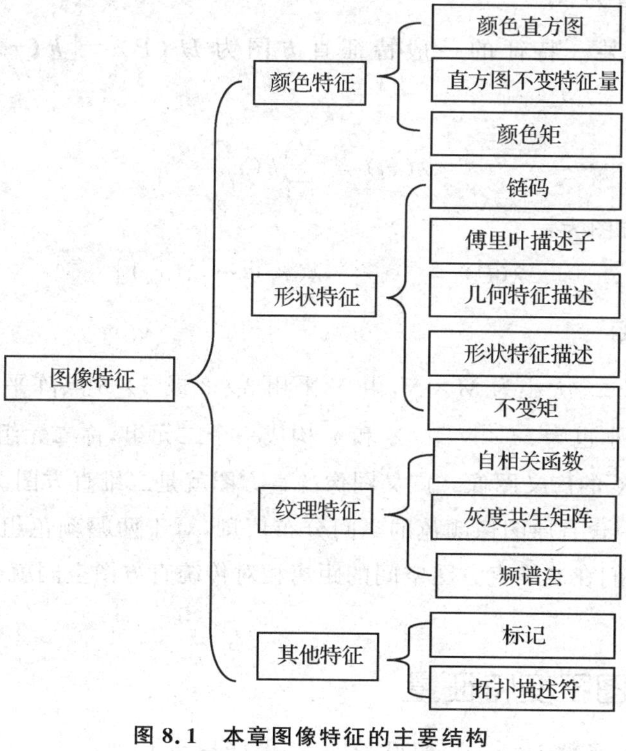


**图 8.1　本章图像特征的主要结构**

# 8.1 颜色特征分析

## 8.1.1 颜色直方图

### 1. 一般特征直方图

设 $s(x_i)$ 为图像 $P$ 中某一特征值为 $x_i$ 的像素的个数，$N = \sum_j s(x_j)$ 为 $P$ 中的总像素数，对 $s(x_i)$ 做归一化处理，即：

$$h(x_i) = \frac{s(x_i)}{N} = \frac{s(x_i)}{\sum_j s(x_j)} \tag{8.1.1}$$

图像 $P$ 的一般特征直方图为：

$$H(P) = [h(x_1), h(x_2), \cdots, h(x_n)] \tag{8.1.2}$$

式中：$n$ 为某一特征取值的个数。

事实上，直方图就是某一特征的概率分布。对于灰度图像，直方图就是灰度的概率分布。

### 2. 累加特征直方图

假设图像 $P$ 某一特征的一般特征直方图为 $H(P) = [h(x_1), h(x_2), \cdots, h(x_n)]$。令：

$$\lambda(x_i) = \sum_{j=1}^{i} h(x_j) \tag{8.1.3}$$

该特征的累加直方图为：

$$\lambda(P) = [\lambda(x_1), \lambda(x_2), \cdots, \lambda(x_n)] \tag{8.1.4}$$

### 3. 二维直方图

设图像 $X=\{x_{mn}\}$大小为 $M\times N$，由 $X$ 采用 $3\times3$ 或 $5\times5$ 点阵平滑得到的图像为 $Y=\{y_{mn}\}$，它的大小也为 $M\times N$，由 $X$ 和 $Y$ 构成一个二元组，称二元组$(X,Y)=\{(x_{mn}, y_{mn})\}_{M\times N}$为图像 $X$ 的广义图像。广义图像的直方图就是二维直方图。

二维直方图中含有原图像颜色的空间分布信息，对于两幅颜色组成接近而空间分布不同的图像，它们在二维直方图空间的距离相对传统直方图空间就会被拉大，从而能更好地区别开来。

## 8.1.2 直方图不变特征量

对于二维非负函数 $P(x,y)$，假设 $P(x,y)$的能量为 1，即：

$$\iint P(x,y)\mathrm{d}x\mathrm{d}y = 1 \qquad (8.1.5)$$

否则，可以对 $P(x,y)$ 进行归一化，使得式(8.1.5)成立，把 $P(x,y)$ 看成 $(x,y)$ 的联合概率密度函数。

定义 $(x,y)$ 的阶数为 $(j,k)$ 的矩：

$$m_{jk} = \iint x^j y^k P(x,y)\mathrm{d}x\mathrm{d}y \qquad (j,k = 0,1,\cdots) \qquad (8.1.6)$$

$(j,k)$ 阶中心矩定义为：

$$\mu_{jk} = \iint (x - m_{10})^j (y - m_{01})^k P(x,y)\mathrm{d}x\mathrm{d}y \qquad (j,k = 0,1,\cdots) \qquad (8.1.7)$$

令 $x$ 和 $y$ 的线性变换为：

$$x' = a_1 x + b_1 \qquad y' = a_2 y + b_2 \qquad (8.1.8)$$

则 $(x',y')$ 的联合概率密度函数为：

$$P'(x',y') = \frac{1}{|a_1 a_2|} P\left(\frac{x' - b_1}{a_1}, \frac{y' - b_2}{a_2}\right) \qquad (8.1.9)$$

可以证明，$(x',y')$ 的阶数为(1,0)和(0,1)的矩，以及 $(j,k)$ 阶中心矩分别为：

$$m'_{10} = a_1 m_{10} + b_1 \qquad m'_{01} = a_2 m_{01} + b_2 \qquad (8.1.10)$$

$$\mu'_{jk} = a_1^j a_2^k \mu_{jk} \qquad (8.1.11)$$

从中心矩构造几个不变量：

$$g_1 = \frac{\mu_{44}}{\mu_{22}\mu_{22}} \qquad g_2 = \frac{\mu_{66}}{\mu_{24}\mu_{42}} \qquad g_3 = \frac{\mu_{88}}{\mu_{44}\mu_{44}} \qquad (8.1.12)$$

式(8.1.12)定义的3个矩函数对 $x$ 和 $y$ 的线性变换具有不变性。广义图像中，若对原图做线性变换，则相应地对平滑图做了同样的线性变换。若把P(x,y)看成二维直方图，则式(8.1.12)定义的3个矩函数对图像灰度的线性变换具有不变性。

### 8.1.3 颜色矩

颜色矩是一种简单有效的颜色特征，以计算HIS空间的 $H$ 分量为例，如果记 $H(p_i)$ 为图像 $P$ 的第 $i$ 个像素的 $H$ 值，则其前3阶颜色矩(中心矩)分别为：

$$M_1 = \frac{1}{N}\sum_{i=1}^{N} H(p_i) \qquad (8.1.13)$$

$$M_2 = \left[\frac{1}{N}\sum_{i=1}^{N}(H(p_i) - M_1)^2\right]^{1/2} \qquad (8.1.14)$$

$$M_3 = \left[\frac{1}{N}\sum_{i=1}^{N}(H(p_i) - M_1)^3\right]^{1/3} \qquad (8.1.15)$$

式中：$N$ 为像素的个数。类似地，可以定义另外2个分量的颜色矩。

# 8.2 形状特征分析

## 8.2.1 链 码

### 1. 链 码

链码(Chain Code)在图像处理和模式识别中是常用的一种表示方法,它最初是由Freeman于1961年提出来的,用来表示线条模式,至今它仍被广泛使用。根据链的斜率不同,常用的有4方向和8方向链码,其方向定义分别如图8.2.1所示。在4方向链码中,4个方向码的长度都是一个像素单位;在8方向链码中,水平和垂直方向的方向码的长度都是一个像素单位,而对角线方向的4个方向码为$\sqrt{2}$倍的像素单位。因此,它们的共同特点是直线段的长度固定,方向数有限,故此可以利用一系列具有这些特点的相连的直线段来表示目标的边界,这样只有边界的起点需要用绝对坐标表示,其余点都可只用接续方向来代表偏移量。由于表示一个方向数比表示一个坐标值所需比特数少,而且对每一个点又只需一个方向数就可以代替两个坐标值,因此链码表达可大大减少边界表示所需的数据量,所以常常用链码来作为对边界点的一种编码表示方法。

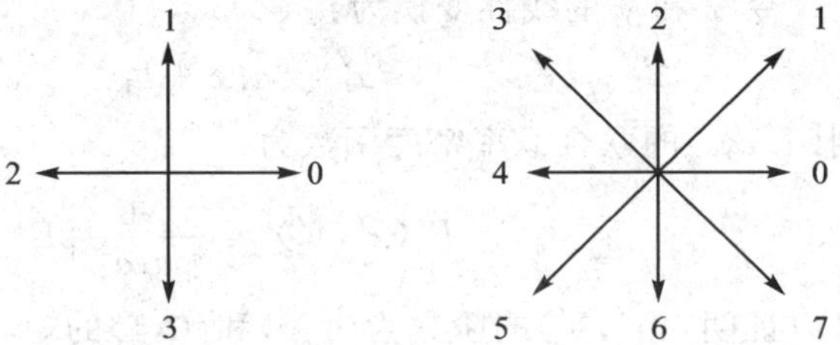


(a) 4方向链码　　(b) 8方向链码

图8.2.1　链码值与方向的对应关系

从在物体边界上任意选取的某个起始点坐标开始,跟踪边界并赋给每两个相邻像素的连线一个方向值,最后按照逆时针方向沿着边界将这些方向码连接起来,就可以得到链码。因此链码的起始位置和链码完整地包含了目标的形状和位置信息。

例如:在图8.2.2所示的以$a$为起点、以箭头为走向的闭合边界中,其8方向链码为0017112224334456766 56。

使用链码时,起点的选择是很关键的。对同一个边界,如用不同的边界点作为链码的起点,得到的链码是不同的。为解决这个问题可把链码归一化,具体做法为:

给定一个从任意点开始产生的链码,把它看作一个由各方向数构成的自然数。首先,将这些方向数依一个方向循环,以使它们所构成的自然数的值最小;然后,将这样转换后所对应的链码起点作为这个边界的归一化链码的起点。

### 2. 链码的旋转不变性

用链码表示给定目标的边界时,如果目标平移,链码不会发生变化;而如果目标旋转,则链码会发生变化。为解决这个问题,可利用链码的一阶差分来重新构造一个表示原链码各段之间方向变化的新序列,这相当于把链码进行旋转归一化。差分可用相邻两个方向数按反方向相减(后一个减去前一个)得到。如图 8.2.3 所示,上面一行为原链码(括号中为最右一个方向数循环到左边),下面一行为上面一行的数两两相减得到的差分码。左边的目标在逆时针旋转 90°后成为右边的形状,可见,原链码发生了变化,但差分码并没有变化。

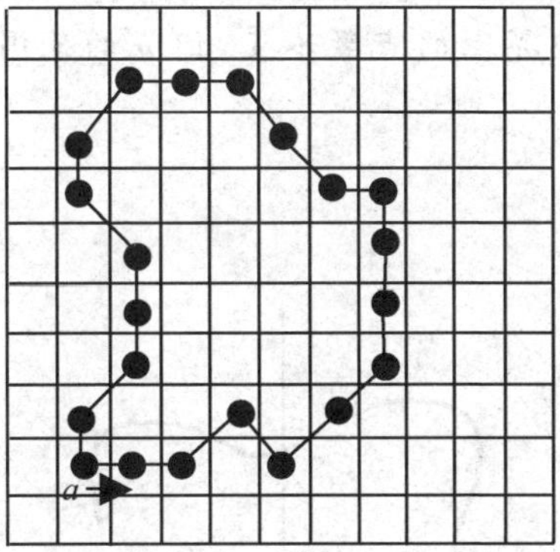


图 8.2.2　以 $a$ 为起点、箭头为走向的闭合边界

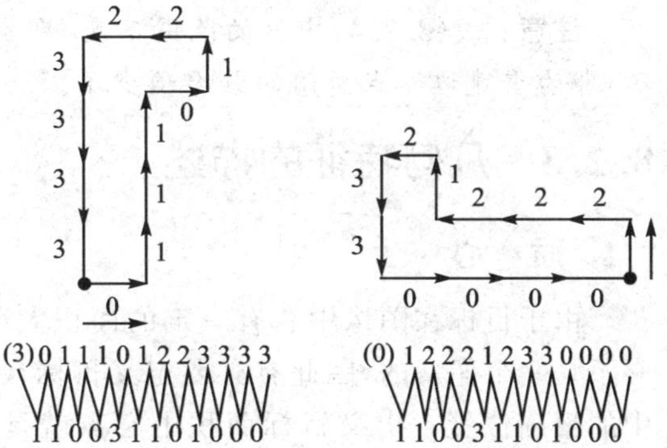


图 8.2.3　链码旋转归一化

## 8.2.2　傅里叶描述子

对边界的离散傅里叶变换表达可以作为定量描述边界形状的基础。采用傅里叶描述的一个优点是将二维问题简化为一维问题。即将 $xy$ 平面中的曲线段转化为一维函数 $f(r)$(在$r-f(r)$平面上),也可将 $xy$ 平面中的曲线段转化为复平面上的一个序列。具体就是将 $xy$ 平面与复平面 $uv$ 重合,其中,实部 $u$ 轴与 $x$ 轴重合,虚部 $v$ 轴与 $y$ 轴重合。这样可用复数 $u+\mathrm{j}v$ 的形式来表示给定边界上的每个点$(x,y)$。这两种表示在本质上是一致的,是点点对应的,如图8.2.4 所示。

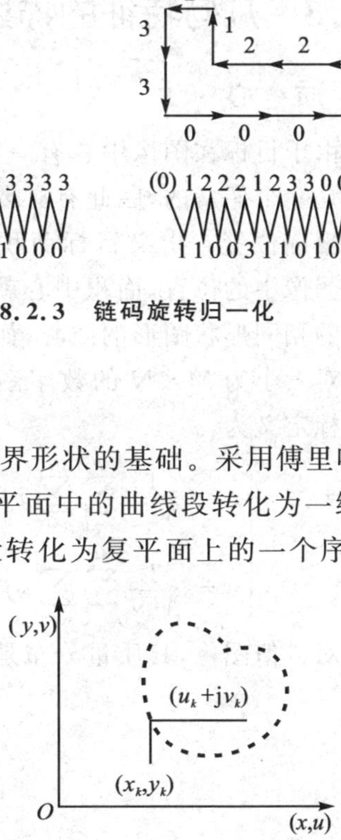


图 8.2.4　边界点的两种表示方法

对于 $xy$ 平面上一个由 $K$ 个点组成的边界来说,任意选取一个起始点$(x_0,y_0)$,然后沿着顺时针方向绕行一周,可以得到一个点序列:$(x_0,y_0)$,$(x_1,y_1)$,…,$(x_{K-1},y_{K-1})$。如果记 $x(k)=x_k$,$y(k)=y_k$,并把它们用复数形式表示,则得到一个坐标序列:

$$s(k)=x(k)+\mathrm{j}y(k)\qquad(k=0,1,\cdots,K-1)\tag{8.2.1}$$

$s(k)$的离散傅里叶变换为:

$$S(u)=\sum_{k=0}^{K-1}s(k)\mathrm{e}^{-\mathrm{j}2\pi uk/K}\qquad(u=0,1,\cdots,K-1)\tag{8.2.2}$$

其中,傅里叶系数 $S(u)$可称为边界的傅里叶描述子,它的傅里叶逆变换为:

$$s(k)=\frac{1}{K}\sum_{u=0}^{K-1}S(u)\mathrm{e}^{\mathrm{j}2\pi uk/K}\qquad(k=0,1,\cdots,K-1)\tag{8.2.3}$$

由于傅里叶变换的高频分量对应一些细节,而低频分量对应基本形状,因此只利用$S(u)$的前$M$个系数来重构原来的图像,从而可以得到对$s(k)$的一个近似而不改变其基本形状,即:

$$\hat{s}(k)=\frac{1}{M}\sum_{u=0}^{M-1}S(u)\mathrm{e}^{\mathrm{j}2\pi uk/K}\qquad(k=0,1,\cdots,K-1)\tag{8.2.4}$$

**注意**:式(8.2.4)中$k$的范围不变,即在近似边界上的点数不变,但$u$的范围缩小了,即为重建边界点所用的频率项少了。

### 8.2.3 几何特征的描述

**1. 质　心**

由于目标在图像中总有一定的面积大小,通常不是一个像素的,因此有必要定义目标在图像中的精确位置。定义目标面积中心点就是该目标在图像中的位置,面积中心就是单位面积质量恒定的相同形状图形的质心,如图8.2.5所示。

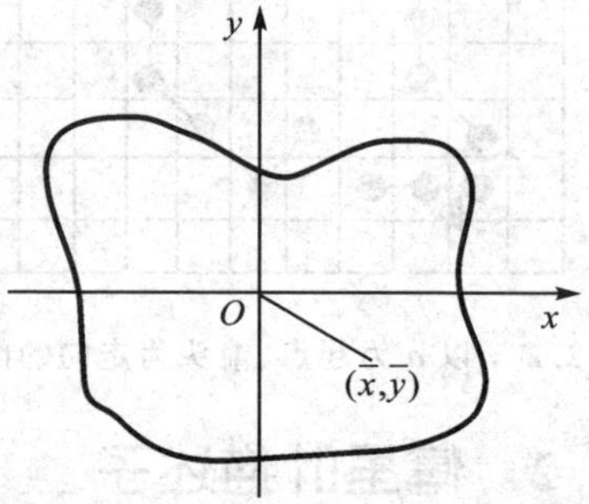


图8.2.5　质心表示物体的位置

对大小为$M\times N$的数字图像$f(x,y)$,其质心坐标定义为:

$$\begin{cases}\bar{x}=\dfrac{1}{MN}\displaystyle\sum_{x=1}^{M}\sum_{y=1}^{N}xf(x,y)\\ \bar{y}=\dfrac{1}{MN}\displaystyle\sum_{x=1}^{M}\sum_{y=1}^{N}yf(x,y)\end{cases}\tag{8.2.5}$$

对二值图像,其质量分布是均匀的,故质心和形心重合,其质心坐标为:

$$\begin{cases}\bar{x}=\dfrac{1}{MN}\displaystyle\sum_{x=1}^{M}\sum_{y=1}^{N}x\\ \bar{y}=\dfrac{1}{MN}\displaystyle\sum_{x=1}^{M}\sum_{y=1}^{N}y\end{cases}\tag{8.2.6}$$

**2. 周　长**

区域的周长即区域的边界长度,一个形状简单的物体用相对较短的周长来包围它所占有面积内的像素,周长就是围绕所有这些像素的外边界的长度。通常,测量这个长度时包含了许多90°的转弯,从而夸大了周长值。区域的周长在区别具有简单或复杂形状物体时特别有用。由于周长的表示方法不同,因而计算方法也不同,常用的简便方法如下:

① 隙码表示:当把图像中的像素看作单位面积小方块时,则图像中的区域和背景均由小方块组成,区域的周长即为区域和背景缝隙的长度和,交界线有且仅有水平和垂直两个方向。

② 链码表示:当把像素看作一个个点时,周长定义为区域边界像素的8链码的长

度之和。当链码值为奇数时，其长度记作$\sqrt{2}$；当链码值为偶数时，其长度记作1。则周长$p$表示为：

$$p = N_e + \sqrt{2}N_o \tag{8.2.7}$$

式中：$N_e$和$N_o$分别为8方向边界链码中走偶数步与走奇数步的数目。

③ 面积表示：即周长用区域的边界点数之和表示。

**【例8.2.1】** 图8.2.6中所示的区域中，阴影部分为目标区域，其余部分为背景区域，请采用上述3种计算周长的方法分别求出区域的周长。

采用上述3种计算周长的方法求得边界的周长分别是：

① 隙码表示：周长为26；

② 链码表示：周长为$2+10\sqrt{2}$；

③ 面积表示：周长为12。

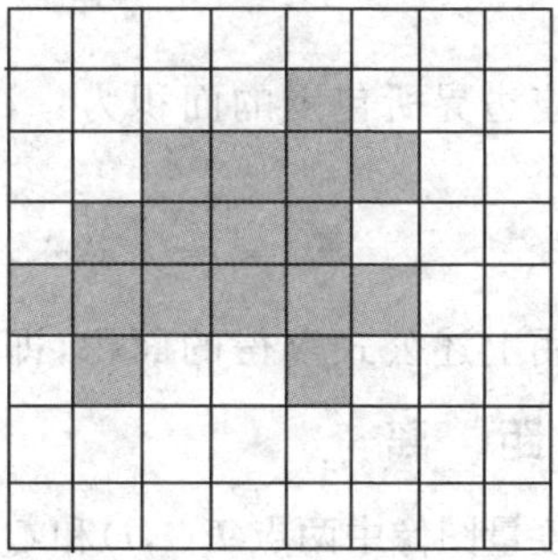

图8.2.6 区域周长示例

### 3. 面 积

面积是物体总尺寸的一个方便的度量，面积只与该物体的边界有关，而与其内部灰度级的变化无关。一个形状简单的物体可用相对较短的周长来包围它所占的面积。

#### (1) 像素计数面积

对某个图像区域$R_i$，其面积$A_i$就是统计$R_i$中边界内部(也包括边界上)的像素点的灰度级之和，计算公式如下：

$$A_i = \sum_{x=1}^{N}\sum_{y=1}^{M} f(x,y) \tag{8.2.8}$$

对于二值图像，若用1表示目标，用0表示背景，其面积就是统计$f(x,y)=1$的个数。

对于一帧图像，设有$k$个区域，即$i=1,2,3,\cdots,k$，其总面积$A$就是各个区域面积之和。

$$A = \sum_{i=1}^{k} A_i \tag{8.2.9}$$

#### (2) 链码计算面积

若给定封闭边界的某种表示，则相应连通区域的面积应为区域外边界包围的面积与内边界包围的面积(孔的面积)之差。

下面以用边界链码表示面积为例，说明通过边界链码求出所包围面积的方法。

设屏幕左上角为坐标原点，起始点坐标为$(x_0, y_0)$，第$k$段链码终端的$y_k$坐标为：

$$y_k = y_0 + \sum_{i=1}^{k} \Delta y_i \tag{8.2.10}$$

式中：

$$\Delta y_i = \begin{cases} -1 & \varepsilon_i = 1,2,3 \\ 0 & \varepsilon_i = 0,4 \\ 1 & \varepsilon_i = 5,6,7 \end{cases} \tag{8.2.11}$$

$\varepsilon_i$ 是第 $i$ 个码元。设：

$$\Delta x_i = \begin{cases} 1 & \varepsilon_i = 0,1,7 \\ 0 & \varepsilon_i = 2,6 \\ -1 & \varepsilon_i = 3,4,5 \end{cases} \tag{8.2.12}$$

$$a = \begin{cases} 1/2 & \varepsilon_i = 1,5 \\ 0 & \varepsilon_i = 0,2,4,6 \\ -1/2 & \varepsilon_i = 3,7 \end{cases} \tag{8.2.13}$$

则相应边界所包围的面积为：

$$A = \sum_{i=1}^{n} (y_{i-1}\Delta x_i + a) \tag{8.2.14}$$

用上述公式求得的面积，即用链码表示边界时边界内所包含的单元方格数。

### 4. 距　离

度量图像中两点 $P(i,j)$和 $Q(h,k)$之间的距离，常用以下 3 种方法(如图 8.2.7 所示)：

① 欧几里德距离：

$$d_e(P,Q) = \sqrt{(i-h)^2 + (j-k)^2} \tag{8.2.15}$$

② 市区距离(4 邻域距离)：

$$d_4(P,Q) = |i-h| + |j-k| \tag{8.2.16}$$

③ 棋盘距离(8 邻域距离)：

$$d_8(P,Q) = \max(|i-h|, |j-k|) \tag{8.2.17}$$

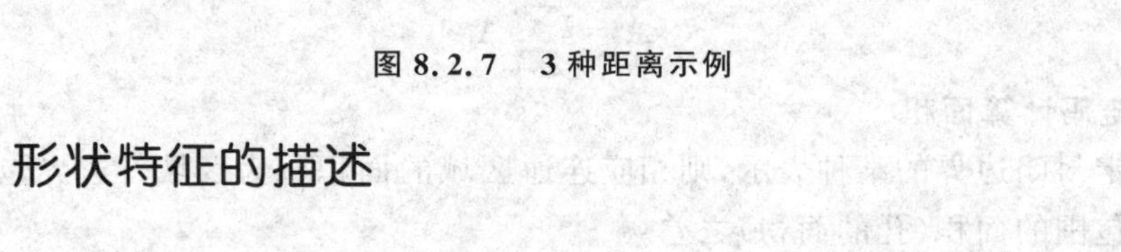


(a) 欧几里德距离　　(b) 市区距离　　(c) 棋盘距离

图 8.2.7　3 种距离示例

## 8.2.4　形状特征的描述

### 1. 长轴和短轴

当物体的边界已知时，用其外接矩形的尺寸来刻画它的基本形状是最简单的方法，如图 8.2.8(a)所示，求物体在坐标轴方向上的外接矩形，只需计算物体边界点的最大和最小坐标值，就可得到物体的水平和垂直跨度。但是，对任意朝向的物体，水平和垂直不一定是我们感兴趣的方向，这时，就有必要确定物体的主轴，然后计算反映物体形状特征的主轴方向上的长度和与之垂直方向上的宽度，这样的外接矩形是物体的最小外接矩形(Minimum Enclosing Rectangle，MER)。

计算 MER 的一种方法是，将物体的边界以每次 3°左右的增量在 90°范围内旋转，每旋转一次记录一次其坐标系方向上的外接矩形边界点的最大和最小 $x$ 和 $y$ 值，旋转到某一个角度后，外接矩形的面积达到最小，取面积最小的外接矩形的参数为主轴意义下的长度和宽度，如图 8.2.8(b)所示。此外，主轴可以通过矩的计算得到，也可以用求物体的最佳拟合直线的方法求出。

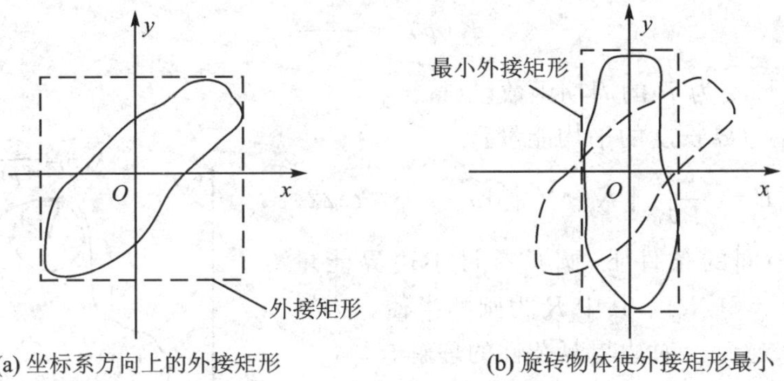


**图 8.2.8　MER 法求物体的长轴和短轴**

### 2. 矩形度

图像区域面积 $A_0$ 与其最小外接矩形的面积 $A_{\text{MER}}$ 之比即为矩形度：

$$R = \frac{A_0}{A_{\text{MER}}} \tag{8.2.18}$$

矩形度反映区域对其最小外接矩形的充满程度，当区域为矩形时，矩形度 $R=1.0$；当区域为圆形时，$R=\pi/4$；对于边界弯曲、呈不规则分布的区域，$0<R<1$。

### 3. 长宽比

长宽比 $r$ 是将细长目标与近似矩形或圆形目标进行区分时采用的形状度量。长宽比 $r$ 为最小外接矩形的宽与长的比值，定义式如下：

$$r = \frac{W_{\text{MER}}}{L_{\text{MER}}} \tag{8.2.19}$$

### 4. 圆形度

圆形度用来刻画物体边界的复杂程度，有 4 种圆形度测度：

**(1) 致密度 *C***

致密度又称复杂度，也称分散度，其定义为区域周长($P$)的平方与面积($A$)的比：

$$C = \frac{P^2}{A} \tag{8.2.20}$$

致密度描述了区域单位面积的周长大小。致密度大，表明单位面积的周长大，即区域离散,为复杂形状;反之,致密度小,为简单形状。当图像区域为圆时,$C$ 有最小值 $4\pi$;其他任何形状的图像区域,$C>4\pi$,且形状越复杂,$C$ 值越大。例如不管面积多大,正方形区域致密度$C=16$,正三角形区域致密度 $C=12\sqrt{3}$。

**(2) 边界能量 $E$**

假定物体的周长为 $P$,用变量 $p$ 表示边界上的点到某一起始点的距离。边界上任一点都有一个瞬时曲率半径 $r(p)$,它是该点与边界相切圆的半径(如图 8.2.9 所示)。$p$ 点的曲率函数是:

$$K(p)=\frac{1}{r(p)} \tag{8.2.21}$$

函数 $K(p)$是周期为 $P$ 的周期函数。

定义单位边界长度的平均能量:

$$E=\frac{1}{P}\int_0^p |K(p)^2| \mathrm{d}p \tag{8.2.22}$$

在面积相同的条件下,圆具有最小边界能量 $E_0=(2\pi/P)^2=(1/R)^2$,其中 $R$ 为圆的半径。边界能量更符合人感觉上对边界复杂性的理解。

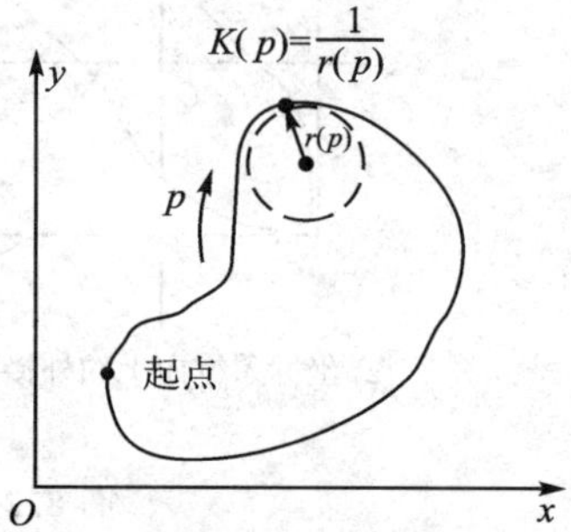


图 8.2.9　曲率半径

**(3) 圆形性**

圆形性(Circularity)$C$ 是一个用区域$R$ 的所有边界点定义的特征量,即:

$$C=\frac{\mu_R}{\delta_R} \tag{8.2.23}$$

式中:$\mu_R$ 为从区域重心到边界点的平均距离;$\delta_R$ 为从区域重心到边界点的距离均方差。两者值分别为:

$$\mu_R=\frac{1}{K}\sum_{k=0}^{K-1}|(x_k,y_k)-(\bar{x},\bar{y})| \tag{8.2.24}$$

$$\delta_R=\frac{1}{K}\sum_{k=0}^{K-1}[|(x_k,y_k)-(\bar{x},\bar{y})|-\mu_R]^2 \tag{8.2.25}$$

当区域 $R$ 趋向圆形时,特征量 $C$ 是单调递增且趋向无穷的,它不受区域平移、旋转和尺度变化的影响,可以推广用于描述三维目标。

**(4) 面积与平均距离平方的比值**

圆形度的第 4 个指标利用了从边界上的点到物体内部某点的平均距离 $\bar{d}$,即:

$$\bar{d}=\frac{1}{N}\sum_{i=1}^{N}x_i \tag{8.2.26}$$

式中:$x_i$ 为从具有 $N$ 个点的物体中的第 $i$ 个点到与其最近的边界点的距离。

相应的形状度量为:

$$g=\frac{A}{\bar{d}^2}=\frac{N^3}{\left(\sum_{i=1}^{N}x_i\right)^2} \tag{8.2.27}$$

**5. 球状性 $S$**

球状性(Sphericity) $S$ 既可以描述二维目标也可以描述三维目标,其定义为:

$$S = \frac{r_i}{r_c} \tag{8.2.28}$$

在二维情况下,$r_i$ 代表区域内切圆的半径,而 $r_c$ 代表区域外接圆的半径,两个圆的圆心都在区域的重心上,如图 8.2.10 所示。

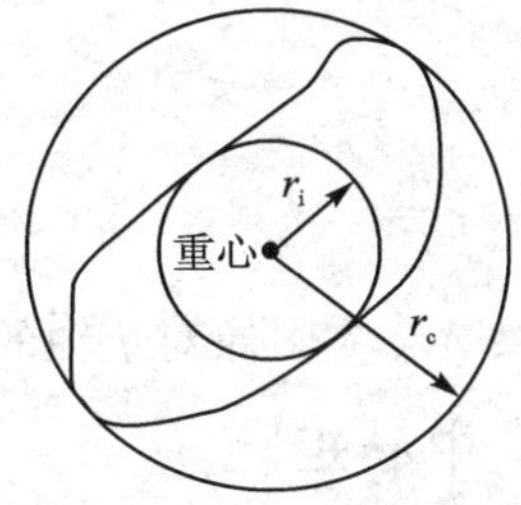


**图 8.2.10 球状性定义示意图**

当区域为圆时,球状性的值 $S$ 达到最大值 1.0;而当区域为其他形状时,则有 $S<1.0$。$S$ 不受区域平移、旋转和尺度变化的影响。

## 8.2.5 不变矩

矩特征是利用力学中矩的概念,将区域内部的像素作为质点,像素的坐标作为力臂,从而以各阶矩的形式来表示区域的形状特征。

**1. 矩的定义**

对于二维连续函数 $f(x,y)$,其 $p+q$ 阶矩为:

$$M_{pq} = \int_{-\infty}^{+\infty}\int_{-\infty}^{+\infty} x^p y^q f(x,y)\mathrm{d}x\mathrm{d}y \quad (p,q = 0,1,2,\cdots) \tag{8.2.29}$$

矩之所以能被用来表征一幅二维图像是基于帕普利斯(Papoulis,1965)惟一性定理:若$f(x,y)$是分段连续的,即只要在 $xy$ 平面的有限区域有非零值,则所有的各阶矩均存在,且矩序列$\{M_{pq}\}$唯一地被 $f(x,y)$所确定;反之,$\{M_{pq}\}$也唯一地确定了 $f(x,y)$。

对于大小为 $M\times N$ 的数字图像 $f(i,j)$,上述条件是满足的,因此其$(p+q)$阶矩定义为:

$$M_{pq} = \sum_{i=1}^{M}\sum_{j=1}^{N} i^p j^q f(i,j) \quad (p,q = 0,1,2,\cdots) \tag{8.2.30}$$

式中:$f(i,j)$相当于一个像素的质量;$M_{pq}$为不同 $p$、$q$ 值下的图像的矩。

当 $p$、$q$ 取不同的值时,可以得到阶数不同的矩:

零阶矩($p=0,q=0$):

$$M_{00} = \sum\sum f(i,j) \tag{8.2.31}$$

一阶矩($p+q=1$):

$$\begin{cases} M_{10} = \sum\sum i f(i,j) \\ M_{01} = \sum\sum j f(i,j) \end{cases} \tag{8.2.32}$$

式中:$M_{10}$为图像对 $j$ 轴的惯性矩;$M_{01}$为图像对 $i$ 轴的矩。

二阶矩($p+q=2$)为:

$$\begin{cases} M_{20} = \sum\sum i^2 f(i,j) \\ M_{02} = \sum\sum j^2 f(i,j) \\ M_{11} = \sum\sum ij f(i,j) \end{cases} \tag{8.2.33}$$

式中：$M_{20}$为图像对 $j$ 轴的惯性矩；$M_{02}$为图像对 $i$ 轴的惯性矩。

**2. 中心矩**

**(1) 质　心**

$$(\bar{i},\bar{j}) = (M_{10}/M_{00}, M_{01}/M_{00}) \tag{8.2.34}$$

零阶矩 $M_{00}$是区域密度的总和，可以理解为厚度为 1 的物体的质量，所以一阶矩 $M_{10}$和 $M_{01}$分别除以零阶矩 $M_{00}$所得到的$(\bar{i},\bar{j})$便是物体质量中心的坐标，或者说是区域灰度重心的坐标，故也称为质心。

**(2) 中心矩**

$$m_{pq} = \sum\sum (i-\bar{i})^p (j-\bar{j})^q f(i,j) \tag{8.2.35}$$

中心矩 $m_{pq}$反映了区域中的灰度相对于灰度重心是如何分布的度量。例如，$m_{20}$和 $m_{02}$分别表示围绕通过灰度重心的垂直和水平轴线的惯性矩，如果 $m_{20} > m_{02}$，则可能所计算的区域为一个水平方向拉长的区域；又如 $m_{30}$和 $m_{03}$的幅值可以度量所分析的区域等于垂直和水平轴线的不对称性，如果某区域为垂直和水平对称，则 $m_{30}$和 $m_{03}$之值为零。

为了得到矩的不变特征，定义归一化的中心矩为：

$$\mu_{pq} = \frac{m_{pq}}{m_{00}^r} \tag{8.2.36}$$

式中：　$r = (p+q)/2 + 1 \qquad p+q = 2,3,4,\cdots$

**3. 不变矩**

利用归一化的中心矩，可以获得利用 $\mu_{pq}$表示的 7 个具有平移、比例和旋转不变性的矩不变量(注意：$\varphi_7$ 只具有比例和平移不变性)。

$$\varphi_1 = \mu_{20} + \mu_{02} \tag{8.2.37}$$

$$\varphi_2 = (\mu_{20} - \mu_{02})^2 + 4\mu_{11}^2 \tag{8.2.38}$$

$$\varphi_3 = (\mu_{30} - 3\mu_{12})^2 + (3\mu_{21} - \mu_{03})^2 \tag{8.2.39}$$

$$\varphi_4 = (\mu_{30} + \mu_{12})^2 + (\mu_{21} + \mu_{03})^2 \tag{8.2.40}$$

$$\begin{aligned}\varphi_5 = {} & (\mu_{30} - 3\mu_{12})(\mu_{30} + \mu_{12})[(\mu_{30} + \mu_{12})^2 - 3(\mu_{21} + \mu_{03})^2] + \\ & (3\mu_{21} - \mu_{03})(\mu_{21} + \mu_{03})[3(\mu_{30} + \mu_{12})^2 - (\mu_{21} + \mu_{03})^2]\end{aligned} \tag{8.2.41}$$

$$\varphi_6 = (\mu_{20} - \mu_{02})[(\mu_{30} + \mu_{12})^2 - (\mu_{21} + \mu_{03})^2] + 4\mu_{11}(\mu_{30} + \mu_{12})(\mu_{21} + \mu_{03}) \tag{8.2.42}$$

$$\begin{aligned}\varphi_7 = {} & (3\mu_{21} - \mu_{03})(\mu_{30} + \mu_{12})[(\mu_{30} + \mu_{12})^2 - 3(\mu_{21} + \mu_{03})^2] - \\ & (\mu_{30} - 3\mu_{12})(\mu_{21} + \mu_{03})[3(\mu_{30} + \mu_{12})^2 - (\mu_{21} + \mu_{03})^2]\end{aligned} \tag{8.2.43}$$

由于图像经采样和量化后会导致图像灰度层次和离散化图像的边缘表示的不精确。因此，图像离散化会对图像矩特征的提取产生影响，特别是对高阶矩特征的计算影响较大。这是因为高阶矩主要描述图像的细节；而低阶矩主要描述图像的整体特征，例如面积、主轴等，相对而言影响较小。

不变矩及其组合具备了好的形状特征应具有的某些性质，已经用于印刷体字符的识别、飞机形状区分、景物匹配和染色体分析中。

**【例 8.2.2】** 图 8.2.11(a)所示为原始图像，分别对其进行逆时针旋转 5°、垂直镜像、尺度缩小为原图的一半，分别求出原图及变换后的各个图像的七阶矩，可以得出这 7 个矩的值对于旋转、镜像、及尺度变换不敏感。

主程序 MATLAB 源代码如下：

```
clc
I = imread('pout.tif');                      %读取图像
I1 = I;
imshow(I1);                                  %显示图像
I2 = imrotate(I,5,'bilinear');               %旋转变化
figure,imshow(I2)
I3 = fliplr(I);                              %镜像变化
figure,imshow(I3)
I4 = imresize(I,0.5,'bilinear');             %尺度变化
figure,imshow(I4)
display('原图像')
qijieju(I1);                                 %计算原图像的七阶矩
display('旋转变化')
qijieju(I2);                                 %计算旋转变化图像的七阶矩
display('镜像变化')
qijieju(I3);                                 %计算镜像变化图像的七阶矩
display('尺度变化')
qijieju(I4);                                 %计算尺度变化图像的七阶矩
function qijieju(I0)                         %求七阶矩 qijieju 函数清单
A = double(I0);
[nc,nr] = size(A);
[x,y] = meshgrid(1:nr,1:nc);
x = x(:);
y = y(:);
A = A(:);
m00 = sum(A);
if m00 == 0
    m00 = eps;
end
m10 = sum(x. * A);
m01 = sum(y. * A);
xmean = m10/ m00;
ymean =  m01/ m00;
cm00 = m00;
cm02 = (sum((y - ymean).^2. * A))/( m00^2);
cm03 = (sum((y - ymean).^3. * A))/( m00^2.5);
cm11 = (sum((x - xmean). * (y - ymean). * A))/( m00^2);
cm12 = (sum((x - xmean). * (y - ymean).^2. * A))/(m00^2.5);
cm20 = (sum((x - xmean).^2. * A))/( m00^2);
cm21 = (sum((x - xmean).^2. * (y - ymean). * A))/(m00^2.5);
cm30 = (sum((x - xmean).^3. * A))/(m00^2.5);
```

```
ju(1) = cm20 + cm02;                         %求七阶矩
ju(2) = (cm20 - cm02)^2 + 4 * cm11^2;
ju(3) = (cm30 - 3 * cm12)^2 + (3 * cm21 - cm03)^2;
ju(4) = (cm30 + cm12)^2 + (cm21 + cm03)^2;
ju(5) = (cm30 - 3 * cm12) * (cm30 + cm12) * ((cm30 + cm12)^2 - 3 * (cm21 + cm03)^2) + (3 * cm21
- cm03) * (cm21 + cm03) * (3 * (cm30 + cm12)^2 - (cm21 + cm03)^2);
ju(6) = (cm20 - cm02) * ((cm30 + cm12)^2 - (cm21 + cm03)^2) + 4 * cm11 * (cm30 + cm12) * (cm21
+ cm03);
ju(7) = (3 * cm21 - cm03) * (cm30 + cm12) * ((cm30 + cm12)^2 - 3 * (cm21 + cm03)^2) + (3 * cm12
- cm30) * (cm21 + cm03) * (3 * (cm30 + cm12)^2 - (cm21 + cm03)^2);
qijieju = abs(log(ju))
```

图 8.2.11(a)原始图像经过旋转变化、镜像变化和尺度变化后的结果图如图 8.2.11(b)、(c)、(d)所示。程序运行所得七阶矩数据结果如下：

原图像

qijieju = 6.5235 16.3199 25.7319 24.5010 50.4446 32.6666 49.8227

旋转变化

qijieju = 6.5235 16.3198 25.7314 24.5009 50.4437 32.6664 49.8224

镜像变化

qijieju = 6.5235 16.3199 25.7319 24.5010 50.4446 32.6666 49.7236

尺度变化

qijieju = 6.5239 16.3550 25.7595 24.4960 50.4555 32.6799 49.8278

(a) 原始图像　(b) 旋转变化　(c) 镜像变化　(d) 尺度变化

**图 8.2.11　程序运行结果图**

# 8.3　纹理特征分析

纹理的概念,至今还没有一个公认的、确切的定义。一般认为类似于布纹、犬毛、鹅卵石、软木塞、草地、砖砌墙面等具有重复性结构的图像叫纹理图像。纹理图像在局部区域内可能呈现不规则性,但整体上则表现出某种规律性,其灰度分布往往表现出某种周期性。通常,把图像中这种局部不规则,而宏观有规律的特性称为纹理。纹理可分为人工纹理和天然纹理。人工纹理是由自然背景上的符号排列组成,这些符号可以是线条、点、字母、数字等;自然纹理是具有重复排列现象的自然景像,例如砖墙、种子、森林、草地之类的照片。人工纹理往往是有规则的,而自然纹理往往是无规则的,如图 8.3.1 所示。

(a) 自然纹理

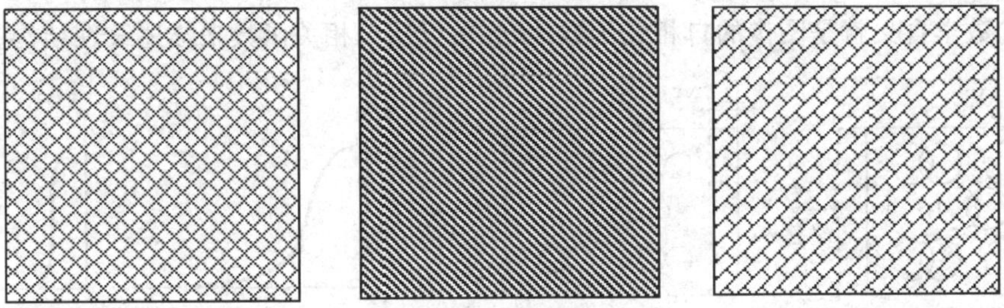

(b) 人工纹理

**图 8.3.1　自然纹理与人工纹理图像**

图像的纹理分析已在许多学科得到了广泛应用。气象云图多是纹理型的，在红外云图上，各种云类呈现的纹理特征完全不同，所以几种不同纹理特征的云类，例如卷云、积雨云、积云和层云的机器识别就可以用纹理作为一大特征。

卫星遥感地表图像，相当于人们站在宇宙空间来看地球，地表的山脉、草地、沙漠、大片森林、城市建筑群等均表现了不同的纹理特征。分析卫星遥感图像的纹理特征可以进行区域识别、国土整治、森林利用、城市发展等，在国民经济各方面都有着重要的研究价值和广泛应用。

在显微图像中，例如细胞图像、金相图像、催化剂表面图像均具有明显的纹理特征，对于它们进行纹理结构分析，可以得到细胞性质的鉴别信息、金相结构物理信息和催化剂的活性信息。

通过观察不同物体的图像，可以抽取出构成纹理特征的两个要素：

① 纹理基元：纹理基元是一种或多种图像基元的组合，纹理基元有一定的形状和大小，例如花布的花纹。

② 纹理基元的排列组合：基元排列的疏密、周期性、方向性等的不同，能使图像的外观产生极大的改变。例如，在植物长势分析中，即使是同类植物，由于地形、生长条件及环境的不同，植物散布形式亦有不同，反映在图像上就是纹理的粗细（植物生长的稀疏）、走向（例如靠阳和水的地段应有生长茂盛的植被）等特征的描述和解释。

纹理特征提取指的是通过一定的图像处理技术抽取出纹理特征，从而获得纹理的定量或定性描述的处理过程。因此，纹理特征提取应包括两方面的内容：检测出纹理基元和获得有关纹理基元排列分布方式的信息。

纹理分析方法大致分为统计方法和结构方法。统计方法适用于分析像木纹、森林、山脉、草地等一类纹理细而且不规则的物体;结构方法则适用于像布料的印刷图案或砖花样等一类纹理基元排列较规则的图像。本节将着重介绍几种最常用的方法。

## 8.3.1 自相关函数

图8.3.2是两幅由分布规律相同而大小不同的圆组成的图像。如果在两张图上分别放上一个与原图相同的透明片,并将该透明片朝同一方向移动同样距离 $\Delta x$。如果令 $S_L$ 表示尺寸较大的圆的重叠面积,$S_R$ 表示尺寸较小的圆的重叠面积,则 $S_R$ 比 $S_L$ 下降的速度快。而重叠面积的数学含义就是图像的自相关函数,因此可以用自相关函数来描述纹理结构。

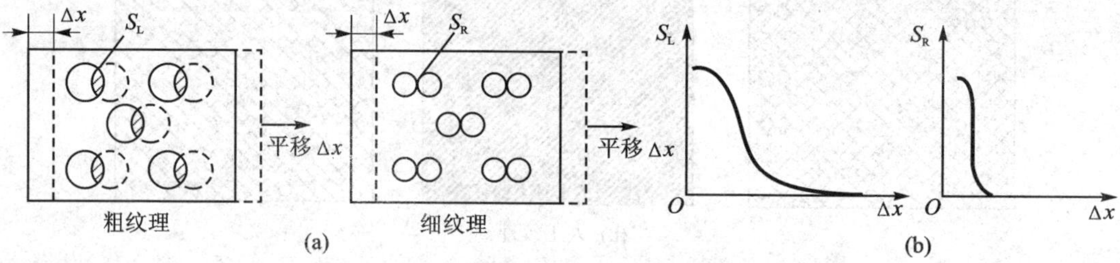


图8.3.2 测量不同粗细纹理的实验

设图像为 $f(m, n)$,自相关函数可定义为:

$$R(\varepsilon,\eta,j,k)=\frac{\sum\limits_{m=j-w}^{j+w}\sum\limits_{n=k-w}^{k+w}f(m,n)f(m-\varepsilon,n-\eta)}{\sum\limits_{m=j-w}^{j+w}\sum\limits_{n=k-w}^{k+w}[f(m,n)]^2} \tag{8.3.1}$$

由式(8.3.1)可求出窗口为 $(2w+1)\times(2w+1)$ 内每一个像素点 $(j,k)$ 的自相关函数。

在 $0\leqslant R(\varepsilon,\eta,j,k)\leqslant 1$ 范围内,如果自相关函数散布宽,则说明像素间的相关性强,此时对应较粗的纹理;相反,则对应较细的纹理。因此,利用自相关函数随 $\varepsilon$、$\eta$ 大小而变化的规律,可以描述图像的纹理特征。

## 8.3.2 灰度共生矩阵法

### 1. 基本原理

由于纹理是由灰度分布在空间位置上反复出现而形成的,因而在图像空间中相隔某距离的两像素间会存在一定的灰度关系,这种关系被称为是图像中灰度的空间相关特性,通过研究灰度的空间相关性来描述纹理,这正是灰度共生矩阵的思想基础。

从灰度级为 $i$ 的像素点出发,距离为 $\delta$ 的另一个像素点的同时发生的灰度级为 $j$,定义这两个灰度在整个图像中发生的概率分布,称为灰度共生矩阵。灰度共生矩阵用 $P_\delta(i,j)(i,j=0,1,2,\cdots,L-1)$ 符号表示,其中 $i,j$ 分别为两个像素的灰度;$L$ 为图像的灰度级数;$\delta$ 决定了两个像素间的位置关系,用 $\delta=(\Delta x,\Delta y)$ 表示,即两个像素在 $x$ 方向

和 $y$ 方向上的距离分别为 $\Delta x$ 和 $\Delta y$，如图 8.3.3 所示。不同的 $\delta$ 决定了两个像素间的距离和方向，这里所说的方向，一般取 0°、45°、90°和 135°这 4 个方向，如图 8.3.4 所示。

这样，两个像素灰度级同时发生的概率就将 $(x, y)$ 的空间坐标转换为 $(i, j)$ 的"灰度对"的描述。灰度共生矩阵可以理解为像素对或灰度级对的直方图，这里所说的像素对和灰度级对是有特定含义的，一是像素对的距离不变，二是像素灰度级不变。

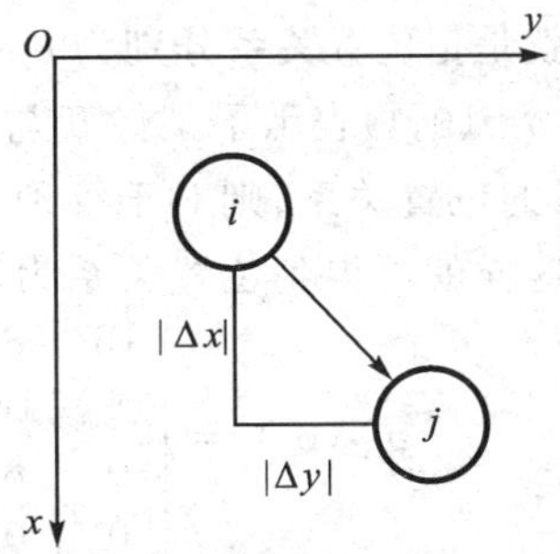


**图 8.3.3　两个像素间的位置关系**

可以看出，灰度共生矩阵反映了图像灰度关于方向、相邻间隔、变化幅度的综合信息，它确实可以作为分析图像基元和排列结构的信息。目前一幅图像的灰度级数目一般是 256，这样计算出来的灰度共生矩阵过大，为了解决这个问题，常常在求灰度共生矩阵之前，将图像变换为 16 级的灰度图像。

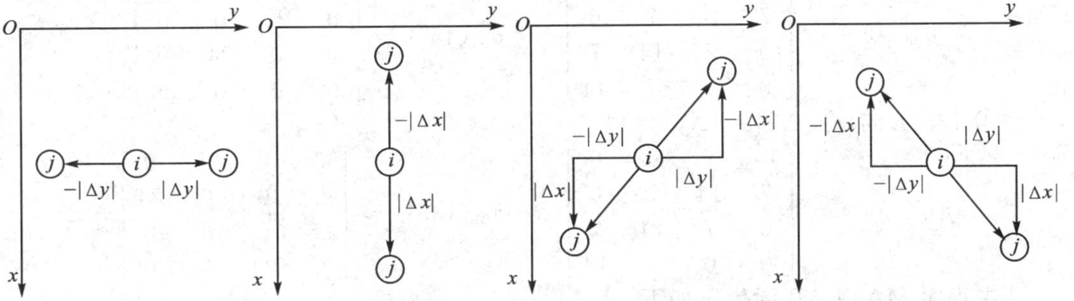


$\delta=(0,\pm|\Delta y|)$　(a) 0°

$\delta=(\pm\Delta x,0)$　(b) 90°

$\delta=(|\Delta x|,-|\Delta y|)$ 或 $\delta=(-|\Delta x|,|\Delta y|)$，且 $|\Delta x|=|\Delta y|$　(c) 45°

$\delta=(|\Delta x|,|\Delta y|)$ 或 $\delta=(-|\Delta x|,-|\Delta y|)$，且 $|\Delta x|=|\Delta y|$　(d) 135°

**图 8.3.4　常用的 4 个方向上的位置关系**

**【例 8.3.1】** 针对如图 8.3.5 所示的纹理图像 A 和 B，求出常用的 4 个方向位置关系下的灰度共生矩阵，并利用 MATLAB 编程实现。

| | | | | | | | |
|---|---|---|---|---|---|---|---|
| 0 | 0 | 1 | 1 | 2 | 2 | 3 | 3 |
| 0 | 0 | 1 | 1 | 2 | 2 | 3 | 3 |
| 0 | 0 | 1 | 1 | 2 | 2 | 3 | 3 |
| 0 | 0 | 1 | 1 | 2 | 2 | 3 | 3 |
| 0 | 0 | 1 | 1 | 2 | 2 | 3 | 3 |
| 0 | 0 | 1 | 1 | 2 | 2 | 3 | 3 |
| 0 | 0 | 1 | 1 | 2 | 2 | 3 | 3 |
| 0 | 0 | 1 | 1 | 2 | 2 | 3 | 3 |

(a) 纹理A

| | | | | | | | |
|---|---|---|---|---|---|---|---|
| 0 | 1 | 2 | 3 | 0 | 1 | 2 | 3 |
| 1 | 2 | 3 | 0 | 1 | 2 | 3 | 0 |
| 2 | 3 | 0 | 1 | 2 | 3 | 0 | 1 |
| 3 | 0 | 1 | 2 | 3 | 0 | 1 | 2 |
| 0 | 1 | 2 | 3 | 0 | 1 | 2 | 3 |
| 1 | 2 | 3 | 0 | 1 | 2 | 3 | 0 |
| 2 | 3 | 0 | 1 | 2 | 3 | 0 | 1 |
| 3 | 0 | 1 | 2 | 3 | 0 | 1 | 2 |

(b) 纹理B

**图 8.3.5　纹理图像**

① 0°方向（水平方向）

位置关系为水平方向，即 $\Delta x=0$。现令 $|\Delta y|=1$，则 $\delta=(0,\pm1)$。若统计 $P_\delta(0,0)$

值,就是指位置关系分别为 $\delta=(0,1)$ 和 $\delta=(0,-1)$ 的两像素灰度都为 0 出现的次数之和。$\delta=(0,1)$ 表示了某像素与其右像素的位置关系;$\delta=(0,-1)$ 表示了某像素与其左像素的位置关系,则对于纹理 A,$P_\delta(0,0)=8+8=16$;同理,可求出 $\boldsymbol{P}_\delta$ 矩阵中其他的值,这样就可得到位置关系为 $\delta=(0,\pm1)$ 的纹理 A 和 B 的灰度共生矩阵为:

$$\boldsymbol{p}_{A\delta}(0^\circ)=\begin{bmatrix}16&8&0&0\\8&16&8&0\\0&8&16&8\\0&0&8&16\end{bmatrix}\quad \boldsymbol{p}_{B\delta}(0^\circ)=\begin{bmatrix}0&14&0&14\\14&0&14&0\\0&14&0&14\\14&0&14&0\end{bmatrix}$$

② 90°方向(垂直方向)($\Delta y=0$,令 $|\Delta x|=1$)

$$\boldsymbol{p}_{A\delta}(90^\circ)=\begin{bmatrix}28&0&0&0\\0&28&0&0\\0&0&28&0\\0&0&0&28\end{bmatrix}\quad \boldsymbol{p}_{B\delta}(90^\circ)=\begin{bmatrix}0&14&0&14\\14&0&14&0\\0&14&0&14\\14&0&14&0\end{bmatrix}$$

③ 45°方向(令 $|\Delta x|=|\Delta y|=1$)

$$\boldsymbol{p}_{A\delta}(45^\circ)=\begin{bmatrix}14&7&0&0\\7&14&7&0\\0&7&14&7\\0&0&7&14\end{bmatrix}\quad \boldsymbol{p}_{B\delta}(45^\circ)=\begin{bmatrix}24&0&0&0\\0&24&0&0\\0&0&24&0\\0&0&0&26\end{bmatrix}$$

④ 135°方向(令 $|\Delta x|=|\Delta y|=1$)

$$\boldsymbol{p}_{A\delta}(135^\circ)=\begin{bmatrix}14&7&0&0\\7&14&7&0\\0&7&14&7\\0&0&7&14\end{bmatrix}\quad \boldsymbol{p}_{B\delta}(135^\circ)=\begin{bmatrix}0&0&25&0\\0&0&0&24\\25&0&0&0\\0&24&0&0\end{bmatrix}$$

主程序 MATLAB 源代码如下:

```
clc
clear all
IN1 = [0 0 1 1 2 2 3 3;0 0 1 1 2 2 3 3; 0 0 1 1 2 2 3 3;0 0 1 1 2 2 3 3; ...
      0 0 1 1 2 2 3 3;0 0 1 1 2 2 3 3;0 0 1 1 2 2 3 3;0 0 1 1 2 2 3 3;]
IN2 = [0 1 2 3 0 1 2 3;1 2 3 0 1 2 3 0;2 3 0 1 2 3 0 1;3 0 1 2 3 0 1 2; ...
      0 1 2 3 0 1 2 3;1 2 3 0 1 2 3 0;2 3 0 1 2 3 0 1;3 0 1 2 3 0 1 2]
[p01,p901,p451,p1351] = comatrix(IN1,4)
[p02,p902,p452,p1352] = comatrix(IN2,4)
% 灰度共生矩阵函数
function [p0,p90,p45,p135] = comatrix(IN,gray)
g = gray;
[R,C] = size(IN);
p0 = zeros(g);
p90 = zeros(g);
p45 = zeros(g);
p135 = zeros(g);
% 计算 0°方向共生矩阵
for M = 1:R
    for N = 1:(C - 1)
      p0(IN(M,N) + 1,IN(M,N + 1) + 1) = p0(IN(M,N) + 1,IN(M,N + 1) + 1) + 1;
      p0(IN(M,N + 1) + 1,IN(M,N) + 1) = p0(IN(M,N + 1) + 1,IN(M,N) + 1) + 1;
    end
end
```

```
%计算 90°方向共生矩阵
for M = 1:(R-1)
    for N = 1:C
      p90(IN(M,N) + 1,IN(M + 1,N) + 1) = p90(IN(M,N) + 1,IN(M + 1,N) + 1) + 1;
      p90(IN(M + 1,N) + 1,IN(M,N) + 1) = p90(IN(M + 1,N) + 1,IN(M,N) + 1) + 1;
    end
end
%计算 45°方向共生矩阵
for M = 1:(R-1)
    for N = 2:C
      p45(IN(M,N) + 1,IN(M + 1,N - 1) + 1) =
      p45(IN(M,N) + 1,IN(M + 1,N - 1) + 1) + 1;
      p45(IN(M + 1,N - 1) + 1,IN(M,N) + 1) =
      p45(IN(M + 1,N - 1) + 1,IN(M,N) + 1) + 1;
    end
end
%计算 135°方向共生矩阵
for M = 1:(R-1)
    for N = 1:(C - 1)
      p135(IN(M,N) + 1,IN(M + 1,N + 1) + 1) =
      p135(IN(M,N) + 1,IN(M + 1,N + 1) + 1) + 1;
      p135(IN(M + 1,N + 1) + 1,IN(M,N) + 1) =
      p135(IN(M + 1,N + 1) + 1,IN(M,N) + 1) + 1;
    end
end
```

## 2. 矩阵特点

### (1) 归一化

为了分析方便，灰度共生矩阵元素常用概率值来表示，即将各元素 $p_\delta(i,j)$ 除以各元素之和 $S$，得到各元素都小于 1 的归一化值 $\hat{p}_\delta(i,j)$，即：

$$\hat{p}_\delta(i,j) = p_\delta(i,j)/S \tag{8.3.2}$$

由此得到的共生矩阵为归一化矩阵，灰度共生矩阵中各元素之和 $S$ 表示了图像上一定位置关系下像素对的总组合数，对于确定的位置关系 $\delta$，像素对总组合数是一个常数。若图像的大小为 $M\times N$，当 $\delta=(0,\pm1)$ 时，每一行形成的像素对组合数为 $2\times(N-1)$，$M$ 行的像素对总组合数为 $S=2M(N-1)$，图 8.3.6 为上述共生矩阵的归一化表示。

$$\hat{\boldsymbol{p}}_{A\delta}(0°) = \begin{bmatrix} 1/7 & 1/14 & 0 & 0 \\ 1/14 & 1/7 & 1/14 & 0 \\ 0 & 1/14 & 1/7 & 1/14 \\ 0 & 0 & 1/14 & 1/7 \end{bmatrix} \qquad \hat{\boldsymbol{p}}_{A\delta}(90°) = \begin{bmatrix} 1/4 & 0 & 0 & 0 \\ 0 & 1/4 & 0 & 0 \\ 0 & 0 & 1/4 & 0 \\ 0 & 0 & 0 & 1/4 \end{bmatrix}$$

$$\hat{\boldsymbol{p}}_{B\delta}(45°) = \begin{bmatrix} 12/49 & 0 & 0 & 0 \\ 0 & 12/49 & 0 & 0 \\ 0 & 0 & 12/49 & 0 \\ 0 & 0 & 0 & 12/49 \end{bmatrix} \qquad \hat{\boldsymbol{p}}_{B\delta}(135°) = \begin{bmatrix} 0 & 0 & 25/98 & 0 \\ 0 & 0 & 0 & 12/49 \\ 25/98 & 0 & 0 & 0 \\ 0 & 12/49 & 0 & 0 \end{bmatrix}$$

$|\Delta x|=1$ 或 0，$|\Delta y|=1$ 或 0

**图 8.3.6　归一化共生矩阵**

**(2) 对称性**

在 $L\times L$ 矩阵中，$i=j$ 的元素连成的线称为主对角线，对于在上述常用的 4 个方向的位置关系下生成的灰度共生矩阵，各元素值必定对称于主对角线，即 $p_\delta(i,j)=p_\delta(j,i)$，故称为对称矩阵。共生矩阵中形成对称性是由于在这 4 个方向的位置关系中，每一个方向实际上都包含了两种对称的位置关系，如 0°方向，包含了 $\delta=(0,|\Delta y|)$ 和 $\delta=(0,-|\Delta y|)$ 两种位置。如果位置关系不是上述情况，则生成的灰度共生矩阵并非一定是对称的。

**(3) 主对角线元素的作用**

灰度共生矩阵中主对角线上的元素是一定位置关系下的两像素同灰度组合出现的次数，由于存在沿纹理方向上相近像素的灰度基本相同，垂直纹理方向上相近像素间有较大灰度差的一般规律；因此，这些主对角线元素的大小有助于判别纹理的方向和粗细，对纹理分析起着重要的作用。如图 8.3.5 中的两种纹理，纹理 A 为 90°方向，纹理 B 为 45°方向，当采用 $|\Delta x|=1$ 或 0，$|\Delta y|=1$ 或 0 的 4 种方向位置关系生成共生矩阵时，不难发现，沿着纹理方向的共生矩阵如图 8.3.6 中的 $\hat{\boldsymbol{p}}_{A\delta}(90°)$、$\hat{\boldsymbol{p}}_{B\delta}(45°)$ 中，主对角线元素值很大，而其他元素值全为 0，这正说明了沿纹理方向上没有灰度变化。可见，大的主对角线元素提供了识别纹理方向的可能性。垂直纹理方向如图 8.3.6 中的 $\hat{\boldsymbol{p}}_{A\delta}(0°)$、$\hat{\boldsymbol{p}}_{B\delta}(135°)$，对于纹理 B，主对角线元素全为 0，说明在垂直纹理的方向上相邻像素的灰度都不相同。那就是说，灰度变化频繁，纹理较细。相对来说，纹理 A 较粗，共生矩阵主对角线上的元素不为零，表明了相邻像素的灰度变化缓慢。

**(4) 元素值的离散性**

灰度共生矩阵中元素值相对于主对角线的分布可用离散性来表示，它常常反映纹理的粗细程度。离主对角线远的元素的归一化值高，即元素值的离散性大，也就是说，一定位置关系的两像素间灰度差大的比例高。仍以 $|\Delta x|=1$ 或 0，$|\Delta y|=1$ 或 0 的位置关系为例，离散性人意味着相邻像素间灰度差大的比例高，说明图像上垂直于该方向的纹理较细；相反，图像上垂直于该方向上的纹理较粗。当非主对角线上的元素的归一化值全为 0 时，元素值的离散性最小，即图像上垂直于该方向上不可能出现纹理。比较图 8.3.6 中的元素值的离散性可知，纹理 B 的 $\hat{\boldsymbol{p}}_{B\delta}(135°)$ 的离散性较纹理 A 的 $\hat{\boldsymbol{p}}_{A\delta}(0°)$ 的离散性大，因而纹理 A 较粗，纹理 B 较细。

### 3. 特征参数

从灰度共生矩阵抽取的纹理特征参数有以下几种：

**(1) 角二阶矩**

$$f_1=\sum_{i=0}^{L-1}\sum_{j=0}^{L-1}\hat{p}_\delta^2(i,j) \tag{8.3.3}$$

角二阶矩是图像灰度分布均匀性的度量。当灰度共生矩阵中的元素分布较集中于主对角线时，说明从局部区域观察图像的灰度分布是较均匀的。从图像整体来观察，纹理较粗，此时角二阶矩值 $f_1$ 较大；反过来则角二阶矩值 $f_1$ 较小。角二阶矩是灰度共生矩阵元素值平方的和，所以，它也称为能量。粗纹理角二阶矩值 $f_1$ 较大，可以理解为粗纹理含有较多的能量。细纹理 $f_1$ 较小，也即它含有较少的能量。

**(2) 对比度**

$$f_2 = \sum_{n=0}^{L-1} n^2 \left\{ \sum_{i=0}^{L-1} \sum_{j=0}^{L-1} \hat{\boldsymbol{p}}_\delta(i,j) \right\} \tag{8.3.4}$$

式中：$|i-j|=n$。

图像的对比度可以理解为图像的清晰度，即纹理清晰程度。在图像中，纹理的沟纹越深，则其对比度 $f_2$ 越大，图像的视觉效果越清晰。

**(3) 相　关**

$$f_3 = \frac{\sum_{i=0}^{L-1} \sum_{j=0}^{L-1} ij \hat{p}_\delta(i,j) - u_1 u_2}{\sigma_1^2 \sigma_2^2} \tag{8.3.5}$$

式中：$u_1$、$u_2$、$\sigma_1$、$\sigma_2$ 分别定义为：

$$u_1 = \sum_{i=0}^{L-1} i \sum_{j=0}^{L-1} \hat{p}_\delta(i,j) \qquad u_2 = \sum_{j=0}^{L-1} j \sum_{i=0}^{L-1} \hat{p}_\delta(i,j)$$

$$\sigma_1^2 = \sum_{i=0}^{L-1} (i-u_1)^2 \sum_{j=0}^{L-1} \hat{p}_\delta(i,j) \qquad \sigma_2^2 = \sum_{j=0}^{L-1} (j-u_2)^2 \sum_{i=0}^{L-1} \hat{p}_\delta(i,j)$$

相关是用来衡量灰度共生矩阵的元素在行的方向或列的方向的相似程度。例如：某图像具有水平方向的纹理，则图像在 $\theta=0°$ 的灰度共生矩阵的相关值 $f_3$ 往往大于 $\theta=45°$，$\theta=90°$，$\theta=135°$ 的灰度共生矩阵的相关值 $f_3$。

**(4) 熵**

$$f_4 = -\sum_{i=0}^{L-1} \sum_{j=0}^{L-1} \hat{p}_\delta(i,j) \lg \hat{p}_\delta(i,j) \tag{8.3.6}$$

熵值是图像所具有的信息量的度量，纹理信息也属图像的信息。若图像没有任何纹理，则灰度共生矩阵几乎为零阵，则熵值 $f_4$ 接近 0。若图像充满着细纹理，则 $\hat{p}_\delta(i,j)$ 的数值近似相等，该图像的熵值 $f_4$ 最大。若图像中分布着较少的纹理，$\hat{p}_\delta(i,j)$ 的数值差别较大，则该图像的熵值 $f_4$ 较小。

上述 4 个统计参数为应用灰度共生矩阵进行纹理分析的主要参数，可以组合起来成为纹理分析的特征参数使用。

## 8.3.3　频谱法

频谱法借助于傅里叶频谱的频率特性来描述周期的或近乎周期的二维图像模式的方向性。常用的 3 个性质是：

- 傅里叶频谱中突起的峰值对应纹理模式的主方向；
- 这些峰值在频域平面的位置对应模式的基本周期；
- 如果利用滤波把周期性成分除去，剩下的非周期性部分可用统计方法描述。

实际检测中，为简便起见可把频谱转化到极坐标系中，此时频谱可用函数 $S(r,\theta)$ 表示，如图 8.3.7 所示。对每个确定的方向 $\theta$，$S(r,\theta)$ 是一个一维函数 $S_\theta(r)$；对每个确

定的频率 $r$,$S(r,\theta)$是一个一维函数 $S_r(\theta)$。对给定的 $\theta$,分析 $S_\theta(r)$得到的频谱沿原点射出方向的行为特性;对给定的 $r$,分析 $S_r(\theta)$得到的频谱在以原点为中心的圆上的行为特性。如果把这些函数对下标求和可得到更为全局性的描述,即:

$$S(r) = \sum_{\theta=0}^{\pi} S_\theta(r) \tag{8.3.7}$$

$$S(\theta) = \sum_{r=1}^{R} S_r(\theta) \tag{8.3.8}$$

式中:$R$ 是以原点为中心的圆的半径。

$S(r)$和 $S(\theta)$构成整个图像或图像区域纹理频谱能量的描述。图 8.3.7(a)和(b)给出了两个纹理区域和频谱示意图,比较两条频谱曲线可看出两种纹理的朝向区别,还可从频谱曲线计算它们的最大值的位置等。

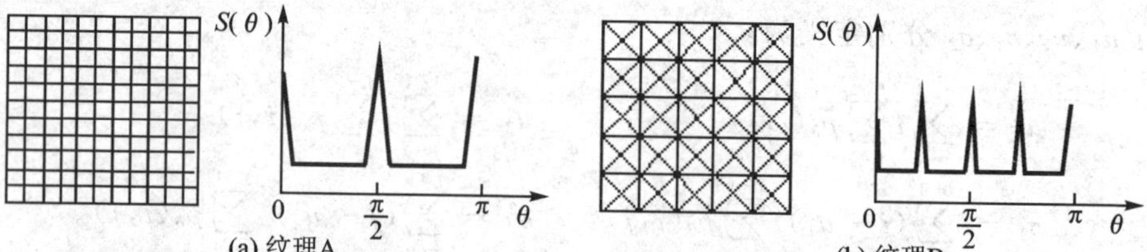


(a) 纹理A　　(b) 纹理B

**图 8.3.7　纹理和对应的频谱示意图**

## 8.4　其他特征分析

### 8.4.1　标　记

标记(Signature)的基本思想是把二维的边界用一维的较易描述的函数形式来表达。产生标记最简单的方法是先求出给定物体的重心,然后把边界点与重心的距离作为角度的函数就得到一种标记。图 8.4.1 给出了两个标记的例子。通过标记,就可把二维形状描述问题转化为一维波形分析问题。

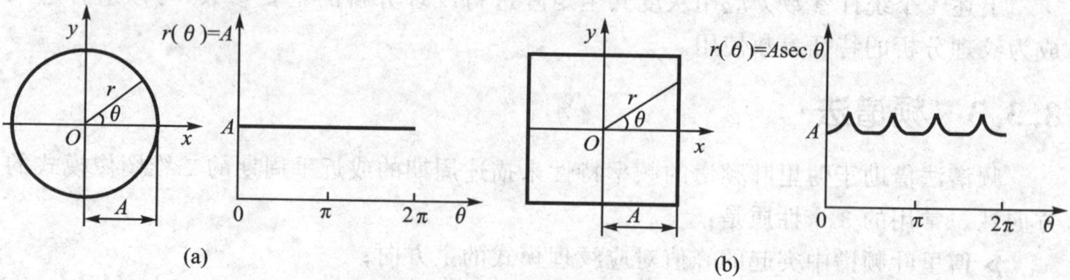


(a)　　(b)

**图 8.4.1　两个标记的例子**

上述方法产生的标记不受目标平移的影响,但与尺度变换及旋转都有关。尺度变换会造成标记的幅度值发生变化,这个问题可用把最大幅值归一化到单位值的方法来解决。解决旋转影响常用的一种方法是选离重心最远的点作为标记起点；另一种方法是求出边界主轴，以主轴上离重心最远的点作为标记起点。后一种方法考虑了边界上所有的点，因此计算量较大但也比较可靠。

## 8.4.2　拓扑描述符

拓扑学(Topology)研究图形不受畸变变形(不包括撕裂或粘贴)影响的性质。区域的拓扑性质对区域的全局描述很有用，这些性质既不依赖距离，也不依赖基于距离测量的其他特性。

如果把区域中的孔洞数 $H$ 作为拓扑描述子，显然，这个性质不受伸长、旋转的影响，但如果撕裂或折叠时孔洞数会发生变化，如图 8.4.2 所示。

区域内的连接部分的个数 $C$ 是区域的另一拓扑特性。一个集合的连接部分就是它的最大子集，在这个子集的任何地方都可以用一条完全在子集中的曲线相连接，如图 8.4.3 中有 2 个连接部分。

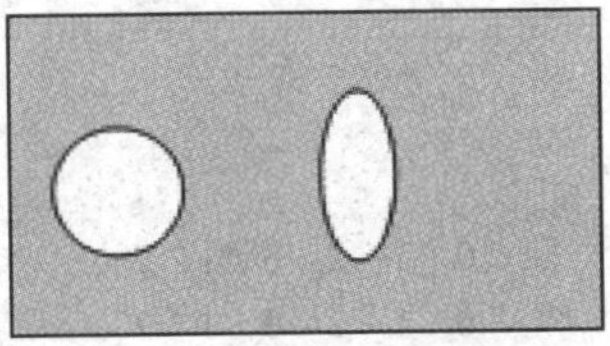

**图 8.4.2　具有 2 个孔洞的区域**

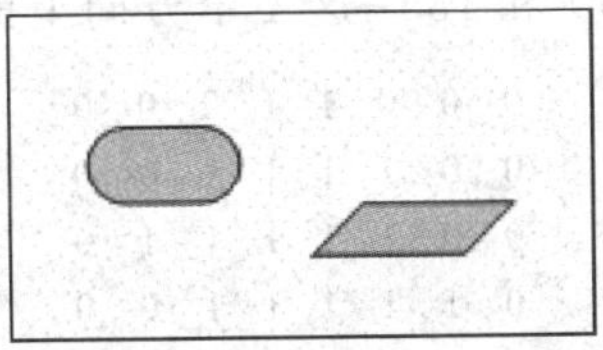

**图 8.4.3　具有 2 个连通部分的区域**

欧拉数也是一个区域的拓扑描述符，欧拉数 $E$ 定义如下：

$$E = C - H \tag{8.4.1}$$

对于图 8.4.4 所示的图像中字母 B 有一个连接部分和 2 个孔，所以它的欧拉数 $E$ 为－1。

**【例 8.4.1】**　求如图 8.4.5 所示原始图像的欧拉数。

```
BW = imread('circles.png');               % 读取图像
figure, imshow(BW)                        % 显示图像
eulernum = bweuler(BW)                    % 求欧拉数
```

运行程序显示的测试图像如图 8.4.5 所示。运行程序显示的欧拉数结果为：

```
eulernum =  -3
```

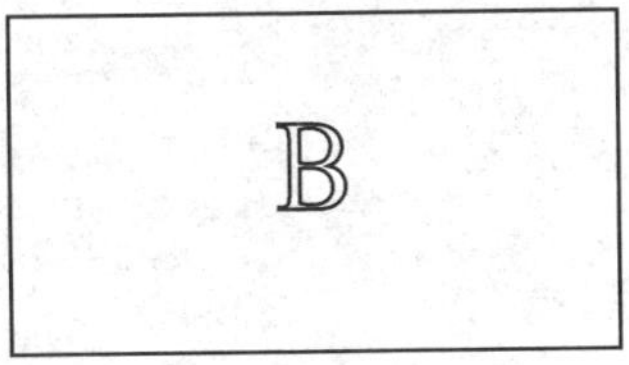


**图 8.4.4　欧拉数为－1 的图形**

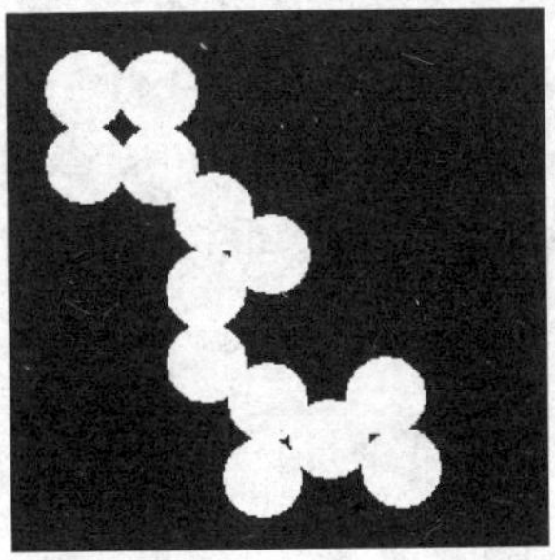

**图 8.4.5　原始图像**

# 习题与思考题

8-1　图像颜色直方图的不变特征有哪些？

8-2　什么是傅里叶描述子？它具有什么特点？

8-3　图像的几何特征有哪些？这些特征是如何定义的？

8-4　对于题8-4图所示的图像，其中0表示背景，1表示目标，请分别计算目标边界的4链码和8链码。

8-5　区域的周长有哪些表示方法？试用不同方法编写程序计算同一图像区域的周长。

8-6　字符B、i、r、d的欧拉数各是多少？

8-7　图像的纹理特征分析常用的有哪些方法？

8-8　灰度共生矩阵的基本思想是什么？针对题8-8图所示纹理图像，求其在0°、45°、90°和135°这4个方向上的灰度共生矩阵。

| | | | | | | | |
|---|---|---|---|---|---|---|---|
| 0 | 0 | 0 | 1 | 1 | 0 | 0 | 0 |
| 0 | 0 | 1 | 1 | 1 | 1 | 0 | 0 |
| 0 | 0 | 1 | 1 | 1 | 1 | 1 | 0 |
| 0 | 1 | 1 | 1 | 1 | 1 | 0 | 0 |
| 0 | 1 | 1 | 1 | 1 | 1 | 0 | 0 |
| 0 | 0 | 1 | 1 | 1 | 1 | 1 | 0 |
| 0 | 0 | 0 | 1 | 1 | 1 | 0 | 0 |
| 0 | 0 | 0 | 1 | 1 | 0 | 0 | 0 |

**习题8-4图　二值图像**

| | | | | | |
|---|---|---|---|---|---|
| 0 | 1 | 2 | 0 | 1 | 2 |
| 0 | 1 | 2 | 0 | 1 | 2 |
| 2 | 0 | 1 | 2 | 0 | 1 |
| 1 | 2 | 0 | 1 | 2 | 0 |
| 2 | 0 | 1 | 2 | 0 | 1 |
| 1 | 2 | 0 | 1 | 2 | 0 |

**习题8-8图　纹理图像**

# 第9章 图像配准及识别

图像配准是图像处理的基本任务之一，用于将不同时间、不同传感器、不同视角及不同拍摄条件下获取的两幅或多幅图像进行匹配。在对图像配准的研究过程中，大量技术被应用于针对不同数据和问题的图像配准工作，产生了多种不同形式的图像配准技术。

本章在介绍图像配准定义的基础上，重点阐述基于灰度信息、特征和优化策略的图像配准算法，并对图像识别的基本原理进行阐述。主要结构如图 9.1 所示。

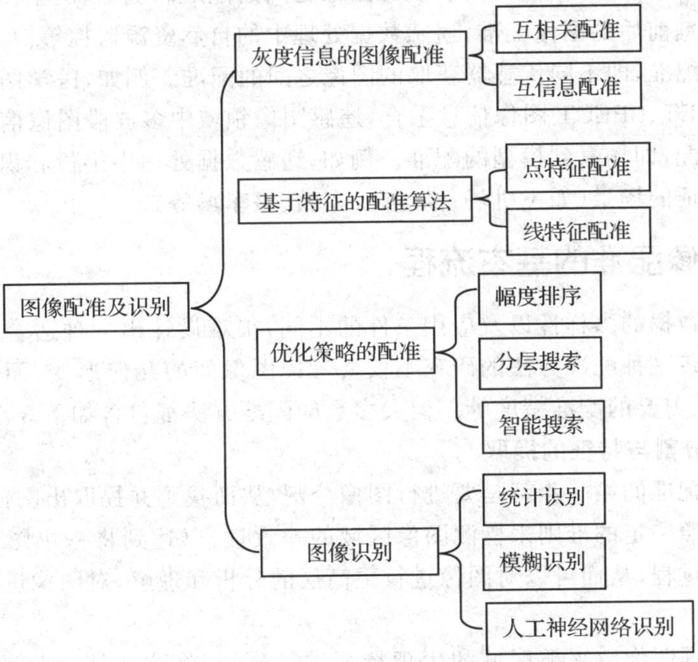


**图 9.1 本章图像配准和识别的主要结构**

# 9.1 图像配准基础

## 9.1.1 图像配准的定义

给定两幅待配准的图像 $I_1(x,y)$ 和 $I_2(x,y)$，称 $I_1(x,y)$ 为参考图像，称 $I_2(x,y)$ 为观察图像。在许多图像配准的文献中，图像的配准被定义为：

$$I_2(x,y) = g(I_1(f(x,y))) \tag{9.1.1}$$

式中：$f$ 为二维空间的坐标变换；$g$ 为一维的灰度变换。

寻找最佳的空间或几何变换参数是匹配问题的关键。它常常被表示为两个参数变量的单值函数 $f_x$ 和 $f_y$：

$$I_2(x,y) = I_1(f_x(x,y), f_y(x,y)) \tag{9.1.2}$$

图像配准广泛地应用于遥感数据分析、计算机视觉、医学图像处理等领域。具体而言，根据图像获取的方式，图像配准的应用主要可以分为以下 4 类：

- 多观察点配准，即对从不同观察点获得的同一场景的多幅图像进行配准。例如，在计算机视觉领域中从视角差异中构建三维深度和形状信息，对目标物运动进行跟踪，对序列图像进行分析等。
- 时间序列配准，即不同时间获取的图像之间的配准。例如，医学图像处理中的注射造影剂前后的图像配准，遥感数据处理中的自然资源监控等。
- 多模态配准，即不同传感器获取的图像之间的配准。例如，医学图像处理中 CT、MRI、PET、SPECT 图像信息融合，遥感图像领域中多波段图像信息融合等。
- 模板匹配，即场景到模型的配准。例如，遥感数据处理中定位和识别定义好的或已知特征的场景(如飞机场、高速路、车站、停车场等)。

## 9.1.2 图像配准的基本流程

由于图像数据的多样性以及应用条件的不同，很难设计出一种适合所有图像通用的配准方法。每一种配准方法的研究不仅要考虑图像间的几何形变，而且还要考虑图像退化的影响、需要的配准精度等。但大多数的配准方法都包含如下 3 个关键步骤。

**(1) 图像分割与特征的提取**

进行图像配准的第一步就是要进行图像分割，从而找到并提取出图像的特征空间。图像分割是按照一定的准则来检测图像区域的一致性，以达到将一幅图像分割为若干个不同区域的过程，从而可以对图像进行更高层的分析和理解，对图像进行分割基本上有两种方法：

- 直接依据图像感兴趣区域的生理特征进行分析，将这些特征与图像中的边、轮廓、表面，或跳跃性特征，如角落、线的交叉点、高曲率点，或统计性特征，如力矩常量、质心等特征点相互对应起来，然后根据先验知识选择一定的分割阈值对图像进行自动、半自动或手动的分割，从而提取出图像的特征空间。

➤ 采用特征点的方法，特征点包括立体定位框架上的标记点、加在病人皮肤上的标记点，或其他在两幅图像中都可以检测到的附加标记物等。

**(2) 变　换**

变换就是将一幅图像中的坐标点变换到另一幅图像的坐标系中。常用的空间变换有刚体变换、仿射变换、投影变换和非线性变换。刚体变换使得一幅图像中任意两点间的距离变换到另一幅图像中后仍然保持不变；仿射变换使得一幅图像中的直线经过变换后仍保持直线，并且平行线仍保持平行；投影变换将直线映射为直线，但不再保持平行性质，主要用于二维投影图像与三维体积图像的配准；非线性变换也称作弯曲变换(Curved Transformation)，它把直线变换为曲线，这种变换一般用多项式函数来表示。

**(3) 寻　优**

寻优就是在选择了一种相似性测度以后，采用优化算法使该测度达到最优值。经过坐标变换以后，两幅图像中相关点的几何关系已经一一对应，接下来就需要选择一种相似性测度来衡量两幅图像的相似性程度，并通过不断地改变变换参数，使得相似性测度达到最优。目前经常采用的相似性测度有均方根距离、相关性、归一化互相关、互信息、归一化互信息、相关比、灰度差的平方和等。常用的优化算法有穷尽搜索法、最速梯度下降法、单纯形法、共轭梯度法、Powell 法、模拟退火法、遗传算法等。

当然，配准的过程并不绝对要按上述步骤进行，一些自动配准的方法，如采用基于灰度信息的配准方法，其配准过程中一般都不包括分割步骤。此外，坐标变换和寻优过程在实际计算过程中是彼此交叉进行的。

## 9.2　基于灰度信息的图像配准算法

迄今为止，在国内外的图像处理研究领域，已经报道了相当多的图像配准研究工作，并产生了不少图像配准方法。各种方法都是面向一定范围的应用领域，也具有各自的特点。总的来说，根据图像配准中利用图像信息的区别，可以将图像配准方法分为两个主要类别：基于灰度信息的图像配准方法和基于特征的图像配准方法。

基于灰度信息的图像配准方法一般不需要对图像进行复杂的预先处理，而是利用图像本身具有的灰度的一些统计信息来度量图像的相似程度。其主要特点是实现简单，但应用范围较窄，不能直接用于校正图像的非线性形变，而且在最优变换的搜索过程中往往需要巨大的运算量。

假设标准参考图像为 $R$，待配准图像为 $S$，$R$ 大小为 $m\times n$，$S$ 大小为 $M\times N$，如图 9.2.1所示。基于灰度信息的图像配准方法的基本流程是：以参考图像 $R$ 叠放在待配准图像 $S$ 上平移，参考图像覆盖被搜索图的那块区域叫子图 $S_{ij}$。$i$ 和 $j$ 为子图左上角在待配准图像 $S$ 上的坐标。搜索范围是：

$$\begin{cases}1\leqslant i\leqslant M-m\\1\leqslant j\leqslant N-n\end{cases}\tag{9.2.1}$$

通过比较 $R$ 和 $S_{ij}$ 的相似性，完成配准过程。

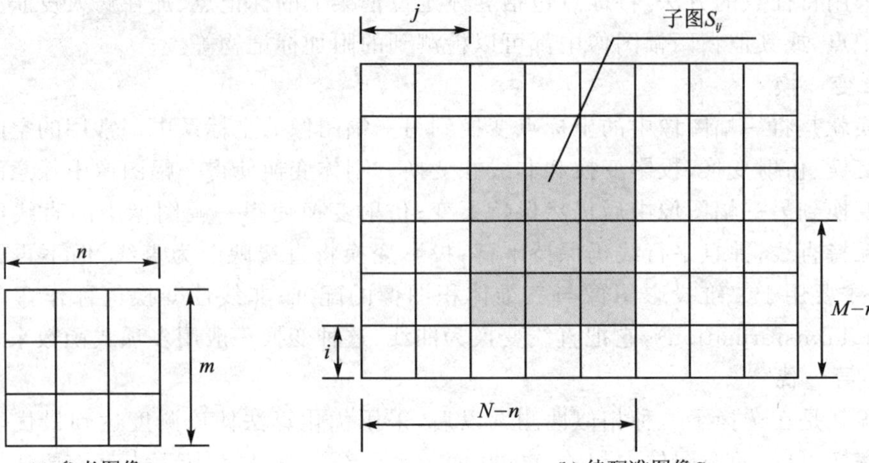


(a) 参考图像R　　(b) 待配准图像S

图 9.2.1 基于灰度信息的图像配准流程

根据采用的相似性度量函数不同,基于灰度信息的配准算法又可分为互相关配准方法、最大互信息配准法等多种不同的方法。

## 9.2.1 互相关配准方法

互相关配准方法是最基本的基于灰度统计的图像配准方法。它要求参考图像和待匹配图像具有相似的尺度和灰度信息,并以参考图像作为模板在待匹配图像上进行遍历,计算每个位置处参考图像和待匹配图像的互相关。互相关最大的位置就是参考图像中与待匹配图像相应的位置。

常用的互相关计算公式有如下两种:

设 $R(x,y)$ 和 $S(x,y)$ 分别表示参考图像和待配准图像。

$$C(i,j)=\frac{\iint R(x,y)S(x+i,y+j)\mathrm{d}x\mathrm{d}y}{\sqrt{\iint R^2(x,y)\mathrm{d}x\mathrm{d}y\iint S^2(x+i,y+j)\mathrm{d}x\mathrm{d}y}} \tag{9.2.2}$$

$$C(i,j)=\frac{\iint[R(x,y)-\bar{R}][S(x+i,y+j)-\bar{S}(i,j)]\mathrm{d}x\mathrm{d}y}{\sqrt{\iint[R(x,y)-\bar{R}]^2\mathrm{d}x\mathrm{d}y\iint[S(x+i,y+j)-\bar{S}(i,j)]^2\mathrm{d}x\mathrm{d}y}} \tag{9.2.3}$$

式中,$\bar{R}$ 和 $\bar{S}(i,j)$ 分别表示 $R(x,y)$ 和 $S(x+i,y+j)$ 的均值。

**【例 9.2.1】** 标准图像和待配准图像分别如图 9.2.2(a)和图 9.2.2(b)所示,利用最大互相关法对其进行配准,源代码如下:

```
%选择图像的配准区域
rect_lily = [93 13 81 69];
rect_flowers = [190 68 235 210];
```

```
sub_lily = imcrop(lily,rect_lily);
sub_flowers = imcrop(flowers,rect_flowers);
%计算两幅图像的互相关
c = normxcorr2(sub_lily(:,:,1),sub_flowers(:,:,1));
figure, surf(c), shading flat
%根据互相关计算两幅图像之间的偏差
[max_c, imax] = max(abs(c(:)));
[ypeak, xpeak] = ind2sub(size(c),imax(1));
corr_offset = [(xpeak - size(sub_lily,2))
               (ypeak - size(sub_lily,1))];
rect_offset = [(rect_flowers(1) - rect_lily(1))
               (rect_flowers(2) - rect_lily(2))];
offset = corr_offset + rect_offset;
xoffset = offset(1);
yoffset = offset(2);
%从标准图像中提取待配准图像
xbegin = xoffset + 1;
xend = xoffset + size(lily,2);
ybegin = yoffset + 1;
yend = yoffset + size(lily,1);
extracted_lily = flowers(ybegin:yend,xbegin:xend,:);
if isequal(lily,extracted_lily)
    disp('lily.tif was extracted from flowers.tif')
end
%修正待配准图像
recovered_lily = uint8(zeros(size(flowers)));
recovered_lily(ybegin:yend,xbegin:xend,:) = lily;
figure, imshow(recovered_lily)
%将修正后待配准图像和标准图像融合
[m,n,p] = size(flowers);
mask = ones(m,n);
i = find(recovered_lily(:,:,1) == 0);
mask(i) = .2;
figure, imshow(flowers(:,:,1)) % show only red plane of flowers
hold on
h = imshow(recovered_lily); % overlay recovered_lily
set(h,'AlphaData',mask)
```

程序运行结果如图 9.2.2(c)和图 9.2.2(d)所示。

(a) 标准图像

(b) 待配准图像

**图 9.2.2 互相关配准法的配准结果**

(c) 配准变换后的图像　　(d) 配准后的融合图像

图 9.2.2　互相关配准法的配准结果(续)

## 9.2.2　最大互信息配准方法

基于互信息的配准方法是近些年来图像配准研究中使用最多的一种方法。该方法基于信息理论的交互信息相似性准则,采用互信息作为两图像之间的相似性度量,通过搜索最大互信息达到两图像配准的目的。

假设 $A$ 和 $B$ 为两个随机变量,它们的灰度概率密度分布分别为 $P_A(a)$ 和 $P_B(a)$,灰度联合概率密度分布为 $P_{AB}(a,b)$,则 $A$ 和 $B$ 之间的互信息 $I(A,B)$ 可表示为:

$$I(A,B)=\sum_{a,b}P_{AB}(a,b)\log\frac{P_{AB}(a,b)}{P_A(a)P_B(a)} \tag{9.2.4}$$

同时,根据信息熵的定义:

$$H(A)=-\sum_{a}P_A(a)\log P_A(a) \tag{9.2.5}$$

$$H(A,B)=-\sum_{a,b}P_{AB}(a,b)\log P_{AB}(a,b) \tag{9.2.6}$$

式(9.2.4)可表示为:

$$I(A,B)=H(A)+H(B)-H(A,B) \tag{9.2.7}$$

从统计学的观点来看,如果 $A$ 和 $B$ 相互独立,则 $P_{AB}(a,b)=P_A(a)P_B(a)$,且 $I(A,B)=0$;如果 $A$ 和 $B$ 完全依赖,则 $P_{AB}(a,b)=P_A(a)=P_B(a)$,此时 $I(A,B)$ 最大。

在图像配准问题中,对于同一个体,不同成像模式的图像在灰度上并不相似,有时还可能差别很大。但同一个体对应像素点之间的灰度在统计学上并非独立,而是相关的。考虑图像 $A$ 和 $B$ 之间存在某一空间映射关系 $T_\alpha$($\alpha$ 是空间变换参数),对于 $A$ 中灰度为 $\alpha$ 的 $p$,与其在 $B$ 中灰度为 $b$ 的对应像素 $T_\alpha(p)$,$a$ 和 $b$ 在统计学上的相关性可用互信息来衡量。其中 $p(a,b)$ 的 $p(a)$、$p(b)$ 可由两幅图像重叠部分的联合灰度直方图和边缘灰度直方图得到。图像 $A$ 和 $B$ 的互信息 $I(A,B)$ 的计算从本质上说依赖于 $T_\alpha$。以互信息作为两幅图像相似性测度进行配准的主要依据是:当两幅基于共同景物的图像达到最佳配准 $T_{\alpha^*}$ 时,它们对应的图像特征的互信息应为最大,即:

$$\alpha^*=\arg\max I(A,B) \tag{9.2.8}$$

由于互信息是由两个图像的重合部分计算得到的,因此它对重合部分的大小和灰度变换很敏感，为此 Studholme 提出了一种规一化互信息的表现形式：

$$I(A,B)=\frac{H(A)+H(B)}{H(A,B)} \tag{9.2.9}$$

**【例 9.2.2】** 图 9.2.3(a)和(b)为一个病人同一部位的的 CT 图像和 MR 图像，计算两幅图像联合灰度直方图的 MATLAB 程序如下所示：

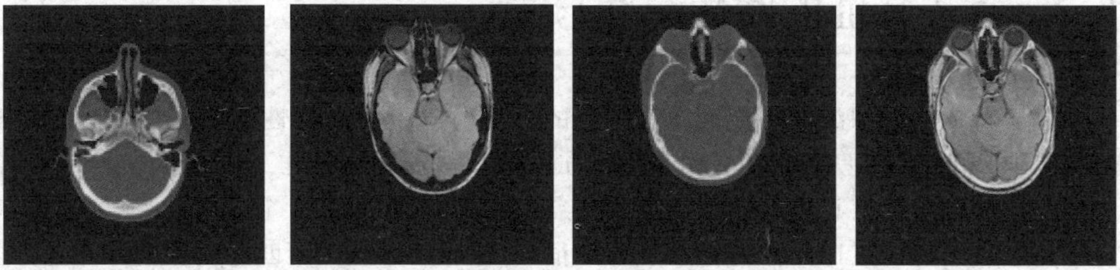

(a) 原始CT图像 (b) 原始MR图像 (c) 配准变换后的CT图像 (d) 配准后的融合图像

**图 9.2.3 CT-MR 图像配准结果**

```
function h = jointh(im1,im2)
%计算联合直方图
rows = size(im1,1);
cols = size(im2,2);
N = 256;
h = zeros(N,N);
for i = 1:rows
    for j = 1:cols
      h(im1(i,j) + im2(i,j) + 1) = h(im1(i,j) + im2(i,j) + 1) + 1;
    end
end
```

计算两幅图像互信息的 MATLAB 程序如下所示：

```
function h = mi2(im1,im2)
%输一对图,返回互信息
%利用联合灰度直方图计算
a = jointh(im1,im2); %计算联合灰度直方图
[r,c] = size(im1);
b = a./(r * c);   %规一化灰度直方图
y_marg = sum(b);   %求联合灰度直方图各行向量和
x_marg = sum(b);   %求联合灰度直方图各列向量和
Hy = 0;
for i = 1:256
    if (y_marg(i) == 0)
    else
    Hy = Hy +  - (y_marg(i) * (log(y_marg(i))));
end
end
Hx = 0;
for i = 1:256
    if (x_marg(i) == 0)
    else
      Hx = Hx +  - (x_marg(i) * (log(x_marg(i))));
```

```
    end
end
H_xy = - sum(sum(b. * (log(b + (b = = 0)))));   % 计算联合熵
h = Hx + Hy - H_xy; % 计算互信息
```

利用上述程序求取互信息后进行配准的结果如图 9.2.3(c)和图 9.2.3(d)所示。

## 9.3 基于特征的图像配准方法

基于特征的图像配准是配准中最常见的方法。对于不同特性的图像,选择图像中容易提取,并能够在一定程度上代表待配准图像相似性的特征作为配准依据。它可以克服利用图像灰度信息进行图像配准的缺点,主要体现在以下 3 个方面:

- 图像的特征点比图像的像素点要少很多,从而大大减少了匹配过程的计算量;
- 特征点的匹配度量值对位置变化比较敏感,可以大大提高匹配的精度;
- 特征点的提取过程可以减少噪声的影响,对灰度变化、图像形变以及遮挡等都有较好的适应能力。

因此,基于特征的图像配准方法是实现高精度、快速有效和适用性广的配准算法的最佳选择,基于特征的图像配准算法的基本流程如图 9.3.1 所示。

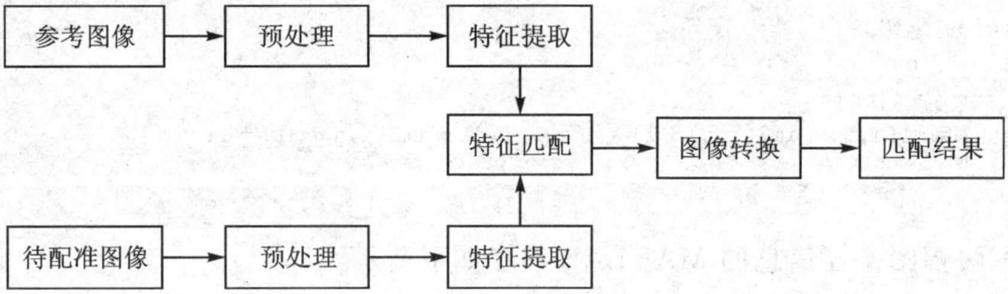


图 9.3.1 基于特征的图像配准过程

具体步骤如下:

**(1) 图像预处理**

不同条件下得到的两幅图像之间存在着一定的差异,主要包括灰度值偏差和几何变形。为了图像配准能够顺利进行,在图像配准之前应尽量消除或减少图像间的这些差异。

**(2) 特征选择**

根据图像性质提取适合于图像配准的几何或灰度特征。在特征选择时,要遵循如下几个原则:一是相似性原则,即配准的特征应该是相同类型的,且具有某种不变性;二是唯一性原则,即最终确定的配准特征应该是一一对应的,而不允许出现一对多和多对一的情况;三是稳定性原则,当图像受噪声影响或者两幅图像成像时间、成像设备等不同时,从两幅图像中提取的特征应该是一致的,不会发生剧烈的变化。同时,要求所提取的特征在两幅图像比例缩放、旋转、平移等变换中保持一致性。

**(3) 特征匹配**

将待配准图像与标准图像中的特征一一对应，删除没有对应的特征。

**(4) 图像转换**

利用匹配好的特征带入符合图像形变性质的图像转换，以最终配准两幅图像。

根据特征选择和特征匹配方法的不同，衍生出多种不同的基于特征的图像配准方法，可分为基于点特征的图像配准算法和基于线特征的图像配准算法。

## 9.3.1　基于点特征的图像配准算法

已知 $P=\{p_1,p_2,\cdots,p_m\}$ 是标准参考图像上的特征点集，$Q=\{q_1,q_2,\cdots,q_n\}$ 是待配准图像上的特征点集，配准要实现的目的就是确立两个点集之间的对应关系。利用对应关系来求解变换模型参数。

**【例 9.3.1】** 标准图像和待配准图像分别如图 9.3.2(a)和图 9.3.2(b)所示，基于点特征的图像配准过程如下：

① 对参考图像上的特征点集 $P$ 中的一个特征点 $p_i$ 建立以其为中心，大小为 $n\times n$ 的目标窗口 $P_nn$。

② 相对于参考图像上的特征点 $p_i$，在待配准图像上取大小为 $m\times m$ 的窗口 $Q_{mm}$（$m\gg n$），确保特征点 $p_i$ 的同名特征点在搜索窗口 $Q_{mm}$ 内；

③ 目标窗口 $P_{nn}$ 在搜索窗口 $Q_{mm}$ 上滑动，同时计算其相似性度量，确定特征点 $p_i$ 的同名特征点 $q_i$。

(a) 标准图像　　(b) 待配准图像　　(c) 配准后的图像

**图 9.3.2　遥感图像的配准结果**

源代码如下：

```
%读标准图像和待配准图像
unregistered = imread('westconcordaerial.png');
figure, imshow(unregistered)
figure, imshow('westconcordorthophoto.png')
%选取目标窗口和控制点
load westconcordpoints
cpselect(unregistered(:,:,1),'westconcordorthophoto.png', input_points,base_points)
%根据选取的控制点对待配准图像进行变换
```

```
    info = imfinfo('westconcordorthophoto.png');
    registered = imtransform(unregistered,t_concord,'XData',[1 info.Width], 'YData',[1 info.
Height]);
    figure, imshow(registered)
```

程序运行结果如图 9.3.2(c)所示。

## 9.3.2 基于线特征的图像配准算法

基于点特征的图像配准算法具有较强的有效性和可靠性,然而当待配准图像和标准图像之间存在较大几何差异时,点特征的提取很困难。基于线特征的图像配准算法能够有效地解决这个缺陷。

如图 9.3.3 所示,已知 $P_1P_2$ 是标准参考图像上的直线特征,$P'_1P'_2$是待配准图像上的直线特征。$P_1P_2$ 上的两点为 $P_1(x,y)$和 $P_2(x,y)$,则 $P_1P_2$ 上任一点 $P(x,y)$的坐标满足:

$$(x-x_1)(y_2-y_1)=(y-y_1)(x_2-x_1) \tag{9.3.1}$$

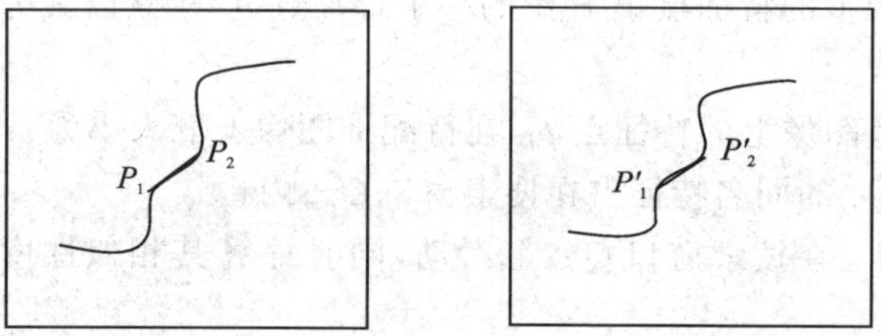


图 9.3.3 参考图像和待配准图像上的对应直线特征

待配准图像中对应直线 $P'_1P'_2$上的两点为 $P'_1(X_1,Y_1)$和 $P'_2(X_2,Y_2)$。$P'_1$和 $P'_2$并不要求与参考图像上的 $P_1$ 和 $P_2$ 点相匹配,但它们必须在同一直线段上,并且要大体上匹配。因此,线段 $P'_1P'_2$的直线方程为:

$$(X-X_1)(Y_2-Y_1)=(Y-Y_1)(X_2-X_1) \tag{9.3.2}$$

设图像配准的函数表达式为:

$$X=f(x,y,\{a_i\}) \qquad Y=g(x,y,\{b_i\}) \tag{9.3.3}$$

其逆函数为:

$$x=f'(X,Y,\{a'_i\}) \qquad y=g'(X,Y,\{b'_i\}) \tag{9.3.4}$$

式中:$\{a_i\}$、$\{b_i\}$、$\{a'_i\}$、$\{b'_i\}$为变换模型的控制参数集合。

因为 $P_1$ 和 $P_2$ 以及 $P'_1$和 $P'_2$在同一条线段上,所以 $P_1$ 和 $P_2$ 变换到待配准图像上的坐标满足:

$$[f(x_t,y_t,\{a_i\})-X_1](Y_2-Y_1)-[g(x_t,y_t,\{b_i\})-Y_1](X_2-X_1)=0 \tag{9.3.5}$$

式中:$l$=1 或 2。

类似的,把 $P'_1$和 $P'_2$变换到参考图像上的坐标应满足:

$$[f'(X_l,Y_l,\{a_i\})-x_1](y_2-y_1)-[g'(X_l,Y_l,\{b'_i\})-y_1](x_2-x_1)=0 \tag{9.3.6}$$

式中：$l=1$ 或 2。

式(9.3.5)和式(9.3.6)表明，可以通过以直线为控制基础来建立两图像间的配准方程。只要在两图像上找到足够的直线控制要素，则式(9.3.3)和式(9.3.4)中的变换系数就可以求出。但是式(9.3.5)和式(9.3.6)要求控制要素坐标没有任何误差，且变换函数模型比较准确。在实际应用中，由于各种因素的影响，如图像变形、数字化误差、人为误差、变换模型的不准确等，线段 $P_1P_2$ 上的点并不一定落到 $P'_1P'_2$，而是有一定的误差。这个误差可以用变换点到线段 $P'_1P'_2$ 的距离 $d$ 来表示：

$$d=\frac{|[f(x_l,y_l,\{a_i\})-X_1](Y_2-Y_1)-[g(x_l,y_l,\{b_i\})-Y_1](X_2-X_1)|}{\sqrt{(X_2-X_1)^2+(Y_2-Y_1)^2}} \tag{9.3.7}$$

式中，$l=1$ 或 2。

如果共有 $n$ 对线状控制要素：$P_{j1}(x_{j1}-y_{j1})$，$P_{j2}(x_{j2}-y_{j2})$，$P'_{j1}(X_{j1}-Y_{j1})$，$P'_{j2}(X_{j2}-Y_{j2})$ $(j=1,2,\cdots,n)$，则变换模型的最佳形式就是使下面的两个误差函数最小：

$$E=\sum_{k=1}^{2}\sum_{j=1}^{n}\left[\frac{|[f(x_{jk},y_{jk},\{a_i\})-X_{jk}](Y_{j2}-Y_{j1})-[g(x_{jk},y_{jk},\{b_i\})-Y_{jk}](X_{j2}-X_{j1})|}{\sqrt{(X_{j2}-X_{j1})^2+(Y_{j2}-Y_{j1})^2}}\right] \tag{9.3.8}$$

$$E=\sum_{k=1}^{2}\sum_{j=1}^{n}\left[\frac{|[f'(X_{jk},Y_{jk},\{a'_i\})-x_{jk}](y_{j2}-y_{j1}-[g'(x_{jk},y_{jk},\{b'_i\})-y_{jk}](x_{j2}-x_{j1})|}{\sqrt{(x_{j2}-x_{j1})^2+(y_{j2}-y_{j1})^2}}\right] \tag{9.3.9}$$

线特征的提取是基于线特征的图像配准算法中的关键一步。提取线特征的过程可分为两步：首先抽取反映灰度变化的基本单元——边缘，其次再将这些不连续的边缘片段连接或编组为有意义的线状特征。通常称前者为边缘检测，后者为边缘连接。常用的边缘检测方法有 Roberts 算子、Kirsch 算子、Sobel 算子、Prewitt 算子、Canny 算子等。边缘连接算法可分为局部边缘连接算法和全局边缘连接算法。

## 9.4 基于优化策略的图像配准算法

图像的配准实际上是一个多参数最优化问题，通过不断改变几何变换参数使相似性测度达到最优。但是，整个确定最优变换参数的过程计算量很大，为了找到参考图像上的一点在待配准图像上的同名点，现有的方法必须要遍历搜索区域内的每一个点，为了减少总的计算量，加快搜索速度，需要采用一定的优化算法。

### 9.4.1 幅度排序相关搜索算法

这种算法由 2 个步骤组成：

第一步，把待配准图像中的各个灰度值按幅度大小排成列的形式，然后再对它进行二进制编码，最后，根据二进位排序的结果，把实时图变换成二进制阵列的一个有序的集合($C_n$，$n=1,2,\cdots,N$)。这一过程称之为幅度排序的预处理。

第二步,习惯地将这些二进制阵列与参考图像进行由粗到细的相关,直到确定出匹配点为止。

为了说明这种算法的原理,举一个简单的 3×3 待配准图像的例子。

① 预处理

首先把 3×3 实时图中各个灰度值按大小次序排成一列,并算出各个灰度值在图像中的位置 $(j,k)$,如图 9.4.1(a)所示。

然后把排序后的灰度幅度值分成数目相等的两组,且幅度大的一组赋值为 1,而幅度小的一组赋值为 0。若幅度数为奇数,则中间的那个幅度就规定为"×",如图 9.4.1(b)所示。进一步,把每一组分成两半,并同样地赋予 1 值和 0 值。这个过程一直进行到各组划分为一个单元为止,并由此形成二进制排序。

| $j$ \ $k$ | 1 | 2 | 3 |
|---|---|---|---|
| 1 | 11 | 17 | 1 |
| 2 | 15 | 6 | 5 |
| 3 | 14 | 4 | 10 |

(a) 3×3实时图

| 位置 $(j,k)$ | 幅度 | 二进制排序 ① | ② | ③ |
|---|---|---|---|---|
| 1, 2 | 17 | 1 | 1 | 1 |
| 2, 3 | 15 | 1 | 1 | 0 |
| 3, 1 | 14 | 1 | 0 | 1 |
| 1, 1 | 11 | 1 | 0 | 0 |
| 3, 3 | 10 | × | × | × |
| 2, 1 | 6 | 0 | 1 | 1 |
| 2, 2 | 5 | 0 | 1 | 0 |
| 3, 2 | 4 | 0 | 0 | 1 |
| 1, 3 | 1 | 0 | 0 | 0 |

(b) 预处理步骤(排序)

**图 9.4.1　3×3 实时图的预处理**

于是,根据二进制排序的次序和各个二进制值及其位置,便可构成 $C_1$、$C_2$、$C_3$ 等二进制阵列,如图 9.4.2 所示。同理,对于一般情况可得 $C_n$($n=1,2\cdots,N$,此处 $N$ 为二进制排序的分层数)。

| | | |
|---|---|---|
| 1 | 1 | 0 |
| 0 | 0 | 1 |
| 1 | 0 | × |

$C_1$

| | | |
|---|---|---|
| 0 | 1 | 0 |
| 1 | 1 | 1 |
| 0 | 0 | × |

$C_2$

| | | |
|---|---|---|
| 0 | 1 | 0 |
| 1 | 0 | 0 |
| 1 | 1 | × |

$C_3$

**图 9.4.2　本例的二进制阵列**

② 由粗到细的配准过程

首先,用 $C_1$ 阵列与基准图像阵列作如下相关运算,得:

$$\varphi(u,v)=\sum_{\substack{j,k\\C_1(j,k)=1}} X_{j+u,k+v}-\sum_{\substack{j,k\\C_1(j,k)=0}} X_{j+u,k+v} \tag{9.4.1}$$

式(9.4.1)意味着,当 $C_1$ 阵列放在基准图的某一搜索位置 $(u,v)$ 上时,与 $C_1$ 中的 1

值所对应的基准图像的像素值之和减去与 $C_1$ 中的 0 值所对应的基准图像的像素值之和(与 $C_1$ 中“×”所对应的基准图像的像素值,则被忽略掉)。所以 $\varphi_1(u,v)$ 实际上是一种比特量化实时图与标准图像的积相关函数,它反映了实时图中最粗糙的图像结构的信息与标准图像的相关。称 $\varphi(u,v)$ 为基本的相关面。

在标准图像全区域的搜索过程中,若设定一个门限值 $T_1$,并舍弃那些 $\varphi_1(u,v)<T$ 的试验点,则可以大大减少下一轮搜索时的试验位置数。

在 $\varphi_1(u,v)>T_1$ 的试验位置上,再进行细的相关运算,这可以用下式来计算:

$$\varphi_1(u,v)=\varphi_1(u,v)+\frac{1}{2}\left\{\sum_{\substack{j,k\\C_2(j,k)=1}} X_{j+u,k+v}-\sum_{\substack{j,k\\C_2(j,k)=0}} X_{j+u,k+v}\right\} \tag{9.4.2}$$

同理,为了减少有争议的匹配点数目,设置门限值 $T_2$,并在 $\varphi_1(u,v)>T_2$ 的试验位置上,以 $C_2$ 为基础进行更细的相关运算。

$$\varphi_1(u,v)=\varphi_2(u,v)+\frac{1}{2^2}\left\{\sum_{\substack{j,k\\C_3(j,k)=1}} X_{j+u,k+v}-\sum_{\substack{j,k\\C_3(j,k)=0}} X_{j+u,k+v}\right\} \tag{9.4.3}$$

再设门限值 $T_2$ 等,依次类推,可得到第 $n$ 个相关为:

$$\varphi_n(u,v)=\varphi_{n-1}(u,v)+\frac{1}{2^{n-1}}\left\{\sum_{\substack{j,k\\C_n(j,k)=1}} X_{j+u,k+v}-\sum_{\substack{j,k\\C_n(j,k)=1}} X_{j+u,k+v}\right\} \tag{9.4.4}$$

当设门限值为 $T_n$ 时,若 $\varphi_n(u^*,v^*)>T_n$ 的位置只有一个,就宣布该位置$(u^*,v^*)$为匹配位置。

显然,各个门限值的关系为:

$$T_n>T_{n-1}>\cdots>T_3>T_2>T_1 \tag{9.4.5}$$

因此,逐次细化的试验位置将越来越少,直到找到匹配位置为止。从而减少了总的计算量,提高了处理速度。

### 9.4.2 分层搜索算法

分层搜索算法是直接基于人们先粗后细寻找事物的习惯而形成的。例如,在中国地图上找长安街的位置时,可以先找出北京的位置,称其为粗相关,然后在北京内,再精确确定长安街的位置,这叫做细相关。很明显,利用这种方法,就可以很快地找到长安街的位置。由这种思想形成的分层搜索算法具有相当高的处理速度。分层搜索算法的两个步骤如下。

**(1) 对图像进行分层预处理**

对于任一幅图像,通过每 $n\times n$ 个像素加权平均为一个新的像素构成第二级图像,再在第二级图像的基础上构成第三级图像,持续进行下去可以构成一系列的序列:

$$S_w:\quad \left|\frac{M}{n^w}\times\frac{N}{n^w}\right| \tag{9.4.6}$$

$$T_w:\quad \left|\frac{K}{n^w}\times\frac{L}{n^w}\right| \tag{9.4.7}$$

式中：$w=1,2,\cdots,I$，$I$ 是实际应用中的分层层数。对于具体分层层数的选取，要根据模板图像和待配准图像的大小以及 $n$ 的大小而定，一般情况下 $n\leqslant 5$。

**(2) 由粗到细的匹配过程**

首先从最低分辨率的 $S_I$ 和 $T_I$ 开始搜索。为了找到可能的粗匹配位置，应将 $S_I$ 在 $T_I$ 的所有搜索位置上进行相关，确定粗匹配的位置$(u^I,v^I)$。由于低分辨率维数最小，所以搜索过程很快，但分辨率低，可能会出现多个粗匹配位置。第二次搜索从 $S_{I-1}$ 和 $T_{I-1}$ 开始，搜索$(u^I,v^I)$在下一级分辨率上对应的一个或若干个粗匹配位置附近进行，可得到一个或少数几个可能性更大的匹配位置$(u^{I-1},v^{I-1})$。依次类推下去，直到最大分辨率层 $S_0$ 和 $T_0$ 为止。

## 9.4.3 智能搜索算法

尽管幅度排序相关搜索算法和分层搜索算法能够在一定程度上提高配准速度，但当图像较大时，对图像进行配准遍历寻优的计算量仍然是极为庞大的。为了进一步提高配准速度，很有必要探索一些高效的快速寻优算法，基于智能的算法是其中的杰出代表。

### 1. 遗传算法

遗传算法(GA)是模拟生物在自然环境中遗传和进化过程而形成的一种自适应全局优化概率搜索算法。它最早是由美国密执安大学的 Holland 教授提出，起源于 20 世纪 60 年代对自然和人工自适应系统的研究。20 世纪 70 年代，De Jong 将遗传算法的思想在计算机上进行了大量的纯数值函数优化的计算实验。在一系列研究工作基础上，20 世纪 80 年代由 Coldberg 进行归纳总结形成遗传算法的基本框架。在遗传算法中，操作对象为群体中的所有个体，它是通过对所求问题的解空间进行编码而得到的，对个体的操作主要有选择、交叉和变异三种。选择操作按照个体的适应度，以一定准则，从当代群体中选择一定数量的个体作为父代。个体的适应度和所求问题的解空间密切相关，反映了个体适应环境的能力。交叉操作对经过选择所得的父代进行随机配对。以一定概率交换部分遗传信息的变异操作是按位进行的，它以一定的概率随机改变个体的每个编码位。可见，遗传算法求解问题的实质就是一个迭代搜索的过程，其重点在于适应规划和适应度量。

Fitzpatrich 最早将遗传算法应用于图像配准领域，利用遗传算法进行图像配准涉及的关键问题主要有如下 5 个：

**(1) 编　码**

假定模板 $T$ 的尺寸为 $K\times L$，搜索图像尺寸为 $M\times N$。将 $T$ 叠放在搜索图像上平移，模板覆盖下的那块搜索子图像记为 $S^{(i,j)}$，$(i,j)$为这块子图像的左上角点在搜索图像中的坐标，因此可以选取配准时的位置$(i,j)$作为编码对象进行编码。

**(2) 选择适应度函数**

适应度是遗传算法中个体进化的驱动力，是进行自然选择的唯一依据。个体质量的优劣完全由它的适应度高低来评价。适应度越高，则个体质量越好，其生存机会就越大；反之，若适应度越低，则表明个体质量越差，其生存的机会就越小，而被淘汰的机会就会增加。在图像配准中，可以采用如下的适应度函数：

$$\underset{(i,j)\in(M,N)}{\mathrm{fit}(i,j)} = \left|\frac{1}{1+e(i,j)}\right|^2 \qquad \mathrm{fit}(i,j)\in(0,1] \tag{9.4.8}$$

式中：$e(i,j)=\frac{1}{KL}\sum_{k=1}^{K}\sum_{l=1}^{L}\left|f'(i+k,j+l)-g'(k,l)\right|$。

从适应度函数可看出，目标窗口与配准窗口内各自灰度值的平均绝对差越小，则适应度 $\mathrm{fit}(i,j)$ 越高，表明配准的精度越高。

**(3) 遗传算子**

在遗传算法中，个体的进化是在遗传算子的作用下完成的。常用的遗传算子有选择、交叉和变异。对于选择算子，用的比较多的是比例选择，各个个体被选中的概率与其适应度大小成正比。具体为：找出群体中适应度最高的个体$(i,j)$，通过领域寻优的办法，即在$(i,j)$的周围搜索到 4 个点$(i-1,j)$、$(i,j-1)$、$(i+1,j)$、$(i,j+1)$或更多的点，再在这 4 个点(或更多的点)中找出适应度最大的个体不进行配对交叉而直接复制到下一代；根据任一个体的适应度在整个群体的个体适应度总和中所占的比例确定选择概率进行选择来产生中间群体，以供后面的交叉、变异操作。最佳保留策略保证了当前代中的最佳个体总是生成到下一代，这样可以防止最佳个体在进化过程中的无意流失；其他个体则根据其适应度的大小，具有相对应的被选中的概率。

对于交叉算子采用均匀交叉策略。该策略可在群体数量和遗传代数均较小的情况下拓宽搜索空间、提高算法的搜索能力。方法是：首先随机产生一个与父代等长的交叉操作模板，然后，依概率随机选择的一对父代染色体，根据模板的等位基因是 1 还是 0 来决定它们是交换还是不交换，如图 9.4.3 所示。

需要注意的是，每选择一对父代就要重新随机产生一个模板。

变异算子，在本算法中，常采用比例翻转策略，即依变异概率随机将染色体的某位基因进行比例翻转(即 1 变为 0，而 0 变为 1)，如图 9.4.4 所示。

父代 1：1 1 0 1 1 0 0 1 0 0 1 1

父代 2：0 1 0 1 0 1 1 0 0 0 0 1

模板 1：1 0 0 1 1 0 1 0 1 1 1 0

子代 1：0 1 0 1 0 0 1 1 0 0 0 1

子代 2：1 1 0 1 1 1 0 0 0 0 1 1

**图 9.4.3　均匀交叉示例**

父代：0 1 0 1 0 0 1 1 0 0 0 1

子代：0 1 0 0 0 0 1 1 0 1 0 1

↑　↑

**图 9.4.4　比例翻转变异示例**

**(4) 确定控制参数和终止**

遗传算子的操作是依设定的控制参数来进行的。常用的控制参数有个体编码串长度 $l$、群体大小 $M$、交叉概率 $p_c$、变异概率 $p_m$、终止参数 $T$ 等。由于遗传算法在后期的收敛速度很慢，为了停止遗传算法的运算，除预先设置最大遗传代数外，还有一个常用的终止准则,即如果进化到一定代数后,各代中的最佳个体依然没有变化,则停止运算。

**(5) 初始化群体**

按照一定的要求首先获取一定数量的种子,然后从这些种子中依其适应度的优劣挑选规定数量的初始群体。这样做的目的是用较少的个体和遗传代数,尽可能快的找到准最优解。确定种子的步骤如下:

① 将搜索图像分成若干子区。

② 分别在每一子区中随机选择若干坐标点,并要求总点数不少于设定的群体大小。

③ 用式(9.4.8)评价每个种子的适应度。

④ 从所有种子中选择适应度最好的种子作为初始群体的个体,其数量为设定的群体大小。

综上所述,遗传算法用于图像配准的流程图,如图9.4.5所示。先选取一定数量的个体作为初始群体,并计算它们的适应度,接着运用遗传算子对其进行复制、交换、变异等操作,从而得出下一代群体,继续重复上述步骤,直到得到最优解或满足终止条件。

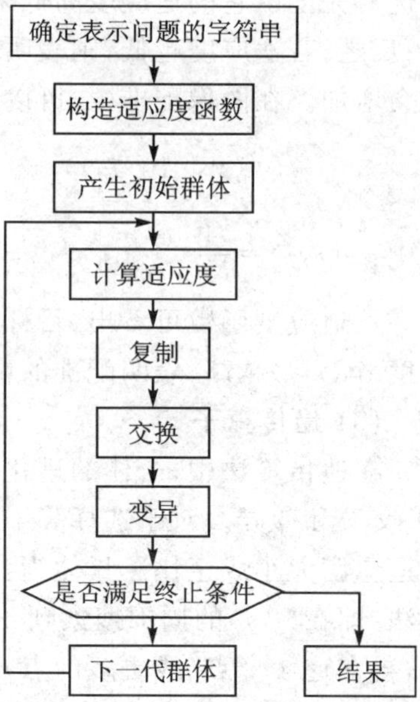


**图9.4.5 基于遗传算法的图像配准流程图**

## 2. 粒子群搜索算法

粒子群优化算法(PSO)源于对鸟群捕食的行为研究,由Eberhart和Kennedy提出。其基本思想是:每个优化问题的解都可以被想象成$d$维空间的一个点,即称之为粒子。每个粒子通过迭代搜寻,在解空间追随两个最优的粒子来更新自已。一个是粒子迄今为止寻找到的最优值,叫做个体极值点(pbest);另外一个是整个粒子群迄今为止寻找到的最优值,叫做全局极值点(gbest)。搜索这两个最优值后,粒子通过如下两个公式更新自己,直到找到食物体位置。

$$v_i = w \cdot v_{i-1} + c_1 \cdot r_1 \cdot (\text{pbest} - x_i) + c_2 \cdot r_2 \cdot (\text{gbest} - x_i) \tag{9.4.9}$$

$$x_i = x_{i-1} + v_i \tag{9.4.10}$$

式中:$v_i$为当前代的粒子移动速度;$v_{i-1}$为前一代的粒子移动速度;$r_1$和$r_2$为0~1间的随机数;$c_1$和$c_2$为学习因子;$w$为惯性权重因子;pbest和gbest为个体极值点和全局极值点。

假设$x$是参考图像,$y$是待配准图像;点$x_i$为图像$x$中的系列控制点,点的个数为$N$;点$y_i$为图像$y$中的系列控制点,点的个数为$M$;用$R$代表欧式空间3个轴向上的旋转变换,$T$代表3个轴向上的平移变换,则特征点配准采用的目标函数为:

$$C(R,T) = \sqrt{\frac{1}{N}\sum_{i=1}^{N}\min_{j=1}^{M} \| Rx_i + T - y_i \|} \tag{9.4.11}$$

相对比遗传算法,PSO具有计算简单、搜索速度快的特点。粒子群算法用于图像配准的过程描述如下：

① 由旋转角度 $\alpha$、$x$ 方向平移分量 $T_x$、$y$ 方向平移分量 $T_y$ 构成解空间。

② 初始化粒子个数、学习因子 $c_1$ 和 $c_2$、惯性权重因子 $w$，并随机分配每个粒子在解空间的位置。

③ 进行一次迭代，计算每个粒子的 $v_i^{l+1}$ 和 $x_i^{l+1}$。

④ 若迭代过程得到的解小于最小允许误差 $\varepsilon$，或者迭代步数超过最大允许次数，则结束迭代。此时得到的解即为最终要求的解，否则转第③步。

⑤ 利用双线性插值求出图像空间变换后每个像素的灰度值，得到配准后的图像。

## 9.5 图像识别的主要方法

图像识别诞生于 20 世纪 20 年代，随着 40 年代计算机的出现，50 年代人工智能的兴起，在 60 年代图像识别迅速发展成一门学科，它所研究的理论和方法在很多科学技术领域得到了广泛的重视。粗略地说，图像识别就是把一种研究对象，根据其某些特征进行识别并分类。例如，要识别写在卡片上的数码字，判断它是 0,1,2,…,9 中的哪个数字，这就是将数码字图像分成 10 类的问题。

图像识别的大致过程可用图 9.5.1 来描述，可以分为以下 4 个主要部分：

① 信息获取部分。对被研究对象进行调查和了解，从中得到数据和材料，对图像识别来说，就是把图片、底片、文字图形等用光电扫描设备变换为电信号以备后续处理。

② 预处理部分。对于数字图像而言，预处理就是应用前面讲到的图像复原、增强和变换等技术对图像进行处理，提高图像的视觉效果，优化各种统计指标，为特征提取提供高质量的图像。

③ 特征提取。特征提取的作用在于把调查了解到的数据材料进行加工、整理、分析、归纳，以去伪存真，去粗取精，提出能反映事物本质的特征。当然，提取什么特征，保留多少特征与采用何种判决有很大关系。

④ 决策分类。这相当于人们从感性认识上升到理性认识而做出结论的过程。第四部分与特征提取的方式密切相关。它的复杂程度也依赖于特征的提取方式。例如：类似度、相关性、最小距离等。

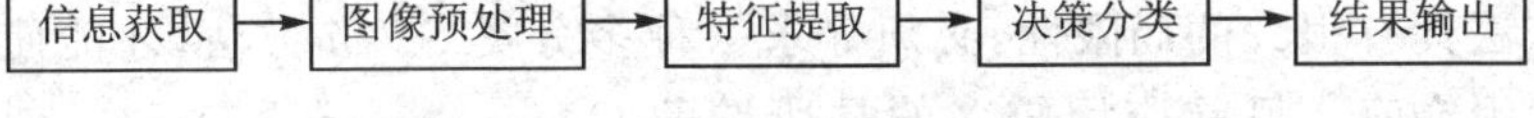


图 9.5.1 图像识别系统基本框图

统计图像识别、模糊图像识别和神经网络图像识别是 3 种代表性的图像识别方法。下面分别介绍这 3 种方法。

### 9.5.1 统计识别方法

统计识别方法是受数学中决策理论的启发而产生的一种识别方法。它一般假定被识别的对象或经过特征提取得到的特征向量是符合一定分布规律的随机变量。其基本思想是将特征提取阶段得到的特征向量定义在一个特征空间中，这个空间包含了所有的特征向量。不同的特征向量，或者说不同类别的对象，都对应于此空间中的一点。在分类阶段，则利用统计决策的原理对特征空间进行划分，从而达到识别不同特征对象的目的。支持向量机是近年来最常用的统计识别方法之一。

支持向量机(Support Vector Machines，SVM)是一种新的学习机器，它是在 V. ladimir 和 N. Vapnik 等人所建立的以解决有限样本机器学习问题为目标的统计学习理论的基础上发展起来的。它在解决小样本、非线性及高维模式识别问题中表现出许多特有的优势。它通过构造最优超平面，使得对未知样本的分类误差最小。根据结构风险最小化归纳原则，为了最小化期望风险的上界，SVM 通过最优超平面的构造，在固定学习机经验风险的条件下最小化 VC 置信度。对于两类线性可分情形，直接构造最优超平面，使得样本集中的所有向量满足如下条件：

- 能被某一超平面正确划分；
- 距该超平面最近的异类向量与超平面之间的距离最大，即分类间隔最大。

 则该超平面为最优超平面。其中，条件①是保证经验风险最小，条件②是使期望风险最小。

这里，最优超平面的构造问题实质上是在约束条件下求解一个二次规划问题，以得到一个最优分类函数为：

$$f(x) = \mathrm{sgn}\left(\sum_{i=1}^{L} y_i \alpha_i k(x_i, x) + b\right) \tag{9.5.1}$$

式中：$k(x_i, x)$为一个核函数；sgn()为符号函数；$L$ 为训练样本数目。

在该分类函数中，某些 $\vec{x}_i$ 对应的 $\alpha_i$ 为零，某些 $\vec{x}_i$ 对应的 $\alpha_i$ 不为零。由于这些具有非零值的 $\alpha_i$ 对应的向量支撑了最优分类面，因此被称为支持向量。

目前，常用的核函数主要有以下 3 类：

- 多项式形式的核函数：$K(x, x_i) = [(x \cdot x_i) + 1]^q$，$q$ 为多项式的阶数；
- 径向基形式的核函数：$K(x, x_i) = \exp\{-|x - x_i|^2/\sigma^2\}$；
- Sigmoid 形式的核函数：$K(x, x_i) = \tanh(v(x \cdot x_i) + c)$。

选择不同形式的核函数，就可以得到不同的支持向量。

SVM 本质上是一种二分类方法，而大部分的图像识别问题都是多分类问题。因此，SVM 方法具有很大的局限性，必须寻求一种多分类 SVM 方法，才能使 SVM 方法真正具有实用价值。目前应用较多的是所谓的 One - against - One(一对一)方法和 One - against - Rest(一对多)方法。这两种方法都是通过构造多个 SVM 二值分类器来达到多分类的目的。下面简单介绍这两种方法。

假设样本集中包含 $k$ 个类别，对于 One - against - One 方法而言，其思想是将这 $k$ 个类别中的任意两类样本组合在一起构成一个 SVM，从而总共需要建立 $C_k^2 = k(k-1)/2$ 个 SVM 二值分类器。在实现过程中，需要求解 $k(k-1)/2$ 个二次规划。对于 One - against - Rest 方法而言，其思想是将这 $k$ 个类别中的任意 1 类与其他 $k-1$ 类样本组合构成一个 SVM，这样就需要建立 $k$ 个 SVM 二值分类器，实现过程中需要求解 $k$ 个二次规划。

## 9.5.2 模糊识别方法

常规的分类方法认为一个对象只能属于一个类别，但模糊分类方法中认为一个对象能够同时属于多个不同的类别，不过隶属不同类别的程度或可能性不同。模糊分类法是建立在模糊集合论和模糊逻辑基础上的，模糊集合是相对于普通集合来讲的。在普通集合论中，元素 $x$ 和集合 $A$ 的从属关系是绝对的，要么 $x$ 属于 $A$，要么 $x$ 不属于 $A$，这是一种二值逻辑。而在模糊集合中，元素 $x$ 和集合 $A$ 的从属关系则不是简单的是与不是的二值关系，$x$ 和 $A$ 的从属关系，可用一个称之为隶属关系的函数来衡量和表示。

在模糊集合中，被讨论的全体对象叫做论域，记为 $X$，论域 $X=\{x\}$ 上的一个模糊集合 $A$ 的隶属函数 $\mu_A(x)$ 可以反映 $X$ 中任一元素 $x$ 对 $A$ 的隶属程度。$\mu_A(x)$ 的取值范围为[0,1]，其值越大，表示 $x$ 从属于 $A$ 的程度越高；反之，其值越小，表示 $x$ 从属于 $A$ 的程度越低。

例如，若 $A$ 表示"老年人"这一模糊集合，一般认为人超过 60 岁便属于老年人，即 $A=\{x|x>60\}$，则 $A$ 的隶属函数可用下式表示：

$$\mu_A(x)=\frac{1}{1+\left(\frac{5}{x-60}\right)^2} \tag{9.5.2}$$

式中，$x>60$ 表示年龄大于 60 岁的人。如某人的年龄为 65，于是有 $\mu_A(65)=0.5$，若某人的年龄为 70，则有 $\mu_A(70)=0.8$。这表明年龄为 70 的人从属于老年人这一模糊集合的程度要比年龄为 65 岁的人从属于这一集合的程度高。

利用模糊集合理论进行图像识别可以归纳为两种方法：模糊化特征法和模糊化结果法。

**(1) 模糊化特征法**

模糊化特征法是指根据一定的模糊化规则（通常根据具体应用领域的专门知识，人为确定或经过试算确定），把原来的一个或几个特征变量分成多个模糊变量，使每个模糊变量表达原特征的某一局部特性，用这些新的模糊特征代替原来的特征进行识别。比如在某个问题中，人的体重本来作为一个特征使用，现在根据需要可以把体重特征分为"偏轻"、"中等"和"偏重"3 个模糊特征。每个模糊特征的取值实际上是一个新的连续变量，它们表示的不再是体重的数值，而是关于这个人的体重状况的描述，即分别属于偏轻、中等和偏重的程度，如图 9.5.2 所示。这种做法通常被称为 1 of $N$ 编码（$N$ 分之一编码），在模糊神经网络系统中也经常得到应用。

把原来的一个特征变为若干模糊特征的目的在于使新特征更好地反映问题的本质。在很多情况下，用一个特征（比如体重）参与分类（比如判断是否有某种可能导致体重变化的病），正确分类结果与这个特征之间可能是复杂的非线性关系；而如果根据有

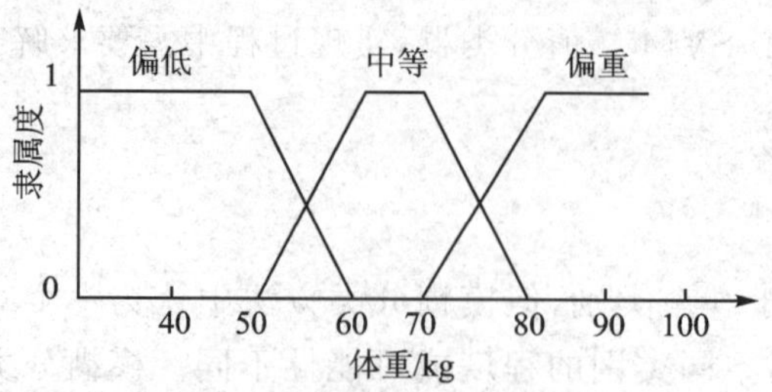


**图 9.5.2　体重的 1 of N 编码**

关知识适当地提取模糊特征，虽然特征数增多了，但却可能使分类结果与特征之间的关系线性化，从而大大简化后面分类器的设计和提高分类器性能。如果我们对所提取的特征与要研究的分类问题之间的关系有一定的先验认识，则采用这种方法往往能取得很好的结果。

**(2) 模糊化结果法**

模式识别中的分类就是把样本空间(或样本集)分成若干个子集，可以用模糊子集的概念代替确定子集，从而得到模糊的分类结果，或者说使分类结果模糊化。

在模糊化的分类结果中，一个样本将不再属于每个确定的类别，而是以不同的程度属于各个类别。这种结果与原来明确的分类结果相比有 2 个显著的优点：

- 在分类结果中可以反映出分类过程中的不确定性，有利于用户根据结果进行决策；
- 如果分类是多级的，即本系统的分类结果将与其他系统分类结果一起作为下一级分类决策的依据，则模糊化的分类结果通常更有利于下一级分类，因为模糊化的分类结果比明确的分类结果包含更多的信息。

## 9.5.3　人工神经网络分类方法

人工神经网络分类技术是一种全新的图像识别技术。它充分吸收了人认识事物的特点，利用了人在以往识别图像时所积累的经验，在被分类图像的信息引导下，通过自学习，修改自身的结构及识别方式，从而提高图像的分类精度和分类速度，以取得满意的分类结果。

不同应用领域所选用的人工神经网络模型不尽相同，BP 神经网络是目前广泛应用于图像分类中的一种神经网络模型。

BP 神经网络是一种多层前馈型神经网络，由输入层、隐层和输出层组成。层与层之间采用全互连方式，同一层的单元之间不存在相互连接。隐层可以有一个或多个。1989 年，Robert Hecht - Nielson 证明了一个三层的 BP 网络可以完成任意的 $n$ 维到 $m$ 维的映射。隐层中的神经元均采用 $S$ 型变换函数。输出层的神经元可采用 $S$ 型函数，此时输出被限制在一个很小的范围内；也可采用线性变换函数，此时网络输出则可在一个很大的范围内变化。图 9.5.3 为含有一个隐层的三层 BP 神经网络拓扑结构。

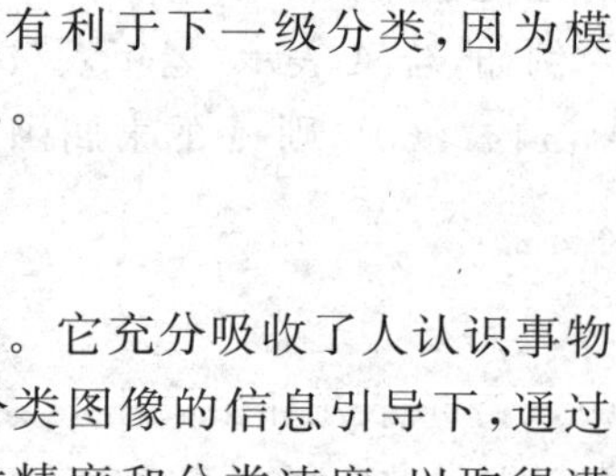


**图 9.5.3　BP 神经网络结构**

**【例 9.5.3】**　本例给出一个基于 BP 神经网络算法的印刷体数字识别的 MATLAB 实例。实例中采用的实验对象是数字 0～9 的 10 组 bmp 图片，其中 1 组为清晰的，另 9 组是在清晰样本的基础上，用 MATLAB 添加′salt & pepper′、′gaussian 等噪音制作成的，这些图片经过一定的预处理，取出其最大有效区域，归一为 16×16 的二值图像，数字 5 的 10 幅 bmp 图片如图 9.5.4 所示。

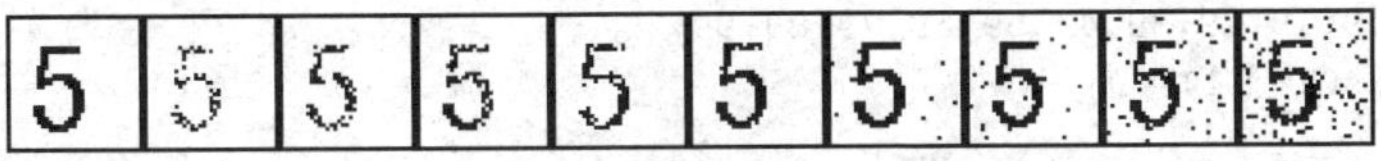

**图 9.5.4　数字识别实验中的部分实验图片**

利用 BP 神经网络进行图像识别之前，先要生成输入向量和目标向量，相应的源代码如下所示：

```
clear all;
'LOADING.....'
for kk = 0:99
    p1 = ones(16,16);
    m = strcat('C:\Documents and Settings\Administrator\桌面\41695081Matlab_Image_Pro-
cessing\ex3\nums',int2str(kk),'.bmp');
    x = imread(m,'bmp');
    bw = im2bw(x,0.5);
    [i,j] = find(bw == 0);
    imin = min(i);
    imax = max(i);
    jmin = min(j);
    jmax = max(j);
    bw1 = bw(imin:imax,jmin:jmax);
    rate = 16/max(size(bw1));
    bw1 = imresize(bw1,rate);
    [i,j] = size(bw1);
    i1 = round((16 - i)/2);
    j1 = round((16 - j)/2);
    p1(i1 + 1:i1 + i,j1 + 1:j1 + j) = bw1;
    p1 = - 1. * p1 + ones(16,16);
    for m = 0:15
      p(m * 16 + 1:(m + 1) * 16,kk + 1) = p1(1:16,m + 1);
    end
    switch kk
      case{0,10,20,30,40,50,60,70,80,90}
           t(kk + 1) = 0;
      case{1,11,21,31,41,51,61,71,81,91}
           t(kk + 1) = 1;
      case{2,12,22,32,42,52,62,72,82,92}
           t(kk + 1) = 2;
      case{3,13,23,33,43,53,63,73,83,93}
           t(kk + 1) = 3;
      case{4,14,24,34,44,54,64,74,84,94}
           t(kk + 1) = 4;
      case{5,15,25,35,45,55,65,75,85,95}
           t(kk + 1) = 5;
      case{6,16,26,36,46,56,66,76,86,96}
           t(kk + 1) = 6;
      case{7,17,27,37,47,57,67,77,87,97}
```

```
            t(kk + 1) = 7;
        case{8,18,28,38,48,58,68,78,88,98}
            t(kk + 1) = 8;
        case{9,19,29,39,49,59,69,79,89,99}
            t(kk + 1) = 9;
    end
end
'LOAD OK.'
save E52PT p t;
```

利用BP神经网络进行图像识别的过程可分为训练学习阶段和识别阶段。训练学习阶段的主要工作是将训练样本输入网络,通过有指导或无指导学习方式寻找一组合适的网络连接权值,确定出适当的网络连接模式。训练阶段相应的源代码如下所示:

```
%  创建和训练 BP 网络
clear all;
load E52PT p t;
pr(1:256,1) = 0;
pr(1:256,2) = 1;
net = newff(pr,[25 1],{'logsig' 'purelin'}, 'traingdx', 'learngdm');
net.trainParam.epochs = 2500;
net.trainParam.goal = 0.001;
net.trainParam.show = 10;
net.trainParam.lr = 0.05;
net = train(net,p,t)
'TRAIN OK.'
save E52net net;
```

学习阶段则是利用已训练好的网络进行分类,最终的识别结果就是对神经网络的输出做出判决,这里可以采用编码的方式,即通过对神经网络输出层各节点输出的0、1组合判断输入图像的属性;也可以采用最大(或最小)准则,即神经网络输出层中输出最大(或最小)的节点对应的图像属性为属于图像的属性。学习阶段相应的源代码如下所示:

```
for times = 0:999
    clear all;
    p(1:256,1) = 1;
    p1 = ones(16,16);
    load E52net net;
    test = input('FileName:', 's');
    x = imread(test,'bmp');
    bw = im2bw(x,0.5);
    [i,j] = find(bw == 0);
    imin = min(i);
    imax = max(i);
    jmin = min(j);
    jmax = max(j);
    bw1 = bw(imin:imax,jmin:jmax);
    rate = 16/max(size(bw1));
    bw1 = imresize(bw1,rate);
    [i,j] = size(bw1);
```

```
        i1 = round((16 - i)/2);
        j1 = round((16 - j)/2);
        p1(i1 + 1:i1 + i,j1 + 1:j1 + j) = bw1;
    p1 = - 1. * p1 + ones(16,16);
    for m = 0:15
            p(m * 16 + 1:(m + 1) * 16,1) = p1(1:16,m + 1);
        end
        [a,Pf,Af] = sim(net,p);
        imshow(p1);
        a = round(a)
    end
```

利用上述程序进行仿真，当训练样本和测试样本完全相同时，识别率可达到100%。随机抽取 20 个测试样本，且测试样本和训练样本不重合时，识别率可达到 60%。

## 习题与思考题

9-1　简述图像配准的基本流程及每一步的功能。

9-2　简述基于灰度信息的图像配准方法和基于特征的图像配准方法之间的区别。

9-3　已知一幅图像(见习题 9-3 图)，其中有一正方形子图像 $f_1(x,y)$，试用互信息配准方法确定出 $f_1(x,y)$的位置。

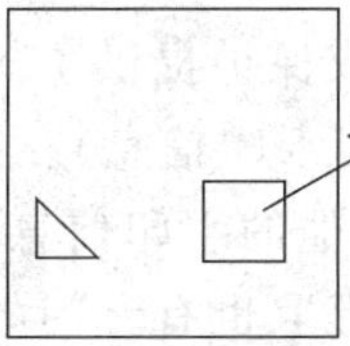


**习题 9-3 图　正方形子图像**

9-4　编写一段程序，利用 Forstner 算子提取图像的点特征，并用实例图像验证程序的正确性。

9-5　简述图像识别系统的构成及各部分的功能。

9-6　简述利用 BP 神经网络进行图像分类的学习过程。

# 第 10 章 实用数字图像处理与分析系统

数字图像处理以其信息量大、处理和传输方便、应用范围广等一系列优点已成为人类获取信息的重要来源和利用信息的重要手段，已经在宇宙探测、遥感、生物医学、工农业生产、军事、公安、办公自动化等领域得到了广泛应用，并显示出广泛的应用前景。

本章以应用 MATLAB 实现数字图像水印及人脸图像识别为例，阐述图像处理及识别的基本过程及方法，为学习及从事数字图像处理与分析的人员，提供一种分析问题和解决问题的方法，促进数字图像处理在各方面的广泛应用。

## 10.1 图像数字水印技术

数字水印技术的出现为多媒体版权保护提供了一种有效的方法，它用信号处理的办法在原始信息中嵌入特定的信息(即水印信息)。嵌入的水印可以是标明作者身份的、版权所有者自己拟定的信息或者其他的水印信息，将其嵌入原始信息后，在主观观察质量上没有很明显的降低。水印的提取也有专门的方法，用特定的水印检测方法提取嵌入到原始信息中的水印信息，就可以得到相关的版权信息。对该水印信息进行分析就可以判断数字产品的复制和传播是否合法，从而对该信息的版权进行保护。数字水印技术已经成为一个保护数字产品版权的重要方法。

根据水印嵌入方法的不同，数字图像水印算法一般分为空域算法和变换域算法。在空域算法中，通过改变图像的像素值，直接将水印图像的像素点嵌入到原始图像中；而变换域算法中，则是在原始图像变换域系数中的特定区域嵌入相应强度的水印系数。水印的提取就是嵌入水印的逆过程，按是否需要使用原始图像，数字水印系统分为盲水印算法和非盲水印算法。盲水印算法具有很好的实用性，而非盲水印算法具有更好的鲁棒性。

### 10.1.1 数字水印的嵌入

对水印进行预处理，即使用置乱技术将水印信息置乱，得到一幅完全杂乱无章的图像，这样可以提高水印信号的安全性，增强水印抵抗恶意攻击的能力。本书采用比较常用的 Arnold 变换。

由离线余弦变换的性质可知，图像经过二维离散余弦变换之后，图像的大部分能量都集中在变换域的中低频部分。一方面因为人眼视觉系统对 DCT 系数的低频部分也较为敏感，因此一般来说，水印信息不能叠加在这部分能量中；另一方面，高频系数在进行图像压缩时很容易丢失。所以，一般将水印加在变换域系数矩阵的低频接近中频系数的区域。为了适应图像的压缩方式，在嵌入水印之前通常先对图像进行 8×8 大小的分块。

图 10.1.1 给出了数字水印嵌入流程。下面以一副 512×512 大小的 lena 灰度图像和 64×64 大小的水印灰度图像为例说明水印嵌入的具体步骤。

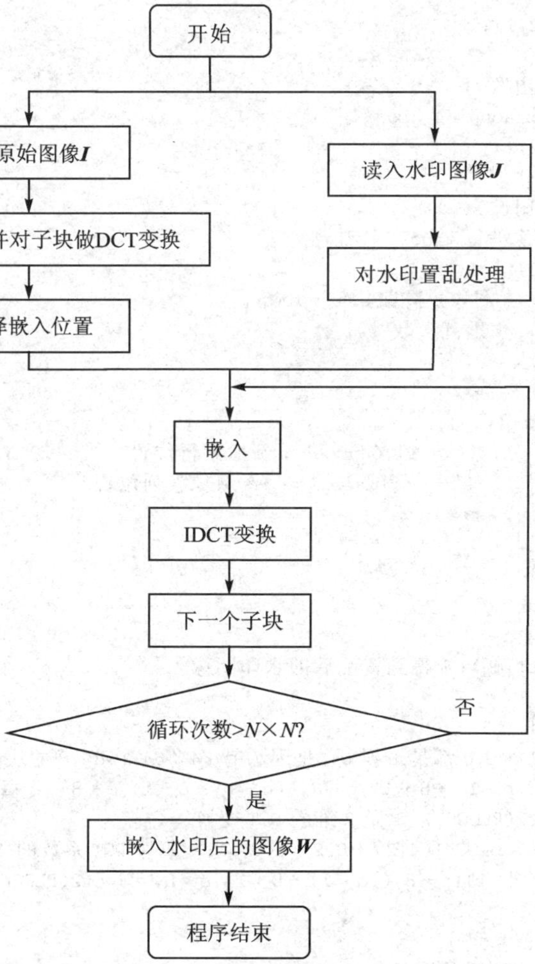


**图 10.1.1　数字水印嵌入流程**

① 将 512×512 的原始图像 ***I*** 系数矩阵分成 8×8 大小的块，则原图一共被分成 64×64 块。对每个块进行二维离散余弦变换。

② 原图就变成了 64×64 个 8×8 大小的系数矩阵，正好 64×64 大小的水印图像 ***J***

中矩阵的每个系数对应于原始图像的每个块。水印的嵌入利用下面的公式：

$$F'(u,v) = F(u,v) + aw(i)$$

其中，$F(u,v)$ 为原始图象的 DCT 系数，$a$ 为嵌入强度，$w(i)$ ($i=1,2,3\cdots$) 是每点的水印像素。

③ 对这 64×64 块嵌入水印信息的矩阵做二维 DCT 逆变换，再合并成一个整图，就得到了嵌入水印后的图像。

用 MATLAB 实现数字水印嵌入的程序如下：

```
%读入原始图像和水印图像并显示
I = imread('lena512.jpg');
figure(1);
subplot(2,2,1);
imshow(I);
title('原始图像');
J = imread('xiaohui64.jpg');
subplot(2,2,2);
imshow(J);
title('水印图像');
%对水印图像进行 arnold 置乱预处理
H = double(J);
tempImg = H; %图像矩阵赋给 tempImg
for n = 1:5    %置乱次数
for u = 1:64
for v = 1:64
temp = tempImg(u,v);
ax = mod((u-1) + (v-1),64) + 1; %新像素行位置
ay = mod((u-1) + 2 * (v-1),64) + 1; %新像素列位置
outImg(ax,ay) = temp;
end
end
tempImg = outImg;
end
G = uint8(outImg); %得到置乱后的水印图像
%嵌入水印
for p = 1:64
for q = 1:64 %p、q 都是 1 到 64，是因为有 64×64 个 8×8 的块，每次循环处理一个块
BLOCK1 = I(((p-1) * 8 + 1):p * 8,((q-1) * 8 + 1):q * 8); %每个 8×8 的块
BLOCK1 = dct2(BLOCK1); %做 2 维的 DCT 变换
BLOCK1(4,5) = BLOCK1(4,5) + 0.2 * G(p,q); %每块 DCT 系数的 4 行 5 列处嵌入水印，系数可调
W(((p-1) * 8 + 1):p * 8,((q-1) * 8 + 1):q * 8) = idct2(BLOCK1); %做 DCT 反变换
end
end
%显示嵌入水印后的图像
imwrite(uint8(W), 'lena_mark.jpg ', 'jpg');
subplot(2,2,3);
imshow('lena_mark.jpg');
title('嵌入水印后的图像');
```

图 10.1.2 和图 10.1.3 分别给出了原始图像和水印图像，图 10.1.4 为嵌入水印图

像后的图像。实验发现，随着嵌入强度的增大，嵌入水印后的图像效果也越来越不好，如图 10.1.4 所示。

图 10.1.2　原始图像

图 10.1.3 水印图像

(a) $a$=0.05　　(b) $a$=0.2　　(c) $a$=0.8

图 10.1.4　嵌入水印后的图像随嵌入强度改变的效果图

水印系统鲁棒性是指数字水印应该具有能够抵抗一般图像攻击的能力，比如水印图像在经历剪切噪声等各种攻击后仍能较完好地保存水印信息。不可见性是指嵌入水印后的图像在视觉质量上不应该有下降，即人眼无法看出水印的存在，也称作透明性。当选择水印图像嵌入时，原始图像和水印图像的大小对整个水印系统的不可见性和稳健性都有一定的影响。在进行图像水印信息隐藏的研究中，水印的透明性和稳健性之间肯定是一对矛盾，无论哪种方案，每种水印算法普遍都是透明性和稳健性的折中。

## 10.1.2　数字水印的提取

水印的提取是根据水印的嵌入策略执行相应的逆过程来提取水印。因此，在水印提取过程中，只须将嵌入水印后的图像块经 DCT 变换后的系数减去相应强度的水印信息就可以提取出嵌入该块的水印信息，再对所有块提取出来的水印信息进行反置乱就得到提取出来的水印图像。

水印提取的具体步骤如下：

① 读入嵌入水印后的图像 ***W*** 和原始水印图像 ***I***。

② 分别对 ***W*** 和 ***I*** 进行分块 DCT 变换，得到每个块的系数矩阵。

③ 在每个 8×8 块的中频系数位置上，利用公式 $w(i)=\dfrac{F'(u,v)-F(u,v)}{a}$ 计算出每一块的水印信息，合并成一个整图，于是就得到了提取出来的水印图像。流程如图10.1.5 所示。

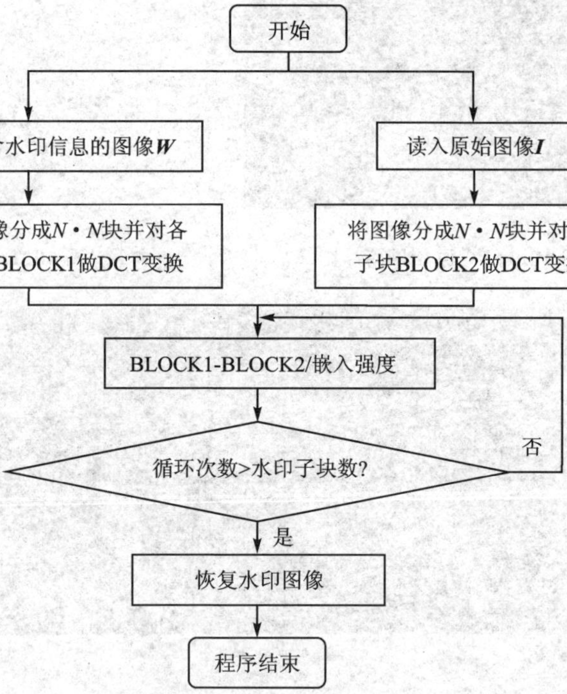


**图 10.1.5　水印提取流程**

用 MATLAB 实现数字水印提取的程序如下：

```
%水印提取关键源码
for p = 1:64
for q = 1:64
BLOCK1 = W(((p - 1) * 8 + 1):p * 8,((q - 1) * 8 + 1):q * 8);
BLOCK2 = I(((p - 1) * 8 + 1):p * 8,((q - 1) * 8 + 1):q * 8);
BLOCK1 = dct2(BLOCK1);
BLOCK2 = dct2(BLOCK2);
Y(p,q) = (BLOCK1(4,5) - BLOCK2(4,5))/0.2;
end
end
% 对水印进行 arnold 反置乱
for n = 1:43 % 循环次数为 48 - 5
for u = 1:64
```

```
for v = 1:64
temp1 = Y(u,v);
bx = mod((u-1) + (v-1),64) + 1;
by = mod((u-1) + 2 * (v-1),64) + 1;
outImg1(bx,by) = temp1;
end
end
Y = outImg1;
end
%显示提取出来的水印图像
imwrite(uint8(Y),'watermark.jpg','jpg');
subplot(2,2,4);
imshow('watermark.jpg');
title('提取出来的水印图像');
```

由仿真实验得到提取出来的水印图像如图10.1.6所示，$a$表示嵌入强度，3个水印图像分别是从图10.1.4中的3个嵌入水印后的图像中提取出来的。前面已经提到，水印嵌入强度越小，嵌入水印后的图像效果越好。但是如果嵌入强度系数太小，提取出来的水印就会有失真，可以采用折中的办法，即$a=0.2$，使水印系统的性能达到最佳。

(a) $a$=0.05　　(b) $a$=0.2　　(c) $a$=0.8

图10.1.6 提取出来的水印图像

## 10.1.3 数字水印的攻击实验

水印的鲁棒性就是指水印在遇到有意或者无意的攻击时，提取出来的水印仍能保持一定的稳定性，这里介绍对水印系统的噪声和放缩攻击。

### 1. 抗噪声测试

噪声是信号处理中不可避免的负面因素，图像处理作为数字信号处理的一种，也必须考虑噪声所带来的负面影响。这里的抗噪声测试主要研究椒盐噪声和高斯噪声这两种图像处理中最常见的噪声。

椒盐噪声主要是由自然界中存在的干扰源引起的，在进行椒盐噪声测试时利用MATLAB图像工具箱中的imnoise函数。函数格式为imnoise(W,'salt? &? pepper',p)，其中，p是参数，模拟受到轻度和重度椒盐噪声影响的情况，轻度噪声测试时的参数p取0.02，重度噪声测试时的参数p取0.25。抗噪声性能测试结果如图10.1.7和图10.1.8所示。

加入高斯噪声的函数格式为imnoise(W,'gaussian',p,q)，即将均值为p、方差为q的高斯噪声添加到图像$W$中。

图 10.1.7 抗轻度椒盐噪声测试图

图 10.1.8 抗重度椒盐噪声测试

图 10.1.9 和图 10.1.10 是在嵌入水印后的图像中分别加入轻度高斯噪声和重度高斯噪声的测试结果,噪声强度分别为为 0.01、0.01 和 0.1、0.1,模拟高斯噪声干扰。

图 10.1.9 抗轻度高斯噪声测试图

图 10.1.10 抗重度高斯噪声测试

由实验可以看出，随着噪声强度的增加，图像变得越来越模糊。噪声强度越大，提取出的水印失真也越来越严重，但本实验在重度噪声影响的情况下水印仍然可以分辨。

## 2. 抗缩放测试

在缩放实验中，采用 MATLAB 中函数 imresize 来实现对水印图像的放大或缩小。该函数的用法为 imresize(W,[m n],method)，其中，参数 m、n 指图像矩阵的行和列；method 用于指定插值的方法，可选的值为 nearest（最近邻法）、bicubic（双三次插值）和 bilinear（双线形插值），默认值为 nearest[20]。

图 10.1.11 和图 10.1.12 是对水印图像进行放大 1/4 和缩小 1/4 后的图像和水印的检测结果。不过，不能将图像放大太多，实验证明放大 2 倍以上图像会严重失真，提取水印质量将急剧下降，甚至连水印识别也会变得困难。

**图 10.1.11　抗缩小测试**

**图 10.1.12　抗放大测试**

## 3. 抗剪切测试

对图像进行剪切也是一种攻击水印的常用手段。图 10.1.13 是嵌入水印后的图像经过不规则剪切或不同程度的剪切后提取水印的过程，在实验中，为了保证剪切后的图像与原始图像大小相同，对减掉的部分进行了相应的填充，实验结果说明连续剪切掉部分图像后恢复出来的水印仍具有一定的完整性，只是剪切掉得越多，水印越不明显，但可以看出水印的轮廓。

图 10.1.13　剪切实验测试结果

## 10.2　人脸图像自动识别技术的实现

人脸识别技术是近年来随着图像处理技术、计算机技术、模式识别技术等的快速进步而出现的一种崭新生物特征识别技术。相对于指纹、虹膜等其他生物特征识别技术，人脸识别具有直接、友好、方便的特点，尤其是对于个人来说，几乎无任何心理障碍，因此在商业、司法、监控和视频检索等众多领域有着广泛的应用前景。在“9.11”事件以后，各国都投入大量物力、人力研究并发展各类识别技术，使得人脸识别技术受到了前所未有的重视。

本节以一个实例来介绍人脸图像自动识别技术的实现，实例中采用的实验对象是国际上通用的 ORL 人脸库。该数据库由英国剑桥大学的 AT&T 实验室采集，包括 40 人，每人 10 幅图像，共 400 幅图像，每幅图像有 256 个灰度级，大小均为 112×96，包括表情变化、微小姿态变化、20%以内的尺度变化，可以比较充分地反应了同一人不同人脸图像的变化和差异。人脸库中的部分人脸图像实例如图 10.2.1 所示。

### 10.2.1　人脸识别系统基本结构

人脸识别是图像识别的一个重要分支，其基本结构如图 10.2.2 所示。为了保证人脸位置的一致性，在一定程度上克服背景、头发等冗余信息的干扰，首先要对人脸库中的图像进行一些预处理操作。紧接着，进行特征抽取，将得到的人脸特征和训练样本特征进行比对，根据相似程度的高低决定最后的识别结果。

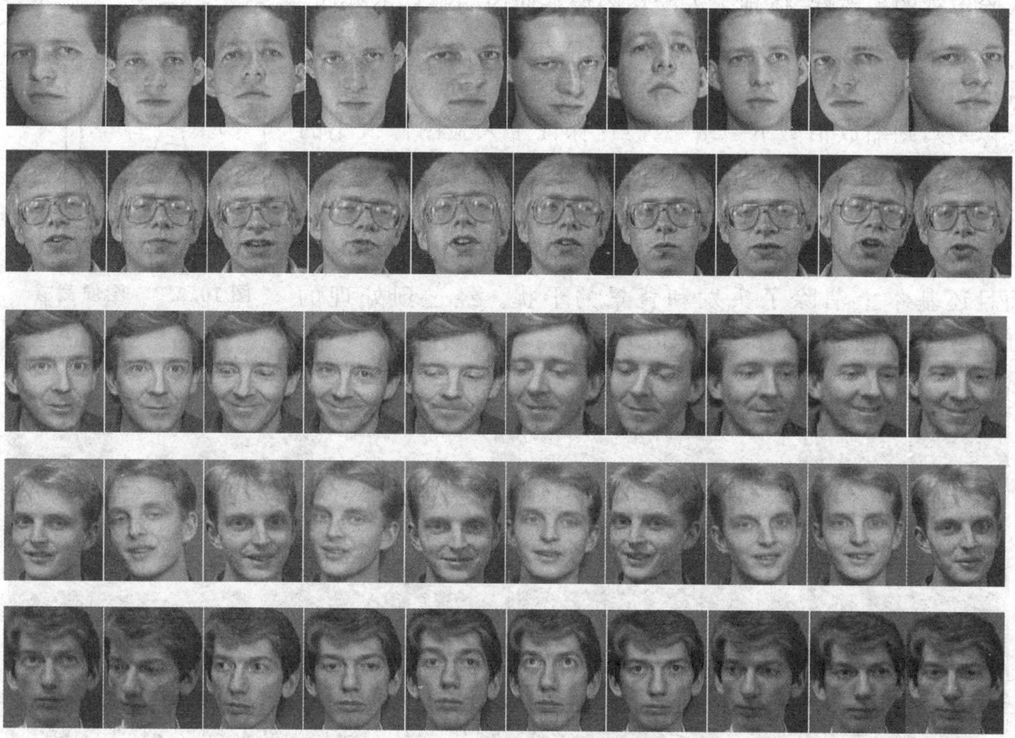

图 10.2.1　ORL 人脸库实例

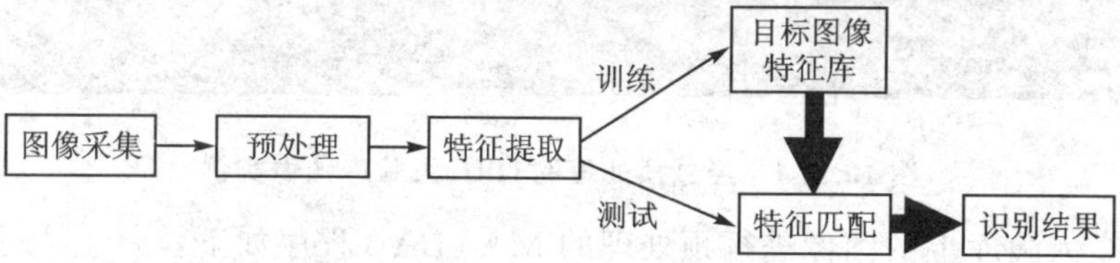


图 10.2.2　人脸识别系统框图

## 10.2.2　人脸图像的预处理

为了保证所有的人脸在图像中的大小、位置和偏斜的不变性，需要去除头发、脖子、肩及图像背景等与人脸无关的部分。在特征提取之前，必须对人脸图像进行几何归一化处理。由于两眼之间的距离对于大多数人来说都是基本相同的，因此，采用两只眼睛的位置作为人脸图像几何归一化的依据。

假设人脸图像中两只眼睛的位置分别是 $E_1$ 和 $E_2$，如图 10.2.3 所示。通过下述步骤，可以实现人脸图像的几何归一化：

① 进行图像的旋转，以使 $E_1$ 和 $E_r$ 的连线$\overline{E_1E_r}$保持水平。这保证了人脸方向的一致性，体现了人脸在图像平面内的旋转不变性。

② 根据图 10.2.3 所示的比例关系，进行图像裁剪。该图中点 $O$ 为$\overline{E_1E_r}$的中点，且设 $d=\overline{E_1E_r}$。经过裁剪，在 $2d\times 2d$ 的图像内，保证点 $O$ 固定于$(0.5d,d)$处。这保证了

人脸位置的一致性,体现了人脸在图像平面内的平移不变性。

③ 进行图像缩放变换,得到统一大小的标准图像。统一规定图像的大小是 32×32 像素点,即使 $d=\overline{E_1E_r}$ 为定长(16个像素),则缩放倍数 $\beta=2d/32$。这保证了人脸图像大小的一致性,体现了人脸在图像平面内的尺度不变性。

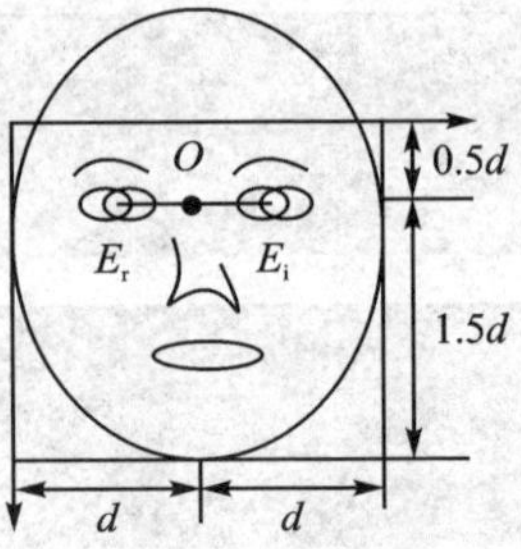


图 10.2.3 图像裁减比例示意

经过上述处理,ORL 人脸库中所有图像的大小都是 32×32,这不仅在一定程度上获得了人脸图像表示的几何不变性,而且还基本上消除了头发和背景的干扰。经过预处理的 ORL 人脸库的部分图像实例如图 10.2.4 所示。

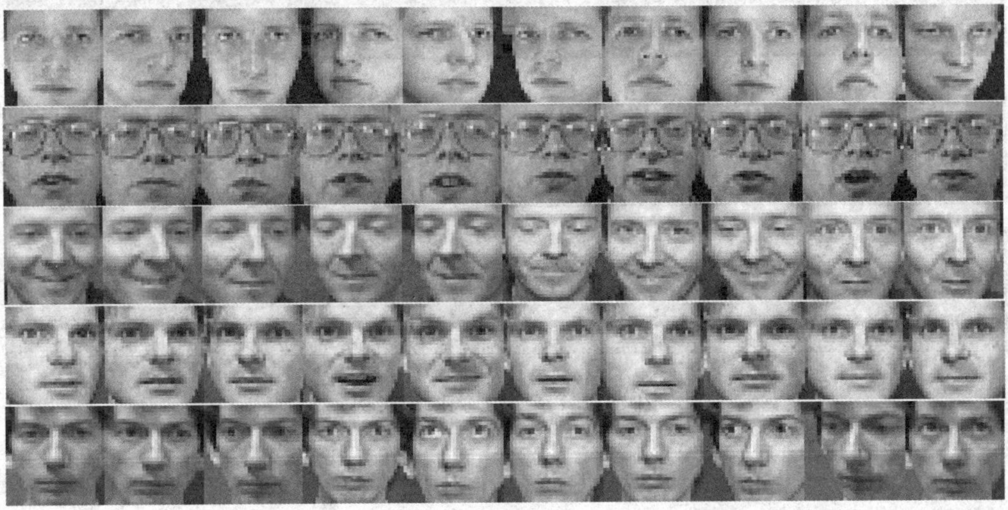

图 10.2.4 经过预处理的 ORL 人脸库图像实例

对 ORL 人脸库上的图像进行预处理的 MATLAB 程序如下:

```
%第 1 步,提取 ORL 人脸库上每幅人脸图像眼睛位置的坐标,保持在 eyelocs
directory_list = dir('C:\MATLAB6p5\work\orl_faces\ * .pgm');
nfiles = length(directory_list);
axis ij;
I = pgmRead(['C:\MATLAB6p5\work\orl_faces\' directory_list(i).name]);
Images = zeros(size(I,1), size(I,2), nfiles);
for i = 1:nfiles
fprintf('\nprefetching %s', ['../faces/' directory_list(i).name]);
  Images(:,:,i) = pgmRead(['../faces/' directory_list(i).name])/255;
end
for i = 1:nfiles
  fprintf('\nshowing %s', ['../faces/' directory_list(i).name]);
  clf
  imagesc(Images(:,:,i));
  hold on;
  [x1, y1] = ginput(1);
  plot(x1,y1, 'rx');
```

```
    [x2, y2] = ginput(1);
    plot(x2,y2, 'bx');
    drawnow
    eyelocs(i,:) = [x1 y1 x2 y2];
    hold off;
  pause;
  end
  eyedistances = sqrt((eyelocs(:,1) - eyelocs(:,3)).^2 + ...
                      (eyelocs(:,2) - eyelocs(:,4)).^2);
  save - ascii eyedistances.dat eyedistances
  %第 2 步,进行图像的旋转,以使两眼之间的连线保持水平
  % Images(:,:,i) 脸图像 i
  % eyelocs 是人脸图像 i 的眼睛位置的坐标
  % eyelocs(i,:) = [x1 y1 x2 y2];
  dx = eyelocs(:,3) - eyelocs(:,1);
  dy = eyelocs(:,2) - eyelocs(:,4);
  rotation = atan(dy./dx) * 180/pi;
  for i = 1:length(directory_list)
    fprintf('\nrotating ../centered %s', directory_list(i).name);
    ['pnmrotate ' num2str( - rotation(i)) ' ../centered/' ...
       directory_list(i).name ' >../rotated/' directory_list(i).name ]
    unix( ['pnmrotate ' num2str( - rotation(i)) ' ../centered/' ...
       directory_list(i).name ' >../rotated/' directory_list(i).name ] );
  end
  %第 3 步,进行图像裁减
  eyex = round((eyelocs(:,1) + eyelocs(:,3))/2);
  eyey = round((eyelocs(:,2) + eyelocs(:,4))/2) + top_pad;
  for i = 1:length(directory_list)
    fprintf('\ncentering %s', ['../padded/' directory_list(i).name]);
    I = pgmRead(['../padded/' directory_list(i).name]);
    Io = I(( - 115:115) + eyey(i) , ( - 97:97) + eyex(i));
    pgmWrite(Io, ['../centered/' directory_list(i).name], [0 255]);
  end
  for i = 1:length(directory_list)
    fprintf('\nunpadding %s', ['../rotated/' directory_list(i).name]);
    I = pgmRead(['../rotated/' directory_list(i).name]);
    center = round(size(I)/2);
    Io = I(( - 115:115) + center(1) , ( - 97:97) + center(2));
    Io = Io(1:2:size(Io,1), 1:2:size(Io,2));
    pgmWrite(Io, ['../unpadded/' directory_list(i).name], [0 255]);
  end
```

## 10.2.3　人脸图像的特征提取

经过预处理之后,ORL 人脸库中图像的维数依然很高。在这样的高维空间中,人脸图像的分布很不紧凑,因而不利于分类,且计算复杂度也非常大。因此,必须通过有效的手段对图像进行降维,即特征提取。子空间分析法是广泛应用于人脸识别的一种特征提取算法,具有计算代价小、描述能力强、可分性好等特点。它的基本思想就是根据一定的性能目标来寻找一个线性或非线性的子空间,把原始图像压缩到一个低维子

空间内,使数据在子空间内的分布更加紧凑,更好地提取出数据中所蕴含的特征信息。利用子空间分析法进行人脸图像特征提取一般有以下2个步骤:

① 对训练样本进行学习,得到由基向量构成的子空间,并将训练样本向子空间做投影,得到的投影系数预先存储在样本特征库里。

② 将待识别样本向子空间做投影,得到待识别样本的特征。

主分量分析(Principal Component Analysis,PCA)、线性判别分析(Linear Discriminant Analysis,LDA)和非负矩阵分解(Non-negative Matrix Factorization,NMF)是3种常用的子空间分析方法。在ORL人脸库中随机选取每人的1、2、3、4、5幅图像作为训练,剩余的作为测试,分别利用PCA、LDA和NMF算法进行特征提取。

**1. 主成分分析法(PCA)**

PCA算法的理论依据是K-L变换,通过一定的性能目标来寻找线性变换$\boldsymbol{W}$,实现对高维数据的降维。

已知存在$n$个训练样本$\{\boldsymbol{x}_i\}_{i=1}^{n} \in R^m$,其中$\boldsymbol{x}_i(i=1,2,\cdots,n)$是一个$m$维列向量,是由一幅人脸图像的非负灰度值所组成,变换矩阵$\boldsymbol{W}$可以通过最大化如下目标函数来得到:

$$\max(\boldsymbol{W}^{\mathrm{T}}\boldsymbol{S}\boldsymbol{W}) \tag{10.2.1}$$

式中:$\boldsymbol{S}$为样本的协方差矩阵,其定义如下:

$$\boldsymbol{S} = \frac{1}{n}\sum_{i=1}^{n}(\boldsymbol{x}_i - \bar{x})(\boldsymbol{x}_i - \bar{x})^{\mathrm{T}} = \frac{1}{n}\boldsymbol{X}\boldsymbol{X}^{\mathrm{T}} \tag{10.2.2}$$

式中:$\bar{x} = \frac{1}{n}\sum_{i=1}^{n}\boldsymbol{x}_i$,$\boldsymbol{X} = [x_1 - \bar{x},\cdots,x_n - \bar{x}]$。

能够使式(10.2.2)取最大值的变换矩阵$\boldsymbol{W}$可以通过求解如下的广义本征值问题而得到:

$$\boldsymbol{S}\boldsymbol{W} = \lambda\boldsymbol{W} \tag{10.2.3}$$

将$\boldsymbol{S}$的特征值按照降序排列,选择前$m(m \leqslant n)$个非零特征值所对应的特征向量作为基向量来形成变换矩阵,即$\boldsymbol{W}=[w_1,w_2,\cdots,w_m]$。对于人脸识别问题,基向量也称为本征脸(Eigenface)。变换矩阵$\boldsymbol{W}$也叫做本征空间(Eigenspace),将任意一幅图像$x$向变换矩阵$\boldsymbol{W}$做投影,即可得到它的PCA特征:

$$y_j = \boldsymbol{W}^{\mathrm{T}}(x_j - \bar{x}) \qquad (j = 1,2,\cdots,n) \tag{10.2.4}$$

当每人的训练样本数目是5时,令$m=40$,应用PCA算法得到的40个本征脸如图10.2.5所示,这40个本征脸构成了PCA子空间$\boldsymbol{W}$。

PCA算法的MATLAB子程序如下:

```
function [eigvector, eigvalue, meanData, new_data] = PCA(data, options)
 % DATA:数据矩阵,每一行代表一个数据点
 % options - Matlab中的结构变量,该变量中可以有如下字段
 % ReducedDim:特征子空间的维数
 % PCARatio:保留的主分量的百分比
if (~exist('options','var'))
```

图 10.2.5　较大的 40 个特征值对应的本征脸

```
    options = [];
else
    if ~strcmpi(class(options),'struct')
        error('parameter error! ');
    end
end
bRatio = 0;
if isfield(options,'PCARatio')
    bRatio = 1;
    eigvector_n = min(size(data));
elseif isfield(options,'ReducedDim')
    eigvector_n = options.ReducedDim;
else
    eigvector_n = min(size(data));
end
[nSmp, nFea] = size(data);
meanData = mean(data);
data = data - repmat(meanData,nSmp,1);
if nSmp >= nFea
    ddata = data' * data;
    ddata = (ddata + ddata')/2;
    if issparse(ddata)
        ddata = full(ddata);
    end
    if size(ddata, 1)>100 & eigvector_n <size(ddata, 1)/2    % using eigs to speed up
        option = struct('disp',0);
        [eigvector, d] = eigs(ddata,eigvector_n,'la',option);
        eigvalue = diag(d);
    else
        [eigvector, d] = eig(ddata);
        eigvalue = diag(d);
        [junk, index] = sort( - eigvalue);
        eigvalue = eigvalue(index);
        eigvector = eigvector(:, index);
```

```
    end
        clear ddata;
    maxEigValue = max(abs(eigvalue));
    eigIdx = find(abs(eigvalue)/maxEigValue <1e - 12);
    eigvalue (eigIdx) = [];
    eigvector (:,eigIdx) = [];
else
    if nSmp >700
        ddata = zeros(nSmp,nSmp);
        for i = 1:ceil(nSmp/100)
            if i == ceil(nSmp/100)
                ddata((i - 1) * 100 + 1:end,:) = data((i - 1) * 100 + 1:end,:) * data';
            else
                ddata((i - 1) * 100 + 1:i * 100,:) = data((i - 1) * 100 + 1:i * 100,:) * data';
            end
        end
    elseif nSmp >400
        ddata = zeros(nSmp,nSmp);
        for i = 1:ceil(nSmp/200)
            if i == ceil(nSmp/200)
                ddata((i - 1) * 200 + 1:end,:) = data((i - 1) * 200 + 1:end,:) * data';
            else
                ddata((i - 1) * 200 + 1:i * 200,:) = data((i - 1) * 200 + 1:i * 200,:) * data';
            end
        end
    else
        ddata = data * data';
    end
        ddata = (ddata + ddata')/2;
    if issparse(ddata)
        ddata = full(ddata);
    end
        if size(ddata, 1) >100 & eigvector_n <size(ddata, 1)/2
        option = struct('disp',0);
        [eigvector1, d] = eigs(ddata,eigvector_n,'la',option);
        eigvalue = diag(d);
    else
        [eigvector1, d] = eig(ddata);

        eigvalue = diag(d);
        [junk, index] = sort( - eigvalue);
        eigvalue = eigvalue(index);
        eigvector1 = eigvector1(:, index);
    end
    clear ddata;
        maxEigValue = max(abs(eigvalue));
    eigIdx = find(abs(eigvalue)/maxEigValue <1e - 12);
    eigvalue (eigIdx) = [];
    eigvector1 (:,eigIdx) = [];
    eigvector = data' * eigvector1;                % Eigenvectors of A^T * A
    clear eigvector1;
```

```
        eigvector = eigvector * diag(1./(sum(eigvector.^2).^0.5));       % Normalization
    end
    if bRatio
        if options.PCARatio >= 1 | options.PCARatio <= 0
            idx = length(eigvalue);
        else
            sumEig = sum(eigvalue);
            sumEig = sumEig * options.PCARatio;
            sumNow = 0;
            for idx = 1:length(eigvalue)
                sumNow = sumNow + eigvalue(idx);
                if sumNow >= sumEig
                    break;
                end
            end
        end
        eigvalue = eigvalue(1:idx);
        eigvector = eigvector(:,1:idx);
    else
        if eigvector_n <length(eigvalue)
            eigvalue = eigvalue(1:eigvector_n);
            eigvector = eigvector(:, 1:eigvector_n);
        end
    end
    if nargout == 4
        new_data = data * eigvector;
    end
```

### 2. 线性判别分析法(LDA)

与 PCA 寻求样本数据的最优重建不同,LDA 以提高样本在子空间中的可分性为目标。寻找一组基向量,在这些基向量张成的子空间中,不同类别的训练样本能有最小的类内离散度,最大的类间离散度。假设 $n$ 幅人脸图像构成训练样本 $\{\boldsymbol{x}_i\}_{i=1,2,\cdots,n}$, $\boldsymbol{x}_i \in R^m$ 分别属于 $C$ 个不同的类别,定义类间离散度矩阵 $\boldsymbol{S}_{\rm b}$ 和类内离散度矩阵 $\boldsymbol{S}_{\rm w}$ 为:

$$\boldsymbol{S}_{\rm b} = \sum_{i=1}^{C}(\boldsymbol{\mu}_i - \bar{\mu})(\boldsymbol{\mu}_i - \bar{\mu})^{\rm T} \tag{10.2.5}$$

$$\boldsymbol{S}_{\rm w} = \sum_{i}^{C=i}\sum_{j=1}^{n_i}(x_j^i - \boldsymbol{\mu}_i)(x_j^i - \boldsymbol{\mu}_i)^{\rm T} \tag{10.2.6}$$

式中: $x_j^i$ 为第 $i$ 个类别中的第 $j$ 个样本; $\boldsymbol{\mu}_i$ 为第 $i$ 个类别的均值向量; $\bar{\mu}$ 为所有样本的均值; $n_i$ 为第 $i$ 类样本的样本数。

子空间 $\boldsymbol{W}$ 可以通过最小化 Fisher 准则来求取,即:

$$J(\boldsymbol{W}) = \operatorname{argmax}\frac{|\boldsymbol{W}^{\rm T}\boldsymbol{S}_{\rm b}\boldsymbol{W}|}{|\boldsymbol{W}^{\rm T}\boldsymbol{S}_{\rm w}\boldsymbol{W}|} \tag{10.2.7}$$

可以证明,当 $\boldsymbol{S}_{\rm w}$ 非奇异时,最优投影矩阵 $\boldsymbol{W}$ 的列向量恰为下列广义特征方程的 $d$ $(d \leqslant C-1)$个最大的特征值所对应的特征向量,即:

$$\boldsymbol{S}_{\rm b} w_i = \lambda \boldsymbol{S}_{\rm w} w_i \tag{10.2.8}$$

将训练样本 $\boldsymbol{x}_i$ 向 LDA 子空间 $\boldsymbol{W}$ 做投影,即:

$$y_i = \boldsymbol{W}^{\mathrm{T}} \boldsymbol{x}_i \tag{10.2.9}$$

低维向量 $\boldsymbol{y}_i$ 即样本 $\boldsymbol{x}_i$ 的 LDA 特征。

在人脸识别中,训练图像的数目相对于图像的维数来说是很小的,因此类内离散度矩阵 $\boldsymbol{S}_{\mathrm{w}}$ 总是奇异的,这将导致 LDA 算法实效。为解决这个问题,在应用 LDA 算法之前,必须要先用 PCA 给图像降维。

当每人的训练样本数目是 5 时,令 $d=25$,对 ORL 人脸库中的训练图集利用 LDA 算法进行运算,得到由 25 个基向量构成的 LDA 子空间 $\boldsymbol{W}$。LDA 算法的 MATLAB 子程序如下(在该子程序使用过程中要先调用 PCA 子程序降维):

```
function [eigvector, eigvalue, Y] = LDA(X,gnd)
% X:数据矩阵,每一行代表一个数据点
% gnd:数据矩阵,每一列代表一个数据点的类别信息
old_X = X;
[nSmp,nFea] = size(X);
classLabel = unique(gnd);
nClass = length(classLabel);
bPCA = 0;
if nFea >(nSmp - nClass)
    PCAoptions = [];
    PCAoptions.ReducedDim = nSmp - nClass;
    [eigvector_PCA, eigvalue_PCA, meanData, new_X] = PCA(X,PCAoptions);
    X = new_X;
    [nSmp,nFea] = size(X);
    bPCA = 1;
end
sampleMean = mean(X);
MMM = zeros(nFea, nFea);
for i = 1:nClass,
    index = find(gnd == classLabel(i));
    classMean = mean(X(index, :));
    MMM = MMM + length(index) * classMean' * classMean;
end
W = X' * X - MMM;
B = MMM - nSmp * sampleMean' * sampleMean;
W = (W + W')/2;
B = (B + B')/2;
option = struct('disp',0);
[eigvector, eigvalue] = eigs(B,W,nClass - 1,'la',option);
eigvalue = diag(eigvalue);
for i = 1:size(eigvector,2)
    eigvector(:,i) = eigvector(:,i)./norm(eigvector(:,i));
end

if bPCA
    eigvector = eigvector_PCA * eigvector;
end
if nargout == 3
```

```
    Y = old_X * eigvector;
end
```

### 3. 基于非负矩阵分解(NMF)的人脸特征提取算法

由于 PCA 和 LDA 基向量的像素点可以是正值也可以是负值,所以这两种方法都缺少直观意义上的由部分合成整体的效果。NMF 是一种新的特征提取算法,其基本思想是找到一个线性子空间 $\boldsymbol{W}$,使得构成子空间的基图像的像素点都是正值,而且人脸图像在子空间上的投影系数也是正值。

对于由 $n$ 幅人脸图像构成的训练样本 $\boldsymbol{V}=\{\boldsymbol{x}_i\}_{i=1}^{n}$($\boldsymbol{x}_i$ 是一个 $m$ 维列向量,是由一幅人脸图像的非负灰度值所组成),NMF 将其分解为一个非负 $m\times r$ 维的矩阵 $\boldsymbol{W}$ 和一个非负的 $r\times n$ 维矩阵 $\boldsymbol{H}$ 的乘积:

$$\boldsymbol{V}\approx\boldsymbol{WH} \tag{10.2.10}$$

对于非负矩阵分解问题,常用的目标函数如式下:

$$\min_{\boldsymbol{W},\boldsymbol{H}} D(V\,\|\,\boldsymbol{WH})=\sum_{i,j}\left(v_{ij}\lg\frac{v_{ij}}{y_{ij}}-v_{ij}+y_{ij}\right) \tag{10.2.11}$$

其中,$\boldsymbol{W}$ 和 $\boldsymbol{H}$ 都满足以下关系:

$$\boldsymbol{W},\boldsymbol{H}\geqslant 0 \qquad \sum_i b_{ij}=1 \tag{10.2.12}$$

对于上述优化问题,可采用交替梯度投影法,得到迭代公式如下:

$$\begin{cases} h_{kl}=\sqrt{h_{kl}\sum\limits_i v_{il}\dfrac{w_{ik}}{\sum\limits_k w_{ik}h_{kl}}} \\ w_{kl}=\dfrac{w_{kl}\sum\limits_j v_{kj}\dfrac{h_{lj}}{\sum\limits_k w_{kl}h_{lj}}}{\sum\limits_j h_{lj}} \\ w_{kl}=\dfrac{w_{kl}}{\sum\limits_j w_{jl}} \end{cases} \tag{10.2.13}$$

根据式(10.2.13),可以得到由 $r$ 个基向量构成的子空间 $\boldsymbol{W}=[\boldsymbol{w}_1,\boldsymbol{w}_2,\cdots,\boldsymbol{w}_r]$。训练样本 $\boldsymbol{x}_i$ 向子空间 $\boldsymbol{W}$ 做投影,即:

$$\boldsymbol{y}_i=\boldsymbol{W}^{\mathrm{T}}\boldsymbol{x}_i \tag{10.2.14}$$

低维向量 $\boldsymbol{y}_i$ 即样本 $\boldsymbol{x}_i$ 的 NMF 特征。

当每人的训练样本数目是 5 时,令 $r=56$,对 ORL 人脸库中的训练图集利用 NMF 算法得到的 56 个基图像如图 10.2.6 所示,这 56 个基图像构成了 NMF 子空间 $\boldsymbol{W}$。

NMF 算法的 MATLAB 子程序如下:

```
function [W,H] = nmf(V,Winit,Hinit,tol,timelimit,maxiter)
 % W,H: 输出
 % Winit,Hinit: W,H 的初始值
 % tol: 允许误差
 % timelimit, maxiter: 最大时间和最大迭代次数
```

```
W = Winit; H = Hinit; initt = cputime;
gradW = W * (H * H') - V * H'; gradH = (W' * W) * H - W' * V;
initgrad = norm([gradW; gradH'],'fro');
fprintf('Init gradient norm %f\n', initgrad);
tolW = max(0.001,tol) * initgrad; tolH = tolW;
for iter = 1:maxiter,
  % stopping condition
  projnorm = norm([gradW(gradW <0 | W >0); gradH(gradH <0 | H >0)]);
  if projnorm <tol * initgrad | cputime - initt >timelimit,
    break;
  end
    [W,gradW,iterW] = nlssubprob(V',H',W',tolW,1000); W = W'; gradW = gradW';
  if iterW == 1,
    tolW = 0.1 * tolW;
  end
  [H,gradH,iterH] = nlssubprob(V,W,H,tolH,1000);
  if iterH == 1,
    tolH = 0.1 * tolH;
  end
  if rem(iter,10) == 0, fprintf('.'); end
end
fprintf('\nIter = %d Final proj - grad norm %f\n', iter, projnorm);
function [H,grad,iter] = nlssubprob(V,W,Hinit,tol,maxiter)
 % H, grad: output solution and gradient
 % iter: #iterations used
 % V, W: constant matrices
 % Hinit: initial solution
 % tol: stopping tolerance
 % maxiter: limit of iterations
H = Hinit; WtV = W' * V; WtW = W' * W;
alpha = 1; beta = 0.1;
for iter = 1:maxiter,
  grad = WtW * H - WtV;
  projgrad = norm(grad(grad <0 | H >0));
  if projgrad <tol,
    break
  end
   % search step size
  for inner_iter = 1:20,
    Hn = max(H - alpha * grad, 0); d = Hn - H;
    gradd = sum(sum(grad. * d)); dQd = sum(sum((WtW * d). * d));
    suff_decr = 0.99 * gradd + 0.5 * dQd <0;
    if inner_iter == 1,
      decr_alpha = ~suff_decr; Hp = H;
    end
    if decr_alpha,
      if suff_decr,
    H = Hn; break;
      else
    alpha = alpha * beta;
      end
```

```
      else
        if ~suff_decr | Hp == Hn,
      H = Hp; break;
        else
      alpha = alpha/beta; Hp = Hn;
        end
      end
    end
  end
  if iter == maxiter,
    fprintf('Max iter in nlssubprob\n');
  end
```

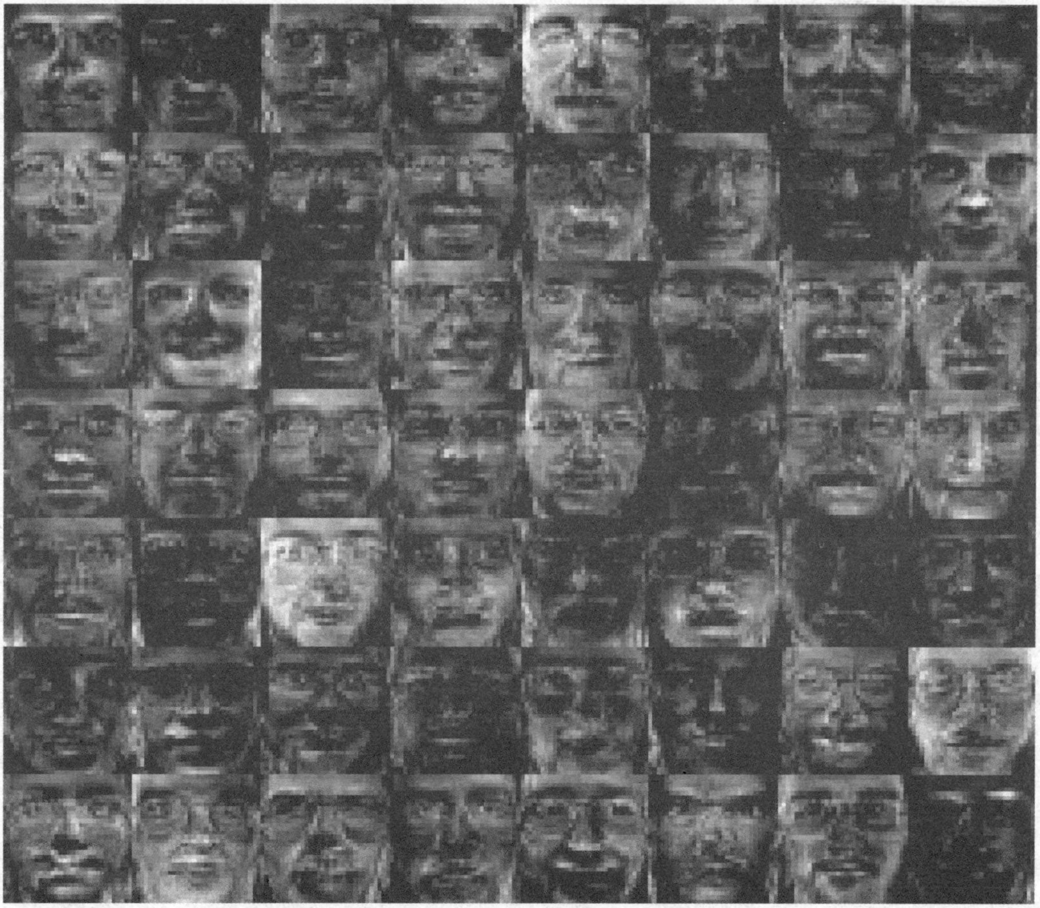

图 10.2.6　$r=56$ 的 NMF 基图像实例

## 10.2.4　分类过程

采用最近邻分类。任意两个图像 $x_i$ 和 $x_j$ 的特征向量 $\boldsymbol{y}_i$ 和 $\boldsymbol{y}_j$ 之间的距离定义为它们的欧式距离：

$$d(\boldsymbol{y}_i, \boldsymbol{y}_j) = \| \boldsymbol{y}_i - \boldsymbol{y}_j \|_2 \tag{10.2.15}$$

将待识别图像 $x_{\text{new}}$ 向子空间 $\boldsymbol{W}$ 做投影,得到其分类特征 $y_{\text{new}}$,如果 $d(y_{\text{new}}, y_l) = \min\limits_j d(y_{\text{new}}, y_j)$,并且 $x_l$ 属于第 $k$ 类,则分类结果 $x_{\text{new}}$ 也属于第 $k$ 类。

最近邻分类的 MATLAB 程序如下:

```
function classification = classif(Ytrain, Ytest)
 % Ytrain:训练样本的特征
 % Ytest: 测试样本的特征
 % 已知训练样本的特征和测试样本的特征,函数返回一个分类结果 classification
distances = dist(Ytrain', Ytest);
classification = zeros(size(Ytest,2),1);
for a = 1:size(Ytest,2),
    aux = find(distances(:,a) == min(distances(:,a)));
    classification(a) = aux(1);
end
```

## 10.2.5 识别结果

对 ORL 人脸库中的训练集分别应用 PCA、LDA 和 NMF 算法构造 PCA 子空间;LDA 子空间和 NMF 子空间;对训练集和测试集中的人脸图像分别应用式(10.2.4)、式(10.2.9)和式(10.2.11)提取 PCA 特征、LDA 特征和 NMF 特征。利用最近邻规则进行识别,最终的识别结果如表 10.2.1 所列。当每人的训练样本数目是 5 时,特征向量维数和各算法识别率之间的关系曲线如图 10.2.7 所示。

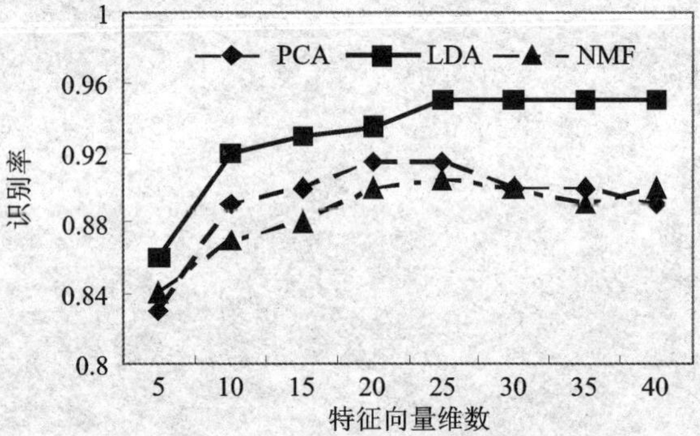


图 10.2.7 维数和识别率之间关系曲线

从表 10.2.1 可以看出,随着训练样本的增多,PCA、LDA 及 NMF 三种算法的识别率都有所增加,这说明训练样本数目越多,学习的越充分,识别率也就越高。从特征向量维数和识别率之间的关系曲线可以看出,随着维数的增加,识别率也相应增加。当维数很小时,识别率增加的很明显,当维数增加到一定程度时,识别率就趋于平稳。

表 10.2.1　ORL 人脸库识别结果　　%

| 训练样本/每人 | 1 | 2 | 3 | 4 | 5 |
|---|---|---|---|---|---|
| PCA(特征维数) | 0.689 (35) | 0.729 (25) | 0.827 (35) | 0.912 (20) | 0.915 (20) |
| LDA(特征维数) | 0.736 (14) | 0.813 (30) | 0.886 (35) | 0.917 (28) | 0.95 (39) |
| NMF(特征矩阵) | 0.724 (21) | 0.795 (40) | 0.867 (15) | 0.901 (40) | 0.905 (25) |

# 习题与思考题

10－1　简述图像压缩的基本过程。

10－2　在矢量量化算法中如何对码书进行搜索?

10－3　除了可以利用矢量量化算法对图像进行压缩外,还有哪些压缩算法?

10－4　简述人脸识别的基本流程及每一步的功能。

10－5　主成分分析法和线性判别分析法有什么区别?

10－6　简述利用最近邻规则进行分类的基本过程。

10－7　什么是生物特征识别?举例说明生物特征识别在实际生活工作中的应用。

10－8　列举图像处理及分析在日常生活中应用的一个实例,编写程序完成该处理及分析过程。

# 附录 A

# MATLAB 图像处理工具箱函数

MATLAB 图像处理工具箱函数如表 A.1～表 A.16 所列。

**表 A.1　图像显示**

| 函　数 | 功　能 | 语　法 | |
|---|---|---|---|
| colorbar | 显示颜色条 | colorbar('vert')<br>colorbar('horiz')<br>colorbar(h) | colorbar<br>h= colorbar(…) |
| getimage | 从坐标轴取得图像数据 | A= getimage(h)<br>[x,y,A]= getimage(h) | […,A,flag]= getimage(h)<br>[…]= getimage |
| imshow | 显示图像 | imshow(I,n)<br>imshow(I,[low high])<br>imshow(BW)<br>imshow(X,map)<br>imshow(RGB) | imshow(…,display_option)<br>imshow(x,y,A,…)<br>imshow filename<br>h= imshow(…) |
| montage | 在矩形框中同时显示多幅图像 | montage(I)<br>montage(BW)<br>montage(X,map) | montage(RGB)<br>h= montage(…) |
| immove | 创建多帧索引图的电影动画 | mov= immove(X,map) | |
| subimage | 在一幅图中显示多个图像 | subimage(X,map)<br>subimage(I)<br>subimage(BW) | subimage(RGB)<br>subimage(x,y,…)<br>h=subimage(…) |
| truesize | 调整图像显示尺寸 | truesize(fig,[mrows mcols])<br>truesize(fig) | |
| warp | 将图像显示到纹理映射表面 | warp(X,map)<br>warp(I,n)<br>warp(BW)<br>warp(RGB) | warp(z,…)<br>warp(x,y,z,…)<br>h= warp(…) |
| zoom | 缩放图像 | zoom on<br>zoom off<br>zoom out<br>zoom reset<br>zoom | zoom xon<br>zoom yon<br>zoom(factor)<br>zoom(fig,option) |

表 A.2　图像文件 I/O

| 函　数 | 功　能 | 语　法 |
|---|---|---|
| imfinfo | 返回图形文件信息 | info= imfinfo(filename,fmt)<br>info= imfinfo(filename) |
| imread | 从图形文件中读取图像 | A=imread(filename,fmt)<br>[X,map]= imread(filename,fmt)<br>[…]= imread(filename)<br>[…]= imread(…,idx)(TIFF only)<br>[…]= imread(…,idx)(HDF only)<br>[…]= imread(…,'BackgroundColor',BG)<br>(PNG only)<br>[A,map,alpha]=imread(…) (PNG only) |
| imwrite | 把图像写入图形文件中 | imwrite(A,filename,fmt)<br>imwrite(X,map,filename,fmt)<br>imwrite(…,filename)<br>imwrite(…,Param1,Vsl1,Param,Val2…) |

表 A.3　几何操作

| 函　数 | 功　能 | 语　法 | |
|---|---|---|---|
| imcorp | 剪切图像 | I2= imcorp(I)<br>X2= imcorp(X,map)<br>RGB2= imcorp(RGB)<br>I2= imcorp(I,rect)<br>X2= imcorp(X,map,rect) | RGB2= imcorp(RGB,rect)<br>[…]=imcorp(x,y,…)<br>[A,rect]=imcorp(…)<br>[x,y,A,rect]=imcorp(…) |
| imresize | 改变图像大小 | B= imresize(A,m,method)<br>B= imresize(A,[mrows ncols],method)<br>B= imresize(…,method,n)<br>B= imresize(…,method,h) | |
| imrotate | 旋转图像 | B= imrotate(A,angle,method)<br>B= imrotate(A,angle,method,'crop') | |

表 A.4　像素和统计处理

| 函　数 | 功　能 | 语　法 | |
|---|---|---|---|
| corr2 | 计算 2 个矩阵的二维相关系数 | r=corr2(A,B) | |
| imcontour | 创建图像数据的轮廓图 | imcontour(I,n)<br>imcontour(I,v)<br>imcontour(x,y,…) | imcontour(…,LineSpec)<br>[C,h]= imcontour(…) |
| imfeature | 计算图像区域的特征尺寸 | stats=imfeature(L,measurements)<br>stats=imfeature(L,measurements,n) | |

续表 A.4

| 函 数 | 功 能 | 语 法 | |
|---|---|---|---|
| imhist | 显示图像数据的柱状图 | imhist(I,n)<br>imhist(X,map) | [counts,x]=imhist(…) |
| impixel | 确定像素颜色值 | P= impixel(I)<br>P= impixel(X,map)<br>P= impixel(RGB)<br>P= impixel(I,c,r)<br>P= impixel(X,map,c,r)<br>P= impixel(RGB,c,r) | [c,r,P]=impixel(…)<br>P= impixel(x,y,I,xi,yi)<br>P= impixel(x,y,X,map,xi,yi)<br>P= impixel(x,y,RGB,xi,yi)<br>[xi,yi,P]=impixel(x,y,…) |
| improfile | 沿线段计算剖面的像素值 | c= improfile<br>c= improfile(n)<br>c= improfile(I,xi,yi)<br>c= improfile (I,xi,yi,n)<br>[cx,cy,c]= improfile(…) | [cx,cy,c,xi,yi]= improfile(…)<br>[…]= improfile(x,y,I,xi,yi)<br>[…]= improfile(x,y,I,xi,yi,n)<br>[…]= improfile(…,method) |
| mean2 | 计算矩阵元素的平均值 | b=mean2(A) | |
| pixval | 显示图像像素信息 | pixval on<br>pixval off | pixval<br>pixval(fig,option) |
| std2 | 计算矩阵元素的标准偏移 | b=std2(A) | |

**表 A.5 图像分析**

| 函 数 | 功 能 | 语 法 | |
|---|---|---|---|
| edge | 识别强度图像中的边界 | BW=edge(I,'sobel')<br>BW=edge(I,'sobel',thresh)<br>BW=edge(I,'sobel',thresh,direction)<br>[BW,thresh]=edge(I,'sobel',…)<br>BW=edge(I,'prewitt')<br>BW=edge(I,'prewitt',thresh)<br>BW=edge(I,'prewitt',thresh,direction)<br>[BW,thresh]=edge(I,'prewitt',…)<br>BW=edge(I,'robert')<br>BW=edge(I,'robert',thresh)<br>[BW,thresh]=edge(I,'robert',…) | BW=edge(I,'log')<br>BW=edge(I,'log',thresh)<br>BW=edge(I,'log',thresh,sigma)<br>[BW,threshold]=edge(I,'log',…)<br>BW=edge(I,'zerocross',thresh,h)<br>[BW,thresh]=edge(I,'zerocross',…)<br>BW=edge(I,'canny')<br>BW=edge(I,'canny',thresh)<br>BW=edge(I,'canny',thresh,sigma)<br>[BW,threshold]=edge(I,'canny',…) |
| qtdecomp | 进行四叉树分解 | S= qtdecomp(I)<br>S= qtdecomp(I,threshold)<br>S= qtdecomp(I,threshold,mindim)<br>S= qtdecomp(I,threshold,[mindim maxdim]) | S= qtdecomp(I,fun)<br>S= qtdecomp(I,fun,P1,P2,…) |
| qtgetblk | 获取四叉树分解中的块值 | [vals,r,c]= qtgetblk(I,S,dim)<br>[vals,idx]= qtgetblk(I,S,dim) | |
| qtsetblk | 设置四叉树分解中的块值 | J= qtsetblk(I,S,dim,vals) | |

**表 A.6　图像增强**

| 函　数 | 功　能 | 语　法 | |
|---|---|---|---|
| histeq | 用柱状图均等化增强对比 | J= histeq(I,hgram)<br>J= histeq(I,n) | [J,T]= histeq(I,…) |
| imad-just | 调整图像灰度值或颜色映像表 | J=imadjust(I,[low high],[bottom top],gamma)<br>Newmap=imadjust(map,[low high],[bottom top],gamma)<br>GRB2=imadjust(RGB1,…) | |
| imnoise | 增强图像的渲染效果 | J=imnoise(I,type) | J= imnoise(I,type,parameters) |
| medfilt2 | 进行二维中值过滤 | B= medfilt2(A,[m n])<br>B= medfilt2(A) | B= medfilt2(A,'indexed',…) |
| ordfilt2 | 进行二维统计顺序过滤 | B= ordfilt2(A,order,domain)<br>B= ordfilt2(A,order,domain,S) | B= ordfilt2(…,padopt) |
| wiener2 | 进行二维适应性去噪过滤处理 | J= wiener2(I,[m n],noise) | [J,noise]= wiener2(I,[m n]) |

**表 A.7　线性滤波**

| 函　数 | 功　能 | 语　法 | |
|---|---|---|---|
| conv2 | 进行二维卷积操作 | C= conv2(A,B)<br>C= conv2(hcol,hrow,A) | C= conv2(…,shape) |
| convmtx2 | 计算二维卷积矩阵 | T= convmtx2(H,m,n) | T= convmtx2(H,[m,n]) |
| convn | 计算 $n$ 维卷积 | C= convn(A,B) | C= convn(A,B,shape) |
| filter2 | 进行二维线性过滤操作 | B=filter2(h,A) | B=filter2(h,A,shape) |
| fspecial | 创建预定义过滤器 | h= fspecial(type) | h= fspecial(type,parameters) |

**表 A.8　线性二维滤波设计**

| 函　数 | 功　能 | 语　法 | |
|---|---|---|---|
| freqspace | 确定二维频率响应的频率空间 | [f1,f2]= freqspace(n)<br>[f1,f2]= freqspace([m n])<br>[x1,y1]= freqspace(…,'meshgrid') | f= freqspace(N)<br>f= freqspace(N,'whole') |
| freqz2 | 计算二维频率响应 | [H,f1,f2]= freqz2(h,n1,n2)<br>[H,f1,f2]= freqz2(h,[n2,n1])<br>[H,f1,f2]= freqz2(h,f1,f2)<br>[H,f1,f2]= freqz2(h) | […]= freqz2(h,…,[dx dy])<br>[…]= freqz2(h,…,dx)<br>freqz2(…) |

续表 A.8

| 函数 | 功能 | 语法 | |
|---|---|---|---|
| fsamp2 | 用频率采样法设计二维FIR过滤器 | h= fsamp2(Hd) | h= fsamp2(f1,f2,Hd,[m n]) |
| ftrans2 | 通过频率转换设计二维FIR过滤器 | h= ftrans2(b,t) | h= ftrans2(b) |
| fwind1 | 用一维窗口方法设计二维FIR过滤器 | h= fwind1(Hd,win)<br>h= fwind1(Hd,win1,win2) | h= fwind1(f1,f2,Hd,…) |
| fwind2 | 用二维窗口方法设计二维FIR过滤器 | h= fwind2(Hd,win) | h= fwind2(f1,f2,Hd,win) |

表 A.9 图像变换

| 函数 | 功能 | 语法 | |
|---|---|---|---|
| dct2 | 进行二维离散余弦变换 | B= dct2(A)<br>B= dct2(A,m,n) | B= dct2(A,[m n]) |
| dctmtx | 计算离散余弦变换矩阵 | D= dctmtx(n) | |
| fft2 | 进行二维快速傅里叶变换 | B= fft2(A) | B= fft2(A,m,n) |
| fftn | 进行 *n* 维快速傅里叶变换 | B= fftn(A) | B= fftn(A,siz) |
| fftshift | 把快速傅里叶变换的 DC 组件移到光谱中心 | B= fftshift(A) | |
| idct2 | 计算二维离散反余弦变换 | B= idct2(A)<br>B= idct2(A,m,n) | B= idct2(A,[m n]) |
| iff2 | 计算二维快速傅里叶反变换 | B= iff2(A) | B= iff2(A,m,n) |
| ifftn | 计算 *n* 维快速傅里叶反变换 | B= ifftn(A) | B= ifftn(A,siz) |
| iradon | 进行反 radon 变换 | I= iradon(P,theta)<br>I= iradon(P,theta,interp,filter,d,n) | [I,h]= iradon(…) |
| phantom | 产生一个头部幻影图像 | P= phantom(def,n)<br>P= phantom(E,n) | [P,E]= phantom(…) |
| radon | 计算 radon 变换 | R= radon(I,theta)<br>R= radon(I,theta,n) | [R,xp]=radon(…) |

**表 A.10　边沿和块处理**

| 函　数 | 功　能 | 语　法 |
|---|---|---|
| bestblk | 确定进行块操作的块大小 | siz=bestblk([m n],k)<br>[mb,nb]= bestblk([m n],k) |
| blkproc | 实现图像的显示块操作 | B= blkproc(A,[m n],fun)<br>B= blkproc(A,[m n],fun,P1,P2,…)<br>B= blkproc(A,[m n],[mborder nborder]fun,…)<br>B= blkproc(A,'indexed',…) |
| col2im | 将矩形的列重新组织到块中 | A= col2im(B,[m n],[mm nn],block_type)<br>A= col2im(B,[m n],[mm nn]) |
| colfilt | 利用列相关函数进行边沿操作 | B= colfilt(A,[m n],block_type,fun)<br>B= colfilt(A,[m n],block_type,fun,P1,P2,…)<br>B= colfilt(A,[m n],[mblock nblock]block_type,fun…)<br>B= colfilt(A,'indexed',…) |
| im2col | 重调图像块为列 | B= im2col(A,[m n], block_type)　B= im2col(A,'indexed',…)<br>B= im2col(A,[m n]) |
| nlfilter | 进行边沿操作 | B= nlfilter(A,[m n],fun)　B= nlfilter(A, 'indexed',…)<br>B= nlfilter(A,[m n],fun,P1,P2,…) |

**表 A.11　二进制图像操作**

| 函　数 | 功　能 | 语　法 |
|---|---|---|
| applylut | 在二进制图像中利用lookup表进行边沿操作 | A= applylut(BW,lut) |
| bwarea | 计算二进制图像对象面积 | total= bwarea(BW) |
| bweuler | 计算二进制图像的欧拉数 | eul= bweuler(BW,n) |
| bwfill | 填充二进制图像的背景色 | BW2= bwfill(BW1,c,r,n)　[x,y,BW2,idx,xi,yi]= bwfill(…)<br>BW2= bwfill(BW1,n)　BW2= bwfill(BW1,'hole',n)<br>[BW2,idx]= bwfill(…)　[BW2,idx]= bwfill(BW1,'hole',n)<br>BW2= bwfill(x,y,BW1,xi,yi,n) |
| bwlabel | 标注二进制图像中与已连接的部分 | L= bwlabel(BW,n)<br>[L,num]= bwlabel(BW,n) |
| bwmorph | 提取二进制图像的轮廓 | BW2= bwmorph(BW1,operation)<br>BW2= bwmorph(BW1,operation,n) |
| bwperirm | 计算二进制图像中对象的周长 | BW2= bwperirm(BW1,n) |

续表 A.11

| 函数 | 功能 | 语法 | |
|---|---|---|---|
| bwdelect | 在二进制图像中选取对象 | BW2= bwdelect(BW1,c,r,n)<br>BW2= bwdelect(BW1,n) | [BW2,idx]= bwdelect(…) |
| dilate | 放大二进制图像 | BW2= dilate(BW1,SE)<br>BW2= dilate(BW1,SE,alg) | BW2= dilate(BW1,SE,…,n) |
| erode | 弱化二进制图像的边界 | BW2=erode(BW1,SE)<br>BW2=erode(BW1,SE,alg) | BW2=erode(BW1,SE,…,n) |
| makelut | 创建一个用于 applylut 函数的 lookup 表 | lut=makelut(fun,n)<br>lut=makelut(fun,n,P1,P2,…) | |

**表 A.12 区域处理**

| 函数 | 功能 | 语法 | |
|---|---|---|---|
| roicolor | 选择感兴趣的颜色区 | BW= roicolor(A,low,high) | BW= roicolor(A,v) |
| roifill | 在图像的任意区域中进行平滑插补 | J= roifill(I,c,r)<br>J= roifill(I)<br>J= roifill(I,BW) | [J,BW]= roifill(…)<br>J= roifill(x,y,I,xi,yi)<br>[x,y,J,BW,xi,yi]= roifill(…) |
| roifilt2 | 过滤敏感区域 | J= roifilt2(h,I,BW)<br>J= roifilt2(I,BW,fun) | J= roifilt2(I,BW,funP1,P2) |
| roipoly | 选择一个敏感的多边形区域 | BW= roipoly(I,c,r)<br>BW= roipoly(I)<br>BW= roipoly(x,y,I,xi,yi) | [BW,xi,yi]= roipoly(…)<br>[x,y,BW,xi,yi]= roipoly(…) |

**表 A.13 颜色映像处理**

| 函数 | 功能 | 语法 | |
|---|---|---|---|
| brighten | 增加或降低颜色映像的亮度 | brighten(beta)<br>newmap= brighten(beta) | newmap= brighten(map,beta)<br>brighten(fig,beta) |
| cmpermute | 调正颜色映像表中的颜色 | [Y, newmap]= cmpermute(X,map)<br>[Y, newmap]= cmpermute(X,map,index) | |
| cmunique | 查找颜色映像表中特定的颜色及相应的图像 | [Y,newmap]= cmunique(X,map)<br>[Y,newmap]= cmunique(RGB)<br>[Y,newmap]= cmunique(I) | |
| imapprox | 对索引图像进行近似处理 | [Y,newmap]= imapprox(X,map,n)<br>[Y,newmap]= imapprox(X,map,tol)<br>Y= imapprox(X,map,newmap)<br>[…]= imapprox(…,dither_option) | |
| rgbplot | 划分颜色映像表 | rgbplot(map) | |

**表 A.14 颜色空间转换**

| 函 数 | 功 能 | 语 法 | |
|---|---|---|---|
| hsv2rgb | 转换 HSV 值为 RGB 颜色空间 | rgbmap= hsv2rgb(hsvmap) | RGB= hsv2rgb(HSV) |
| ntsc2rgb | 转换 NTSC 的值为 RGB 颜色空间 | rgbmap= ntsc2rgb(yiqmap) | RGB= ntsc2rgb(YIQ) |
| rgb2hsv | 转换 RGB 值为 HSV 颜色空间 | hsvmap=rgb2hsv(rgbmap) | HSV= rgb2hsv(RGB) |
| rgb2ntsc | 转换 RGB 的值为 NTSC 颜色空间 | yiqmap= rgb2ntsc(rgbmap) | YIQ= rgb2ntsc(RGB) |
| rgb2ycbcr | 转换 RGB 的值为 $YC_bC_r$ 颜色空间 | ycbcrmap= rgb2ycbcr(rgbmap) | YCBCR= rgb2ycbcr(RGB) |
| ycbcr 2rgb | 转换 $YC_bC_r$ 值为 RGB 颜色空间 | rgbmap= ycbcr 2rgb(ycbcrmap) | RGB= ycbcr 2rgb(YCBCR) |

**表 A.15 图像类型和类型转换**

| 函 数 | 功 能 | 语 法 | |
|---|---|---|---|
| dither | 通过抖动增加外观颜色分辨率,转换图像 | X=dither(RGB,map)<br>BW=dither(I) | |
| gray2ind | 转换灰度图像为索引图像 | [X,map]= gray2ind(I,n) | |
| grayslice | 从灰度图像创建索引图像 | X= grayslice(I,n) | X= grayslice(I,v) |
| im2bw | 转换图像为二进制图像 | BW= im2bw(I,level)<br>BW= im2bw(X,map,level) | BW= im2bw(RGB,level) |
| im2double | 转换图像矩阵为双精度型 | I2= im2double(I2)<br>RGB=im2double(GRB1) | BW2= im2double(BW1)<br>X2= im2double(X1,'indexed') |
| double | 转换数据为双精度型 | B=double(A) | |
| uint8 | 转换数据为 8 位无符号整型 | B= uint8(A) | |
| im2uint8 | 转换图像阵列为 8 位无符号整型 | I2= im2uint8(I1)<br>RGB= im2uint8(RGB1) | BW2= im2uint8(BW1)<br>X2= im2uint8(X1,'index') |
| im2unit16 | 转换图像阵列 16 位无符号整型 | I2= im2unit16(I1)<br>RGB= im2uint16(RGB1) | X2= im2uint16(X1,'index') |
| unit16 | 转换数据为 16 位无符号整型 | B= uint16(X) | |
| ind2gray | 把索引图像转换为灰度图 | I= ind2gray(X,map) | |
| ind2rgb | 把索引图像转换为 RGB 真彩图像 | RGB= ind2rgb(X,map) | |
| isbw | 判断是否为二进制图像 | flag= isbw(A) | |
| isgray | 判断是否为灰度图 | flag= isgray(A) | |
| isind | 判断是否为索引图 | flag= isind(A) | |
| isrgb | 判断是否为 RGB 真彩图像 | flag= isrgb(A) | |
| mat2gray | 转化矩阵为灰度图像 | I= mat2gray(A,[amin amax]) | I= mat2gray(A) |
| rgb2gray | 转换 RGB 图像或颜色映像表为灰度图像 | I= rgb2gray(RGB) | I= rgb2gray(A) |
| rgb2ind | 转换 RGB 图像为索引图像 | [X,map]= rgb2ind(RGB,tol)<br>[X,map]= rgb2ind(RGB,n) | X= rgb2ind(RGB,map)<br>[…]= rgb2ind(…,dither_option) |

表 A.16　工具箱参数设置

| 函　数 | 功　能 | 语　法 |
|---|---|---|
| ipgetpref | 获取图像处理工具箱参数设置 | value= ipgetpref(prefname) |
| iptsetpref | 设置图像处理工具箱参数 | Iptsetpref(prefname,value) |

# 附录B

# 图像处理技术常用英汉术语(词汇)对照

**A**

accuracy factor 准确度因子
adaptive encoding 自适应编码
algebraic operation 代数运算
algebraic approach restoration 代数法复原
aliasing 走样(混叠) 交叠,混淆
arc 弧
artificial language 人工语言
atomic region 原子区
autocorrelation 自相关

**B**

band-limited function 有限带宽函数
band-pass filter 带通滤波器
band-reject filter 带阻滤波器
Bayes classifier 贝叶斯分类器
binary image 二值图像
bit 比特
bit error 比特误差
bit reduction 比特压缩
bit reversal 比特倒置
blackboard system 黑板系统
block circulant matrix 分块循环矩阵
blur 模糊
border 边框
boundary 边界
boundary chain code 边界链码
boundary pixel 边界像素
boundary tracking 边界跟踪
brightness 亮度
brightness adaptation 亮度适应
brightness discrimination 亮度鉴别
brightness level 亮度级
butterworth filter 巴特沃思滤波器
butterworth high-pass filtering 巴特沃思高通滤波
butterworth low-pass filtering 巴特沃思低通滤波

**C**

chain code 链码
change detection 变化检测
character recognition 文字识别
CCD(Charge Coupled Devices) 电荷耦合器
chromaticity diagram 色度图
chromosome grammar 染色体文法
circulant matrix 循环矩阵
circulant matrix diagonalization 循环矩阵对角化
circulant matrix eigenvectors 循环矩阵特征向量
class 类
classification rule 规则
closed curve 封闭曲线
cluster 聚类、集群
cluster analysis 聚类分析
clustering analysis 聚类分析
code 码
code transform 码变换
coherent noise 相干噪声
color 彩色
color hue 彩色色度
colorimetry 色度学
color matching 色匹配
color primaries 基色
color saturation 色饱和度

color spectrum 色谱
compact code 紧致码
compress 压缩
concave 凹的
convex 凸的
connected 连通的
connected component 联接分量
constrained filtering restoration 约束滤波复原
constrained restoration 约束复原
context-free 上下文无关
context-sensitive 上下文有关
continuous convolution 连续卷积
continuous correlation 连续相关
contour encoding 轮廓编码
contrast 对比度
contrast stretch 对比度扩展
contrast Stretching 对比度展宽
convolution 卷积
convolution kernel 卷积核
convolution theorem 卷积定理
coordinate convention 坐标规定
cornea 角膜
correction 校正
correlation 相关
correlation matrix 相关矩阵
correlation theorem 相关定理
cosine kernel 余弦核
cosine transform 余弦变换
covariance matrix 协方差矩阵
covariance matrix estimation 协方差矩阵估计
cross-correlation 互相关核
cumulative distribution function 累积分布函数
curve 曲线
curve fitting 曲线拟合
cut-off frequency 截止频率

**D**

data compression 数据压缩
deblurring 去模糊
decision function 决策函数
decision rule 决策规则
deconvolution 去卷积
degradation model 退化模型
degradation model restoration 退化模型复原
delta modulation 增量调制
density slicing 密度分层
diagonalization 对角化
differential encoding 微分编码
differential mapping 差分映射
differential pulse code 微分脉冲码
DAB(Digital Audio Broadcasting) 数字音频广播
DAT(Digital Audio Tape) 数字录音带
DCC (Digital Compact Cassette) 数字盒式录音机
digital image 数字图像
digital image processing 数字图像处理
DVD(Digital Versatile Disc) 数字化视频光盘
digitization 数字化
digitizer 数字化器
discrete convolution 离散卷积
discrete correlation 离散相关
discrete cosine transform 离散余弦变换
DFT (Discrete Fourier Transform) 离散傅里叶变换
distance measure 距离测度
DPCM(Differential Pulse Code Modulation) 微分脉冲编码调制

**E**

edge 边缘,棱
edge detection 边缘检测
edge enhancement 边缘增强
edge image 边缘图像
edge linking 边缘连接
edge operator 边缘算子
edge pixel 边缘像素
enhance 增强
eigen value 特征值
eigenvector 特征矢量
encoding 编码
encoding model 编码模型
entropy 熵
equal length code 等长度码
error 误差
error-free encoding 无误差编码
estimate 估计
euler 欧拉
euler formula 欧拉公式
euler number 欧拉数
exponential filter 指数滤波器
exponential high-pass filtering 指数高通滤波器
exponential low-pass filtering 指数低通滤波器
extended function 延伸函数,扩展函数
exterior pixel 外像素

F

false negative　负误识
false positive　正误识
false contouring　假轮廓
feature　特征
feature extraction　特征检测
feature extraction　特征提取
feature selection　特征选择
feature space　特征空间
filter　滤波器
filter transfer function　滤波传递函数
flying spot scanner　飞点扫描器
formal language　形式语言
forward kernel　前向核
forward looking infrared　远红外线
fourier descriptor　傅里叶描述子
fourier kernel　傅里叶核
fourier transform　傅里叶变换
fourier transform pair　傅里叶变换对
fourier transform centering　傅里叶变换对中
fourier Transform diagonalization property　傅里叶变换对角性质
fourier transform shifting　傅里叶变换移位
fourier transform spectrum　傅里叶变换谱
FFF(Fast Fourier transform)　快速傅里叶变换
fredholm integral　弗雷德霍尔姆积分
freeman's Chain code　弗里曼链码
frequency variable　频率变量
fuzzy logic　模糊逻辑
fuzzy set　模糊集

G

gaussian noise　高斯噪声
geometric correction　几何校正
gradient　梯度
gradient template　梯度模板
grammar　文法
granular noise　散粒噪声
graph grammar　图形文法
gray code　格雷码
gray level　灰度级
gray level thresholding　灰度级阈值化
gray level transformations　灰度级变换
gray scale　灰度,灰度等级
gray-scale transformation　灰度变换

H

hadamard kernel　哈达玛核
hadamard transform　哈达玛变换
hadamard transform encoding　哈达玛变换编码
hadamard transform matrix　哈达玛变换矩阵
hermite function hermite　函数
harmonic signal　谐波信号
high frequency emphasis　高频加重
high-pass filtering　高通滤波
histogram　直方图
histogram equalization　直方图均衡化
histogram linearization　直方图线性化
histogram of differences　差值直方图
histogram specification　直方图规定化
histogram thresholding　直方图阈值化
hole　洞,孔
homomophic filter　同态滤波器
homomophic filtering　同态滤波
hotelling transform　霍特林变换
hotelling transform encoding　霍特林变换编码
hotographic firm　照相胶片(底片)
huffman code　霍夫曼码
hybrid encoding　混合编码

I

ideal high-pass filtering　理想高通滤波
ideal low-pass filtering　理想低通滤波
idem filter　理想滤波器
image　图像
image averaging　图像平均
image basis　图像基础
image coding　图像编码
image compression　图像压缩
image degradation model　图像退化模型
image description　图像描绘
image dissector　析像管
image element　图像元素
image encoding　图像编码
image enhancement　图像增强
image formation　图像形成
image fundamentals　图像基础
image matching　图像匹配
image reconstruction　图像重构
image representation　图像表示
image registration　图像匹准
image restoration　图像复原
image segmentation　图像分割
image model　图像模型
image processing　图像处理

image-processing operation 图像处理运算
image quality 图像质量
image rotation 图像旋转
image sharpening 图像尖锐化
image smoothing 图像平滑
image transforms 图像变换
image understanding 图像理解
impulse 冲激
impulse due to sine 正弦冲激
impulse response 冲激响应
information preserving encoding 信息保持编码
instantaneous code 瞬时码
intensity 强度,亮度
interior pixel 内像素
interpolation 插值
inverse FFT 快速傅里叶反变换
inverse filter 反向滤波器
inverse filtering 反向滤波器
inverse filter restoration 反向滤波复原
interactive restoration 会话复原
inverse kernel 逆核
isopreference curves 等优曲线
ISDN(Integrated Services Digital Network) 综合业务数字网

**K**

kernel 核
Karhunen-Loeve transform K-L 变换

**L**

labeled graph 标记图
landsat 地球卫星
laplacian 拉普拉斯算子
least-squares filter restoration 最小二乘滤波复原
likelihood function 似然函数
line 行
line detection 线检测
line pixel 直线像素
line template 线模板
local operation 局部运算
local property 局部特征
logarithm transformation 对数变换
lossless image compression 无失真图像压缩
lossy image compression 有失真图像压缩
low-pass filter 低通滤波器

**M**

machine perception 机器感觉
mapping 映射
mapping reconstruction 映射重建
matched filtering 匹配滤波
matching template 匹配模板
maximum entropy filter 最大熵滤波器
MSE(Mean Square Error) 均方误差
mean vector 平均矢量
measurement space 度量空间
median filter 中值滤波
misclassification 误分类
modulation function 调制函数
moments 矩
monochrome image 单色图像
mosaic 镶嵌图
MOD(Movies-On-Demand) 点播电影
multiple-copy averaging 多拷贝平均
multiple sensor 多谱传感器
multi spectral image 多光谱图像
multi variable histogram 多变量直方图

**N**

NASA(National Aeronautics and Space Administration)(U. S. A.) 国家航空和宇宙航 行局(美国)
nearest mean classification rule 最近平均值分类规则
nearest-neighbor decision rule 最近邻判决规则
neighborhood 邻域
neighborhood operation 邻域运算
neighborhood averaging 领域平均
neural networks 神经网络
noise 噪声,噪音
noise reduction 噪声抑制
non-supervisory classification 非监督分类
nonuniform quantization 非均匀量化
nonuniform sampling 非均匀取样
norm 模方,范数

**O**

object 目标,物体
occlusiona 遮蔽
one-dimensional Fourier transform 一维傅里叶变换
one-dimensional sampling 一维采样
OCR(Optical Character Reader) 光学文字识别
optical image 光学图像
optimum thresholding 最佳阈值
ordered Hadamard transform 有序哈达玛变换
orthogonality condition 正交条件

orthogonal template 正交模板

P

pattern 模式
pattern class 模式类
pattern classification 模式分类
pattern recognition 模式识别
parametric Wiener filter 参变维纳滤波器
perception 感知器
perimeter 周长
photopic vision 亮视觉,白昼视觉
phrase structure grammar 短语结构文法
picture 图片,图像
picture element 图像元素,像素
picture description language 图像描绘语言
pixel 像素
point operation 点运算
point-dependent segmentation 点分割
point spread function 点扩展函数
point template 点模板
polygonal network 多角网络
positional operators 位置算子
position-invariance 位置不变
predictive code 预测码
predictive coefficient 预测系数
predictive encoding 预测编码
primitive element 本原元素
principal components 主分量
prior knowledge 先验知识
probabilistic relaxation 概率松驰
probability density function 概率密度函数
probability of error 误差概率
production rules 产生式规则
prototype matching 模板匹配
pseudo-color 假彩色,伪彩色
pseudo-color filtering 假彩色滤波
pseudo-color slicing 假彩色密度分层
pseudo-color transformations 假彩色变换
PSTN(Public Switched Telephone Network) 公用电话交换网

Q

quad tree 四叉树
quantitative image analysis 图像定量分析
quantization 量化
quantizer 量化器

R

radial symmetric filter 辐向对称滤波器
reflectance 反射率
reflected binary code 反射二进制码
region 区域
region growing 区域增长,区域生长
region clustering 区域聚合(聚类)
region-dependent segmentation 区域分割
region description 区域描绘
region merging 区域合并
region splitting 区域分割
registered 校准的
registered image 已校准图像
registration 配准
remote sensing 遥感
resolution 分辨率
resolution element 分辨单元
restoration 复原
reversible encoding 可逆编码
ringing 振铃
roberts gradient 罗伯特梯度
run 行程
run length 行程长度,行程
run length encoding 行程编码

S

sampling 采样,抽样
sampling grid size 采样点阵大小
sampling interval 采样间隔
sampling theorem 采样定理
scene 景物
scotopia vision 暗视觉,夜视觉
segmentation 分割
sentence 句子
separable kernel 可分核
sharp 清晰
sharpening 锐化,尖锐化
shift code 移位码
sigmoid function,S 函数,Sigmoid 函数
signal-to-noise ratio 信噪比
sinusoidal 正弦型的
sinusoidal interference 正弦干扰
smoothing 平滑
smoothing matrix 平滑矩阵
source encoding 信源编码
space invariance 空间不变
spatial 空间的
spatial coordinates 空间坐标
spatial domain 空间域

spectral band 谱带
spectral density 谱密度
spectrum 谱
starting symbol 起始符号
string grammar 串文法
structural pattern recognition 结构模式识别
statistical pattern recognition 统计模式识别
superposition integral 叠加积分
super VCD 超级 VCD(SVCD)
supervisory classification 监督分类
symmetric kernel 对称核
syntactic pattern recognition 句法模式识别
system 系统

**T**

template 模板
texture 纹理
thinning 细化
threshold 阈值,门限
thresholding 二值化
thresholded gradient 阈值梯度
topological descriptor 拓扑描绘子
transfer function 传递函数
trapezoidal filter 梯度滤波
trapezoidal high-pass filtering 梯形高通滤波
trapezoidal low-pass filtering 梯型低通滤波
tree 树
tree grammar 树文法
TV camera 电视摄像机
two-dimensional convolution 二维卷积
two-dimensional correlation 二维相关
two-dimensional Fourier transform 二维傅里叶变换

**U**

unconstrained restoration 非约束复原
uncorrelated variables 非相关变量
uniform linear motion 均匀直线运动
uniform quantization 均匀量化
uniform sampling 均匀取样
uniquely decodable code 惟一可解码
USA scale 美国标准协会标度

**V**

vector formulation template 矢量公式化模板
vertex 顶点
VCD(Video Compact Disc) 视频高密光盘
VOD(Video-On-Demand) 视频点播
visible spectrum 可见光谱
visual perception 视觉

**W**

Walsh-Hadamard transform 沃尔什-哈达玛变换
Walsh kernel 沃尔什核
Walsh transform 沃尔什变换
wavelet 小波
web 幅条
Weber ratio 韦伯比
web grammar 网络文法
weighting function 加权函数
Wiener filter 维纳滤波器
Wiener filter restoration 维纳滤波复原
window 窗口
World Wide Web 万维网,简称 3W 或 WWW
wraparound error 交叠误差

**Z**

zero transfer function 零传递函数

# 参考文献


[1] 何东健.数字图像处理[M].西安：西安电子科技大学出版社，2004.

[2] 陈传波.数字图像处理[M].北京：机械工业出版社，2004.

[3] 余成波.数字图像处理及 MATLAB 实现[M].重庆：重庆工业出版社，2003.

[4] 朱虹.数字图像处理基础[M].北京：科学出版社，2005.

[5] 李朝晖.数字图像处理及应用[M].北京：机械工业出版社，2004.

[6] 陈书海，傅录祥.实用数字图像处理[M].北京：科学出版社，2005.

[7] 黄爱民.数字图像处理分析基础[M].北京：中国水利水电出版社，2005.

[8] 霍宏涛.数字图像处理[M].北京：机械工业出版社，2003.

[9] 唐良瑞.图像处理实用技术[M].北京：化学工业出版社，2001.

[10] 李弼程.智能图像处理技术[M].北京：电子工业出版社，2004.

[11] 崔屹.图像处理与分析——数学形态学方法及分析[M].北京：科学技术出版社，2000.

[12] Rafael C. Gonzalez，Richard E. Woods.数字图像处理[M].阮秋琦，阮宇智，译.第 2 版.北京：电子工业出版社，2003.

[13] 孙兆林. MATLAB 6.x 图像处理[M].北京：清华大学出版社，2002.

[14] 王晓丹，吴崇明.基于 MATLAB 的系统分析与设计——图像处理[M].西安：西安电子科技大学出版社，2000.

[15] 罗述谦，周果宏.医学图像处理与分析[M].北京：科学出版社，2003.

[16] 杨行峻.人工神经网络与盲信号处理[M].北京：清华大学出版社，2003.